“十二五”职业教育国家规划教材
经全国职业教育教材审定委员会审定

井巷设计与施工

（第2版）

主　编　李长权　杨建中
副主编　杨　平　文义明
　　　　刘洪学　卢　萍

北　京
冶　金　工　业　出　版　社
2024

内容提要

本书详细阐述了冶金矿山井巷的设计方法及施工技术，取材按照理论联系实际的原则，紧密结合生产实际，力求反映在平巷、天井、竖井、斜井和硐室的设计与施工中所采用的新方法和新技术。另外，对现场施工组织管理、安全操作规程及事故处理程序也作了较详细的介绍，有较强的实用性。

本书除作为高职高专院校采矿工程专业教材外，亦可供相关工程领域的技术人员参考。

图书在版编目(CIP)数据

井巷设计与施工/李长权，杨建中主编．—2版．—北京：冶金工业出版社，2016.1（2024.1重印）
"十二五"职业教育国家规划教材
经全国职业教育教材审定委员会审定
ISBN 978-7-5024-6606-0

Ⅰ.①井…　Ⅱ.①李…　②杨…　Ⅲ.①井巷工程—工程设计—高等职业教育—教材　②井巷工程—工程施工—高等职业教育—教材　Ⅳ.①TD26

中国版本图书馆CIP数据核字(2014)第153257号

井巷设计与施工（第2版）

出版发行　冶金工业出版社　**电　话**　(010)64027926
地　址　北京市东城区嵩祝院北巷39号　**邮　编**　100009
网　址　www.mip1953.com　**电子信箱**　service@mip1953.com

责任编辑　杨　敏　美术编辑　彭子赫　版式设计　葛新霞
责任校对　卿文春　责任印制　窦　唯
北京虎彩文化传播有限公司印刷
2008年4月第1版，2016年1月第2版，2024年1月第3次印刷
787mm×1092mm　1/16；16.25印张；392千字；250页
定价35.00元

投稿电话　(010)64027932　投稿信箱　tougao@cnmip.com.cn
营销中心电话　(010)64044283
冶金工业出版社天猫旗舰店　yjgycbs.tmall.com
（本书如有印装质量问题，本社营销中心负责退换）

第2版前言

“井巷设计与施工”是高职高专院校采矿工程专业的主干课程。该课程要求学生不仅要了解井巷施工的工艺过程、装备及技术，而且要掌握工艺过程中所出现问题的解决办法及工艺特点，把握井巷施工工艺的发展方向，并培养学生将基础理论应用于生产实践的能力。

本书根据课程教学要求，依据高等职业教育大纲编写而成。在编写过程中，借鉴矿山现场实际，在具体内容的组织安排上，注重理论与实践相结合，突出应用能力培养。本次修订保留了第1版的基本结构，对一些内容做了修改，引用了一些最新的技术参数并增加了现场案例。

本书主编为吉林电子信息职业技术学院李长权、昆明冶金高等专科学校杨建中；副主编为昆明冶金高等专科学校杨平、文义明、卢萍，吉林电子信息职业技术学院刘洪学；参加编写的还有吉林昊融集团穆怀富、中国黄金集团夹皮沟黄金矿业公司曲长辉、中国黄金集团湖南矿业有限公司连宝峰、内蒙古多金矿业有限公司栾振晖；主审为中国黄金集团海沟矿业有限公司马金良。全书由李长权统稿。

在编写过程中，参考了一些文献，在此向各文献作者表示诚挚的谢意！

由于编者水平有限，书中不足之处，敬请读者批评指正。

编　者

2015年10月

第1版前言

本书是根据职业教育的特点，矿山近些年发展变化，依据高等职业教育大纲编写，供高等职业技术院校采矿工程专业师生使用。

书中主要内容包括：平巷部分，系统介绍平巷断面设计、施工工艺及安全操作规程；天井部分，介绍国内矿山天井各种施工方案及发展前景；竖井部分，介绍竖井设计、施工工艺和竖井延深方案；斜井部分，介绍断面布置、施工工艺及安全操作规程；硐室部分，介绍硐室施工工艺等。

本书主编为吉林电子信息职业技术学院李长权、昆明冶金高等专科学校杨建中；副主编为昆明冶金高等专科学校杨平、吉林电子信息职业技术学院戚文革、陈国山；参加编写的有东北大学初道中、吉林海沟黄金矿业公司马金良、吉林板石沟矿业有限公司杨举、吉林夹皮沟黄金矿业公司曲长辉、赞比亚谦比西铜矿连宝峰；主审为吉林昊融集团赵江、吉林海沟黄金矿业有限公司马金良。全书由李长权统稿

在编写过程中，借鉴矿山现场实际，在具体内容的组织安排上，突出应用能力培养，力求少而精，通俗易懂，理论联系实际，着重应用。本书对从事现场采矿工作的技术人员有一定的参考价值。

本书在编写过程中引用了一些相关的文献资料，谨向各文献作者、出版社致以诚挚的谢意！

由于我们水平有限，书中难免存在不足之处，恳请读者批评指正。

编　者

2007年12月

目　录

1 平巷断面设计与施工

地下开采的矿山，无论是建井时期还是生产时期，井巷工程占有很重要的地位。在新建矿山的大量井巷工程中，巷道掘进的工程量最大，其速度快慢直接影响到矿山的投产时间；在生产矿山，为了保证三级矿量平衡，实现高产，开拓、探矿、采准切割的巷道工程量也是很大的，一般中型矿山每年的井巷工程量都在万米以上。因此，不断提高平巷掘进速度，确保施工质量，对促进矿山生产建设的发展具有十分重要的意义。

1.1 平巷断面设计

巷道是井下生产的动脉，巷道断面设计合理与否，直接影响到矿山生产的安全和经济效益。巷道断面设计的原则是：在满足安全、生产和施工要求的条件下，力求提高断面利用率，取得最佳的经济效果。

矿山平巷的种类很多，诸如平硐、石门、阶段运输巷道、回风平巷、电耙道、出矿通道等。这些平巷的断面形状和尺寸，有的只根据某一主要因素(如矿车尺寸、出矿设备等)进行确定，其方法比较简单，而有些平巷，如平硐、石门、阶段运输平巷等主要巷道，则需要根据多种因素设计断面，其方法比较复杂。

巷道断面设计的内容和步骤是：首先选择巷道断面形状，确定巷道净断面尺寸，并进行风速验算；其次，根据支架参数和道床参数计算出巷道的设计掘进断面尺寸，并按允许的超挖值求算出巷道的计算掘进断面尺寸；然后，布置水沟和管缆；最后，绘制巷道断面施工图，编制巷道特征表和每米巷道工程量以及材料消耗量一览表。

1.1.1 平巷断面形状的选择

1.1.1.1 断面形状

我国矿山井下使用的巷道断面形状，按其构成的轮廓线可分为折线形和曲线形两大类。前者如矩形、梯形、不规则形等；后者如半圆拱形、圆弧拱形、三心拱形、椭圆形和圆形等(见图1-1)。

1.1.1.2 断面形状选择时主要考虑的因素

巷道断面形状的选择，主要考虑下列因素：

(1) 巷道穿过岩层的物理、力学性质和地压的大小与来压方向；

(2) 巷道的用途和服务年限；

(3) 支护方式，即支架材料与支架结构。

一般情况下，作用在巷道上的地压大小和方向在选择巷道断面形状时起主要作用。当顶压和侧压均不大时，可选用矩形或梯形断面；当顶压较大、侧压较小时，则应选用直墙拱形断面(半圆拱、圆弧拱或三心拱)；当顶压、侧压都很大同时底鼓严重时，就必须选用诸如马蹄形、椭圆形或圆形等封闭式断面。

巷道的用途和服务年限也是考虑选择巷道断面形状不可缺少的重要因素。服务年限长

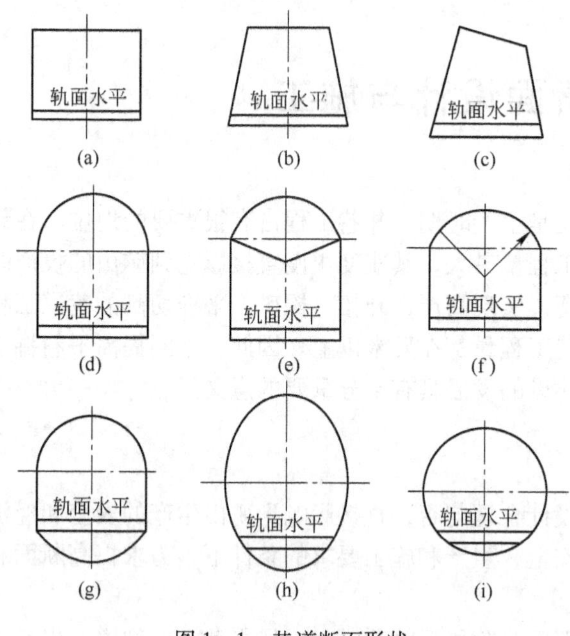

图1-1 巷道断面形状
（a）矩形；（b）梯形；（c）半梯形；（d）半圆拱形；
（e）圆弧拱形；（f）三心拱形；（g）封闭拱形；
（h）椭圆形；（i）圆形

的开拓巷道，多采用砖石、混凝土和喷锚支护的各种拱形断面较为有利；服务年限相对较短的采准切割巷道以往多采用梯形断面，现在采用喷锚支护拱形断面日趋增多。

矿区富有的支架材料和习惯使用的支护方式，往往也直接影响巷道断面形状的选择。木支架和钢筋混凝土棚子，多适用于梯形和矩形断面；砖石、混凝土和喷射混凝土支护方式，更适用于拱形等曲线断面；而金属支架和锚杆可用于任何形状的断面。

掘进方法和掘进设备对于巷道断面形状的选择也有一定的影响。目前，岩石平巷掘进仍是采用钻眼爆破方法占主导地位，它能适应任何形状的断面。近年来，由于锚喷支护广泛应用，为了简化设计和有利于施工，巷道断面多采用半圆拱和圆弧拱，三心拱逐渐被淘汰。在使用全断面掘进机组掘进的岩石平巷，选用圆形断面无疑是更为合适的。

在需要通风量很大的矿井中，选择通风阻力小的断面形状和支护方式，既有利于安全生产又具有明显经济效益。

上述选择巷道断面形状应考虑的诸因素，彼此是密切联系而又相互制约的。条件要求不同，影响因素的主次位置就会发生变化。因此，应该综合分析，抓住主导因素兼顾次要因素，以便能选用较为合理的巷道断面形状。

1.1.2 平巷断面尺寸的确定

《金属非金属矿山安全规程》(GB 16423—2006，以下简称《规程》)规定：巷道净断面，必须满足行人、运输、通风、安全设施服务、设备安装、检修和施工的需要。因此，巷道断面尺寸主要取决于巷道的用途，存放或通过它的机械、器材或运输设备的数量及规格，人行道宽度和各种安全间隙，以及通过巷道的风量等。

设计巷道断面尺寸时，根据上述诸因素和有关规程、规范的规定，首先定出巷道的净断面尺寸，并进行风速验算；其次，根据支护参数、道床参数计算出巷道的设计掘进断面尺寸，并按允许加大值(超挖值)计算出巷道的计算掘进断面尺寸；最后，按比例绘制包括墙脚、水沟在内的巷道断面图，编制巷道特征表和每米巷道工程量及材料消耗量表。

1.1.2.1 巷道净宽度（B_0）的确定

直墙拱形和矩形巷道的净宽度，系指巷道两侧内壁或锚杆露出长度终端之间的水平距离。对于梯形巷道，当其内通行矿车、电机车时，净宽度系指车辆顶面水平的巷道宽度；当其内不通行运输设备时，净宽度系指从底板起 1.6m 水平的巷道宽度。

运输巷道净宽度，由运输设备本身外轮廓最大宽度和规程所规定的人行道宽度以及有关安全间隙相加而得；无运输设备的巷道，可根据行人及通风的需要来选取。

如图 1－2 所示（图中未注释字母的意义见表 1－10），拱形净宽度按下式计算：

$$\left.\begin{aligned} &\text{单轨巷道} \quad B_0 = a + c = b_1 + b + b_2 \\ &\text{双轨巷道} \quad B_0 = a + s + c = b_1 + 2b + m + b_2 \end{aligned}\right\} \tag{1-1}$$

式中 a——非人行道侧线路中心线到支架的距离，m；

c——人行道侧线路中心线到支架的距离，m；

B_0——巷道净宽度，指直墙内侧的水平距离，m；

b_1——运输设备与支护之间的安全间隙，按表 1－1 选取；

b——运输设备的最大宽度，按表 1－2 选取；

b_2——人行道宽度，按表 1－3 选取，并要求两条线路之间及溜口或卸矿口侧，禁止设置人行道；人行道尽量不穿越或少穿越线路；在人行道侧敷设管路（架空敷设除外）时，要相应增加人行道宽度；

m——运输设备之间的安全间隙，按表 1－1 选取；

s——线路中心距，应保证两列对开列车最突出部分之间的间隙 m 不小于表 1－1 内所列数值，并应考虑设置渡线道岔的可能性。各种电机车、矿车的线路中心距见表 1－2。一般按表 1－2 选取 s 值，然后按运输设备的最大宽度来验算 s 值是否符合要求。

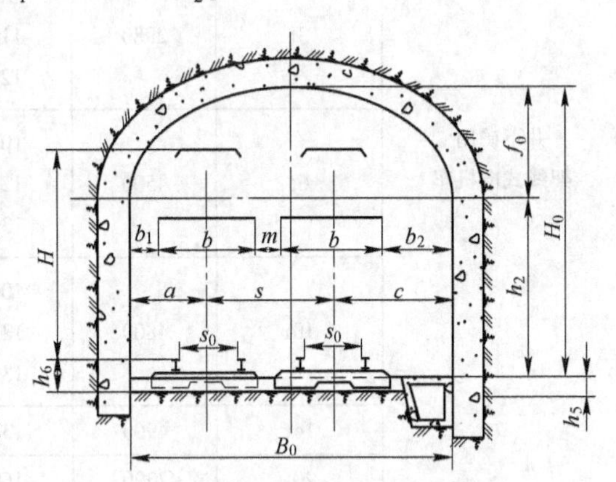

图 1－2 巷道净尺寸计算图

计算后的平巷净宽按 50mm 向上进级选取。

注意：b_1 统指各种安全间隙，不同公式中所指具体意义有不同。

表 1－1 安全间隙 （mm）

运输设备	设备之间			与支护之间		
	冶金部门	建材部门	化工部门	冶金部门	建材部门	化工部门
有轨运输	≥300	≥250	≥300	≥300	≥250	≥300
无轨运输	—	—	—	≥600	—	≥600
皮带	≥400	—	—	≥400	≥400	≥400

在巷道弯道处，车辆四角要外伸或内移，应将上述安全间隙适当加大，加大值与车厢长度、轴距和弯道半径有关。因此，按式（1－1）计算出的平巷宽，还要适当加宽，可按表 1－4 选取加宽值。

表1-2 设备外形尺寸及线路中心距

运输设备		设备外形尺寸/mm			轨距/mm	中心距/mm
		长	宽	高		
井下矿用架线式电机车	1.5t	2420	920 1090 1220	1550	600 762 900	1250 1400 1550
	3t	2980	980 1150 1280	1550	600 762 900	1300 1450 1600
	6t	4500	1060 1230 1360	1600	600 762 900	1400 1550 1700
	10t	4800	1060 1230 1360	1600	600 762 900	1400 1550 1700
	14t	4900	1360	1600		1700
	20t	7390	1600	1700		1900
固定式矿车	YGC0.5(6)	1200	850	1000	600	1150
	YGC0.7$\binom{6}{7}$	1500	850	1050	600 762	1150
	YGC1.2$\binom{6}{7}$	3000	1200	1200	600 762	1350
	YGC2.0$\binom{6}{7}$	3000	1200	1200	600 762	1500
	YGC4.0	3700	1300	1550	762 900	1650
	YGC10.0	7200	1500	1550	762 900	1800
翻转车厢车	YFC0.5	1500	850	1050	600	1150
	YFC0.7	1650	980	1050	600 762	1300
	YFC1.2				900	
单侧曲轨侧卸式	YCC0.7	1650	980	1050	600	1300
	YCC1.2	1900	1050	1200	600	1350
	YCC2.0	3000	1250	1300	600 762	1550
	YCC4.0	3900	1400	1650	762 900	1700

续表 1－2

运输设备		设备外形尺寸/mm			轨距/mm	中心距/mm
		长	宽	高		
单侧曲轨侧卸式	YCC6.0	5000	1800	1700	762 900	2100
底卸式	YDC4.0	3900	1600	1600	762	1900
	YDC6.0	5400	1750	1650	762 900	2050
	YDC10.0				900	

注：由电机车和矿车决定的线路间距 s，取其中最大值。

表 1－3 人行道宽度 （mm）

部门	电机车		无轨运输	皮带	人力运输	人车停车处的巷道两侧	矿车摘挂钩处巷道两侧
	<14t	≥14t					
冶金部门	≥800	>800	≥1000	≥800	≥700	≥1000	≥1000
建材部门	≥800	≥800	≥1000	—	≥700	≥1000	—
化工部门	≥800	≥800	≥1000	—	—	≥1000	—

表 1－4 弯道加宽值 （mm）

运输方式	内侧加宽	外侧加宽	线路中心距加宽
电机车运输	100	200	200
人力运输	50	100	100

为了使双轨巷道对开列车车辆之间有足够的安全间隙，两条平行轨道的中心距可按表 1－2 选取。

巷道的净宽度必须满足从道碴面起 1.6m 的高度内留有宽不小于 0.7m 的人行道，否则应重新设计。在设计梯形巷道的净宽度时，常常采用根据标准顶梁的尺寸、棚腿斜角来推算巷道净宽度的方法来确定巷道的净宽度。

1.1.2.2 巷道净高(H_0)确定

A 矩形、梯形平巷的净高度

矩形、梯形巷道的净高度系指自道碴面或底板至顶梁或顶部喷层面、锚杆露出长度终端的高度；拱形巷道的净高度是指自道碴面至拱顶内沿或锚杆露出长度终端的高度。

B 拱形巷道净高度的确定

拱形巷道的净高度(H_0)，指自道碴面至拱顶内沿或锚杆露出长度终端的高度。确定拱形巷道高度，主要是确定其净拱高和自底板起的壁(墙)高。由图 1－2 可知：

$$H_0 = f_0 + h_2 \qquad (1-2)$$

式中 H_0——拱形巷道的净高度，m；

f_0——拱形巷道的拱高，m；

h_2——拱形巷道的墙高，m。

a 拱高 f_0 的确定

拱的高度常用高跨比来表示，即拱高与巷道净宽之比。

工程中常用的拱形有半圆拱、圆弧拱和三心拱三种。具体选用应根据围岩的稳定性、地压大小及施工技术等因素进行选择。选用较高的拱时，有利于围岩的稳定和支架受力，反之则不利于围岩稳定和支架受力，但前者巷道的断面利用率较低，后者则巷道的断面利用率较高。

（1）半圆拱。其拱高及拱的半径 R 均为巷道净宽的1/2，即 $f_0=R=B_0/2$。

（2）圆弧拱。一般情况下，矿山多取巷道净宽的1/3，即 $f_0=B_0/3$；个别矿井为了提高圆弧拱的受力性能，取拱高 $f_0=2B_0/5$。当矿山巷道围岩稳定性较好时，为了提高断面利用率，减少巷道的开挖量，可将圆弧拱的拱高 f_0 取为巷道净宽的1/4或1/5。

（3）三心拱。常用三心拱的拱高为 $f_0=B_0/3$，冶金矿山一般围岩较稳定，拱高可取小些，$f_0=B_0/4$，或 $f_0=B_0/5$。三心拱拱形曲线可由作图法求得。

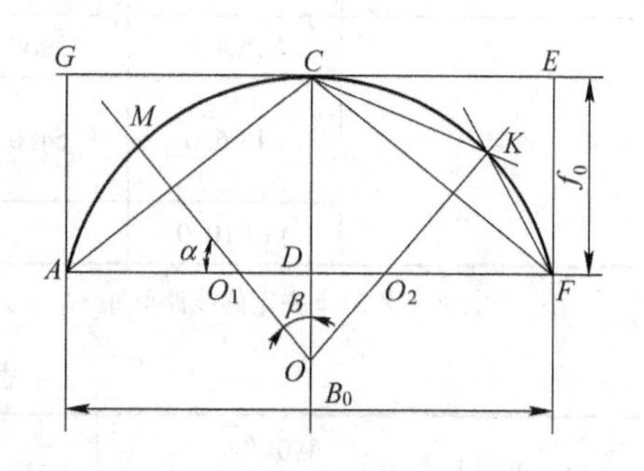

图1－3　三心拱的作图法

如图1－3所示，按 B_0 和 f_0 作矩形 $AFEG$，$AF=B_0$，CD 垂直平分 AF，$CD=f_0$，连接 AC、CF，过 C 点作 $\angle ECF$ 与 $\angle ACG$ 的平分线，同时过 F、A 作 $\angle EFC$ 与 $\angle GAC$ 的平分线，两角的平分线相交于 K、M 点。由 K 作 CF 的垂线，由 M 点作 AC 的垂线，两垂线同时交于 CD 的延长线上之 O 点，与 AF 线分别交于 O_1、O_2 点，则 $OK=OM=R$，$O_1A=O_2F=r$。以 O_1、O_2 为圆心，以 r 为半径作弧 $\overset{\frown}{AM}$ 与 $\overset{\frown}{KF}$ 再以 O 为圆心，以 R 为半径作弧 $\overset{\frown}{MCK}$，即得三心拱曲线 $\overset{\frown}{AMCKF}$。

拱形几何参数见图1－4和表1－5。

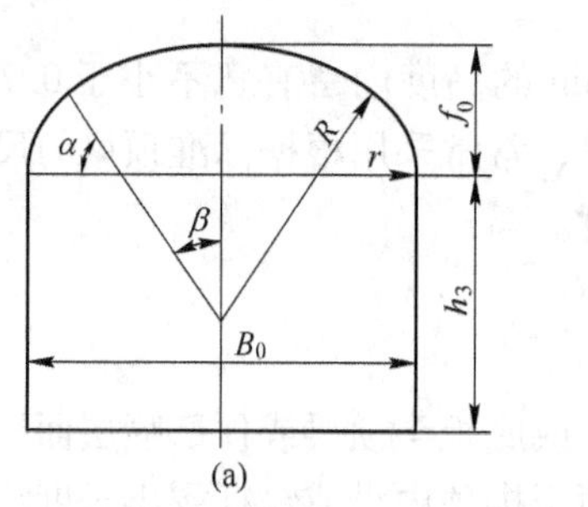

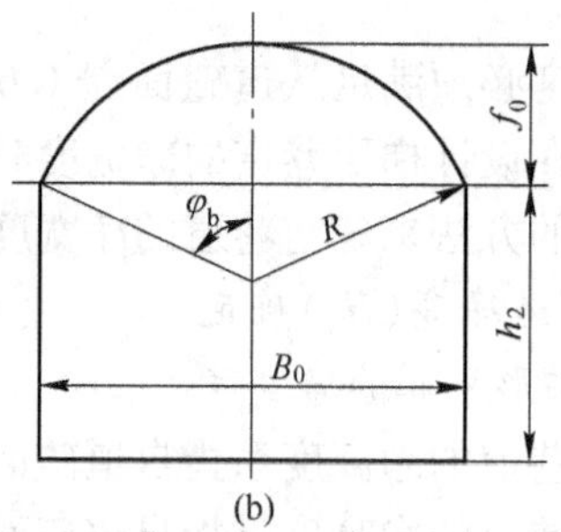

图1－4　拱形几何参数图

（a）三心拱断面；（b）圆弧拱断面

b　净墙高（h_2）的确定

拱形巷道的墙高（h_2），指自巷道碴面至拱基线的垂直距离（见图1－2）。为了满足行人安全、运输通畅以及安装和检修设备、管缆的需要，拱形巷道的墙高 h_2 设计按架线电机车导电弓子顶端两切线的交点处与巷道拱壁间最小安全间隙要求、管道敷设、人行高度和宽度以及设备上缘距拱壁的安全间隙要求等来确定，并取其最大者。

表 1-5 拱形几何参数

结构形式	项目		几何参数		
			$f_0=B_0/3$	$f_0=B_0/4$	$f_0=B_0/5$
三心拱	小圆弧圆心角 α	弧度	0.982794	1.107149	1.190290
		角度	56°18′36″	63°26′06″	68°11′55″
	大圆弧圆心角 β	弧度	0.588003	0.463648	0.380506
		角度	33°41′24″	26°33′54″	21°48′05″
	大圆弧半径 R		$0.691898B_0$	$0.904509B_0$	$1.128887B_0$
	小圆弧半径 r		$0.260957B_0$	$0.172746B_0$	$0.128445B_0$
	拱高 f_0		$0.333333B_0$	$0.25B_0$	$0.2B_0$
	拱弧长度 P		$1.326610B_0$	$1.221258B_0$	$1.164871B_0$
圆弧拱	圆弧圆心角 φ_b	弧度	1.176005	0.927295	0.761013
		角度	67°22′48″	53°07′48″	43°36′10″
	圆弧半径 R		$0.541667B_0$	$0.625B_0$	$0.725B_0$
	拱高 f_0		$0.333333B_0$	$0.25B_0$	$0.2B_0$
	拱弧长度 P		$1.274006B_0$	$1.159119B_0$	$1.103469B_0$

(1) 按架线要求计算净墙高。架线式电机车的导电弓子与巷道壁的距离应满足安全间隙的要求。

1) 三心拱巷道。图 1-5a 为墙高计算图,当导电弓子进入小圆弧断面内,即当 $\dfrac{r-a+K}{r-b_1}\geqslant 0.554$ 时:

$$h_2=H+h_4-\sqrt{(r-b_1)^2-(r-a+K)^2} \tag{1-3}$$

当导电弓子进入大圆弧断面内,即当 $\dfrac{r-a+K}{r-b_1}<0.554$ 时:

$$h_2=H+h_4-f_0+R-\sqrt{(R-b_1)^2-\left(\frac{B_0}{2}-a+K\right)^2} \tag{1-4}$$

式中 r——三心拱的小半径,mm;

R——三心拱的大半径,mm;

a——非人行道一侧线路中心至墙的距离,mm;

K——电机车导电弓子之半,一般按 $2K=800\sim900$mm 计算;

H——从轨面算起电机车的架线高度,mm;按《规程》规定,主要运输平巷,当电源电压小于 500V 时,其架线高度不低于 1.8m,当电源为 500V 或 500V 以上时,不低于 2m;井下调车场、人行道与架线式运输巷道的交叉点,当电源电压小于 500V 时,不低于 2m,当电源电压为 500V 或 500V 以上时,不低于 2.2m;井底车场(至运送人员车站),不低于 2.2m;

f_0——拱高,mm;

b_1——电机车导电弓子与巷道壁(支护)之间的安全间隙,$b_1\geqslant 200$mm,一般取 $b_1=300$mm;

h_4——道碴面至轨面的高度,mm。

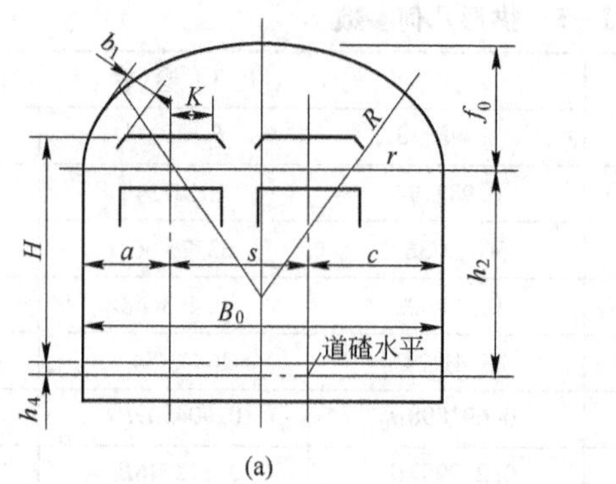

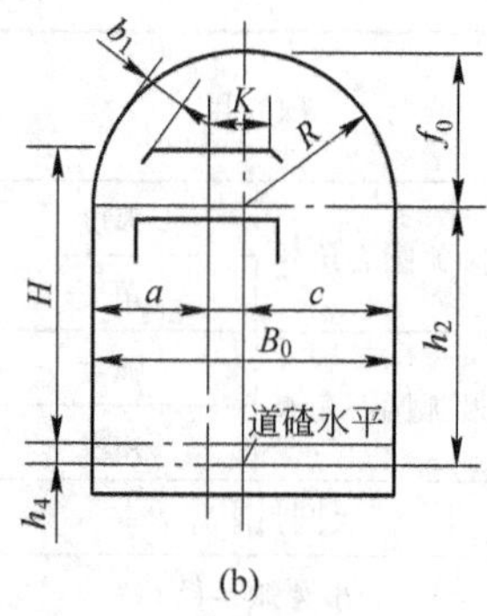

图1－5 计算墙高图

(a) 三心拱巷道；(b) 半圆拱巷道

2）半圆拱巷道。参考图1－5b，计算公式为：

$$h_2 = H + h_4 - \sqrt{(R - b_1)^2 - \left(\frac{B_0}{2} - a + K\right)^2} \tag{1-5}$$

式中 R——半圆拱半径，mm；

其他符号意义同前。

3）圆弧拱巷道。计算公式为：

$$h_2 = H + h_4 - f_0 + R - \sqrt{(R - b_1)^2 - \left(\frac{B_0}{2} - a + K\right)^2} \tag{1-6}$$

式中 R——圆弧拱半径，mm；

其他符号意义同前。

（2）按管道架设要求计算墙高。管道法兰盘最下边应满足1800mm的人行高度要求，架线电机车的导电弓子与管道的距离应满足安全间隙的要求。

1）三心拱巷道。参考图1－6a，计算公式为：

$$h_2 = 1800 + h' - \frac{D}{2} - \sqrt{\left(r - \frac{D}{2} - b'\right)^2 - \left(K + b_1 + \frac{D}{2} - c + r\right)^2} \tag{1-7}$$

式中 h'——管道占用的垂直距离，mm；

D——管道法兰盘直径，mm；

b'——管道法兰盘与支架间隙，当管道直径 d 在 $250\text{mm} > d > 150\text{mm}$ 时，可取 $b' = 0$；当 $d \geqslant 250\text{mm}$ 时，可取 $b' = 50\text{mm}$；

b_1——电机车架线弓子与管道之间的安全间隙，$b_1 \geqslant 200\text{mm}$，一般取 $b_1 = 300\text{mm}$。

其他符号意义同前。

2）半圆拱巷道。参考图1－6b，计算公式为：

$$h_2 = 1800 + h' - \frac{D}{2} - \sqrt{\left(R - \frac{D}{2} - b'\right)^2 - \left(K + b_1 + \frac{D}{2} - c + R\right)^2} \tag{1-8}$$

式中 R——半圆拱半径，mm；

其他符号意义同前。

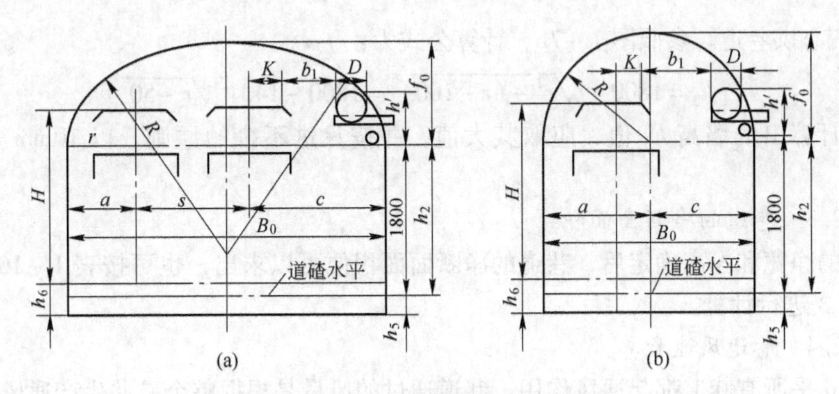

图 1-6 管道架设要求墙高计算图

(a) 三心拱巷道；(b) 半圆拱巷道

3）圆弧拱巷道。计算公式为：

$$h_2 = 1800 + h' + \left[R - \sqrt{R^2 - \left(K + b_1 + D - c + \frac{B_0}{2}\right)^2}\right] - f_0 \qquad (1-9)$$

式中 R——圆弧拱半径，mm；

其他符号意义同前。

(3) 按人行道要求计算净墙高。对于非架线式电机车运输、无管道架设的巷道，巷道净墙高度应保证行人避车靠壁站立时，距壁 100mm 处的巷道有效净高度不小于 1800mm，如图 1-7 所示。

1）圆弧拱巷道。参照图 1-7a，计算公式为：

$$h_2 = 1800 + \left[R - \sqrt{R^2 - \left(\frac{B_0}{2} - 100\right)^2}\right] - f_0 \qquad (1-10)$$

式中符号意义同前。

2）半圆拱巷道。计算公式为：

$$h_2 = 1800 - \sqrt{R^2 - (R - 100)^2} = 1800 - 14.1\sqrt{R - 50} \qquad (1-11)$$

式中符号意义同前。

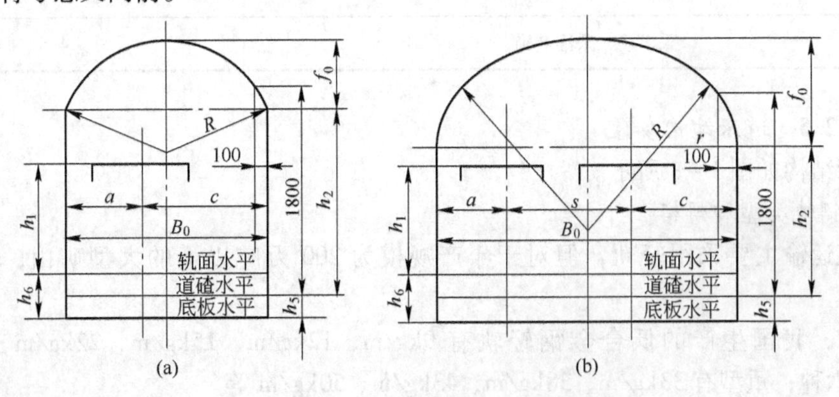

图 1-7 行人要求的墙高计算图

(a) 圆弧拱巷道；(b) 三心拱巷道

3）三心拱巷道。参照图1－7b，计算公式为：

$$h_2 = 1800 - \sqrt{r^2 - (r-100)^2} = 1800 - 14.1\sqrt{r-50} \tag{1-12}$$

上述计算出的墙高 h_2 值，应取其大值，并按只进不舍的原则，以10mm进位向上选取。

1.1.2.3 巷道的净断面面积

巷道的净宽和净高确定后，巷道的净断面面积便可以求出，也可按表1－10～表1－13所列公式进行计算。

1.1.2.4 巷道风速验算

井下几乎所有巷道都起通风作用，巷道通过的风量是根据整个矿井生产通风网络求解得到的。当通过该巷道的风量确定后，断面越小，风速越大。风速过大，会扬起粉尘，影响工作效率和工人健康。为此，《规程》规定了各种不同用途巷道所允许的最高风速（见表1－6），故设计出巷道净断面后，还必须进行风速验算。若风速超限，则应重新修改断面尺寸，满足风速要求。通常用下式进行验算：

$$V = \frac{Q}{S_0} \leqslant V_{允} \tag{1-13}$$

式中 Q——根据设计要求通过该巷道的风量，m^3/s；

S_0——巷道的净断面积，m^2；

$V_{允}$——允许通过该巷道的最大风速，m/s，按表1－6确定。

表1－6 巷道允许最大风速

井 巷 名 称	允许最大风速/$m \cdot s^{-1}$
专用风井、风硐	15
专用物料提升井	12
风 桥	10
提升人员和物料的井筒，主要进风道，回风道、修理中的井筒	8
运输巷道、采区进风道	6
采矿场、采准巷道	4

1.1.2.5 道床结构参数

道床结构如图1－8所示。

A 钢轨类型和规格

巷道运输主要采用轻轨，但对于年产规模为200万吨以上的大型矿山，可以采用重轨。

目前，我国生产的低合金钢轻轨有9kg/m、12kg/m、15kg/m、22kg/m、24kg/m、30kg/m六种；重型有33kg/m、38kg/m、43kg/m、50kg/m等。

钢轨型号按通过该巷道的运输量、电机车类型及矿车容积而定，它们之间的对应关系，见表1－7。

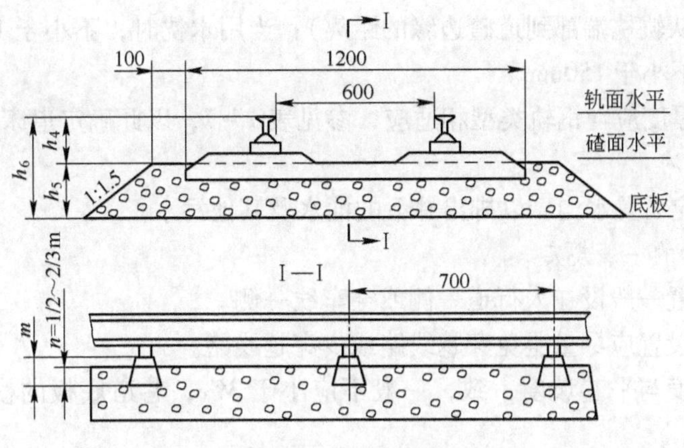

图 1-8 道床结构

表 1-7 运输量与电机车质量、矿车容积、轨距、轨型的一般关系

运输量/万吨·年$^{-1}$	机车质量/t	矿车容积/m^3	轨距/mm	轨型/kg·m^{-1}
<8	人推车	0.5~0.6	600	8~9
8~15	1.5~3	0.6~1.2	600	12~15
15~30	3~7	0.7~1.2	600	15~22
30~60	7~10	1.2~2.0	600	22~30
60~100	10~14	2.0~4.0	600，762	22~30
100~200	14，10 双轨	4.0~6.0	762，900	30~38
200~400	14~20，14~20 双轨	6.0~10.0	762，900	38~43
>400	40~50，20 双轨	>10.0	900	43，43 以上

B 轨枕

轨枕的作用是支承并固定钢轨，并将钢轨传来的压力传给道碴。矿用轨枕有木轨枕、钢筋混凝土轨枕。为节约木材，一般多使用钢筋混凝土轨枕。木轨枕仅用于道岔段和有特殊要求处。常用钢筋混凝土轨枕规格见表 1-8。

表 1-8 常用钢筋混凝土及木轨枕规格

轨型/kg·m^{-1}	钢筋混凝土轨枕/mm		木轨枕/mm	
	h_6	h_5	h_6	h_5
8，9	320（260）	160（100）	300（250）	140（100）
11，12	320（270）	160（100）	320（260）	140（100）
15	350	200	320	160
18	350	200	320	160
22，24，30	400	250	350	200

注：1. 括号内尺寸系人力运输的参数；

2. 9kg/m、12kg/m、15kg/m、22kg/m、30kg/m 为 YB（T）23-86 新型轨型。

C 道碴

水平及倾角小于 10°的轨道应铺以碎石道碴，轨枕下面的道碴厚度应不小于 90mm，轨枕埋入道碴深度应不小于轨枕厚度的 2/3。

道床肩宽（从轨枕端部到道碴边缘的距离）：当用木枕时，不小于100mm；当用钢筋混凝土轨枕时，不小于150mm。

轨枕、道碴厚度应与钢轨类型相适应，参见表1－7，以此确定道床的结构尺寸。

1.1.2.6 水沟

巷道一侧均应设置水沟，以排出井下的涌水及其他污水。

A 水沟设计的一般规定

（1）水沟位置一般设在人行道一侧或空车线一侧。

（2）水沟的设置应尽量避免穿越线路或少穿越线路。

（3）水沟坡度与平巷坡度一致，一般不应小于3‰，巷道底板的横向排水坡度不小于2‰。

（4）将水沟设在巷道一侧时，应注意下列两个问题：

1）支护巷道的水沟，在靠边墙一侧应加宽基础100mm，以便铺设水沟盖板。水沟的底板一般情况下高于结构基础面50～100mm。

2）在梯形和不规则断面形状的巷道中，水沟不应沿棚脚窝开凿，水沟一侧距棚脚不应小于300mm。

（5）水沟断面形状一般为等腰梯形、直角梯形和矩形，如图1－9、图1－10所示。一般开拓和采准巷道的水沟均要支护，多用浇灌混凝土或混凝土预制件；坚硬岩石巷道中的水沟可不支护。

（6）平巷水沟盖板一般采用钢筋混凝土预制板，也有采用木制的，木制盖板厚度一

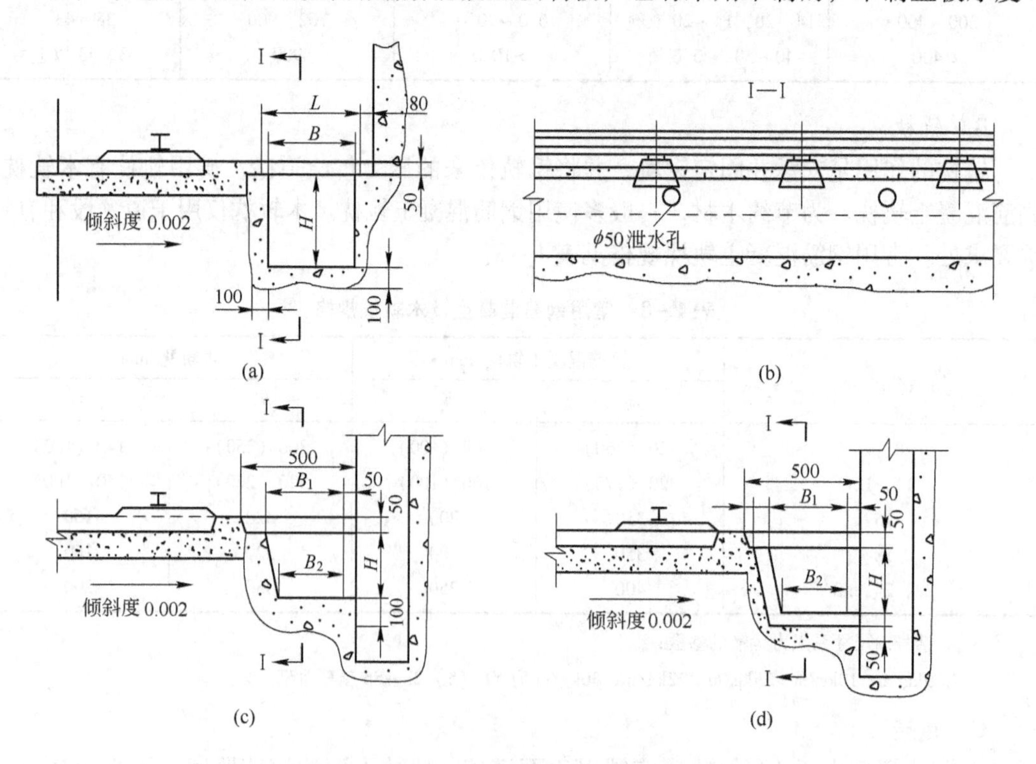

图1－9 拱形巷道水沟断面

般为40mm左右；钢筋混凝土盖板厚度为50mm，宽为600mm。井底车场、主要运输平巷水沟盖板与道碴面齐平。

(7) 泄水孔每3~6m设一个，其尺寸为40mm×40mm。

B 水沟断面选用

常用水沟断面及尺寸见图1-9和图1-10。水沟断面尺寸根据排水量大小按表1-9参考选用。

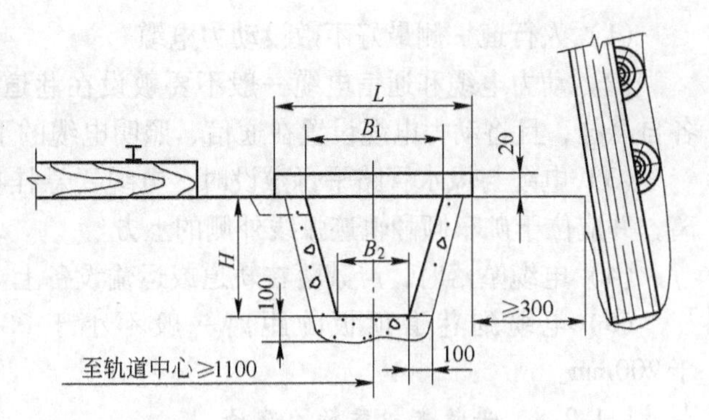

图1-10 梯形巷道水沟断面

表1-9 拱形、梯形巷道水沟规格和材料消耗

巷道类型	支护类别	流量/m³·h⁻¹ 坡度 3‰	4‰	5‰	净尺寸/mm 宽B 上宽 B_1	下宽 B_2	深H	断面/m² 净	掘进	每米材料消耗量 盖板 钢筋/kg	盖板 混凝土/m³	水沟 混凝土/m³
拱形巷道	锚喷	0~86	0~97	0~112	300		350	0.105	0.144	1.336	0.0226	0.114
	砌碹	0~96	0~100	0~123	350	300	350	0.114	0.139	1.336	0.0226	0.099
	锚喷	86~172	97~205	112~227	400		400	0.160	0.203	1.633	0.0276	0.133
	砌碹	96~197	100~227	123~254	400	350	450	0.169	0.207	1.633	0.0276	0.120
	锚喷	172~302	205~349	227~382	500		450	0.225	0.272	2.036	0.0323	0.152
	砌碹	197~349	227~403	254~450	500	450	500	0.238	0.278	2.036	0.0323	0.137
	锚喷	302~374	349~432	382~472	500		500	0.250	0.306	2.036	0.0323	0.161
	砌碹	349~397	403~458	450~512	500	450	550	0.261	0.309	2.036	0.0323	0.145
梯形巷道	棚式	0~78	0~90	0~100	230	180	260	0.05	0.146	无		0.093
	棚式	78~118	90~136	100~152	250	220	300	0.07	0.174	无		0.104
	棚式	118~157	136~181	152~202	280	250	820	0.08	0.196	无		0.110
	棚式	157~243	181~280	202~313	350	300	350	0.11	0.236	无		0.122

1.1.2.7 管线布置

按生产要求，巷道内要设置管道和电缆，如压风管、排水管、供水管、动力电缆、照明电缆和通信电缆等。这些管缆的布置要考虑安全与检修的方便。

A 管道布置的一般要求

(1) 管道应布置在人行道一侧，管子的架设一般采用托架、管墩及锚杆吊挂等方式，并要考虑检修的方便。

(2) 在架线式电机车运输的平巷内，为防止电流腐蚀，管道应尽量避免沿平巷底板架设。

(3) 管道与管道呈交叉或平行布置时，应保证管子之间有足够的更换距离。管子架设在平巷顶部时，应不妨碍其他设备的维修与更换。

B 电缆布置的一般要求

（1）人行道一侧最好不敷设动力电缆。

（2）动力电缆和通信电缆一般不要敷设在巷道的同一侧。如必须在同一侧时，则应各自悬挂，且将动力电缆设置在通信、照明电缆的下面。

（3）电缆与风水管路平行敷设时，电缆要悬挂在管路的下方，隔开300mm以上的距离，并应位于矿车倾翻轨迹弧线外侧的上方。

（4）电缆坠落时，严禁落在轨道或运输设备上。

（5）电缆到巷道顶板的距离一般不小于300mm。当有数根电缆时，一般不小于200mm。

1.1.2.8 平巷支护参数的选择

支护参数指石材、混凝土、喷射混凝土支护的厚度，木棚子的坑木直径，钢筋混凝土棚子及型钢支架断面等。应按围岩性质、地压大小和巷道跨度等因素来确定支护类型和尺寸。支护参数是计算掘进断面和工程量不可缺少的数据。支护参数的选择见平巷支护部分。

1.1.2.9 绘制巷道断面图并编制工程量及材料消耗量表

绘制巷道断面图、编制工程量及材料消耗表是断面设计的最终成果。为使用方便，常把断面尺寸计算列表，见图1-11~图1-14和表1-10~表1-13。表1-10~表1-13分别为三心拱断面、圆弧拱断面、半圆拱断面、梯形断面计算表。根据计算结果，按一定比例绘制巷道断面图（见图1-15），并附工程量及巷道材料消耗量表。

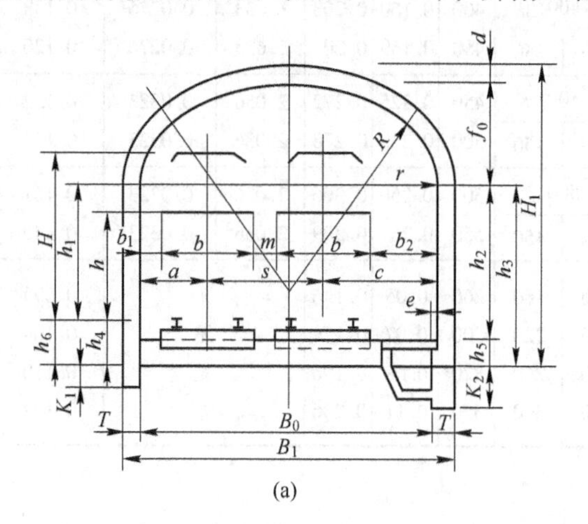

(a)

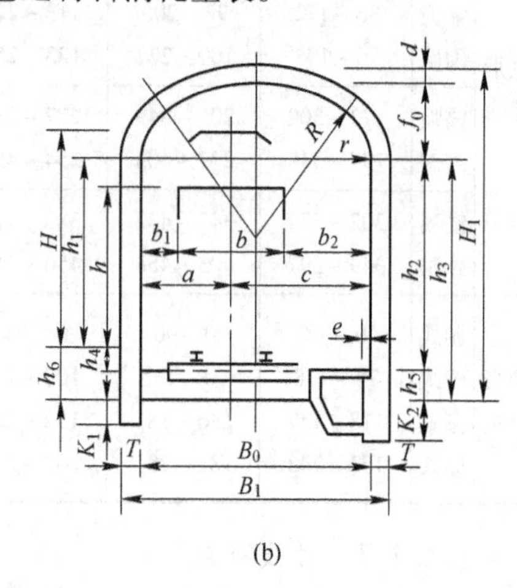

(b)

图1-11 三心拱断面图
（a）双轨巷道；（b）单轨巷道

表1-10 三心拱断面计算

项目名称	单位	符号或计算公式
从轨面算起电机车（矿车）高度	mm	h
从轨面算起巷道墙高	mm	h_1
从道碴面算起巷道墙高	mm	$h_2=h_1+h_4$
从底板面算起巷道墙高	mm	$h_3=h_2+h_5$
电机车架线高度	mm	H
三心拱拱矢高度	mm	f_0

续表 1-10

项目名称			单位	符号或计算公式
巷道掘进高度			mm	$H_1 = h_3 + f_0 + d$
巷道净宽度	单轨		mm	$B_0 = a + c = b_1 + b + b_2$
	双轨		mm	$B_0 = a + s + c = b_1 + 2b + m + b_2$
巷道掘进宽度	无充填		mm	$B_1 = B_0 + 2T$
	有充填		mm	$B_1 = B_0 + 2T + 2\delta$
巷道净断面积	$f_0 = B_0/3$		m^2	$S_0 = (h_2 + 0.263B_0)B_0$
	$f_0 = B_0/4$		m^2	$S_0 = (h_2 + 0.198B_0)B_0$
	$f_0 = B_0/5$		m^2	$S_0 = (h_2 + 0.159B_0)B_0$
拱部面积	$f_0 = B_0/3$	$d = T$	m^2	$S_d = (1.33B_0 + 1.57d)d$
		$d \neq T$	m^2	$S_d = 0.26(3B_1 d + 2B_0 T)$
	$f_0 = B_0/4$	$d = T$	m^2	$S_d = (1.22B_0 + 1.57d)d$
		$d \neq T$	m^2	$S_d = 0.198(4B_1 d + 2B_0 T)$
边墙面积	整体式		m^2	$S_T = 2h_3 T$
	喷射混凝土		m^2	$S_T = 2(h_3 + 0.1)T$
基础面积			m^2	$S_G = (K_1 + K_2)T + (K_2 + h_5 - 0.05)$
巷道掘进断面积			m^2	$S_n = S_0 + h_5 B_0 + S_d + S_T$
巷道净周长	$f_0 = B_0/3$		m	$P = 2.33B_0 + 2h_2$
	$f_0 = B_0/4$		m	$P = 2.22B_0 + 2h_2$
	$f_0 = B_0/5$		m	$P = 2.16B_0 + 2h_2$

注：1. 本表公式适用于巷道支护形式为混凝土、混凝土块、料石或砖砌的整体式支护结构。

2. 掘进断面积不包括充填量和基础量。

3. 混凝土块、料石、砖砌等支护时，壁后充填厚 $\delta = 50$mm。

4. 喷射混凝土支护时，掘进断面积及拱部面积的计算公式同表中公式。

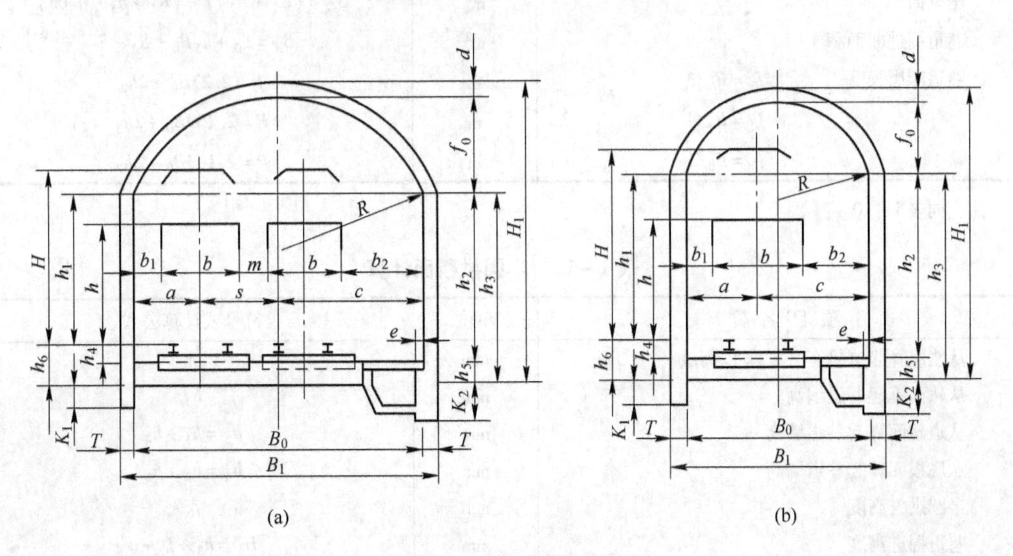

图 1-12 圆弧拱断面图

（a）双轨巷道；（b）单轨巷道

表1-11 圆弧拱断面计算

项目名称			单位	符号或计算公式
从轨面算起电机车（矿车）高度			mm	h
从轨面算起巷道墙高			mm	h_1
从道碴面算起巷道墙高			mm	$h_2=h_1+h_4$
从底板面算起巷道墙高			mm	$h_3=h_2+h_5$
电机车架线高度			mm	H
圆弧拱矢高度			mm	f_0
巷道掘进高度			mm	$H_1=h_3+f_0+d$
巷道净宽度	单轨		mm	$B_0=a+c=b_1+b+b_2$
	双轨		mm	$B_0=a+s+c=b_1+2b+m+b_2$
巷道掘进宽度	无充填		mm	$B_1=B_0+2T$
	有充填		mm	$B_1=B_0+2T+2\delta$
巷道净断面积	$f_0=B_0/3$		m^2	$S_0=(h_2+0.241B_0)B_0$
	$f_0=B_0/4$		m^2	$S_0=(h_2+0.175B_0)B_0$
	$f_0=B_0/5$		m^2	$S_0=(h_2+0.138B_0)B_0$
拱部面积	$f_0=B_0/3$	$d=T$	m^2	$S_d=(1.33B_0+1.30T)T$
		$d\neq T$	m^2	$S_d=(1.13B_0+1.30d)d$
	$f_0=B_0/4$	$d=T$	m^2	$S_d=(0.95B_0+1.20T)T$
		$d\neq T$	m^2	$S_d=(0.95B_0+1.20d)d$
	$f_0=B_0/5$	$d=T$	m^2	$S_d=(0.85B_0+1.15T)T$
		$d\neq T$	m^2	$S_d=(0.85B_0+1.15d)d$
边墙面积	整体式		m^2	$S_T=2h_3T$
	喷射混凝土		m^2	$S_T=2(h_3+0.1)T$
基础面积			m^2	$S_G=(K_1+K_2)T+(K_2+h_5-0.05)$
巷道掘进断面积			m^2	$S_n=S_0+h_5B_0+S_d+S_T$
巷道净周长	$f_0=B_0/3$		m	$P=2.27B_0+2h_2$
	$f_0=B_0/4$		m	$P=2.159B_0+2h_2$
	$f_0=B_0/5$		m	$P=2.103B_0+2h_2$

注：同表1-10。

表1-12 半圆拱断面计算

项目名称		单位	符号或计算公式
从轨面算起电机车（矿车）高度		mm	h
从轨面算起巷道墙高		mm	h_1
从道碴面算起巷道墙高		mm	$h_2=h_1+h_4$
从底板面算起巷道墙高		mm	$h_3=h_2+h_5$
半圆拱矢高度		mm	f_0
巷道掘进高度		mm	$H_1=h_3+f_0+d$
巷道净宽度	单轨	mm	$B_0=a+c=b_1+b+b_2$
	双轨	mm	$B_0=a+s+c=b_1+2b+m+b_2$

续表 1-12

项目名称		单位	符号或计算公式
巷道掘进宽度	无充填	mm	$B_1 = B_0 + 2T$
	有充填	mm	$B_1 = B_0 + 2T + 2\delta$
巷道净断面积		m^2	$S_0 = (h_2 + 0.393B_0)B_0$
拱部面积	$d = T$	m^2	$S_d = 1/2\pi(B_0 + T)T$
	$d \neq T$	m^2	$S_d = 1/4\pi(B_1 d + B_0 T)$
边墙面积	整体式	m^2	$S_T = 2h_3 T$
	喷射混凝土	m^2	$S_T = 2(h_3 + 0.1)T$
基础面积		m^2	$S_G = (K_1 + K_2)T + (K_2 + h_5 - 0.05)$
巷道掘进断面积	$d = T$	m^2	$S_n = (h_5 + 0.393B_1)B_1$
	$d \neq T$	m^2	$S_n = [h_3 + 0.393(B_0 + 2d)]B_1$
巷道净周长		m	$P = 2.57B_0 + 2h_2$

注：同表 1-10。

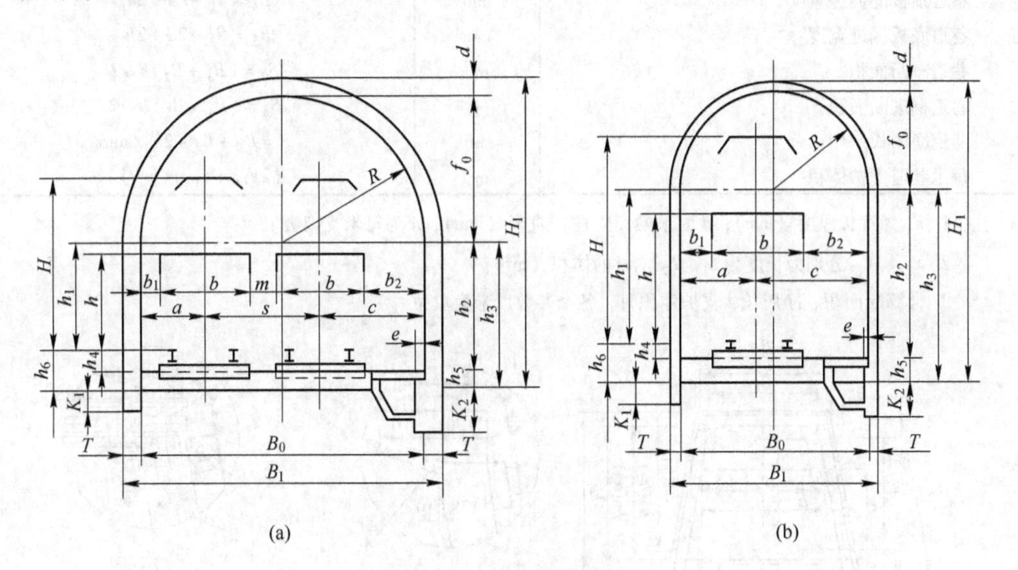

图 1-13　半圆拱断面图

（a）双轨巷道；（b）单轨巷道

表 1-13　梯形断面计算

项目名称	单位	符号或计算公式
从轨面算起电机车（矿车）高度	mm	h
从轨面算起巷道沉实后的净高度	mm	h_1
从轨面算起巷道沉实前的净高度	mm	$h_1' = h_1 + 100$
从道碴面算起巷道沉实后的净高度	mm	$h_2' = h_1 + h_4$
从道碴面算起巷道沉实前的净高度	mm	$h_2 = h_2 + 100$
从底板算起巷道沉实后的净高度	mm	$h_3 = h_2 + h_5$
从底板算起巷道沉实前的净高度	mm	$h_3' = h_3 + 100$
从底板算起巷道设计掘进高度	mm	$H_1 = h_3' + d + h_n$

续表 1－13

项目名称		单位	符号或计算公式
支架立柱倾角		(°)	$\alpha=80$
支架立柱斜长	木支架时	mm	$L_1=(h_3+250+0.5d)/\sin\alpha$
	预制支架时	mm	$L_1=(h_3+250)/\sin\alpha$
在 h 高度处人行道宽度		mm	b_2
在 h 高度处非人行道一侧的安全间隙		mm	b_1
巷道的净宽度	单轨	mm	$B_0=a+c=b_1+b+b_2$
	双轨	mm	$B_0=a+s+c=b_1+2b+m+b_2$
	无运输设备	mm	$B_0=(B_1+B_2)/2$
巷道顶梁处的净宽度		mm	$B_1=B_0-2(h_1-h)\cot\alpha$
巷道道碴面处的净宽度		mm	$B_2=B_0+2(h+h_4)\cot\alpha$
巷道底板处的净宽度		mm	$B_3=B_0+2(h+h_6)\cot\alpha$
顶梁长度		mm	$L_2=B_1+2d$
巷道顶板的掘进宽度		mm	$B_4=L_1+2d+2h_n$
巷道底板掘进宽度		mm	$B_5=B_3+2d+2h_n$
巷道净断面积		m^2	$S_0=(B_1+B_2)h_2/2$
巷道掘进断面积		m^2	$S_h=(B_4+B_5)H_1/2$
巷道净周长		m	$P=B_1+B_2+2h_2/\sin\alpha$
每米巷道支护体积		m^3	$(2V_{L1}+V_{L2})(n+1)$

注：1. h_n 为背板厚度（mm）；d 为顶梁（立柱）直径（mm）；n 为每米支架数。

2. V_{L1}、V_{L2} 分别为长度为 L_1、L_2 木材的体积（m^3）。

3. 计算断面积、净周长、支护体积时，各个参数以米为单位。

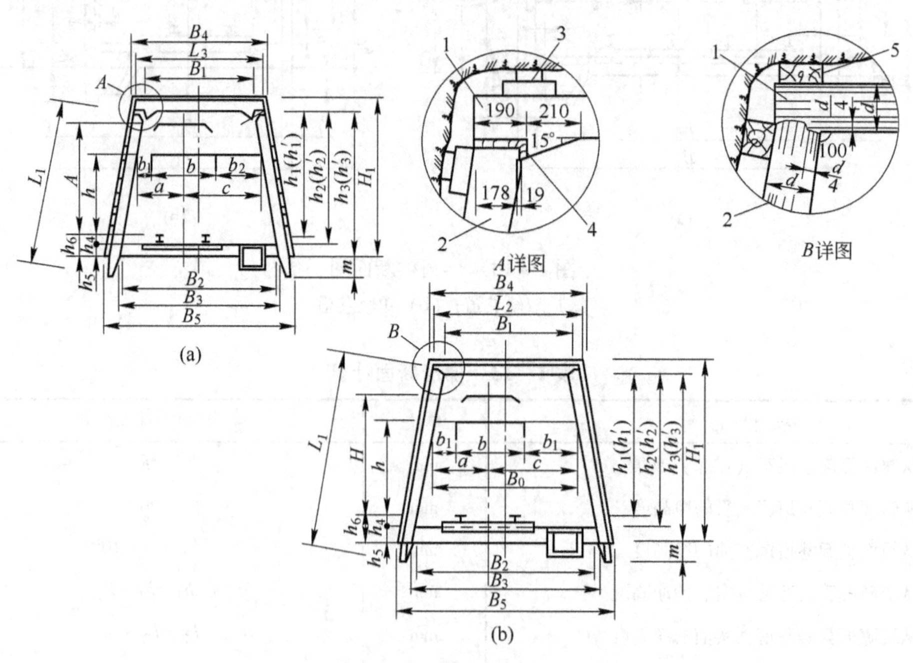

图 1－14 梯形巷道断面图

（a）钢筋混凝土支护；（b）木支护

1—顶梁；2—立柱；3—防腐木楔；4—木垫板；5—角楔

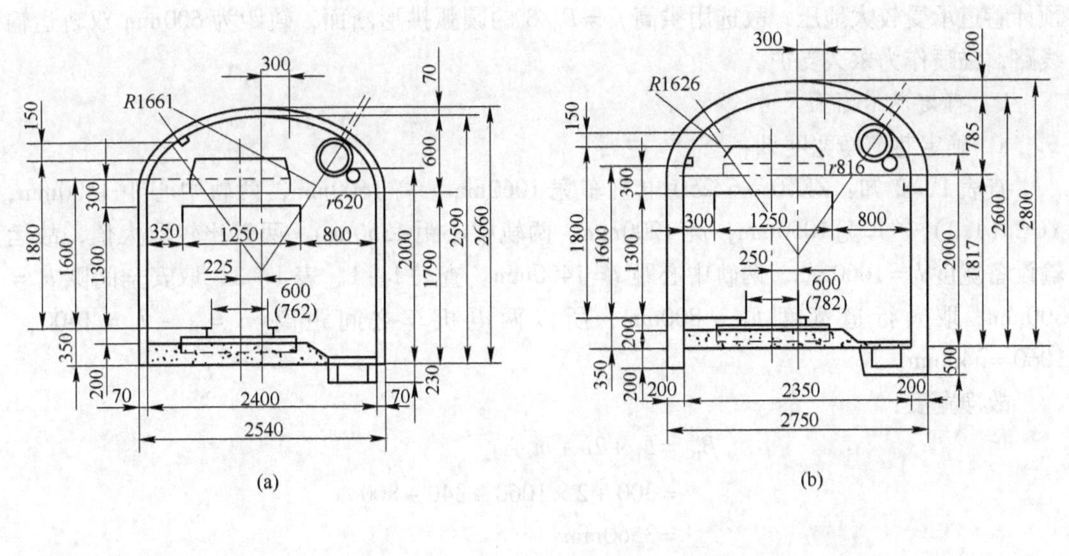

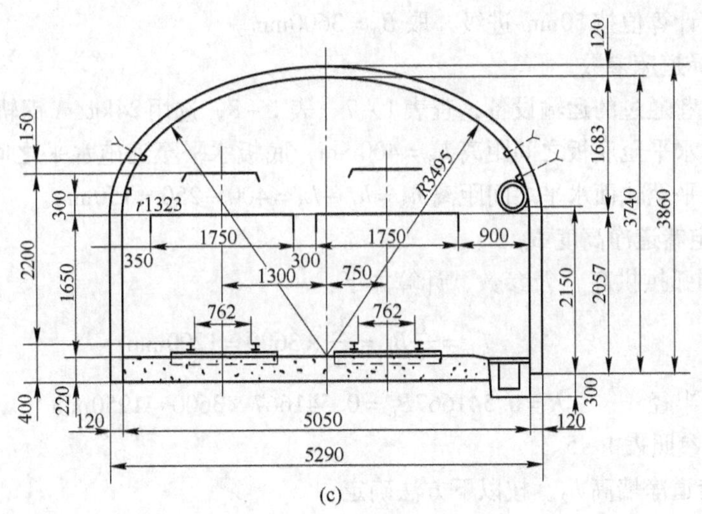

图 1-15 某矿巷道断面设计图

(a) $2m^3$ 矿车单轨阶段运输平巷（喷）；(b) $2m^3$ 矿车单轨阶段运输平巷（混凝土）；
(c) $6m^3$ 矿车双轨主要运输平巷（喷）

1.1.3 平巷断面设计实例

某矿年设计生产能力 60 万吨，井下最大涌水量 $320m^3/h$，通过该矿阶段运输第一水平大巷的流水量为 $160m^3/h$，采用 ZK10-6/250 架线式电机车牵引 YCC（1.2）型曲轨侧卸式矿车运输。该大巷穿过中等稳固岩层，岩石紧固性系数 $f=8\sim10$，通过该巷的风量为 $28m^3/s$；巷内敷设一条 200mm 的压风管和一条 100mm 的供水管。试设计该运输大巷直线段断面。

A 选择巷道断面形状和支护材料

该矿年产量 60 万吨，属中型矿山，该运输大巷服务年限较长，穿过岩层中等稳固，预计巷道承受较大地压，故选用拱高 $f_0 = B_0/3$ 的圆弧拱形断面，轨距为600mm双轨运输线路，锚喷作为永久支护。

B 确定巷道断面尺寸

a 确定巷道净宽度 B_0

查表1－2知：ZK10－6/250电机车宽1060mm，高1600mm，两轨中心距1400mm，YCC（1.2）矿车宽1050mm，高1200mm，两轨中心距1350mm，两者比较取大值，故运输设备宽度 $b = 1060$mm，两轨中心距 $s = 1400$mm。查表1－1、表1－3，取安全间隙 $b_1 = 300$mm，取人行道宽度 $b_2 = 800$mm，所以两电机车之间距离 $m = s - b = 1400 - 1060 = 340$mm。

故净宽度：

$$\begin{aligned}B_0 &= b_1 + 2b + m + b_2\\ &= 300 + 2 \times 1060 + 340 + 800\\ &= 3560\text{mm}\end{aligned}$$

将净宽计算值按50mm进级，取 $B_0 = 3600$mm。

b 选择道床参数

根据本巷通过的运输设备，查表1－7、表1－8，选用24kg/m钢轨，采用钢筋混凝土轨枕。轨面水平至底板之间距离 $h_6 = 400$mm，底板水平至道碴水平之间距离 $h_5 = 250$mm，所以道碴水平至轨面水平之间距离 $h_4 = h_6 - h_5 = 400 - 250 = 150$mm。

c 确定巷道净高度 H_0

（1）圆弧拱拱高 f_0 及参数，计算如下：

$$f_0 = \frac{1}{3}B_0 = \frac{1}{3} \times 3600 = 1200\text{mm}$$

圆弧拱半径 $R = 0.541667B_0 = 0.541667 \times 3600 \approx 1950\text{mm}$

R 取值参照表1－5。

（2）巷道净墙高 h_2。按以下方法确定：

1）按电机车架线要求确定。架线导电弓子 $2K = 800 \sim 900$mm，取 $K = 400$mm，架线至轨面高度，取 $H = 2000$mm，按式（1－6）计算如下：

$$\begin{aligned}h_2 &= H + h_4 - f_0 + R - \sqrt{(R - b_1)^2 - \left(\frac{B_0}{2} - a + K\right)^2}\\ &= 2000 + 150 - 1200 + 1950 - \sqrt{(1950 - 300)^2 - (1800 - 830 + 400)^2}\\ &= 1980\text{mm}\end{aligned}$$

其中 $$a = b_1 + \frac{b}{2} = 300 + \frac{1060}{2} = 830\text{mm}$$

2）按管道架设高度要求确定。按式（1－9）计算如下：

$$h_2 = 1800 + h' + \left[R - \sqrt{R^2 - \left(K + b_1 + D - c + \frac{B_0}{2}\right)^2}\right] - f_0$$

$$= 1424\text{mm}$$

3）按行人要求确定。按式（1－10）计算如下：

$$h_2 = 1800 + \left[R - \sqrt{R^2 - \left(\frac{B_0}{2} - 100 \right)^2} \right] - f_0$$

$$= 1595\text{mm}$$

从以上三种情况，取其中最大值并按 10mm 的进级作为计算值，则净墙高 h_2 为 1980mm。

(3) 巷道净高度 H_0。计算结果为：

$$H_0 = f_0 + h_2 = 1200 + 1980 = 3180\text{mm}$$

d　计算巷道净断面积 S_0 和净周长 P

由表 1－10 知：

$$S_0 = (h_2 + 0.241B_0)B_0 = (1.98 + 0.241 \times 3.60) \times 3.60 = 10.25\text{m}^2$$

$$P = 2.27B_0' + 2h_2 = 2.27 \times 3.70 + 2 \times 1.98 = 12.36\text{m}$$

拱和墙长度　　$P' = 1.27B_0' + 2h_2 = 1.27 \times 3.700 + 2 \times 1.98 = 8.66\text{m}$

式中，$B_0' = B_0 + 2$ 倍锚杆外露长度 $= 3.60 + 2 \times 0.05 = 3.70\text{m}$。

e　用风速核净断面积

已知通过第一水平运输大巷的风量 $Q = 28\text{m}^3/\text{s}$，查表 1－7 知，允许最高风速 $V_m = 6\text{m/s}$。

$$V = \frac{Q}{S_0} = \frac{28}{10.25} = 2.73\text{m/s} < 6\text{m/s}$$

满足风速要求，无需修改断面尺寸。

f　选择支架参数

根据地压理论，选 $d = 20\text{mm}$，$l = 1.6\text{m}$ 螺纹钢筋作砂浆锚杆，喷射混凝土厚度 $T = 150\text{mm}$，锚杆外露长度为 50mm。

g　确定巷道断面尺寸

巷道设计掘进宽度（无充填时）B_1 为：

$$B_1 = B_0 + 2(T + 50) = 4000\text{mm}$$

巷道设计掘进高度 H_1 为：

$$H_1 = H_0 + T + 50 + h_5 = 3630\text{mm}$$

巷道拱断面积 S_d 为：

$$S_d = (1.33B_0 + 1.30T')T' = (1.33 \times 3.60 + 1.30 \times 0.2) \times 0.2 = 1.0096\text{m}^2$$

式中，$T' = T + 50 = 200\text{mm}$。

巷道边墙断面积 S_T 为：

$$S_T = 2(h_3 \times T') = 2(h_2 + h_5) \times T' = 0.892\text{m}^2$$

巷道掘进断面积 S_n 为：

$$S_n = S_0 + S_d + S_T + h_5B_0 = 10.25 + 1.0096 + 0.892 + 3.60 \times 0.25 = 13.05\text{m}^2$$

C　水沟设计和管线布置

已知通过本巷道的水量为 $160\text{m}^3/\text{h}$，现采用水沟坡度与巷道坡度相同，即 3‰。查表 1－9，选用倒梯形砌碹水沟，水沟深 450mm，上宽 400mm，下宽 350mm，水沟净断面积 0.169m^2，水沟掘进断面积 0.207m^2，每米水沟混凝土用量为 0.12m^3。

管子按规定布置在人行道一侧上方，电力电缆在非人行道一侧，通信电缆挂在墙上。

D 计算巷道掘进工程量及材料消耗量

（1）每米拱顶巷道所需喷射混凝土材料量。计算结果为：

$$V_1 = 1 \times [(1.33B_0 + 1.30T')T'' - (1.33B_0 + 1.30 \times 0.05) \times 0.05] = 0.77\text{m}^3$$

（2）每米巷道两墙所需喷射混凝土材料量。计算结果为：

$$V_2 = 2 \times (h_2 + h_5)T \times 1 = 0.67\text{m}^3$$

（3）每米巷道所需锚杆根数 N 与充填砂浆 V_3。设锚杆轴向距离为 1.0m，径向间距为 1.0m，则

$$N = 9 \text{ 根}$$

$$V_3 = \frac{\pi}{4}(D^2 - d^2) \times l' \times N \times 1 = 0.02\text{m}^3$$

式中 D——锚杆孔直径，取 45mm；

d——锚杆直径，取 20mm；

l'——锚杆孔深度，取 1550mm。

（4）由设计知，每米水沟混凝土用量 $V_4 = 0.12\text{m}^3$。

E 绘制巷道断面施工图及工程量及材料消耗量表

根据以上计算结果，按 1：50 比例绘制出巷道断面施工图，见图 1－16，并列出工程量及巷道支护材料消耗量表，见表 1－14 和表 1－15。

表 1－14 运输大巷特征

断面/m²		设计掘进尺寸/mm		净断面尺寸/mm			支护厚度/mm		净周长/m
		宽	高	拱高	宽	净全高	墙厚	拱厚	拱和墙
10.25	13.05	4000	3630	1200	3600	3180	150	150	8.66

表 1－15 工程量及巷道支护材料消耗量

计算掘进工程量/m³	混凝土材料消耗量/m³				其他材料/根
巷道	喷拱	喷墙	填孔	水沟	锚杆
13.05	0.77	0.67	0.02	0.12	9

1.2 巷道掘进

目前巷道掘进仍主要采用钻眼爆破方法破岩。我国十分重视发展和完善钻眼爆破法施工技术，大力研制巷道施工各种新型掘进设备，积极进行巷道施工新技术、新工艺、新材料的试验研究，并在生产中推广使用，使我国巷道掘进机械化水平、施工技术水平和管理水平有了很大的提高。不断提高巷道掘进速度，对加速矿山建设具有非常重要的意义。

1.2.1 凿岩工作

采用凿岩爆破法进行巷道施工，其主要工序有凿岩、爆破、装岩和支护，与这些主要工序同时进行的还有一些辅助工序，如工作面通风、铺轨、接长管线等。

完成全部工序，就完成了一个掘进循环，如此循环往复，直至完成整条巷道的施工。

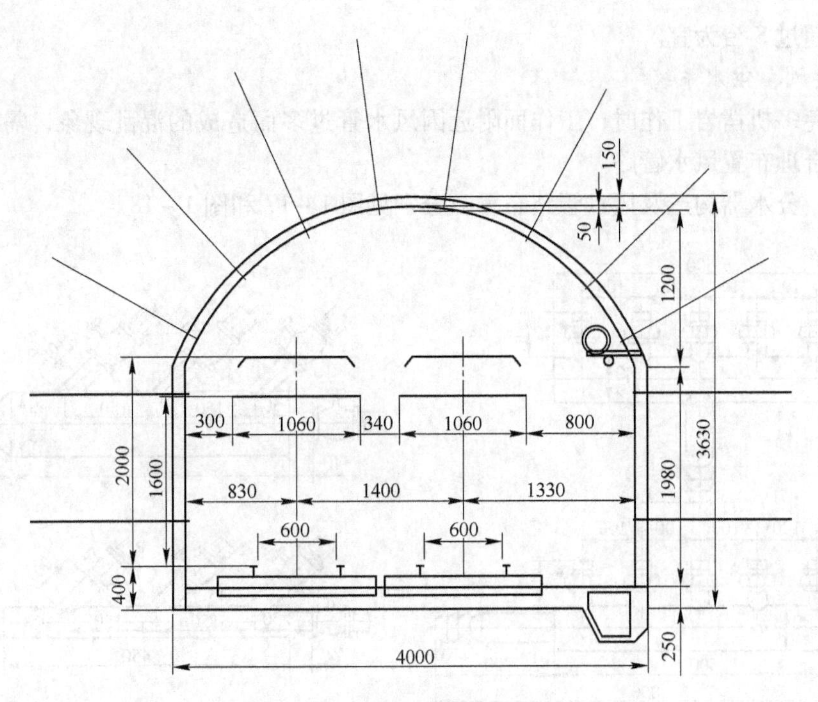

图 1-16 运输大巷断面施工图

1.2.1.1 凿岩设备的选择

平巷掘进常用凿岩设备见表 1-16。

表 1-16 施工用凿岩设备

凿岩设备	孔径/mm	孔深/m	备注
气腿式凿岩机	36 ~ 43	<2.5	应用普遍；设备轻、灵活、移动方便；作业条件差，劳动强度大；施工巷道高度低于 3m 为宜
凿岩台车与导轨式凿岩机配套	36 ~ 50	<3	用于大、中型矿山；机械化程度高；施工巷道断面应满足凿岩台车技术要求

由于气腿式凿岩机具有便于组织多台凿岩机凿岩、易于实现凿岩与装岩平行作业、机动性强、辅助工时短、利于组织快速施工等优点，所以现场广为使用。

凿岩台车具有凿岩速度快、效率高、操作安全、机械化程度高、劳动强度低、凿岩质量高等优点。单机掘进凿岩台车适用于小断面巷道掘进凿岩，三机掘进凿岩台车适用于大断面巷道掘进，双轨掘进凿岩台车适应性强，操作灵活，效率高，为矿山常用机型。

1.2.1.2 凿岩机具的配备

A 凿岩机台数的确定

工作面凿岩机台数，主要取决于岩石性质、断面大小、施工速度、工人技术水平、压风供应能力和整个掘进循环中劳动力平衡等因素。

快速掘进时凿岩多用气腿式凿岩机。凿岩机台数可按巷道宽度确定，一般每 0.5 ~ 0.7m 宽配备一台；也可按巷道断面面积确定凿岩机台数，在坚硬岩层中，通常 1.0 ~ 1.5m^2 配备一台，在中硬岩层中，可按 1.5 ~ 2.0m^2 配备一台，一般情况下 3 ~ 4m^2 配备一台，以不超过 8 台为宜。

B 供风、供水系统

为避免多机凿岩工作时，工作面附近因风水管过多而造成的混乱现象，需设置分风、分水器，合理布置风水管路。

分风、分水器构造及风水管路布置，分别见图 1－17 和图 1－18。

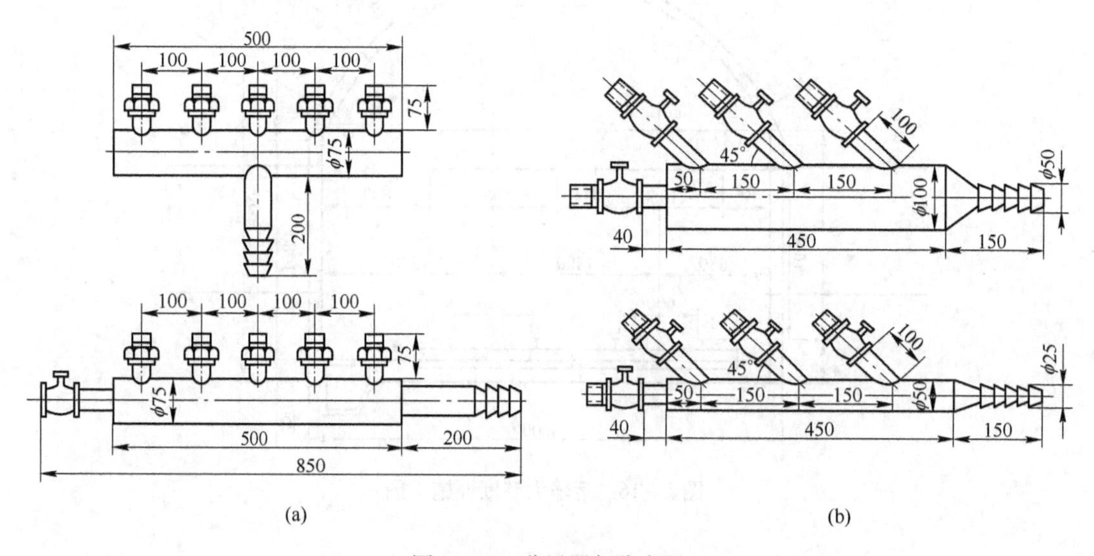

图 1－17 分风器与分水器

（a）分风器；（b）分水器

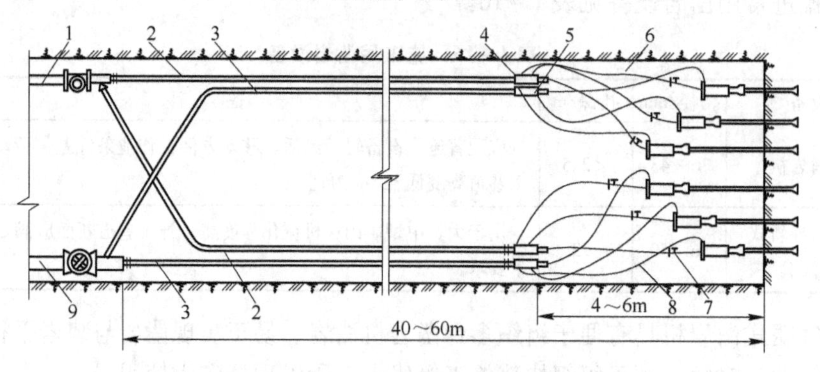

图 1－18 工作面风水管路布置图

1—供水干管（$\phi25\sim50$mm）；2—胶皮集中水管（$\phi25$mm）；3—胶皮集中风管（$\phi38\sim50$mm）；4—分水器（$\phi100$mm）；5—分风器（$\phi150$mm）；6—胶皮小水管（$\phi12$mm）；7—水管接头；8—胶皮小风管（$\phi18\sim25$mm）；9—压风干管（$\phi100\sim150$mm）

多机凿岩必须避免拥挤和忙乱，应采用定人、定机、定位、定眼数、定时间的凿岩工岗位责任制。任务确定后，每个循环基本不变，这样既有利于工人熟悉炮眼的设计位置、深度、角度，又有利于凿岩机的保养。

1.2.1.3 对凿岩工作的主要要求

凿岩爆破工作是掘进工作中的第一道主要工序，它对巷道掘进速度、规格质量、支护效果以及掘进工效、成本等，都有较大的影响。

对凿岩爆破工作的主要要求是：

（1）爆破单位体积岩石所需炸药和雷管的消耗量要低，钻眼工作量要小，炮眼利用率高（达到85%以上）。

（2）爆破后巷道的断面规格、方向和坡度均应符合设计要求，光面爆破要求巷道超挖不得大于150mm，欠挖不得超过质量标准规定。

（3）爆破后的岩石块度要均匀，不宜过大(一般不应大于300mm)，爆堆要集中，便于装运。

（4）爆破对围岩的震动要小，不崩坏支架，有利于巷道的维护。

为了获得良好的爆破效果，应在选用适宜的炸药及爆破器材、正确布置工作面炮眼、合理确定爆破参数和改进爆破技术等方面采取综合性措施。

1.2.2 爆破工作

1.2.2.1 炮眼布置

巷道掘进的爆破工作是在只有一个自由面的狭小工作面上进行的，因此，要达到理想的爆破效果，必须将各种不同作用的炮眼合理地布置在相应位置上，使每个炮眼都能起到应有的爆破作用。

掘进工作面的炮眼，按其用途和位置可分为掏槽眼、辅助眼和周边眼三类(如图1－19所示)。为了取得良好的爆破效果，必须采用延期雷管顺序起爆，即先掏槽眼，其次为辅助眼，最后为周边眼。

A 掏槽眼

掏槽眼的作用是首先在工作面上将某一部分岩石破碎并抛出，在一个自由面的基础上崩出第二个自由面来，为其他炮眼的爆破创造有利条件。掏槽效果的好坏对循环进尺起着决定性的作用。

掏槽眼一般布置在巷道断面中央靠近底板处，这样便于打眼时掌握方向，并有利于其他多数炮眼的岩石能借助于自重崩落。在掘进断面中如果存在有显著易爆的软弱岩层，一般应将掏槽眼布置在这些软弱层中。

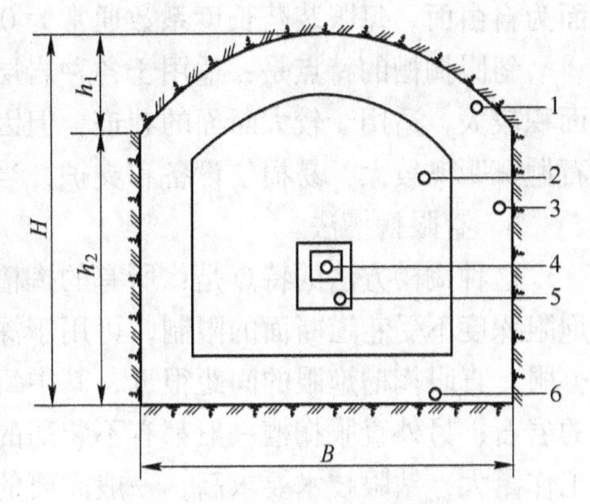

图1－19 各种用途的炮眼名称

1—顶眼；2—崩落眼；3—帮眼；
4—掏槽眼；5—辅助眼；6—底眼

目前常用的掏槽方式，按照掏槽眼的方向可分为两大类，即斜眼掏槽和直眼掏槽。

a 斜眼掏槽法

斜眼掏槽法(图1－20)在巷道掘进中是一种常见的掏槽方法，其特点是掏槽眼与自由面(掘进工作面)斜交。斜眼掏槽法又可分为单向掏槽法和多向掏槽法两种。

（1）单向掏槽法。这种方法由于炸药集中程度低，在均质坚硬的岩石中甚少使用，只是在有明显松软夹层时才能取得良好的爆破效果。图1－20a所示的扇形掏槽就是典型实例。

（2）多向掏槽法。这种掏槽方法包括楔形掏槽法和锥形掏槽法，其中以楔形掏槽法

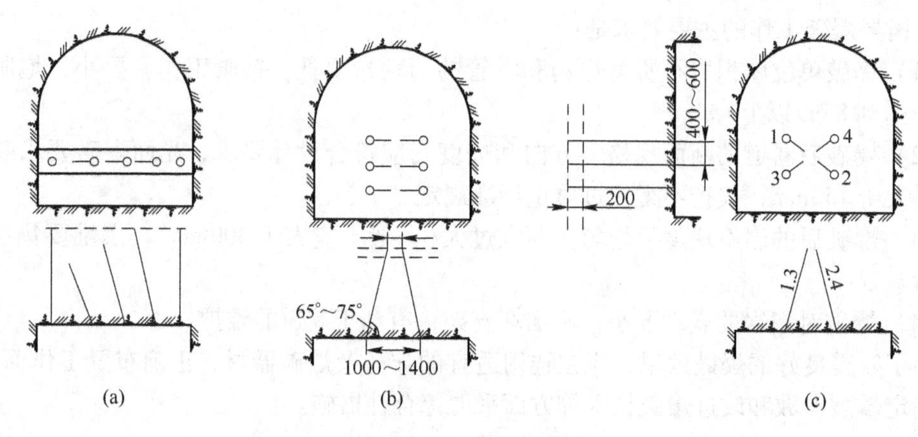

图 1－20　斜眼掏槽

（a）单向；（b）多向（楔形）；（c）多向（锥形）

应用最为广泛。在中硬岩石中，一般都采用垂直楔形掏槽，如图 1－20b 所示。掏槽眼数根据断面大小和岩石坚固程度来决定，一般是 6～8 个，两两对称地布置在巷道断面中央偏下的位置上。各对掏槽眼应同在一个水平面上，两眼眼底距离为 200mm 左右，眼深要比一般炮眼深 200mm，这样才能保证较好的爆破效果。

锥形掏槽法所掏出的槽子是一个锥体，如图 1－20c 所示。

采用斜眼掏槽时，特别是楔形和锥形掏槽，装药在槽腔的岩体内较为集中，且以工作面为自由面，每眼装药长度系数通常为 0.4～0.6。

斜眼掏槽的特点是：适用于各种岩层，可充分利用自由面，逐步扩大爆破范围；掏槽面积较大，适用于较大断面的巷道，但因炮眼倾斜，掏槽眼深度受到巷道宽度的限制；碎石抛掷距离较大，易损伤设备和支护，当掏槽眼角度不对称时尤其如此。

b　直眼掏槽法

这种掏槽方法的特点是：所有的掏槽眼都垂直于工作面，各炮眼之间必须保持平行；炮眼深度不受巷道断面的限制，可用于深孔爆破，同时也便于使用高效凿岩机和凿岩台车打眼；直眼掏槽炮眼的间距很近，其中每一个装药炮眼的爆炸，都可以破坏两个炮眼之间的岩石；另外直眼掏槽一般都有不装药的空眼，它起着附加自由面的作用。其缺点是凿岩工作量大，钻眼技术要求高，一般需要的雷管段数也较多。

直眼掏槽法的形式可分为直线掏槽（又称龟裂法）、角柱式掏槽和螺旋掏槽三种。

（1）直线掏槽。这种掏槽法对打眼质量要求高，所有炮眼必须平行且眼底要落于同一平面上，否则就会影响掏槽效果（见图 1－21）。此种方法掏槽面积小，适用于中硬岩石的小断面巷道，尤其适用于工作面有较软夹层的情况。眼距为 100～200mm，眼深小于 2m 为宜。

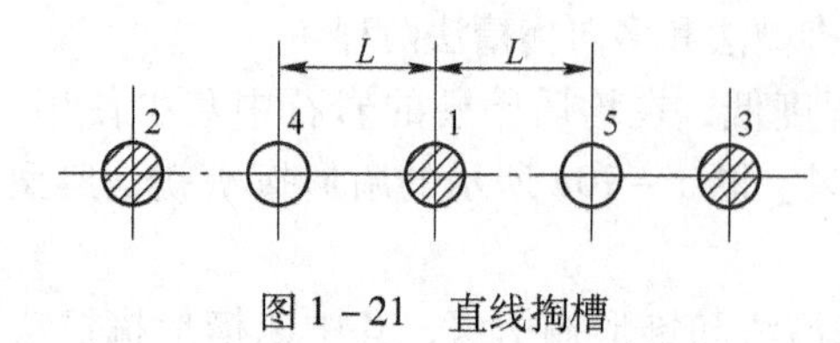

图 1－21　直线掏槽

（2）螺旋掏槽。这种掏槽方法是围绕空眼逐步扩大槽腔，能形成较大的掏槽面积。

中心空眼为小直径的螺旋掏槽见图 1－22a。其眼距：L_1 为（1～2）d，L_2 为（2～3）d，L_3 为（3～4）d，L_4 为（4～5）d，其中 d 为空眼

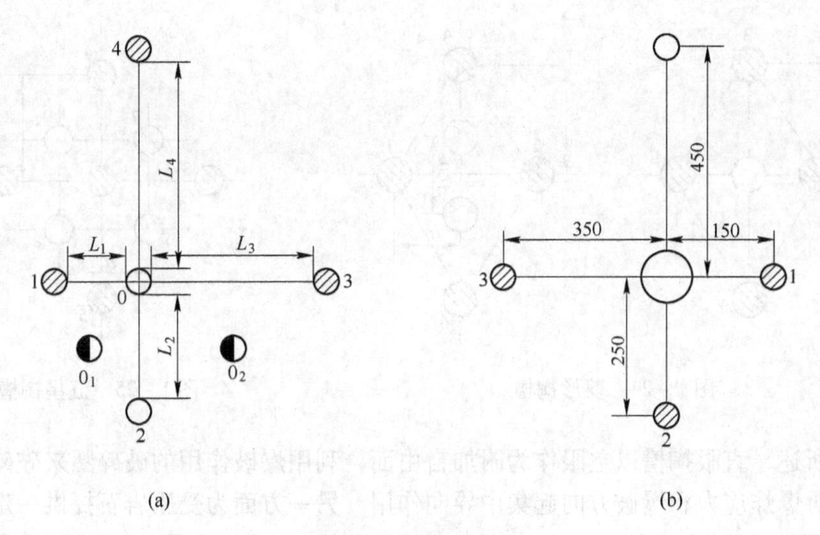

图 1－22 螺旋掏槽

直径。0～4 号眼眼深相同，0_1、0_2 眼加深 200～400mm，反向装药 1～2 个药卷，以加强抛掷。这种掏槽适用于各种岩石，眼深可到 3m。按眼序 1、2、3、4 逐个分四段起爆，如 0_1、0_2 孔装药时则为第五段起爆。

中心空眼为大直径（d＝100～120mm）的螺旋掏槽见图 1－22b，眼深一般不宜超过 2.5m，可用于坚硬岩石的大、中断面巷道。

（3）角柱式掏槽。这种掏槽的炮眼布置方式很多，多为对称式布置，在中硬岩石中使用效果好，故采用较多。眼深在 2.5m 以下时，经常采用的有三角柱掏槽、菱形掏槽和五星掏槽等。

三角柱掏槽的炮眼布置如图 1－23 所示。眼距为 100～300mm，各装药孔一般可用一段雷管同时起爆，也可分二段或三段起爆。

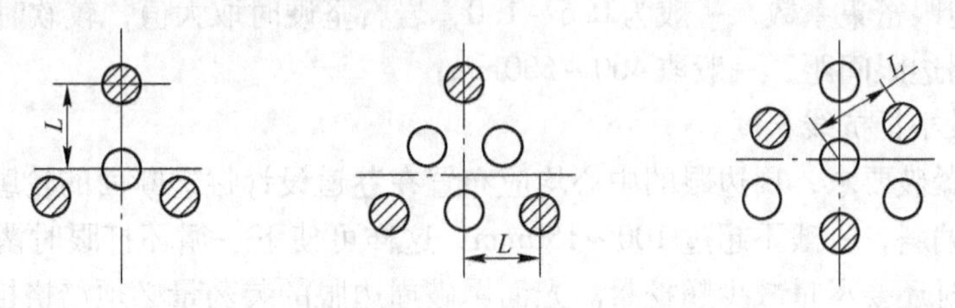

图 1－23 三角柱掏槽

菱形掏槽如图 1－24 所示。一般在 f 为 4～6 的岩石中，a 取 150mm，b 取 200mm；在中硬岩石中 a 取 100～130mm，b 取 170～200mm；在 f 大于 8 的坚硬岩石中，可将中心空眼改为两个相距 100mm 的空眼。分两段起爆，1、2 号眼为一段，3、4 号眼为二段。这种掏槽方式简单，易于掌握，适用于各种岩层条件，效果很好。

五星掏槽如图 1－25 所示。各眼之间距离，在软岩中 a 不大于 200mm，b 取 250～300mm；在中硬岩层中 a 取 160mm，b 取 250mm。分两段起爆，1 号眼为一段，2～5 号眼为二段。

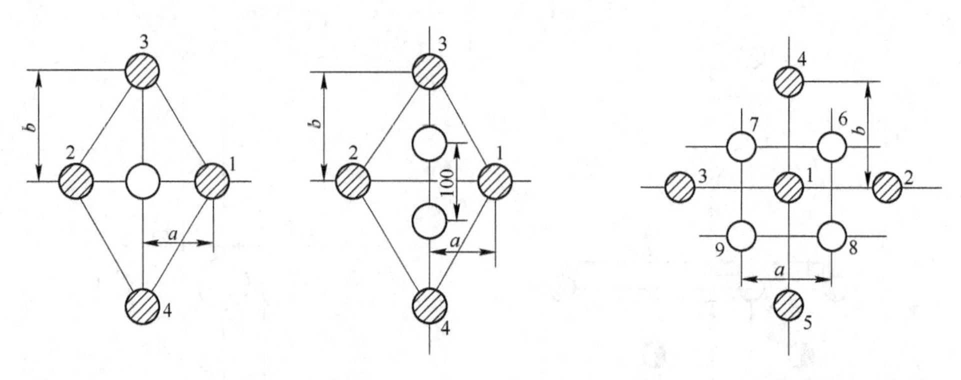

图1-24 菱形掏槽　　　　图1-25 五星掏槽

综上所述，直眼掏槽以空眼作为附加自由面，利用爆破作用的破碎圈来破碎岩石。空眼一方面对爆炸应力和爆破方向起集中导向作用，另一方面为受压岩石提供一定的碎胀补偿空间。

B 辅助眼

辅助眼又称崩落眼，是大量崩落岩石和继续扩大掏槽的炮眼(见图1-19)。辅助眼要均匀布置在掏槽眼与周边眼之间，其间距一般为500~700mm，炮眼方向一般垂直于工作面，装药系数一般为0.45~0.60。如采用光面爆破，则紧邻周边眼的辅助眼要为周边眼创造一个理想的光面层，即光面层厚度要比较均匀，且多于周边眼的最小抵抗线。

C 周边眼

周边眼是爆落巷道周边岩石，最后形成巷道断面设计轮廓的炮眼。周边眼布置合理与否，直接影响巷道成型是否规整。现在光面爆破已较成熟，一般应按光面爆破要求进行周边眼布置。光面爆破周边眼的间距与其最小抵抗线存在着一定的比例关系，即

$$K=\frac{E}{W} \tag{1-14}$$

式中 K——炮眼密集系数，一般为0.6~1.0，岩石坚硬时取大值，较软时取小值；

E——周边眼间距，一般取400~600mm；

W——最小抵抗线长度。

按照光面爆破要求，周边眼的中心均应布置在巷道设计掘进断面的轮廓上，而眼底应稍向轮廓线外偏斜，一般不超过100~150mm，这样可使下一循环打眼时凿岩机有足够的工作空间，同时还要尽量减少超挖量。光面爆破周边眼的装药量必须严格控制。巷道常遇岩层的光面爆破参数见表1-17。

表1-17 光面爆破的周边眼爆破参数

岩层情况	岩石坚固性系数f	炮眼直径/mm	炮眼间距/mm	最小抵抗线/mm	炮眼密集系数	装药量/kg·m^{-1}
完整、稳定、中硬以上	8~10	42~45	600~700	500~700	1.0~1.1	0.2~0.3
中硬、层节理不发育	6~8	35~42	500~600	600~800	0.8~0.9	0.15~0.2
松软、层节理发育	<6	35~42	350~500	500~700	0.7~0.8	0.10~0.15

底眼负责控制底板标高。底眼眼口应比巷道底板高出150~200mm，以利钻眼和防止灌水，但眼底应低于底板标高100~200mm，以免巷道底板漂高。底眼眼距一般为500~700mm，装药系数一般为0.5~0.7。为了给钻眼与装岩平行作业创造条件，需采用抛碴爆破，且将底眼眼距缩小为400mm左右，眼深加深200mm左右，每个底眼增加1~2个药卷。

根据实践经验，巷道掘进采用光面爆破时，掏槽眼、崩落眼、控制光爆层的崩落眼和周边眼(顶、帮)的每眼装药数量的比例大致为4：3：2：1。

D 炮眼布置

除合理选择掏槽方式和爆破参数外，还需合理布置炮眼，以取得理想的爆破效果。炮眼布置方法和原则如下：

(1) 工作面上各类炮眼布置时，应首先选择掏槽方式和掏槽眼位置，其次是布置好周边眼，最后根据断面大小布置崩落眼。

(2) 掏槽眼通常布置在断面的中央偏下，并考虑使崩落眼的布置较为均匀，并减少崩坏支护及其他设施的可能。

(3) 周边眼一般布置在巷道断面轮廓线上，顶眼和帮眼按光面爆破要求，各炮眼相互平行，眼底落在同一平面上。

(4) 崩落眼均匀地布置在掏槽眼和周边眼之间，以掏槽眼形成的槽腔为自由面层层布置。

1.2.2.2 爆破参数的确定

A 炸药消耗量

爆破$1m^3$原岩所需要的炸药量称为单位炸药消耗量，简称炸药消耗量，单位kg/m^3。炸药消耗量是一个很重要的参数，合理与否将直接影响炮眼利用率、岩石的块度、巷道轮廓的整齐程度以及围岩的稳定性等。影响巷道掘进炸药消耗量的主要因素有以下几点：

(1) 炸药性能。爆破同一种岩石，采用威力大的炸药时炸药消耗量小，反之炸药消耗量就相对较大。

(2) 岩石的物理力学性质。一般而言，岩石的坚固性系数越大，炸药消耗量也越大，反之则越小；弹性大的岩石的炸药消耗量大，而脆性岩石则较小。岩石的层理、节理及裂隙发育程度对炸药消耗量的影响程度也很大。同一种岩石，层理、节理及裂隙发育时，炸药消耗量就可以适当降低。

(3) 巷道掘进断面积。通常巷道掘进断面积较小时，炸药消耗量较大，反之则较小。

除以上影响因素外，炮眼直径和炮眼深度对炸药消耗量也有一定影响。因为影响炸药消耗量的因素很多且难以计量，所以到目前为止还没有解决精确计算炸药消耗量的问题。在实际工作中，可以根据相关手册、资料提供的经验数据，合理布置炮眼，合理确定每一类炮眼的装药量，最后根据循环进尺和循环炸药消耗量计算出单位炸药消耗量。

为了满足矿山井巷工程预算需要，国家有关部门组织对各类岩石不同掘进断面巷道的炸药消耗量进行统计，并在此基础上编制了平巷、平硐炸药和雷管消耗定额，见表1-18。在编制爆破图表、确定炸药消耗量时可以参考。但表中的数据是在一些技术条件（使用2号岩石硝铵炸药，延期电雷管）不变的情况下得出的统计结果，若采用其他炸药，则需要根据其爆力通过以下方法加以修正，即：

$$K = \frac{A}{B} \tag{1-15}$$

式中 K——炸药消耗量修正系数；

A——制定定额时所用炸药之爆力，cm^3；

B——换用炸药的爆力，cm^3。

改用新炸药后的炸药消耗量为：

$$q' = Kq \tag{1-16}$$

式中 q——定额表中的炸药消耗量，kg/m^3。

表1-18 平巷掘进 $1m^3$ 炸药和雷管消耗定额

掘进方式	掘进断面/m^2	f=4~6		f=8~10		f=12~14		f=15~20	
		炸药/kg	火雷管/发	炸药/kg	火雷管/发	炸药/kg	火雷管/发	炸药/kg	火雷管/发
普通爆破	≤4	2.74	3.70	2.94	5.42	4.04	7.12	4.85	9.99
	4~6	2.24	3.57	2.51	4.92	3.23	6.27	3.89	8.05
	6~8	2.02	3.10	2.24	4.19	2.98	5.78	3.54	7.13
	8~10	1.90	2.94	2.02	3.71	2.91	5.20	3.33	6.54
	10~12	1.68	2.65	1.86	3.54	2.63	4.72	3.13	5.89
	12~15	1.48	2.42	1.63	3.15	2.31	4.29	2.71	5.51
	15~20	1.35	2.13	1.45	2.88	2.09	4.00	2.46	4.99
光面爆破	≤4	2.74	4.73	2.94	5.92	4.04	7.69	4.85	10.33
	4~6	2.24	3.85	2.51	5.26	3.23	6.67	3.89	8.48
	6~8	2.02	3.44	2.24	4.48	2.98	6.09	3.54	7.31
	8~10	1.90	3.12	2.02	4.16	2.91	5.46	3.33	6.69
	10~12	1.68	2.95	1.86	3.91	2.63	4.94	3.13	6.13
	12~15	1.48	2.64	1.63	3.58	2.31	4.55	2.71	5.70
	15~20	1.35	2.47	1.45	3.22	2.09	4.41	2.46	5.30

注：炸药为2号岩石硝铵炸药。

近年来，巷道掘进普遍采用光面爆破技术，炸药的实际消耗量与表1-18中的数据存在一定的差距，实际工作中应注意收集资料，不断总结，反复实验，确定出适合具体工程的炸药消耗量。

B 炮眼直径

炮眼直径是根据药卷直径确定的。常用标准药卷的直径一般为32mm或35mm，炮眼直径应比药卷直径大4~7mm。

采用光面爆破时，周边眼直径与其他炮眼的直径通常是相同的，但药卷应尽可能选用小直径药卷，以便形成不耦合装药，这对保持围岩的稳定性有利。

C 炮眼深度

炮眼深度直接关系到一个循环的进尺量。当炮眼深度一定时，一个循环的钻眼和装岩等主要工序的工作量和完成这些工序需要的时间基本上就成为定值。因此，炮眼深度决定了每一个班能够完成的完整循环数。影响炮眼深度的因素主要有：巷道断面尺寸和掏槽方式、岩石的物理力学性质、钻眼设备的性能、劳动组织和循环作业方式等。确定炮眼深度时，主要应考虑以下因素：

（1）钻眼设备。如果钻眼工作使用的是轻型气腿式凿岩机，合理的钻眼深度一般为2.2～3.0m。当钻眼深度超过3m时，由于所使用的钎子长度及重量的增加，使凿岩机打眼时在克服钎子弹性变形能方面消耗的冲击功明显增大。另外，钻眼深度加大时会导致排粉困难，使钎子与钻孔的摩擦阻力增大。因此，钻眼深度会明显下降。如果钻眼工作采用配备有重型凿岩机的凿岩台车，那么炮眼深度在3m以上更为有利。

（2）劳动组织形式。钻眼和装岩是掘进施工中的两道主要工序，耗费的工时均较长，如果能组织平行作业，有利于减少循环时间，提高掘进速度。安排钻眼与装岩平行作业时，炮眼深度必须适中，炮眼深度过大时，爆破后岩石堆满工作面空间，钻眼与装岩无法平行作业或平行时间很少；炮眼深度小时，岩石量较少，钻装作业平行时间很短，实际意义也不大。

（3）辅助工序所占的时间。钻眼、装岩、爆破等工序进行之前都需要做一些准备工作，爆破之后还需要通风排烟。这些辅助工作在每一循环中所占的时间与炮眼深度关系不大，可以认为是不变的。从这一方面来看，可以加大炮眼深度减少每一班的循环数，从而减少这些辅助工序所占的时间。

（4）钻眼质量。在现有技术条件（包括钻眼设备、人员素质）下，如果要求炮眼深度太大，钻眼质量难以保证，特别是质量要求较高的掏槽眼，如果钻眼质量不高必然导致炮眼利用率下降。

合理的炮眼深度应该是钻眼效率较高、爆破效果好、炮眼利用率高（炮眼利用率不低于85%～90%），有利于实现正规循环作业，有利于提高掘进速度和降低生产成本。

D　炮眼数目

炮眼数目与炮眼布置密切相关。根据工作面的岩石条件，以及资料、手册上提供的数据确定的炮眼数目是否合理，还需要实践的检验。合理的炮眼数目应当保证有较高的炮眼利用率，岩石块度适中有利于装运，巷道轮廓符合设计要求。

另外，也可以根据巷道掘进断面积、循环进度、单位炸药消耗量等数据反算出工作面需要布置的炮眼个数。

掘进工作面一个循环的总装药量 Q（kg）为：

$$Q = qSL\eta \qquad (1-17)$$

假定这一装药量是按照一定的炮眼装药系数平均装入工作面所有的炮眼，那么总装药量还可以用下式表示为：

$$Q = \frac{NL\alpha}{l}P \qquad (1-18)$$

将式（1－17）代入式（1－18）并整理可得：

$$N = \frac{qS\eta l}{\alpha P} \qquad (1-19)$$

式中　q——单位炸药消耗量，kg/m^3；

S——巷道掘进断面积，m^2；

L——炮眼平均深度，m；

η——炮眼利用率，%；

N——炮眼总数，个；

α——炮眼平均装药系数，一般取0.5～0.7；

l——每个药卷的长度，m；

P——每个药卷的质量，kg。

1.2.2.3 装药结构与起爆

装药结构及起爆是控制爆破作用范围、性质和方向的重要因素，因此，在爆破工作中决不能轻视这项工作。

A 掏槽眼和辅助眼的装药结构

根据起爆药包所在位置不同，有正向装药与反向装药两种方式。

正向装药如图1－26a所示。先将被动药包依次装入眼内，然后装入起爆药包。所有药包和雷管的聚能穴一致朝向眼底，最后用炮泥填满炮孔。目前，我国大量使用的是硝铵类炸药，这样放置可能发生残孔和残药现象。这是因为一方面起爆的药包对临近还未起爆的炮眼产生挤压、抛离作用，使其中某些起爆药包或被“挤死”或被抛掷出去，因此容易造成残孔和残药；另一方面，由于起爆药包的爆轰波传播方向是由外向里传播，对眼底还未起爆的被动药包产生压实作用，使其密度增大，感度降低，以致拒爆，这种情况在装药长度较大时往往更为严重。

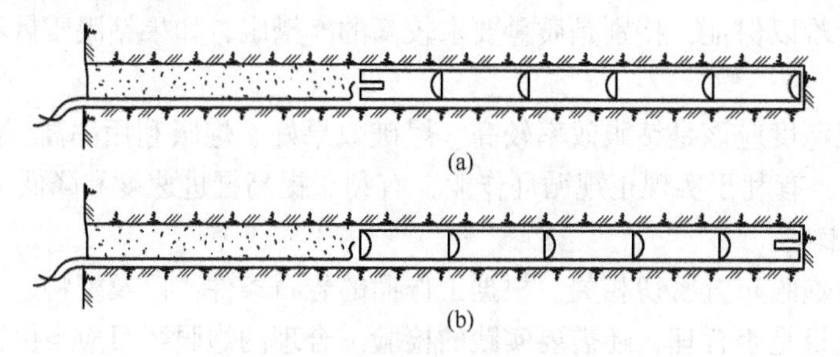

图1－26 掏槽眼和辅助眼装药结构

(a) 正向装药；(b) 反向装药

反向装药如图1－26b所示，先将起爆药包装入眼底，然后再装被动药包，最后装满炮泥，并且雷管和药包的聚能穴一致朝向眼口。这样爆轰波由里向外传播，与岩石朝自由面运动的方向一致，有利于反射拉伸波破碎岩石，同时起爆药包距自由面较远，爆炸气体不会立即从眼口冲出，爆炸能量能得到充分利用，因此能取得较好的爆破效果。

采用粉状硝铵炸药不耦合装药，当不耦合值(炮眼直径/药包直径)为1.21～1.76时，会产生间隙效应，即炸药传爆中断。采用2号岩石硝铵炸药，当传爆长度超过600～800mm时，则超过的药卷易产生拒爆。目前，巷道掘进中一般采用的钎头直径为42mm，药卷直径为35mm，正处于产生间隙效应的范围，所以当装药长度超过600～800mm时，应采取消除间隙效应的措施或改用炸药。如水胶炸药和乳化炸药就没有明显的间隙效应。

B 周边眼的装药结构

在光面爆破中，周边眼的装药结构，在目前普遍采用32～35mm粉状硝铵类炸药卷的情况下，可采用单段空气柱式装药结构，见图1－27a。眼口炮泥必须堵塞好，以使炸药爆炸后空气柱能起到缓冲作用，延长眼内爆生气体做功时间，将眼口部分岩石爆破下来，避免眼口出现“鼓包”现象。这种装药结构简单易行，适用于1.5～2.0m深的炮眼，眼深超过2.0m后效果不好。为了克服以上不足之处，可采用小直径药卷空气间隔分节装药结构，如图1－27b所示。两药包的间隔距离，一般不能大于该种炸药在炮眼内的殉爆距离。为了控制间隔距离，防止药包窜动，药包之间还要有间隔物。

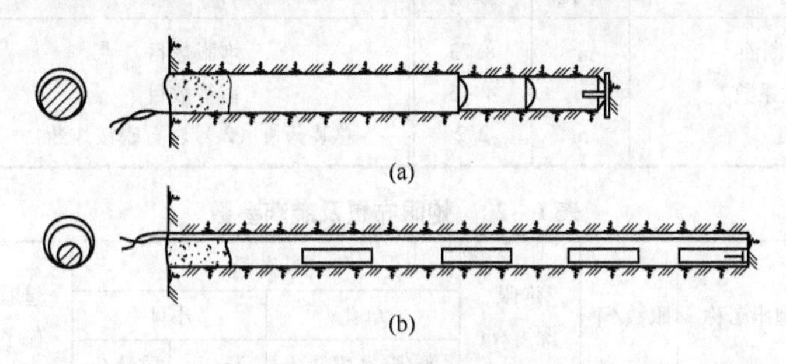

图1－27　周边眼装药结构
（a）单段空气柱式装药；（b）空气间隔分节装药

C　炮眼的填塞

为了保质保量地做好装药工作，装药之前必须吹洗炮眼，将眼中的岩粉和水吹洗干净。起爆药包必须按照规定要求制作。

炮眼的填塞质量对提高爆破效率和减少爆破有害气体也有很大作用。因此，装药完毕必须充填以符合安全要求长度的炮泥并捣实。常用1∶3的泥沙混合炮泥，湿度为18%～20%。这种炮泥既有良好的可塑性，又具有较大的摩擦系数。

D　起爆方法

起爆方法、起爆时差和起爆系统的可靠性，是影响爆破安全和爆破效果的重要因素。巷道掘进中，最好使用多段毫秒雷管，按照爆破图表规定的起爆顺序全断面一次起爆。但应注意，不同种类、不同工厂、不同期出厂的雷管不能同时使用，并要求康铜桥丝雷管电阻差不能大于0.3Ω，镍铬桥丝雷管电阻差不得大于0.5Ω。在有瓦斯爆炸危险的地点，只能使用总延期时间不超过130ms的前五段毫秒雷管。

1.2.2.4　爆破说明书的编制

爆破说明书是井巷施工组织设计中的一个重要组成部分，是指导、检查和总结爆破工作的技术文件。

爆破说明书的主要内容包括有：

（1）爆破工程的原始资料，包括掘进井巷名称、用途、位置、断面形状和尺寸，穿过岩层的性质，地质条件以及瓦斯情况；

（2）选用的钻眼爆破器材，包括炸药、雷管的品种，凿岩机具的型号、性能；

（3）爆破参数的计算选择，包括掏槽方法，炮眼的直径、深度、数目、单位耗药量；

（4）爆破网路的计算和设计；

（5）安全措施。

爆破作业图表是在爆破说明书的基础上编制出来的指导和检查钻眼爆破构造的技术文件，包括炮眼布置图，装药结构图，爆破原始条件、炮眼布置参数、装药参数的表格，预期的爆破效果和经济指标。

下面是某矿－250m水平总回风巷的爆破作业图表，它采用直眼掏槽、光面爆破。炮眼布置图如图 1－28 所示；图表内容如表 1－19～表 1－21 及图 1－28 所示。

表 1－19 爆破原始条件

名　称	单位	数量	名　称	单位	数量
巷道的掘进断面	m^2	8.73	炮眼数目	个	45
岩石的坚固性系数 f		4～6	雷管数目	个	44
炮眼深度	m	2.2	总装药量（2 号岩石硝铵炸药）	kg	27.5

表 1－20 炮眼布置及装药参数

眼　号	炮眼名称	眼数/个	炮眼深度/m	装药量				起爆顺序	联线方式	装药结构
				单孔		小计				
				卷/眼	质量/kg	卷/个	质量/kg			
1	空眼	1	2.3							连续反向装药
2～5	掏槽眼	4	2.3	7	1.05	28	4.2	Ⅰ	串	
6～11	一圈辅助眼	6	2.2	5	0.75	30	4.5	Ⅱ		
12～22	二圈辅助眼	11	2.2	5	0.75	55	8.25	Ⅲ		
31、32、44、45	帮眼	4	2.2	2	0.30	8	1.2	Ⅳ		
33～43	顶部眼	11	2.2	2	0.30	22	3.30	Ⅳ	联	
23～39	底眼	8	2.2	5	0.75	40	6.0	Ⅴ		

表 1－21 预期爆破效果

名　称	单位	数量	名　称	单位	数量
炮眼利用率	%	91.0	每米巷道耗药量	kg/m	13.8
每循环工作面进尺	m	2.0	每循环炮眼总长度	m	99.5
每循环爆破实体岩石	m^3	17.5	每立方岩石雷管消耗量	个/m^3	2.5
炸药消耗量	kg/m^3	1.6	每米巷道雷管消耗量	个/m	22.0

1.2.2.5 工程上对爆破工作的主要要求

A 钻眼安全注意事项

（1）开眼时必须使钎头落在实岩上，如有浮矸，应处理好后再开眼。

（2）不允许在残眼内继续钻眼。

（3）开眼时给风阀门不要突然开大，待钻进一段后，再开大风门。

（4）为避免断钎伤人，推进凿岩机不要用力过猛，更不要横向用力；凿岩时钻工应站稳，应随时提防突然断钎。

（5）一定要注意把胶皮风管与风钻接牢，以防脱落伤人。

（6）缺水或停水时，应立即停止钻眼。

（7）工作面全部炮眼钻完后，要把凿岩机具清理好，并撤至规定的存放地点。

B 爆破安全注意事项

（1）装药前应检查顶板情况，撤出设备与机具，并切断除照明以外的一切设备的电源。照明灯及导线也应撤离工作面一定距离。

（2）放炮母线要妥善地挂在巷道的侧帮上，并且要和金属物体、电缆、电线离开一定距离；装药前要试一下放炮母线是否导通。

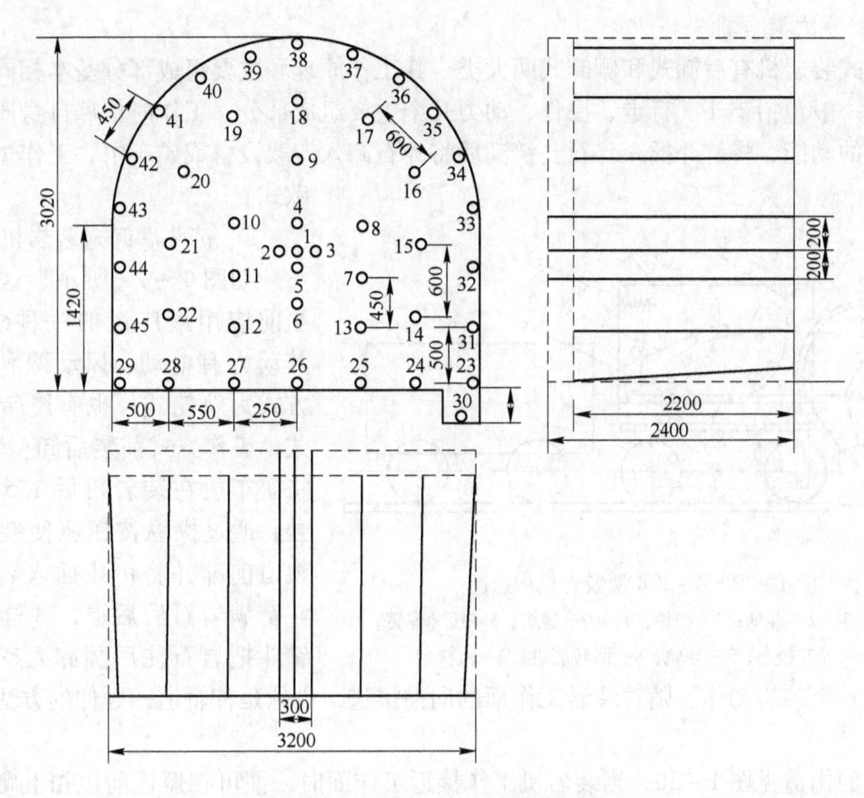

图 1-28 工作面炮眼布置图

(3) 在规定的安全地点制作起爆药爆(药卷)。

(4) 装药时要细心地将药卷送到眼底,防止擦破药卷,装错雷管段号,拉断脚线。有水的炮眼,尤其是底眼,必须使用防水药卷或给药卷加防水套,以免受潮拒爆。

(5) 装药、联线后应由放炮员与班、组长进行技术检查,做好放炮前的安全布置。

(6) 放炮后要等工作面通风散烟后,放炮员率先进入工作面,检查认为安全后方能进行其他工作。

(7) 发现瞎炮应及时处理。如瞎炮是由联线不良或错联所造成,则可重新联线补爆;如不能补爆,则应在距原炮眼 0.3m 外钻一个平行的炮眼,重新装药放炮。

1.2.3 岩石的装载与转载

岩石平巷施工中,岩石的装载与转运是最繁重、最费工时的工序,一般情况下它占掘进循环时间的 35% ~50%。因此,做好装岩与转运工作,对提高劳动效率、加快掘进速度、改善劳动条件和降低成本有重要的意义。

1.2.3.1 装岩设备

目前,国内已经生产了各种类型、使用不同条件的装岩和转运设备,并且正在逐步予以完善、配套。这些设备可以组成各种类型装岩、转运机械化作业线。

装岩机的类型很多,其中井下常用的有铲斗式装岩机、耙斗式装岩机、蟹爪式装岩机和立爪式装岩机等。

A 铲斗式装岩机

铲斗式装岩机有后卸式和侧卸式两大类。其工作原理和主要组成部分基本相同。铲斗式装岩机一般包括铲斗、行走、操作、动力几个主要组成部分，工作时依靠自身质量及运动所产生的动能，将铲斗插入碎石，铲满后将碎石卸入转载设备或矿车中，工作过程为间歇式。

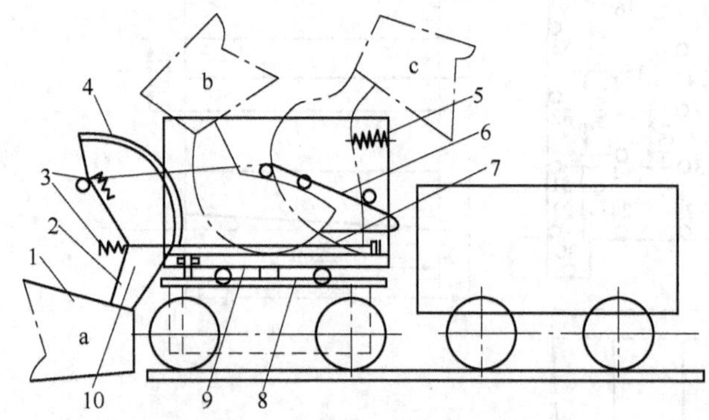

图1-29 Z-20B型装岩机构造图

1—铲斗；2—斗柄；3—弹簧；4，10—稳绳；5—缓冲弹簧；6—提升链条；7—导轨；8—回转底盘；9—回转台

a 铲斗后卸式装岩机

如图1-29所示，这是我国当前应用最广泛的一种装岩机。其动力有电动、风动两种，行走方式为轨轮式，也有履带和轮胎式，工作方式前装后卸。装岩时，将矿车放在装岩机后1.5~2.5m处，通过操纵按钮驱使装岩机沿轨道前冲并将铲斗插入岩堆，铲斗铲满岩石后后退，并同时提起铲斗把岩石往后翻卸入矿车，此即完成了一个装岩动作。随着装岩工作面的向前推进，必须延伸轨道，延伸的方法采用短道和爬道。

爬道的构造见图1-30，当装岩机工作接近工作面时，便可在短道前边扣上爬道，爬道后端用枕木垫起，使爬道尖端稍微向下，以便于顶入岩堆，然后用装岩机碰头冲顶爬道，当爬道被顶入一段距离后，便可抽出所垫枕木，装岩机便可在爬道上行驶工作。

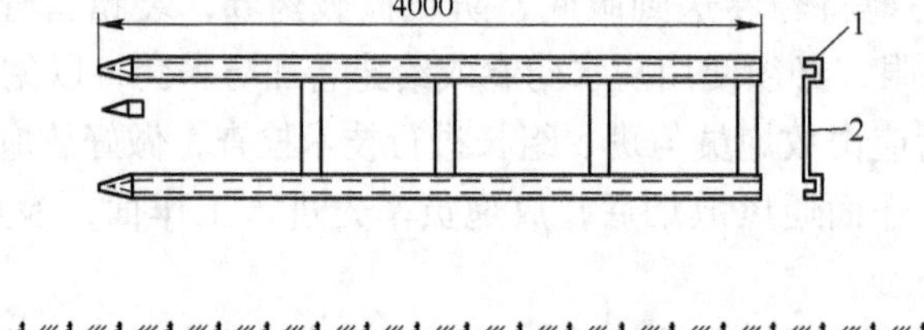

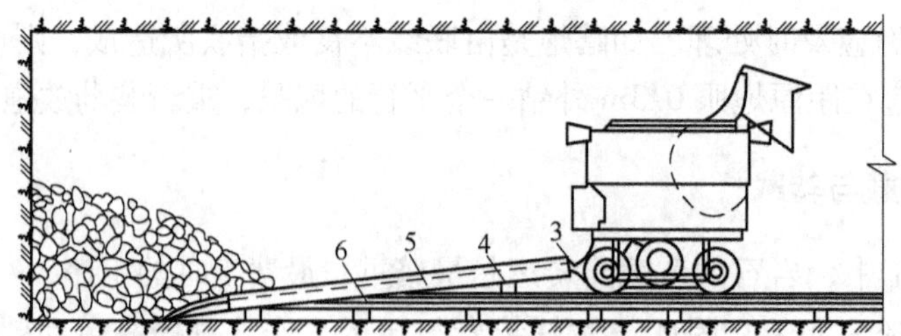

图1-30 爬道结构及其使用情况示意图

1—槽钢；2—扁钢连接板；3—装岩机碰头；4—垫木；5—爬道；6—临时短道

铲斗后卸式装岩机具有使用灵活、行走方便的特点。特别是它的结构紧凑，工作可靠，体积小；同时用它装岩时，前方可同时进行打眼，互相干扰小，易于实现装岩与钻眼工作平行作业。

b 铲斗侧卸式装岩机

这种装岩机是正面铲取岩石，在设备前方侧转卸载，行走方式多为履带式。它与铲斗后卸式比较，铲斗插入力大，斗容大，提升距离短，履带行走机动性好，装岩宽度受限制小，可在平巷及倾角10°以内的斜巷使用；铲斗还可兼作活动平台，用于安装锚杆和挑顶等；工作机构采用液压传动，提升能力大，提升距离小，消耗功率较小，性能稳定；司机坐在司机棚内操作，操作轻便，安全可靠。

B 耙斗装岩机

耙斗装岩机是一种结构简单的装岩设备，电力驱动，行走方式为轨轮式。它不仅适用于水平巷道装岩，也可用于倾斜巷道和弯道装岩。耙斗装岩机的优点是结构简单、维修量小、制造容易、安全可靠、粉尘量小、铺轨简单、适应面广和装岩生产率高。缺点是钢丝绳和耙斗磨损较快，对坚硬岩石效率较低，在松软岩层固定楔牢固问题尚待解决。

耙斗装岩机主要由绞车、耙斗、台车、槽体、滑轮组、卡轨器、固定楔等部分组成，如图1－31所示。

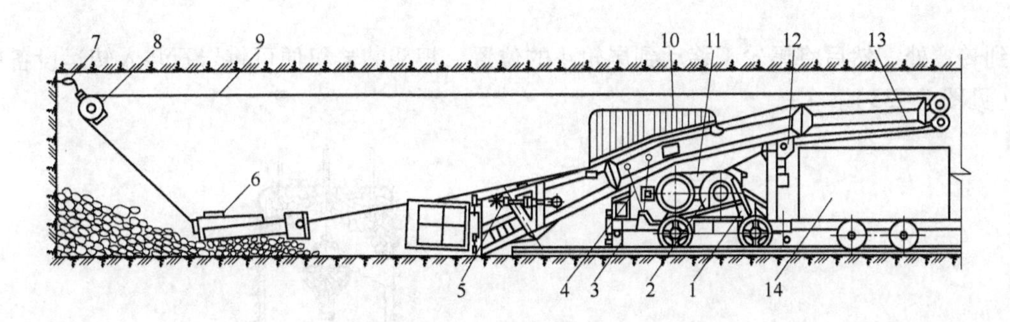

图1－31 耙斗装岩机示意图

1—连杆；2—主、副滚筒；3—卡轨器；4—操作手把；5—调整螺钉；6—耙斗；7—固定楔；8—尾轮；9—耙斗钢丝绳；10—电动机；11—减速器；12—架绳轮；13—卸料槽；14—矿车

耙斗装岩机在工作前，用卡轨器将台车固定在轨道上，并用固定楔将尾轮悬吊在工作面的适当位置。工作时，通过操纵手把启动行星轮或摩擦轮传动装置，驱使主绳滚筒转动，并缠绕钢丝绳牵引耙斗把岩石耙到卸料槽。此时，副绳滚筒从动，并放出钢丝绳，岩石靠自重从槽口流入矿车后，使副绳滚筒转动，主绳滚筒从动，耙斗空载返回工作面。这样就能使耙斗往复运行进行装岩。

在工作面用于悬挂耙斗尾绳的滑轮称为尾轮。尾轮是用固定楔固定的。硬岩用固定楔长度一般为400～500mm，由45号钢制成的楔体和紧楔两部分组成，如图1－32a所示。软岩用固定楔要略长一些，一般为600～800mm。楔体由钢丝绳制成，一端制成绳套，另一端穿入一圆锥套内，将钢丝绳向内弯折，再铸铁合金，如图1－32b所示。一般楔眼位于岩堆面以上800～1000mm处，小断面打两个眼，较大断面可打左、中、右三个眼，眼深比楔子长100mm并向下略带一点角度，以防楔子拔出。

耙斗装岩机适用于净高大于2m，净断面5m^{2}以上的巷道。它不但可以用于平巷装岩，而且还可以在35°以下的斜巷装岩，亦可用于在拐弯巷道中作业。耙斗装岩机在转弯较大的巷道中使用时，首先要在工作面设尾轮，通过在转弯处的开口双滑轮，把工作面的岩石

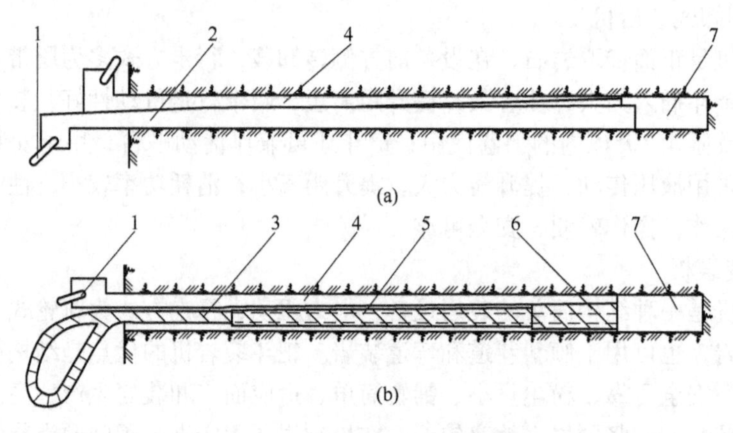

图1-32 尾轮固定楔结构图

（a）硬岩用尾轮楔；（b）软岩用尾轮楔

1—圆环；2—倒楔；3—钢丝绳；4—正楔；5—圆锥套；6—楔头；7—楔眼

耙到转弯处，然后将尾轮1移动到尾轮4的位置，耙斗装岩机便可将岩石装入转运设备中去(见图1-33)。

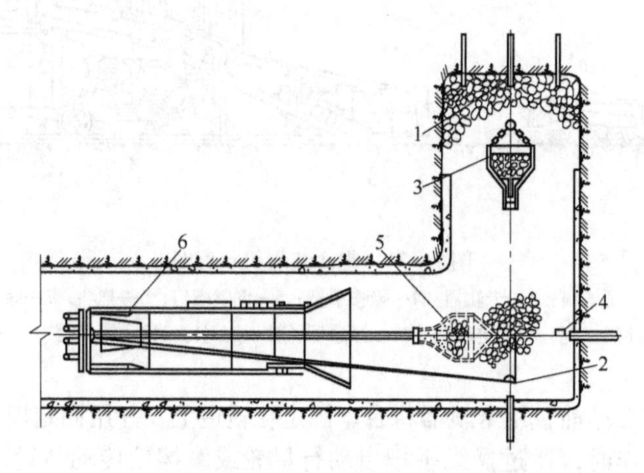

图1-33 拐弯巷道耙装机装岩示意图

1，4—尾绳轮；2—双滑轮；3，5—耙斗；6—耙装机

C 蟹爪装岩机

这种装岩机的特点是装岩工作连续，生产率高。其主要组成部分有蟹爪、履带行走部分、转载输送机、液压系统和电气系统等，见图1-34。

这类装岩机前端的铲板上设有一对蟹爪，在电机或液压马达驱动下，连续交替地扒取岩石，岩石经刮板输送机运到机尾的胶带输送机上，而后装入运输设备。也可不设胶带输送机，由刮板输送机直接装入运输设备。输送机的上下、左右摇动，以及铲板的上下摆动都由液压驱动。机器用履带行走，工作时机器慢速推进，使装岩机徐徐插入岩堆。

这类装岩机装载宽度大，动作连续，生产率高，机器高度低，产生粉尘少，但结构复杂，履带行走对软岩巷道不利，适于装硬岩。此外，为清除工作面两帮岩石，装岩机需多

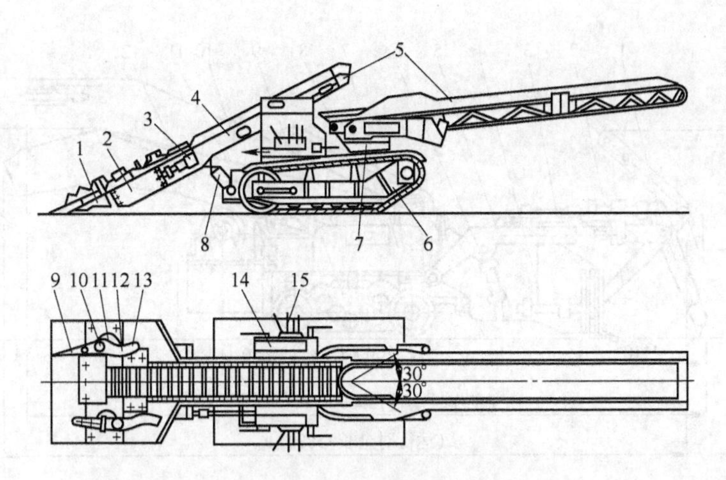

图1-34 S-60型蟹爪式装岩机

1—蟹爪式装岩机构；2—减速器；3—液压马达；4—机头架；5—转载输送机（刮板输送机及胶带输送机）；6—行走机构；7—回转台；8—升降油缸；9—耙杆；10—销轴；11—主动圆盘；12—弧线导杆；13—固定销；14—电器箱；15—操纵杆

次移动机身位置，要求底板平整，否则会给装岩机的推进带来困难。

D 立爪式装岩机

立爪式装岩机是一种新型的装载机，它由机体、刮板输送机及立爪耙装机构三部分组成(见图1-35)。其装岩过程是，立爪耙装岩石，刮板输送机转送岩石至运输设备。它的装岩顺序，一般自上而下，由表向里，首先装载岩堆中自由度最大的岩块。这比铲斗式装载机要先插入岩堆内而后铲取岩石更合理。

立爪式装岩机的主要优点是装载机构简单可靠，动作机动灵活，对巷道断面和岩石块度适应性强，能挖水沟和清理底板，效率高。但爪耙容易磨损，操作亦较复杂，维护要求高。

还有一种扒立爪式装岩机，吸取蟹爪式和立爪式装岩机的优点，采用蟹爪和立爪组合的耙装机构，从而形成新颖的高效装岩机(见图1-36)。它以蟹爪为主，立爪为辅，结合了两种装岩机的优点，有较高的生产能力。

1.2.3.2 工作面调车与转载

在巷道掘进过程中，岩石的装和运是两个重要工序。当采用矿车运输时，调车工作则是装岩、运输的关键环节。合理选择调车方法与设备，缩短调车时间，减少调车次数，是提高装岩效率与加快巷道掘进的主要途径。

采用不同的调车和转载方式，装岩机的工时利用率差别很大。平巷掘进施工中的调车方法很多，常用的有以下几种。

A 固定错车场调车法

如图1-37所示，这种调车方法比较简单易行，一般可用电机车调车，也可用人力调车。但错车道与工作面之间不能经常保持较短距离，调车间隔时间长，装岩机的工时利用率低。特别是在单轨巷道中施工，每隔一段距离需要加宽一部分巷道，以铺设错车道岔(现场常用简易道岔)构成环行错车道或单向错车道。在双轨巷道，可在巷道中轴线铺设

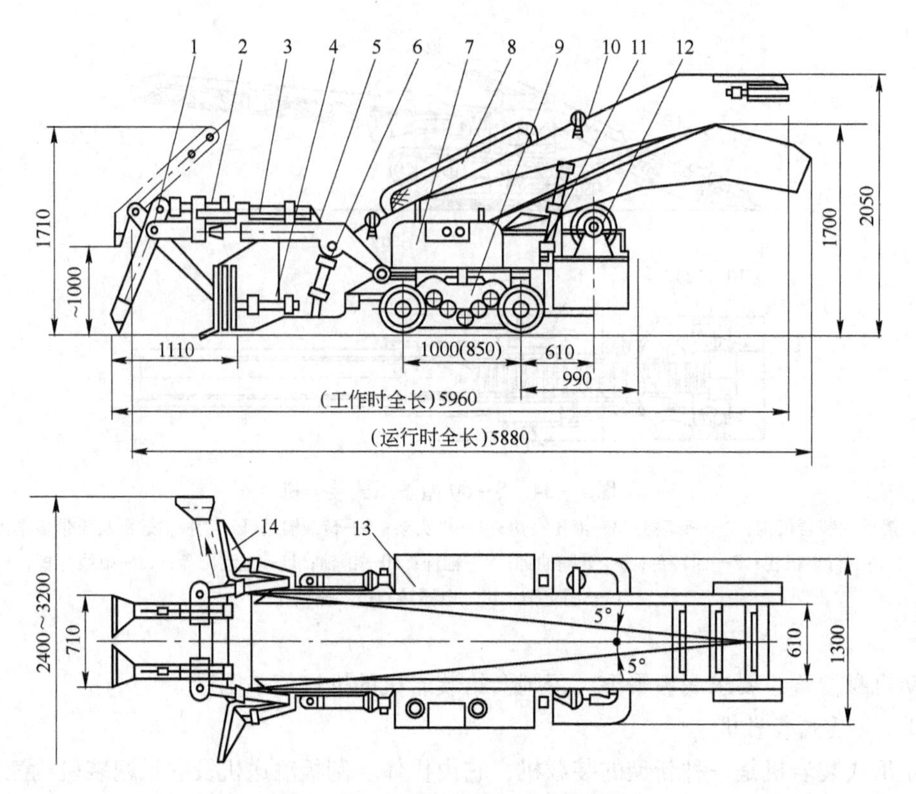

图 1-35 LZ-60 型立爪式装岩机

1—立爪；2—耙取油缸；3—回转油缸；4—集渣油缸；5—工作大臂；6—大臂油缸；7—液控箱；8—回转机构；9—行走底盘；10—刮板输送机；11—支撑油缸；12—油泵；13—电控箱；14—集渣门

临时单轨合股道岔，或利用临时斜交道岔，也可以铺设标准道岔进行调车。此种方法可用于工程量不大、工期要求较缓的工程。

B 活动错车场调车

为了缩短调车时间，加快巷道掘进速度，将固定道岔改为专用调车设备（翻框式调车器、浮放道岔等）这些设备可以缩短调车距离，使装岩机的工时利用率比采用固定错车场调车提高了近一倍。

a 浮放道岔

浮放道岔是临时安设在原有轨道上的一组完整道岔，它结构简单，可以移动，现场可自行设计与加工。

(1) 对称浮放道岔。对称浮放道岔（见图 1-38）是在一块厚 8~10mm 的钢板上焊有 25mm×25mm 的方钢作为轨道，在轨道两端与永久轨道接触处，制成扁平道尖，扣在四根轨距为 600mm 的轨道上，以便矿车通行。这种道岔适用于双轨巷道单机装岩的工作面（见图 1-39），适合于耙斗装载机。

(2) 扣道式浮放道岔。扣道式浮放道岔（见图 1-40）是用扁铁拼焊成长槽形，以便扣在轨道上，在岔尖处焊上小块钢板将道岔连接起来，扣道两头制成斜坡状，以便通过矿车，为使车轮能通过浮放道岔，可在槽钢上割一斜槽。

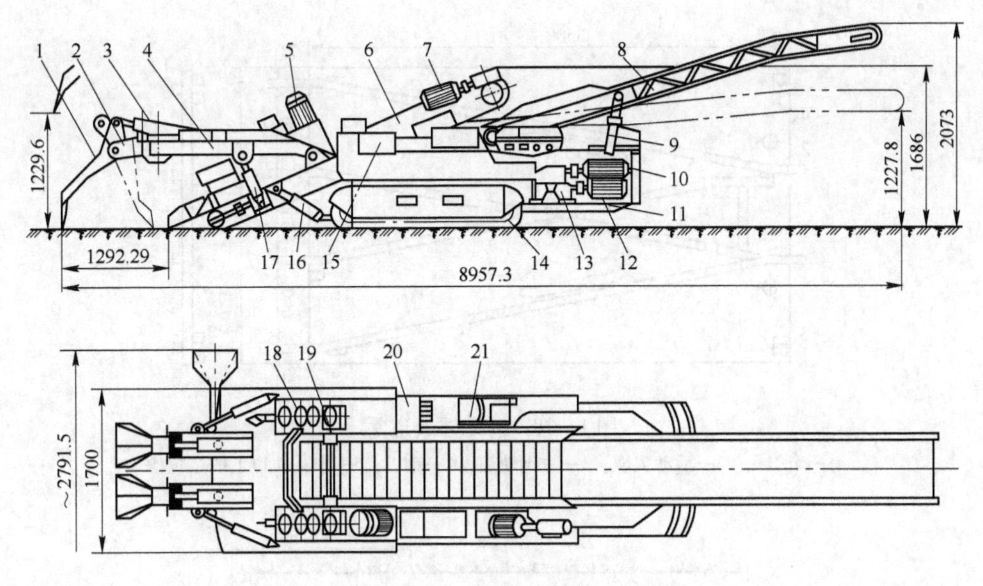

图 1-36　扒立爪式装岩机结构示意图

1—立爪；2—小臂；3—立爪油缸；4—大臂；5—扒爪电动机；6—双刮板输送机；7—刮板输送机电动机；8—带式输送机构；9—升降油缸；10—油泵电动机；11—机座；12—履带式电动机；13—减速器；14—履带装置；15—油压系统；16—机头升级油缸；17—大臂升降油缸；18—扒爪减速器；19—同步轴；20—电气系统；21—司机座

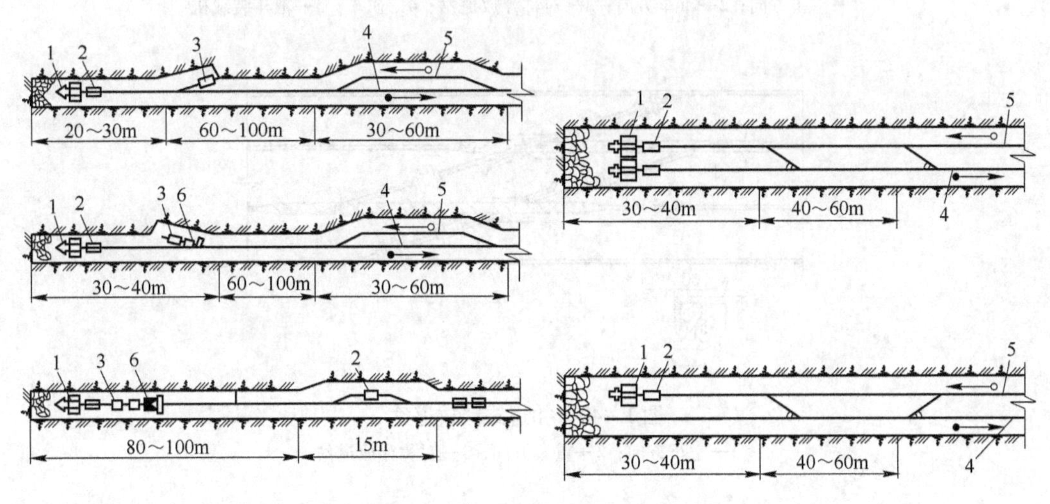

图 1-37　固定错车场

1—装载机；2—重车；3—空车；4—重车方向；5—空车方向；6—电机车

这种道岔扣在轨道上，轨道只抬高一块扁钢的厚度，并不妨碍矿车通过。扣道式浮放道岔可用于单轨巷道，也可用于双轨巷道。

（3）菱形浮放道岔。菱形浮放道岔（见图 1-41）是在 8～10mm 厚的钢板上焊上轻型钢轨而制成的。适用于双轨巷道，这种浮放道岔在两台装载机同时装岩的情况下使用方便（见图 1-42）。也可用于一台后卸式铲斗装载机装岩，装载机可通过浮放道岔调换轨道，在两条轨道上交替装岩。

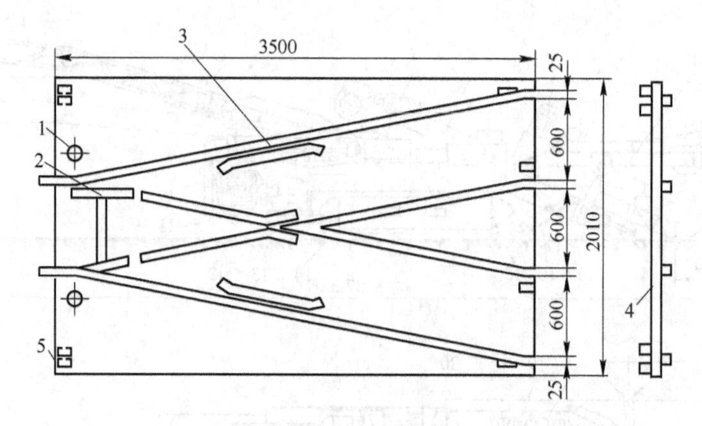

图1-38 对称浮放道岔
1—牵引孔；2—活动尖轨；3—方钢轨道；4—钢板；5—卡在轨道上的定位槽

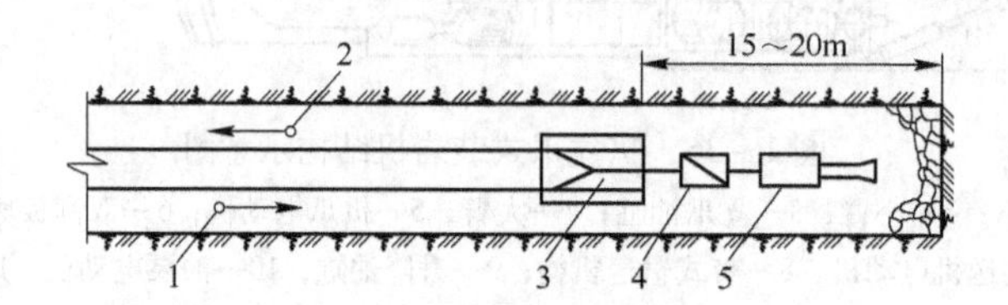

图1-39 对称浮放道岔调车示意图
1—空车方向；2—重车方向；3—对称浮放道岔；4—矿车；5—耙斗装载机

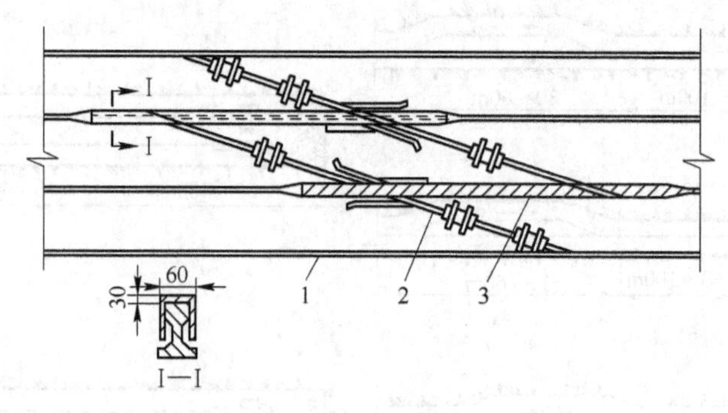

图1-40 扣道式浮放道岔
1—空车方向；2—重车方向；3—对称浮放道岔

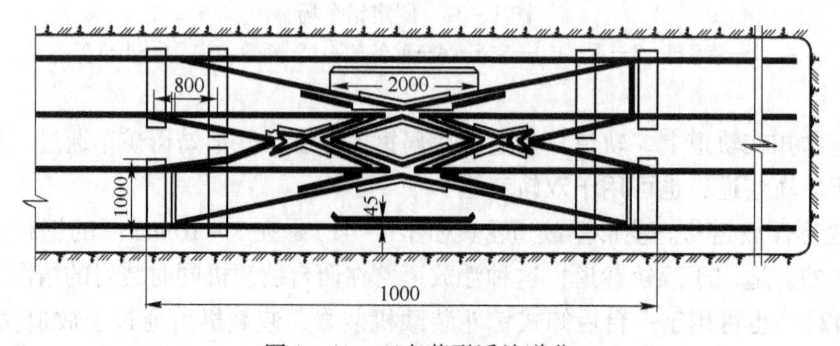

图1-41 双向菱形浮放道岔

其缺点是结构笨重，搬运困难。另外还有用于单轨巷道的单轨浮放双轨道岔(见图1-43)。

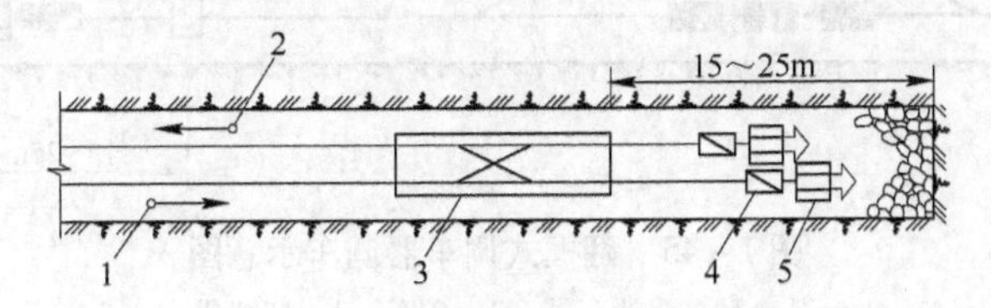

图1-42 菱形浮放道岔调车示意图

1—空车方向；2—重车方向；3—菱形浮放道岔；4—矿车；5—装载机

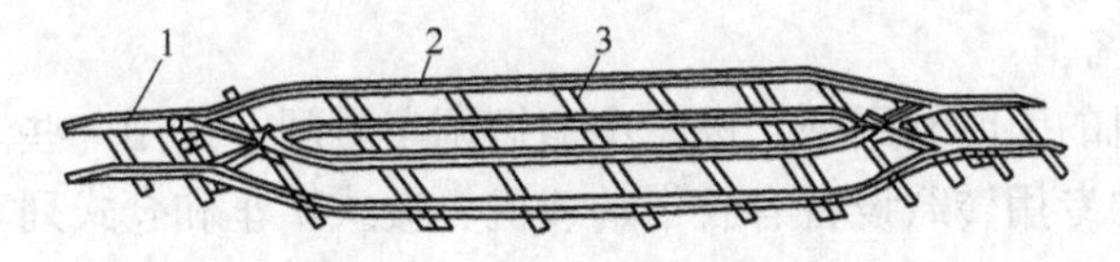

图1-43 单轨浮放双轨道岔

1—道岔；2—浮放轨道；3—支撑装置

b 翻框式调车器

翻框式调车器一般用于单轨巷道(见图1-44)。

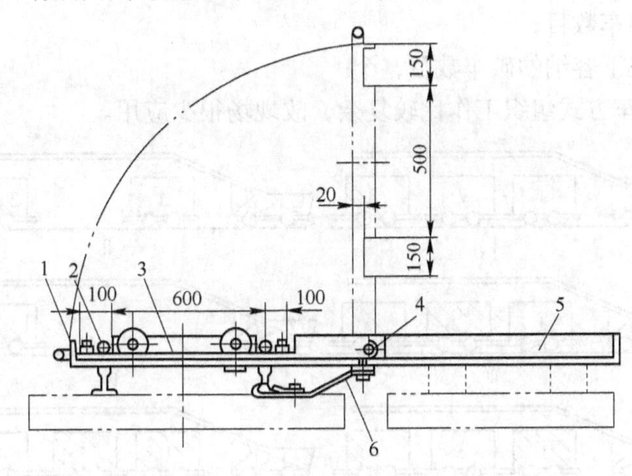

图1-44 翻框式调车器

1—活动盘；2—轨条；3—滑车板；4—轴；5—固定盘；6—定位卡

翻框式调车器由一个活动盘、一个固定盘和滑车板组成，活动盘和固定盘由角钢焊制而成，两个盘之间用销柱铰接，活动盘可翻起至竖向位置。活动盘浮放在轨面上，随时可以紧随装岩工作面向前移动。活动盘上设有可沿角钢横向移动的滑车板，滑车板上焊有两根方钢轨条，其间距与轨距相等。在活动盘四角与轨道接触处用扁钢焊成斜坡形道尖，以便矿车通过。工作时，当空车推上滑车板后，滑车板可以横向推到固定盘上，然后翻起活动盘，为重车提供出车线路，待重车通过后，再放下活动盘，空车随同滑车板返回轨面，然后用人力将空车送至工作面装车(见图1-45)。翻框式调车器具有机构简单、重量轻、移动方便的优点，特别是可以保证调车位置接近工作面，为独头巷道快速掘进创造了有利

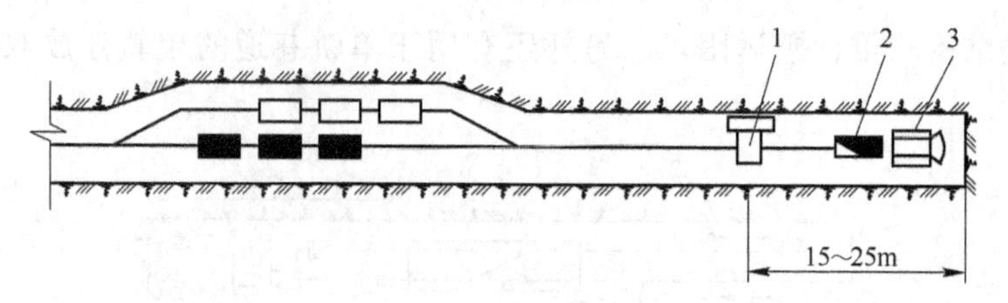

图 1-45 翻框式调车器调车示意图

1—翻框式调车器；2—矿车；3—装载机

条件。

C 专用转载设备

为了提高装岩机的工时利用率，进一步缩短调车时间，采用一些专用转载设备是行之有效的措施。常用的专用转载设备有胶带转载机、梭式矿车和仓式列车。

a 胶带转载机

(1) 作业方式。装岩时，为了增加连续装车的数目，多采用反复倒车的方法。连续装车的数目与转载机下容纳的矿车数有关(见图 1-46)。

连续调车数目可用下式求出：

$$x = 2^n - 1 \tag{1-20}$$

式中 x——连续装车数目；

n——转载机下容纳的矿车数目，个。

但采用这种调车方式组织工作比较复杂，故现场很少应用。

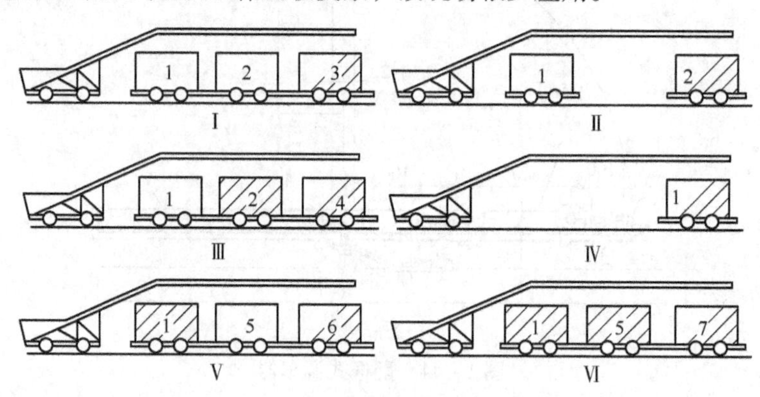

图 1-46 胶带装载机连续装车调车方法示意图

1~7—空车初始排序顺序；Ⅰ~Ⅵ—调车步骤序号

(2) 带式转载机类型。带式转载机类型如下：

1) 悬臂式转载机。这种转载机结构简单，长度较短，行走方便，能适应弯道装岩，辅助工作量小，但是一次容纳矿车数量少，连续转载能力较小(见图 1-47a)。

2) 支撑式带式转载机。这种转载机有两种：一种是机架、胶带由门框式支撑架支撑(见图 1-47b)；另一种是机架、胶带由油缸式支腿支撑(见图 1-47c)。门框式支撑要铺设辅助轨道，供支撑架行走。这类转载机胶带较长，存放矿车较多，转载能力大，适用于大、中断面，长直巷道。

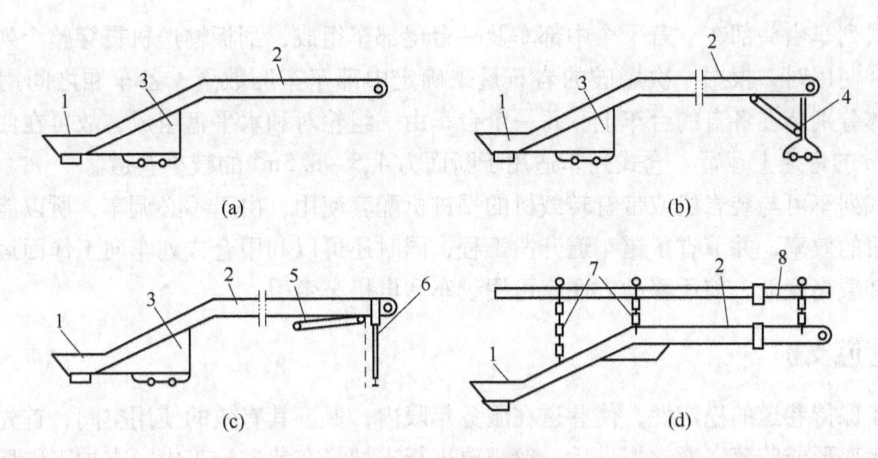

图1-47 带式转载机

（a）悬臂式；（b），（c）支撑式；（d）悬挂式

1—受料仓；2—机架；3—行走部分；4—门框式支撑架；5—内支腿；6—外支腿；7—悬吊链；8—架空单轨

3）悬挂式带式转载机。这种转载机悬挂在固定于巷道顶板的单轨架空轨道上（见图1-47d），胶带长度较大，容纳矿车较多，转载能力大，但移动时拆、装工作量大，对弯道适应能力较差，适用于大断面的长直巷道。

b 梭式矿车

梭式矿车（梭车）是车身较长的大容积矿车（见图1-48）。梭车由前后车体构成一个窄长大容积箱体，并通过前后横梁放在两个转向架上。它的底部有一台刮板输送机，装岩机向梭车的前端装岩，每当岩堆达到车厢高度时，开动刮板输送机向车厢后部移动一段距离，逐次进行，直至装满整个车厢。然后由电机车拉至卸载点，开动刮板输送机将车厢内的岩石卸出。

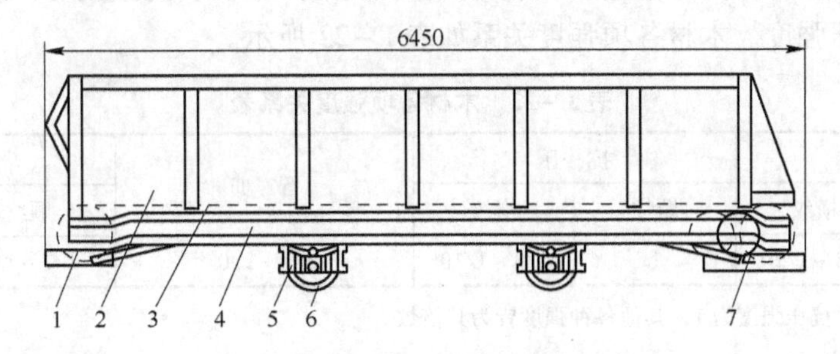

图1-48 S_8 型梭式矿车

1—板式输送机主动轮；2—车帮；3—传送链；4—底盘；5—车轮底架；6—车轮；7—减速装置

在使用梭车时，可根据工作面的实际情况，采用一台，也可以将多台梭车搭接使用，将工作面爆落的岩石一次运走。国产梭式矿车标准系列为 $4m^3$、$6m^3$ 和 $8m^3$ 三种规格。

梭式矿车具有装载连续、转载运输和卸载设备合一、性能可靠等优点。有条件时，亦可采取将梭车尾部抬高卸入矿车，或卸入固定地点的转载机，然后再由转载机卸入矿车的方法。

c 仓式列车

仓式列车由头部车、若干个中部车及一台尾部车组成，刮板输送机贯穿整个列车车厢的底部。使用时，根据一次爆破的岩石量来确定中部车车厢数量。各车厢之间用销轴连接，车体分别装在各自的台车上，每一个台车由一组轮对和水平盘组成，故可在曲率半径大于15m的弯道上运行。仓式列车适用于断面为4.5～8.5m^2的较小巷道。

仓式列车可与装岩机或带有转载机的掘进机配套使用，由于不必调车，所以能充分发挥装岩机的效率，并节省了错车道开凿工程，同时还可以利用仓式列车向工作面运料。仓式列车卸载高度低，前后移动方便，可用绞车和电机车牵引。

1.3 巷道支护

为了保持巷道的稳定性，使巷道在服务年限内，保证其有效的使用空间，首先需防止围岩发生变形或跨落，通常掘进后一般都要进行支护。在巷道施工中，支护工作量占有较大的比重，它是与凿岩、装岩并列的主要工序，其工作进度在一定程度上决定着成巷速度，支护成本常占巷道工程总成本的1/3～1/2。因此，合理选择支护形式，进而搞好支护工作，对提高成巷进度、降低成本、加速矿山建设有着十分重要的意义。

1.3.1 支护材料

过去巷道支护大多是架设棚式支架与砌筑石材整体式支架来维护巷道，随着锚喷支护在矿山的广泛推广和使用，支护技术得到了重大革新和进步。常用的支护材料有：木材、金属材料、石材、混凝土、钢筋混凝土、砂浆等。常用的支护类型有：木支架、金属支架、装配式钢筋混凝土支架、拱形砌碹支护，以及锚杆支护、喷浆和喷射混凝土支护等。

1.3.1.1 木材

常用的坑木有松木、杉木、桦木、榆木和柞木等，以松木用得最多。

木材的强度在各方向相差很大：顺纹抗拉强度远大于横纹抗拉强度；顺纹抗压强度也远大于横纹抗压强度。木材各项强度关系如表1－22所示。

表1－22 木材各项强度关系表

抗拉		抗压		弯曲	抗剪	
顺纹	横纹	顺纹	横纹		顺纹	横纹
2～3	1/3～1/20	1	1/3～1/10	1.5～2.0	1/7～1/3	1/2～1

注：表中以顺纹抗压强度为1，其他各种强度皆为其倍数。

木材的强度除由本身组织构造因素决定外，尚与疵病（木节、斜纹及裂缝等）、含水率、负荷持续时间、温度等因素有很大关系。

（1）木材的疵病对它的抗拉强度影响很大，常使其承载能力显著降低；而疵病对木材抗压强度影响较小。

（2）在纤维饱和点（即仅在细胞壁内充满水，达到饱和状态，而细胞腔间隙中无自由水时）以下，随着含水率降低，吸附水减少，细胞壁趋于紧密，木材强度增大。反之，则强度减小。但木材含水率不同，对强度的影响也是不同的，对顺纹抗压和抗弯强度影响较大，对顺纹抗剪强度强度影响较小，而对抗拉强度几乎没什么影响。

（3）木材在长期荷载作用下，其持久强度为短时极限强度的50%～60%。

（4）木材受热后，木纤维中的胶结物质处于软化状态，因而强度降低；如温度超过140℃，木材开始分解炭化，力学性质显著恶化；温度较高，木材易开裂。

对木材进行防腐处理，能提高坑木服务年限，从而节省坑木用量。坑木的防腐方法是把防腐剂渗入木材内，使木材不再能作为真菌的养料，同时还能杀死真菌。对防腐剂的要求是：易浸入木材，不应有气味，降低木材的可燃性，增加木材的强度，化学性质稳定等。坑木常用的防腐剂有氟化钠(NaF)、氯化锌($ZnCl_2$)等。用防腐剂处理木材的方法有：涂抹、喷洒、浸渍、热冷槽浸透以及压力渗透等。热冷槽浸透法是将木材先放入盛有防腐剂的热槽中(90℃以上)数小时，然后迅速移入盛有防腐剂的冷槽中浸泡数小时。压力渗透法是将风干的木材放入密闭的防腐罐内，抽出空气，使之变成真空，然后把热的防腐剂加压充满罐内，经一定时间后，取出木材风干。

1.3.1.2　金属材料

金属材料作为支架有许多优点：强度高，可支撑较大的压力，使用期长，可多次复用，安装容易，耐火性强，必要时可制成可缩性结构。初期投资虽然较大，但可回收，总体成本较为经济。

常用的金属支架材料有工字钢、角钢、槽钢、轻型钢轨、矿用工字钢以及矿用特殊型钢等。

矿用工字钢是专门设计的宽翼缘、小高度、厚腹板的工字钢，其几何特性既适合于作梁，也适合于作腿。矿用特殊型钢可以制作具有可缩性的拱形支架。其 W_x 和 W_y 接近相等，说明这种型钢的竖向抗弯能力与横向抗弯能力不相上下，横向稳定性较其他型钢好。

矿用工字钢与矿用特殊型钢的高度较一般型钢小，有利于减少巷道的开挖量。

此外钢筋也是支护中常用的金属材料。普通钢筋混凝土结构中，多采用3号钢（低碳钢）钢筋。20锰硅和25锰硅普通低合金钢钢筋主要用于受力钢筋，一般不用作构造钢筋。在钢筋混凝土结构中，混凝土强度不宜低于20MPa。

1.3.1.3　石材

A　料石

料石是砌碹巷道支护的主要材料，按照加工程度可分为毛料石、粗料石和细料石。毛料石（也称片石）是在采石场采出、未经加工而直接使用的不规则石块，一般用于建筑物的基础、墙体基础、设备基础、大体积混凝土工程和砌碹巷道的壁后充填及填碹等工程。粗料石是仅有一面经人工加工，该面具有倾斜且相互平行槽纹（加工的）的规则石块，有长方体和楔形体(为一头小另一头大的六面体)，分别用于砌碹巷道的直墙和碹拱。细料石是六面都经人工加工过的正方体，一般只作试块，用于测试料石的强度等级，其规格为7.07cm×7.07cm×7.07cm。

料石的强度等级以单向抗压强度为主，依据所采岩石的品质而定。一般以细石英砂岩、细砂岩和石灰岩为好，粗料石的规格在(25～30)cm×(20～25)cm×(15～20) cm之间，质量在40kg以下，以便于搬运和砌筑。

B　普通黏土砖

普通黏土砖是将黏土制成土坯后，再经过高温烧制而成。多用于建筑物的墙体，也用于井下的密闭和风门等处；普通黏土砖的强度仍以单向抗压强度为主，其等级应不低于MU7.5。普通黏土砖的规格为24cm×11.5cm×5.3cm，质量2.65kg，每立方米砌体约需

512 块普通黏土砖和大约 20% ~30% 的砂浆。

C 混凝土砌块

混凝土砌块是根据工程结构，将混凝土预制成各种需要的形状，有长方体、弧形体和特殊形体。分别用于井下砌碹巷道的直墙、顶拱、底拱和侧拱以及整体道床等。其规格与粗料石相同，质量为 30 ~40kg，强度等级不低于 20MPa。

1.3.1.4 水泥

水泥是粉末状物质，与适量水混合后，经过物理化学过程，能由可塑性浆体变成坚硬的石状体，并能将散粒材料胶结成为整体的混凝土。水泥属于水硬性胶凝材料，即与水混合后不但能在空气中硬化，而且能在潮湿环境及水中硬化，保持并增长强度。水泥的品种很多，但应用最广泛的是硅酸盐类水泥。其常用的品种有：硅酸盐水泥、普通硅酸盐水泥、矿渣硅酸盐水泥、火山灰质硅酸盐水泥和粉煤灰硅酸盐水泥等。

A 硅酸盐水泥

a 硅酸盐水泥的矿物组成

凡以石灰石、黏土、铁矿物按比例混合磨成细的生料，烧至部分熔融，所得以硅酸钙为主要成分的硅酸盐水泥熟料，加入适量石膏，磨细制成的水硬性胶凝材料，都称为硅酸盐水泥。

硅酸盐水泥熟料主要矿物组成及其含量范围如下：

熟料矿物	简写	含量
硅酸三钙 $3CaO \cdot SiO_2$	C_3S	42% ~61%
硅酸二钙 $2CaO \cdot SiO_2$	C_2S	15% ~32%
铝酸三钙 $3CaO \cdot Al_2O_3$	C_3A	4% ~11%
铁铝酸四钙 $4CaO \cdot Al_2O_3 \cdot Fe_2O_3$	C_4AF	10% ~18%

除此以外，还有少量游离氧化钙（CaO）、游离氧化镁（MgO）等。

上述四种熟料矿物单独与水作用时所表现的特性如表 1 – 23 所示。

表 1 – 23 水泥熟料矿物的特性

矿物名称	性能		
	凝结硬化速度	水化放热量	强度
硅酸三钙	快	大	高
硅酸二钙	慢	小	早期低、后期高
铝酸三钙	最快	最大	最低
铁铝酸四钙	快	中	中

由表 1 – 23 知，不同熟料矿物与水作用所表现的性能是不同的。改变熟料中矿物组成的相对含量，水泥的技术性能会随之变化。例如提高硅酸三钙的含量，可以制得快硬高强水泥；又如降低铝酸三钙和硅酸三钙含量，提高硅酸二钙的含量，可制得水化热低的低热水泥。

纯熟料磨细后，凝结时间很短，不便使用。为了调节水泥的凝结时间，熟料磨细时，常掺有适量(3%左右)石膏。

b 水泥的凝结时间

水泥凝结时间分为初凝和终凝。初凝时间为从水泥加水拌和起至水泥浆开始失去可塑性所需的时间；终凝时间则为从水泥加水拌和起至水泥浆完全失去可塑性并开始产生强度所需的时间。

水泥的凝结时间对使用具有重要意义。水泥的初凝不宜过早，以便在施工时有足够的时间完成混凝土和砂浆的搅拌、运输与砌筑等操作；水泥的终凝不宜过迟，以使混凝土施工完毕后，尽快硬化，达到一定强度，便于及早承载和下一步施工工艺的进行。国家标准规定，硅酸盐水泥的初凝时间不得早于45min，终凝时间不得迟于12h。

c 水泥的强度

水泥的强度是水泥性能的重要指标，也是评定水泥标号的依据。

国家标准规定水泥强度用软练法检验，即将水泥和标准砂按1：2.5的比例混合，加入规定数量的水，按规定方法制成标准尺寸(4cm×4cm×16cm)的试件，在标准条件下养护后进行抗折、抗压强度试验。根据3d、7d和28d龄期的强度，硅酸盐水泥分为425、525、625和725四种标号。各标号水泥在各龄期的强度值不得低于表1－24所列数值。

表1－24 硅酸盐水泥和普通硅酸盐水泥的强度（GB 175—1999）

品 种	强度等级	抗压强度/MPa		抗折强度/MPa	
		3d	28d	3d	28d
硅酸盐水泥	42.5	17.0	42.5	3.5	6.5
	42.5R	22.0	42.5	4.0	6.5
	52.5	23.0	52.5	4.0	7.0
	52.5R	27.0	52.5	5.0	7.0
	62.5	28.0	62.5	5.0	8.0
	62.5R	32.0	62.5	5.5	8.0
普通水泥	32.5	11.0	32.5	2.5	5.5
	32.5R	16.0	32.5	3.5	6.5
	42.5	16.0	42.5	3.5	6.5
	42.5R	21.0	42.5	3.5	6.5
	52.5	22.0	52.5	4.0	7.0
	52.5R	26.0	52.5	5.0	7.0

d 硅酸盐水泥的应用

在常用的水泥品种中，硅酸盐水泥标号较高，常用于重要结构中的高强度混凝土、钢筋混凝土和预应力混凝土工程。

硅酸盐水泥凝结硬化较快，适于要求早期强度高、凝结快的工作。地下工程的喷浆及喷射混凝土支护等宜于采用。

硅酸盐水泥在水化过程中，放出大量热，因此适于冬季施工时使用；同样原因，不宜用于大体积混凝土工程。

硅酸盐水泥抗软水侵蚀和抗化学侵蚀性差，所以不宜用于受流动的软水作用和有水压作用的工程，也不宜用于受海水和矿物水作用的工程。

B 普通硅酸盐水泥

凡由硅酸盐水泥熟料、少量混合材料、适量石膏磨细制成的水硬性胶凝材料，都称为普通硅酸盐水泥，简称为普通水泥。掺活性混合材料时，掺量不得超过15%；掺非活性混合材料时，掺量不得超过10%；同时掺活性和非活性混合材料时，总量不得超过15%，其中非活性混合材料不得超过10%，窑灰不得超过5%。

按照国家标准，普通硅酸盐水泥分为275、325、425、525、625和725六种型号。各标号水泥在各龄期的强度值不得低于表1－24所列数值。

普通硅酸盐水泥与硅酸盐水泥的区别，仅在于其中含有少量混合材料，而绝大部分仍是硅酸盐水泥熟料，故其基本性能与硅酸盐水泥相同。但由于掺有少量混合材料，某些性能与硅酸盐水泥相比，又稍有差异。与同标号硅酸盐水泥相比，普通硅酸盐水泥早期硬化速度稍慢，抗冻、耐磨等性能也较硅酸盐水泥稍差。

普通硅酸盐水泥凝结时间要求与硅酸盐水泥相同。它的使用范围与硅酸盐水泥也基本相同。但它的标号范围较宽，便于合理选用。

C 混合材料及掺混合材料的硅酸盐水泥

a 混合材料

在水泥磨细时，所掺入的天然或人工的矿物材料，称为混合材料。混合材料按其性能可分为活性混合材料(水硬性混合材料)和非活性混合材料(填充性混合材料)。

活性混合材料磨成细粉后，能与水泥熟料水化后生成的氢氧化钙溶液发生水化反应，生成具有胶凝性的水化物(水化硅酸钙、水化铝酸钙)，既能在空气中硬化，又能在水中硬化。因此，硅酸盐水泥熟料掺入适量活性材料，不仅能提高水泥产量、降低水泥成本，而且可以改善水泥的某些性能，调节水泥标号，扩大使用范围，还能充分利用工业废渣。这类混合材料常用的有粒化高炉矿渣和火山灰质混合材料。火山灰质混合材料包括火山灰、硅藻土、沸石、凝灰岩、烧黏土、煅烧的煤岩石、煤渣与粉煤灰等。

非活性混合材料磨成细粉与氢氧化钙加水拌和后，不能或很少生成具有胶凝性的水化物，在水泥中仅起填充作用，例如石英砂、黏土、石灰石及慢冷矿渣等，掺入硅酸盐水泥熟料中仅起提高水泥产量、降低水泥标号和减少水化热等作用。

窑灰是从水泥回转窑窑尾废气中收集来的粉尘。作为混合材料，其性能介于非活性混合材料与活性混合材料之间。

b 掺混合材料的硅酸盐水泥

我国目前生产的掺混合材料的硅酸盐水泥主要有矿渣硅酸盐水泥、火山灰质硅酸盐水泥和粉煤灰硅酸盐水泥三种。

凡由硅酸盐水泥熟料和粒化高炉矿渣，加入适量石膏磨细制成的水硬性胶凝材料都称为矿渣硅酸盐水泥，简称矿渣水泥。水泥中粒化高炉矿渣掺加量按质量分数计为20%～70%。允许用不超过混合材料总掺量1/3的火山灰质混合材料或粉煤灰、石灰石、窑灰代替部分粒化高炉矿渣，但代替数量最多不得超过水泥质量的15%，其中石灰石不超过

10%，窑灰不超过8%。

凡由硅酸盐水泥熟料和火山灰质混合材料，加入适量石膏磨细制成的水硬性胶凝材料都称为火山灰质硅酸盐水泥，简称为火山灰水泥。水泥中火山灰质混合材料掺加量按质量分数计为20%~50%，允许掺加不超过混合材料总掺量1/3的粒化高炉矿渣代替部分火山灰质混合材料。

凡由硅酸盐水泥熟料和粉煤灰，加入适量石膏磨细制成的水硬性胶凝材料都称为粉煤灰硅酸盐水泥，简称粉煤灰水泥。水泥中粉煤灰掺加量按质量分数计为20%~40%。允许掺加不超过混合材料总掺量1/3的粒化高炉矿渣。此时，混合材料总掺量可达50%，但粉煤灰掺量仍不得超过40%。

矿渣硅酸盐水泥、火山灰质硅酸盐水泥和粉煤灰硅酸盐水泥有275、325、425、525和625五个标号。目前生产较多的为325和425号。三种水泥的标号及各龄期的强度值不得低于表1-25的规定。

表1-25 矿渣水泥、火山灰水泥及粉煤灰水泥的强度（GB 1344—1992）

水泥标号	抗压强度/MPa			抗折强度/MPa		
	3d	7d	28d	3d	7d	28d
275	—	13.0	27.5	—	2.5	5.0
325	—	15.0	32.5	—	3.0	5.5
425	—	21.0	42.5	—	4.0	6.5
425R	19.0	—	42.5	4.0	—	6.5
525	21.0	—	52.5	4.0	—	7.0
525R	23.0	—	52.5	4.5	—	7.0
625	28.0	—	62.5	5.0	—	8.0

三种水泥凝结时间要求与硅酸盐水泥相同。

《钢筋混凝土工程施工及验收规范》（GB 50204—2002）推荐的常用水泥选用见表1-26。

表1-26 常用水泥选用

混凝土工程特点或所处的环境条件		优先选用	可以使用	不得使用
环境条件	在普通气候环境中的混凝土	普通水泥	矿渣水泥、火山灰水泥、粉煤灰水泥	
	在干燥环境中的混凝土	普通水泥	矿渣水泥	火山灰水泥、粉煤灰水泥
	在高温环境或永远处在水下的混凝土	矿渣水泥	普通水泥、火山灰水泥、粉煤灰水泥	
	严寒地区的露天混凝土、寒冷地区处在水位升降范围内的混凝土	普通水泥（标号≥325号）	矿渣水泥（标号≥325号）	火山灰水泥、粉煤灰水泥
	严寒地区处在水位升降范围内的混凝土	普通水泥（标号≥425号）		火山灰水泥、粉煤灰水泥、矿渣水泥
	受侵蚀性环境水或侵蚀性气体作用的混凝土	根据侵蚀介质的种类、浓度等具体条件按专门（或设计）规定选用		

续表 1-26

混凝土工程特点或所处的环境条件		优先选用	可以使用	不得使用
工程特点	厚大体积的混凝土	粉煤灰水泥、矿渣水泥	普通水泥、火山灰水泥	硅酸盐水泥、快硬硅酸盐水泥
	要求快硬的混凝土	快硬硅酸盐水泥、硅酸盐水泥	普通水泥	矿渣水泥、火山灰水泥、粉煤灰水泥
	高强混凝土（大于 C40）	硅酸盐水泥	普通水泥、矿渣水泥	火山灰水泥、粉煤灰水泥
	有抗渗性要求的混凝土	普通水泥、火山灰水泥		不宜使用矿渣水泥
	有耐磨性要求的混凝土	硅酸盐水泥、普通水泥（标号≥325 号）	矿渣水泥（标号≥325 号）	火山灰水泥、粉煤灰水泥

注：蒸汽养护时使用的水泥品种，宜根据具体条件通过试验确定。

三种水泥与硅酸盐水泥或普通硅酸盐水泥相比，它们的共同特性是：凝结硬化速度较慢，早期强度较低，但后期强度增长较快，甚至超过同标号的硅酸盐水泥；水化放热速度慢，放热量也低；对温度的敏感性较高，温度较低时，硬化很慢，温度较高时（60～70℃以上），硬化速度大大加快，往往超过硅酸盐水泥的硬化速度；抵抗软水及硫酸盐介质的侵蚀能力较硅酸盐水泥高。这三种水泥的抗冻性差。矿渣硅酸盐水泥和火山灰质硅酸盐水泥的干缩性大，而粉煤灰硅酸盐水泥的干缩性小。火山灰质硅酸盐水泥的抗渗性较高，矿渣硅酸盐水泥的耐热性较好。

这三种水泥除能用于地面外，还特别适用于地下和水中的一般混凝土和大体积混凝土结构以及蒸汽养护的混凝土构件。也适用于有一般硫酸盐侵蚀的混凝土工程。

1.3.1.5 混凝土

普通混凝土是由水泥、砂、石和水按适当比例配合而制成。砂、石在混凝土中起骨架作用，称为骨料。水泥是胶凝材料，和水掺在一起成水泥浆，将砂、石胶凝并逐渐硬化而形成一个坚硬的整体。

混凝土具有许多优点：混凝土混合物在未凝固以前，具有良好的塑性，可以浇灌成各种预制构件，亦可到现场直接浇灌成整体支架，还可直接喷射成喷射混凝土支架；它与钢筋有牢固的粘结力，能制作各种钢筋混凝土构件或结构物；混凝土的抗压强度较高，而且根据需要可设计成不同标号的混凝土；它的组成材料，除水泥外，都是廉价的砂、石，可就地取材；作为井巷支架材料，防火耐火性等都能满足要求，且服务年限长。但混凝土也存在抗拉强度低；受拉时变形能力小，容易开裂；自重大等缺点。

A 混凝土的组成材料

a 水泥

混凝土强度的产生，主要是由于水泥硬化的结果。同时水泥的价格又是混凝土组成材料中最高的。因此，合理使用水泥，对保证工程质量和降低成本是非常重要的。应根据工程性质、施工工艺和条件等选择水泥品种。配制混凝土时需选用水泥标号为混凝土标号的1.5～2.0 倍为宜；当配制高标号混凝土时，此值可取 0.9～1.5 为宜。

b 细骨料

在混凝土中，凡粒径在0.15～5mm之间的骨料都称为细骨料。一般多以天然砂为细骨料，其中以石英砂为最佳。石英砂按形成条件有海砂、河砂和山砂之分。海砂、河砂较纯净，砂粒多呈圆形，表面光滑。山砂颗粒具有棱角形状，表面粗糙，但含有较多的黏土或有机杂质。

为了保证混凝土具有良好的技术性能，砂中有害杂质含量必须加以限制。砂中含泥量，当混凝土强度等级大于或等于C30时，应不超过砂重的3%；当混凝土强度等级小于C30时，应不超过砂重的5%；有抗冻、抗渗或其他特殊要求的混凝土，则均应不超过3%。云母含量不宜超过砂重2%。轻物质(相对密度小于2.0，如煤和褐煤等)含量不宜超过砂重1%。硫化物和硫酸盐含量以SO_3计不宜大于砂重的1%。有机质含量用比色法试验，颜色不宜深于标准色。

在混凝土混合物中，水泥浆包裹在砂粒表面并填充砂粒之间空隙。因此，当砂的总表面积和空隙率小时，所需的水泥浆就少，这不但能节省水泥用量，而且还可提高混凝土的密实性与强度。在相同重量条件下，细砂的总表面积较大，粗砂的总表面积较小。因此，一般来说，用粗砂拌制混凝土比用细砂拌制所需的水泥浆为省。要想减少砂粒间的空隙，就必须使砂子有大小不同的颗粒搭配。砂子中各级尺寸颗粒的搭配关系称为砂的颗粒级配。在拌制混凝土时这两个因素(砂的粗细及颗粒级配)应同时考虑。当砂中含有较多的粗砂，并以适当的中砂及少量细砂填充其空隙时，可使得空隙率及总表面积均较小，这样的砂子是比较理想的。

砂的粗细程度和颗粒级配用筛分法测定。测量时使用一套标准筛，标准筛由孔径为5mm、2.5mm、1.2mm、0.6mm、0.3mm、0.15mm的六个筛子组成，按孔径大小从上往下叠成一垛，将干燥砂放入最上层，经过一定时间筛分，即可进行测定计算。称量每个筛的筛余量(称分计筛余)，分计筛余占总重量的百分率称分计筛余百分率。各筛之分计筛余百分率和所有孔径大于该筛的分计筛余百分率相加，称为各该筛的累计筛余百分率。

根据0.6mm筛孔的累计筛余量可将砂粒分成三个级配区(见表1－27)，混凝土用砂的颗粒级配，应处于表1－27中的任何一个级配区以内。除5mm和0.6mm筛号外，其他筛号允许稍有超出分区界限，但其总量不应大于5%。

表1－27 砂级配区的规定

筛孔尺寸/mm	累计筛余百分率/%		
	1区	2区	3区
10.00	0	0	0
5.00	10～0	10～0	10～0
2.50	35～5	25～0	15～0
1.20	65～35	50～10	25～10
0.60	85～71	70～41	40～16
0.30	95～80	92～70	85～55
0.15	100～90	100～90	100～90

砂的颗粒粗细以细度模数（M_x）来表示：

$$M_x = \frac{(A_2 + A_3 + A_4 + A_5 + A_6) - 5A_1}{100 - A_1} \tag{1-21}$$

式中，$A_1 \sim A_6$ 分别为 5 ~ 0.15mm 各号筛上的累计筛余百分率。

细度模数愈大，表示砂子愈粗。细度模数在 3.1 ~ 3.7 者为粗砂；2.3 ~ 3.0 者为中砂；1.6 ~ 2.2 者为细砂；0.7 ~ 1.5 者为特细砂。

c 粗骨料

在混凝土中，粒径大于 5mm 的骨料称粗骨料，常用的有卵石（砾石）与碎石两种。卵石为天然岩石风化而成；碎石是将坚硬岩石如花岗岩、砂岩和石灰岩等经人工轧碎而成，一般较卵石含杂质少。

碎石颗粒富有棱角，表面粗糙，与水泥粘结较好。卵石表面光滑，少棱角，与水泥的粘结较差。因而在水泥用量和水用量相同的情况下，前者拌制的混凝土流动性较差，但强度较高，而后者拌制的混凝土则流动性好，但强度较低。如果要求流动性相同，用卵石时用水量可少些，结果强度不一定低。因而，使用卵石或碎石各有优缺点，应根据取材难易及工程要求而定。

粗骨料的颗粒形状还有属于针状（颗粒长度大于其平均粒径 2.4 倍的）颗粒和片状（厚度小于其平均粒径 0.4 倍的）颗粒的，这种针、片状颗粒过多，会使混凝土强度降低。因此规定，当混凝土强度等级大于或等于 C30 时，其含量应不大于石重的 15%；当为一般混凝土时，其含量应不大于石重的 25%。此外，对粗骨料中的含泥量还规定，当混凝土强度等级大于或等于 C30 时，应不大于石重的 1%。硫化物和硫酸盐含量及有机质含量的限制与砂子相同。

石子级配好坏对节省水泥和保证混凝土有良好的和易性有很大关系。特别是拌制高强度混凝土，石子级配更为重要。石子级配也可通过筛分法来确定。普通混凝土用碎石或卵石的颗粒级配应符合表 1-28 的规定。分计筛余百分率和累计筛余百分率计算均与砂同。

石子的级配有连续级配和间断级配之分。

连续级配指将石子按其尺寸大小分级，分级尺寸是连续的，然后按适当比例配合。一般天然河卵石就属于这一类。连续级配因大小颗粒搭配较好，所以混凝土混合物的和易性好，不易发生离析现象。连续级配是常用的级配方法。

表 1-28 碎石或卵石的级配范围

级配情况	公称粒级 /mm	累计筛余量（按质量分数计）/%											
		筛孔尺寸（圆孔筛）/mm											
		2.5	5	10	15	20	25	30	40	50	60	80	100
连续粒级	5 ~ 10	93 ~ 100	80 ~ 100	0 ~ 15	0								
	5 ~ 15	95 ~ 100	90 ~ 100	3 ~ 60	0 ~ 10	0							
	5 ~ 20	95 ~ 100	90 ~ 100	40 ~ 70		0 ~ 10	0						
	5 ~ 30	95 ~ 100	90 ~ 100	70 ~ 90		15 ~ 45		0 ~ 5	0				
	5 ~ 40		95 ~ 100	75 ~ 90		30 ~ 65			0 ~ 5	0			

续表 1－28

级配情况	公称粒级 /mm	累计筛余量（按质量分数计）/%											
		筛孔尺寸（圆孔筛）/mm											
		2.5	5	10	15	20	25	30	40	50	60	80	100
间断粒级	10～20		95～100	85～100			0						
	15～30		95～100		85～100			0～10	0				
	20～40			95～100		80～100			0～10	0			
	30～60				95～100			75～100	45～75		0～10	0	
	40～80					95～100			70～100		30～65	0～10	0

间断级配的石子，其颗粒尺寸的大小是不连续的。级配时，有意剔去某些中间尺寸的粒级，造成颗粒级配的间断。大颗粒间的空隙，由比它小得多的颗粒来填充。间断级配容易使混凝土混合物产生离析现象。一般情况下，不宜用一个间断粒级骨料来制作混凝土。但为了充分利用地区现有资源，在进行综合技术经济分析后，允许直接采用间断粒级配制混凝土。

粗骨料中公称粒级的上限称为该粒级的最大粒径。骨料随着粒径的增加，表面积则随之减小，保证一定厚度润滑层所需的水泥浆或砂浆的数量也相应减少。因此，粗骨料最大粒径在条件许可下，就尽量选用得大些。但最大粒径不得超过结构截面最小尺寸的1/4和钢筋间最小净距的3/4；采用喷射混凝土时，最大粒径应小于喷射机具输料系统最小断面直径或边长的1/3～2/5，同时还不应大于一次喷射厚度的1/3。

d 水

凡是能饮用的自来水和清洁的天然水，都能用来拌制和养护混凝土。污水、pH值小于4的酸性水、含硫酸盐（按 SO_4^{2-} 计）超过水重1%的水，以及含油脂、糖类的水均不许使用。

B 混凝土的主要技术性质

a 混凝土混合物的和易性

混凝土组成材料依一定比例加以配合，拌匀而未凝结硬化以前，即为混凝土拌和物，它必须具有良好的和易性。和易性是指混凝土拌和物在保证质地均匀，各组成成分不离析的条件下，适合于拌和、运输、浇灌和捣实的综合性质。它包括有流动性（在振捣或自重作用下，能产生流动，并均匀密实地填满模板的性能）、黏聚性（施工过程中其组成材料之间有一定黏聚力，不致产生分层和离析的现象）和保水性（施工过程中具有一定的保水能力，不致产生严重的泌水现象）等三方面的含义。

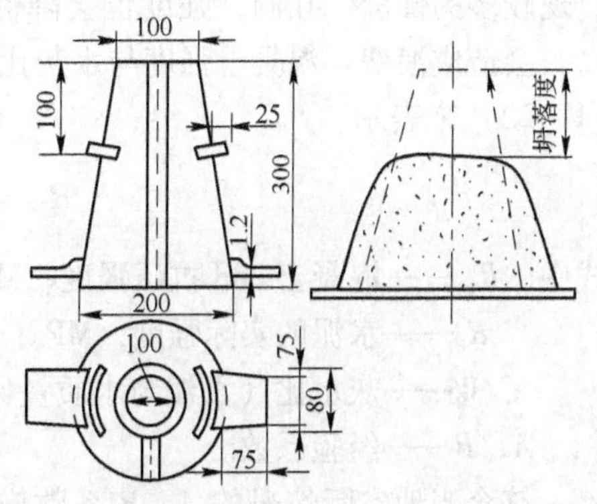

图1－49 坍落度测定图

用坍落度测定混凝土混合物的和易性是目前普遍使用的方法。它是把调配好的混凝土混合物分层装入标准圆锥筒（见图1－49）内，将表面刮平，垂直提取圆锥筒后，混合物将产生一定程度的坍落，量出坍落的高度，以厘米表示，称为坍落度（坍落度大，表示流动性大）。故在测定坍落度时，不仅需以捣棒轻击锥体侧部，观察是否分层、离析，还要以抹刀抹面，看其表面是否光滑、砂浆是否饱满、底部是否析水等来评定其黏聚性及保水性。

混凝土拌和物坍落度的选择，应视构件截面大小、钢筋疏密和施工方法等而定。表1－29为坍落度选择的参考表。

表1－29 混凝土混合物坍落度的选择

结构物种类	坍落度/cm	
	用振捣器	无振捣器
基础、地面、道路等，干式喷射混凝土（采用振捣器一栏数值）	1～2	2～3
无筋及钢筋布置稀疏的结构物，湿式喷射混凝土（采用振捣器一栏数值）	2～4	3～6
骨架钢筋混凝土结构（板、梁、大截面及中等截面柱）	4～8	6～12
钢筋布置稠密的钢筋混凝土结构物（矿仓、贮藏库、薄墙、小截面柱等）	8～10	14～16

b 混凝土的强度与强度等级

混凝土的强度以抗压强度最大，通常以混凝土的抗压强度作为其力学性能的总指标。

混凝土的强度等级是根据标准立方体试块（150mm×150mm×150mm）在标准条件下（温度（20±3）℃，相对湿度90%以上）养护28d的抗压强度值确定的。混凝土强度等级用符号C和立方体抗压强度标准值表示，分为C7.5、C10、C15、C20、C25、C30、C35、C40、C45、C50、C55、C60等强度等级。

影响混凝土强度的因素很多，其中水泥标号与水灰比是主要因素。当其他条件相同时，水泥标号愈高，则混凝土强度愈高。当用同一种水泥（品种及标号相同）时，混凝土的强度主要取决于水灰比。因为水泥水化时所需的结合水一般只占水泥质量的20%左右，但在拌制混凝土混合物时，为了获得必要的流动性，常需用较多的水（约占水泥质量的40%～70%），也即用较大的水灰比。当混凝土硬化后，多余的水分就残留在混凝土中形成水泡或蒸发后形成气孔，大大减少了混凝土承受荷载的实际有效断面，而且可能在孔隙周围产生应力集中。因此，可以认为，在水泥标号相同的情况下，水灰比愈小，水泥石的强度愈高，与骨料粘结力愈大，混凝土强度也就愈高。但是，如果加水太少（水灰比太小），混合物过于干硬，在一定的捣实成型条件下，无法保证浇灌质量，混凝土中将出现较多的蜂窝、孔洞，强度也会降低。水泥标号也不应不适当地提高，因水泥标号过高，会造成浪费。混凝土强度与水灰比、水泥标号等因素之间的关系，一般可用经验公式（1－22）来表示。

$$R_{28}=A\cdot R_c\left(\frac{C}{W}-B\right) \tag{1-22}$$

式中 R_{28}——混凝土28d抗压强度，MPa；

R_c——水泥的实际强度，MPa；

C/W——灰水比（水泥与水质量比）；

A，B——经验系数。

符合当地实际情况的A、B系数应根据工地的具体条件，如施工方法及材料的质量等，进行不同C/W的混凝土强度试验来确定，这样既能保证混凝土的质量，又能取得较好的经济效益。表1－30所列A、B系数，可供参考。

表1－30 A、B系数表

材料类别		A	B
普通水泥	卵石	0.44	0.459
	碎石	0.525	0.569
矿渣水泥	卵石	0.501	0.666
	碎石	0.503	0.581

此外，骨料的品质与级配，施工时的搅拌、振捣，养护的湿度、温度及养护龄期等，均对混凝土的强度产生影响。

C 混凝土的外加剂

在混凝土拌和时或拌和前掺入的，其掺量一般不大于水泥质量5%的能显著改善混土性能的材料称为混凝土外加剂。常用的外加剂有减水剂、速凝剂，另外还有引气剂、早强剂、缓凝剂、膨胀剂等。

a 减水剂

能保持混凝土混合物的和易性不变而显著减少其拌和水量的外加剂称为减水剂。减水剂多为表面活性物质。这些表面活性物质加入水泥浆中后定向吸附在水泥颗粒表面，加大了水泥颗粒间的静电斥力，使水泥颗粒充分分散，破坏其凝聚体结构，把原来凝聚体中包裹的游离水释放出来，有效地增加了混合物的流动性。若保持和易性或流动性不变，则可大幅度地减少拌和水，获得降低水灰比、提高密实性、增加强度、增强抗渗性和抗冻性的良好效果。若保持原设计要求的强度不变，在混凝土中掺适量减水剂则可在降低用水量同时降低水泥用量，达到节约水泥的目的。减水剂有多种，如M型（木质素磷酸钙）、MF型等。

b 速凝剂

速凝剂的作用是使混凝土快凝并迅速达到较高强度。喷射混凝土一般都需掺速凝剂。

红星1型和711型速凝剂的作用主要有两点：（1）加速水泥硬化。初凝1～5min，终凝10min以内。（2）提高混凝土早期强度。掺入红星1型速凝剂后的混凝土1d龄期强度相当于未掺者的3倍左右，掺711型速凝剂后的混凝土1d龄期强度相当于未掺者的2～6倍。但掺入这两速凝剂会使混凝土后期强度降低——掺红星1型的混凝土，3d以后的强度比不掺者低12%～30%；掺711型的混凝土，7d以后的强度比不掺者也低12%～30%。另外，掺入速凝剂的量越多，混凝土的后期强度损失越大。因此，速凝剂的掺量必须严格控制，红星1型掺入量一般为水泥质量的2.5%～4%，711型的掺入量一般为水泥质量的2.5%～3.5%。

红星1型和711型速凝剂，均含碱性物质，对皮肤有一定的腐蚀作用，使用时应注意保护。782型速凝剂的腐蚀性较小，混凝土的后期强度损失也较小，其最佳掺量为水泥质量的6%～7%。速凝剂的吸湿性强，应妥善保管，受潮后对速凝效果有显著影响。

D 混凝土的配合比设计

常用的配合比设计方法是绝对体积法，其设计步骤如下所述。

a 确定配制混凝土强度 R_h

由于实际施工中混凝土的强度常有波动，所配制的强度 R_h 应比设计的强度等级 R^b 稍高。R_h 可按下式计算：

$$R_h = R^b + \sigma_0 \tag{1-23}$$

σ_0 可按施工单位历史统计资料确定，无历史统计资料时，σ_0 按表 1-31 取值。

表 1-31 σ_0 取值表

R^b/MPa	10~20	25~40	50~60
σ_0/MPa	4	5	6

b 确定水灰比 W/C

用 R_h 代替公式（1-22）中的 R_{28} 得：

$$R_h = A \cdot R_c\left(\frac{C}{W} - B\right) \tag{1-24}$$

$$\frac{W}{C} = \frac{A \cdot R_c}{R_h + A \cdot B \cdot R_c} \tag{1-25}$$

$$R_c = K_c R_c^b \tag{1-26}$$

式中 R_c^b——水泥的标号数值；

K_c——水泥标号富余系数，一般 $K_c = 0.113$；

R_c——水泥的实际强度，MPa。

c 确定用水量 W

用水量可根据本地区或本单位的经验数据选用，也可参照表 1-32 数值选用。

d 计算水泥用量

由选定的用水量 W 与用式（1-25）求得的 W/C 可求出水泥用量。

$$C = W\Big/\left(\frac{W}{C}\right) \tag{1-27}$$

表 1-32 混凝土用水量选用表 （kg/m^3）

所需坍落度/cm	卵石最大粒径			碎石最大粒径		
	10mm	20mm	40mm	15mm	20mm	40mm
1~3	190	170	160	205	185	170
3~5	200	180	170	215	195	180
5~7	210	190	180	225	205	190
7~9	215	195	185	235	215	200

e 选用合理砂率 S_P

砂率是指砂重占砂、石总重的百分率。确定砂率大小应以砂来填充石子空隙，并稍有富余为原则。砂率可根据所用砂、石的性能计算得出，也可根据本地区、本单位的使用经验选用。如无使用经验，则可按所用骨料品种、规格及 W/C 值参照表 1-33 选用。

表 1－33 混凝土砂率选用表 (%)

水灰比 (W/C)	碎石最大粒径			卵石最大粒径		
	15mm	20mm	40mm	10mm	20mm	40mm
0.4	30～35	29～34	27～32	26～32	25～31	24～30
0.5	33～38	32～37	30～35	30～35	29～34	28～33
0.6	36～41	35～40	33～38	33～38	32～37	31～36
0.7	39～44	38～43	36～41	36～41	35～40	34～39

f 计算粗、细骨料的用量 G 及 S

根据各种原材料绝对体积（不包括颗粒间空隙的密实体积）的总和等于混凝土总体积的原理以及砂率的定义，可得联立方程如下：

$$\begin{cases}\dfrac{C}{\gamma_c}+\dfrac{W}{1}+\dfrac{G}{\gamma_g}+\dfrac{S}{\gamma_s}=1\\ S/(S+G)=S_p\end{cases} \tag{1-28}$$

式中，C、W、G、S 分别为每立方米混凝土所用水泥、水、粗骨料、细骨料的质量；γ_c、γ_g、γ_s 分别为水泥、粗骨料、细骨料的相对密度；S_p 为选用的砂率。

联立求解式(1－28)，即可求得每立方米混凝土的粗骨料质量 G 及细骨料质量 S。

g 确定混凝土初步配合比

用上列各步求得的材料用量，依次将水泥用量 C、砂子用量 S、石子用量 G、水用量 W 列成连比，即得到混凝土初步配合比：

$$C:S:G:W=1:\frac{S}{C}:\frac{G}{C}:\frac{W}{C} \tag{1-29}$$

即得 水泥：砂：石＝1：x：y；水灰比为 W/C。

h 试验调整

按上述方法求出的数据还只是初步的配合比，依此配制成混凝土不一定与原设计要求完全符合。因此，必须按初步配合比称取少量材料进行试拌，检验其和易性(包括坍落度、黏聚性和保水性)，并加以调整使之符合设计要求。然后按调整后的配合比制作试件，测定有关龄期的强度。如不能达到设计所要求的试配强度，还须改变水灰比，重新计算配合比，并作出实际检验，最后确定实验室配合比。

实验室配合比是以干燥材料为基础的，而工地存放的砂、石都含有一定的水分，所以，现场各材料的用量应按工地砂、石含水率加以调整。最后应按规定抽样，制作试块，以检验和控制混凝土的实际质量。

1.3.2 棚式支架

1.3.2.1 木支架

巷道中常用的木支架是梯形棚子，其结构如图 1－50 所示。木支架是由一根顶梁、两个棚腿，以及背板和木楔等组成。

顶梁是木支架支承顶板压力的受弯构件。棚腿既是顶梁的支点，同时又支承侧压。棚腿与底板的夹角一般为80°，并应插到坚实的底板岩石上。安设时应用四个楔子把梁腿接口处与顶帮围岩之间楔紧，以便承受此处较大的挤压力和保持支架的稳定性。

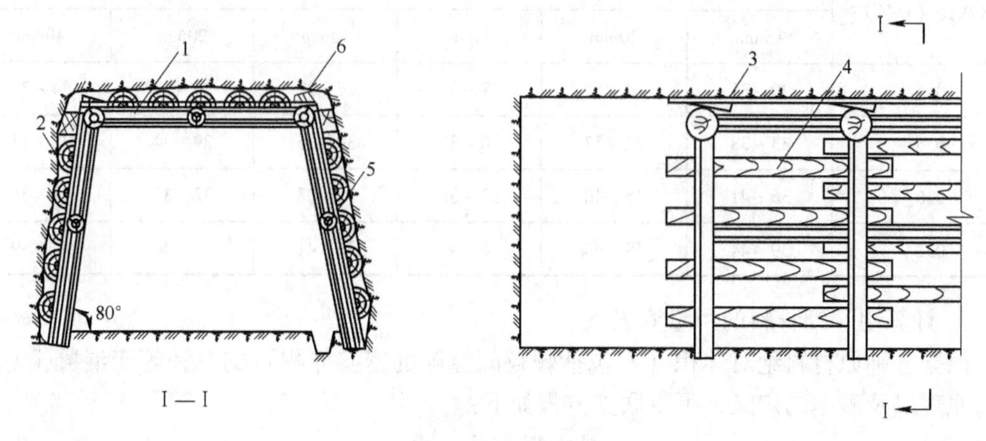

图1-50 木支架

1—顶梁；2—棚腿；3，4—背板；5—撑柱；6—楔子

背板通常可用板皮、次木材或柴束等。背板的作用是使地压均匀地分布到顶梁和棚腿上，并防止碎石下落。根据围岩的坚固程度，选用密集布置或间隔布置方式。背板与围岩之间的空隙，应用废木料或块石填实。

每架棚子架好后，其平面应和巷道的纵向垂直。为了增加各架棚子的稳定性，棚子间可以打上小圆木或方木制作的撑柱或钉上拉条。

顶梁和棚腿应选用同样直径的坑木，以便加工架设。根据巷道顶梁处的净宽度，支架坑木直径和每米巷道架棚数可按表1-34选取。

表1-34 平巷木支架顶梁直径选择表

巷道净跨 /m	顶梁直径 /mm	每米巷道支架数			巷道净跨 /m	顶梁直径 /mm	每米巷道支架数		
		$f=8\sim10$	$f=4\sim6$	$f=3$			$f=8\sim10$	$f=4\sim6$	$f=3$
1.5~1.8	160	1.0	1.0	1.0	3.0~3.2	200	1.5	2.5	3.0
1.8~2.0	160	1.0	1.0	1.5	3.2~3.4	220	1.5	3.0	3.5
2.0~2.2	180	1.0	1.0	1.5	3.4~3.6	220	1.5	3.0	4.0
2.2~2.4	180	1.0	1.5	2.0	3.6~3.8	220	2.0	3.0	4.0
2.4~2.6	180	1.0	2.0	2.0	3.8~4.1	220	2.0	3.5	4.0
2.6~2.8	200	1.0	2.0	2.0	4.1~4.5	220	2.5	4.0	
2.8~3.0	200	1.0	2.0	2.0	>4.5	220	2.5		

木支架一般可使用在地压不大、巷道服务年限不长、断面较小的采准巷道里，有时也用作巷道掘进中的临时支架。

木支架重量较轻，具有一定的强度，加工容易，架设方便，特别适用于多变的地下条件；构造上可以做成有一定刚性的，也可以做成有较大可缩性的；当地压突然增大时木支架还能发出声响讯号。因此，木支架在采矿工业中用得最早，过去也用得最广泛。其缺点是：强度有限，不能防火，容易腐朽，服务年限短，不能阻止和防止围岩风化，特别是耗量巨大。因此，节约坑木并寻求坑木代用品，势在必行。

1.3.2.2 金属支架

金属支架是一种优良的坑木代用品。金属支架的主要形式如下所述。

A 梯形金属支架

梯形金属支架用18~24kg/m钢轨、16~20号工字钢或矿用工字钢制作，由两腿一梁构成，其常用的梁、腿连接方式如图1-51所示。型钢棚腿下焊一块钢板，是防止它陷入巷道底板。有时还可以在棚腿之下加设垫木。

钢轨不是结构钢，就材料本身受力而言，用它制作支架不够合理，但轻型钢轨容易获得，所以仍在使用。理想的应采用工字钢来制作这种支架。

这种支架通常用在回采巷道中，在断面较大、地压较严重的其他巷道里也可使用。

B 拱形可缩性金属支架

拱形可缩性金属支架用矿用特殊型钢制作，它的结构如图1-52所示。每架棚子由三个基本构件组成——一根曲率为 R_1 的弧形顶梁和两根上端部带曲率为 R_2 的柱腿。弧形顶梁的两端插入或搭接在柱腿的弯曲部分上，组成一个三心拱。梁腿搭接长度约为300~400mm，该处用两个卡箍固定。柱腿下部焊有150mm×150mm×10mm的铁板作为底座。

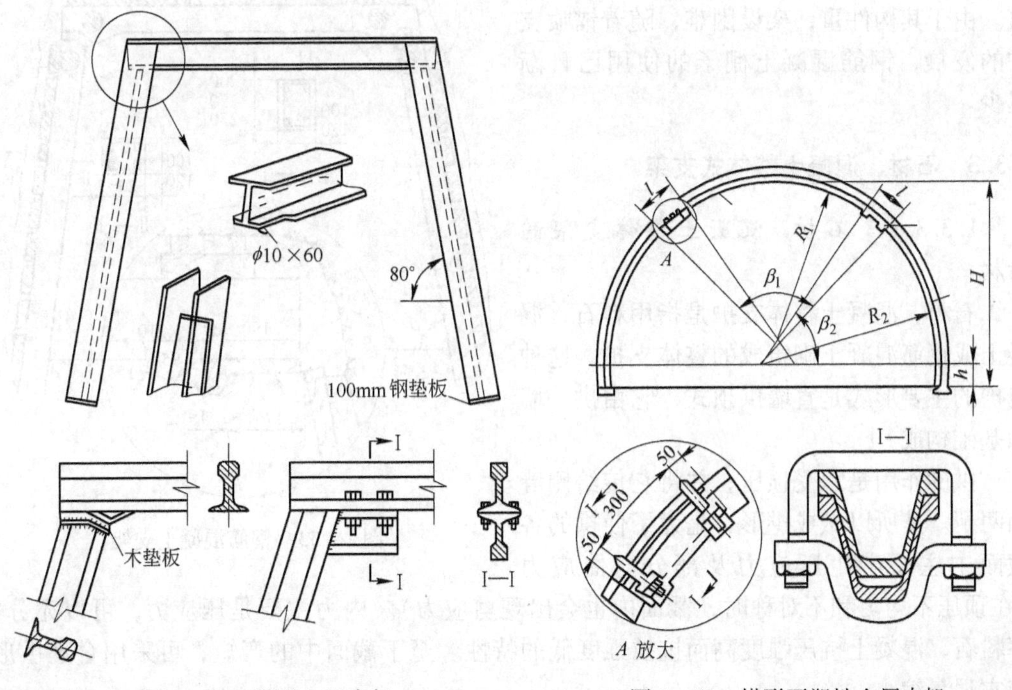

图1-51 梯形金属支架

图1-52 拱形可塑性金属支架

支架可缩性可以用卡箍的松紧程度来调节和控制，通常要求卡箍上的螺帽扭紧力矩大约为150N·m，以保证支架的初撑力。拱梁和柱腿的圆弧段的曲率半径 R_1 和 R_2 值的关系是 $R_1/R_2=1.0\sim1.5$（常用的比值是1.25~1.30）。在地压作用下，拱梁曲

率半径 R_1 逐渐增大，R_2 逐渐变小。当巷道地压达到某一限定值后，弧形顶梁即沿着柱腿弯曲部分产生微小的相对滑移，支架下缩，从而缓和了顶岩对支架的压力。这种支架在工作中可不止一次地退缩，可缩性比其他形式支架都大，一般可达 30 ~ 35cm。在设计巷道断面选择支架规格时，应考虑留出适当的变形量，以保证巷道的后期使用要求。

拱形可缩性金属支架适用于地压大、地压不稳定和围岩变形量大的巷道，支护断面一般不大于 12m²。支架棚距一般为 0.7 ~ 1.1m，棚子之间应用金属拉杆通过螺栓、夹板等互相紧紧拉住，或打入撑柱撑紧，以加强支架沿巷道轴线方向的稳定性。

1.3.2.3 钢筋混凝土棚式支架

钢筋混凝土棚式支架和木支架、梯形金属支架一样，构件为直线形，故构件主要承受弯曲。混凝土抗压强度高，抗拉强度甚低（一般相当于抗压强度的 1/12 ~ 1/8），故需在构件中配置钢筋以承受因弯曲而产生的拉应力，而混凝土则主要承受构件中的压应力，二者结合，各用其长，使板件承载能力提高。

钢筋混凝土支架的结构如图 1 – 53 所示。构件的截面通常是矩形，梁、腿接合处应垫以防腐木板或胶皮，支架间距一般为 0.5 ~ 1.2m，背板通常为钢筋混凝土板，各支架间用圆木支撑，以增加支架沿巷道轴线方向的稳定性。

它适用于地压稳定、服务年限长及断面不小于 12m² 的巷道，不宜用于有动压的巷道。由于其构件重，架设困难，随着锚喷支护的发展，钢筋混凝土棚子的使用已日渐减少。

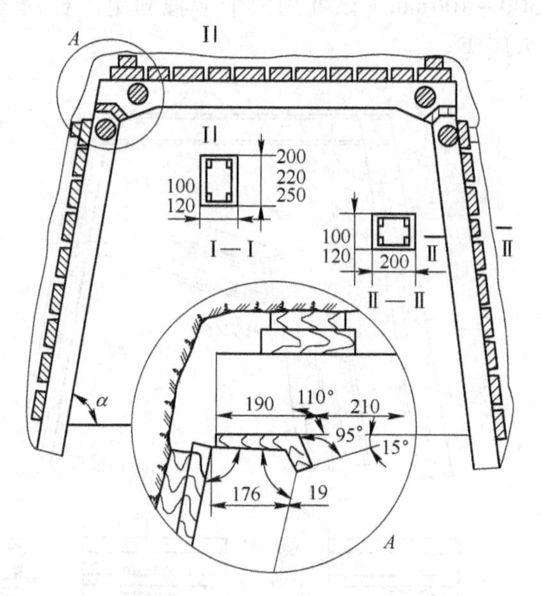

图 1 – 53 钢筋混凝土支架

1.3.3 石材、混凝土整体式支架

1.3.3.1 石材、混凝土整体支架的结构

石材、混凝土整体支护是指用料石、混凝土或钢筋混凝土砌筑成的整体支护。这种支护的主要形式是直墙拱顶式，它由拱、墙和基础构成。

拱的作用是承受顶压，并将它传给侧墙和两帮。其所以做成拱形，是为了使拱的各截面中主要产生压应力及部分弯曲应力（在顶压不均匀和不对称时，截面内也会出现剪应力）。内力主要是压应力，可以充分发挥料石、混凝土抗压强度高而抗拉强度低的特性。至于截面中的弯矩，可采用合理拱形，使它尽量缩小。

墙的作用是支承拱和抵抗侧压，一般为直墙，如侧压较大时，也可改直墙为弯曲的墙。

基础的作用是把墙传来的荷载及自重均匀地传给底板。底板岩石坚硬时，它可以是直墙的延伸部分；当底板岩石松软时，必须加宽，在有底鼓时，还可以砌筑底拱。

使用料石砌筑拱、墙时，一般拱、墙等厚，即 d_0(拱厚) = T(墙厚)，可按表 1－35 选取拱墙厚度。使用混凝土砌拱、料石砌墙时，一般拱、墙不等厚，可按表 1－36 选取拱墙厚度。拱、墙均使用混凝土砌筑时，可参照表 1－35 混凝土拱厚数据选用。

表 1－35　料石或砖砌巷道拱壁厚度　（mm）

巷道净宽	料石砌半圆拱巷道			料石砌三心拱巷道			砖砌半圆拱巷道		
	$f=3$	$f=4\sim6$	$f=8\sim10$	$f=3$	$f=4\sim6$	$f=8\sim10$	$f=3$	$f=4\sim6$	$f=8\sim10$
	$d_0=T$	$d_0=T$	$d_0=T$	$d_0=T$	$d_0=T$	$d_0=T$	$d_0=T$	$d_0=T$	$d_0=T$
2000 以下	250	200	200	250	200	200	365	240	240
2100～2300	250	250	200	250	250	200	365	365	240
2400～2700	300	250	200	300	250	200	365	365	240
2800～3000	300	250	200	300	300	200	490	365	365
3100～3300	300	300	250	350	300	250	490	490	365
3400～3700	350	300	250	350	300	250	615	490	365
3800～4000	350	300	250	350	350	250	615	490	365
4100～4300	350	350	250	415	350	300			
4400～4700	415	350	300	415	350	300			
4800～5000	415	350	300	465	415	300			
5100～5300	465	415	300	515	415	350			
5400～5700	465	415	300	515	465	350			
5800～6000	515	415	350	565	465	350			
6100～6300	515	465	350	565	515	415			
6400～6700	565	465	350	615	515	415			
6800～7000	565	515	350	615	565	415			

表 1－36　混凝土拱、料石壁巷道拱壁厚度　（mm）

巷道净宽	半圆拱巷道						三心拱巷道					
	$f=3$		$f=4\sim6$		$f=8\sim10$		$f=3$		$f=4\sim6$		$f=8\sim10$	
	d_0	T	d_0	T	d_0	T	d_0	T	d_0	T	d_0	T
2000 以下	170	250	170	200	170	200	170	250	170	200	170	200
2100～2300	170	250	170	250	170	200	200	250	170	250	170	200
2400～2700	200	300	170	250	170	200	200	300	200	250	170	200
2800～3000	200	300	200	250	170	200	200	300	200	300	170	200
3100～3300	200	300	200	300	170	250	230	350	230	300	200	250
3400～3700	230	350	230	300	200	250	230	350	230	300	200	250
3800～4000	230	350	230	300	200	250	250	350	250	350	200	250
4100～4300	250	350	250	350	200	250	250	415	250	350	230	300
4400～4700	270	415		350	230	300	270	415	270	350	230	300
4800～5000	300	415	270	350	230	300	270	465	270	415	230	300
5100～5300	300	465	270	415	230	300	300	515	300	415	250	350
5400～5700	330	465	300	415	250	300	300	515	300	465	250	350
5800～6000	350	515	300	415	250	350	330	565	330	465	270	350
6100～6300	370	515	330	465	270	350	330	565	330	515	270	415
6400～6700	400	565	330	465	270	350	350	615	350	515	300	415
6800～7000	400	565	350	515	270	350	370	615	370	565	300	415

1.3.3.2 石材、混凝土整体支架的施工

采用石材整体支护的巷道，多在掘进后先架设临时支架，以防止掘、砌之间巷道的顶、帮岩石垮落。临时支架多采用金属拱形支架，使用的材料以15～24kg/m钢轨最为广泛。支架间距一般为0.8～1.0m。

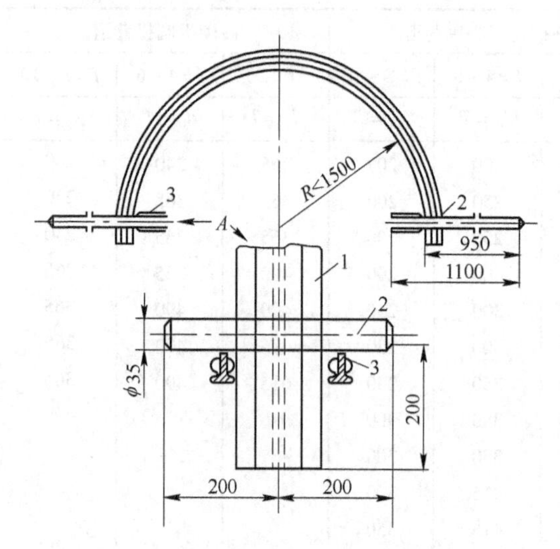

图1－54 金属拱形无腿临时支护

1—架拱；2—托梁；3—铁道橛子

金属拱形临时支架分无腿的（见图1－54）和带腿的(见图1－55)两种。无腿支架只有架拱，没有架腿，架拱撑托在打入巷道两帮的钢轨橛子（或托钩）上，它适用于岩石中等坚固以上，没有侧压的拱形巷道。金属拱形有腿临时支架，是为了适应各种岩层，在无腿架拱下再加设可拆装的架腿。如果侧压大时，可在爆破后先安设架拱，待工作面岩石出净后再装设架腿。

为了提高支架的纵向稳定性，防止放炮崩倒支架，支架间应安设拉钩和撑柱，并用背板背紧。

石材整体支护施工顺序如下。

（1）拆除临时支架架腿。当地压较大或两帮岩石破碎时，应先在顶托下面打上两根顶木，而后拆除架腿；岩石稳定、地压不大时，拆除架腿时架拱可仍承托在钢轨橛子上。

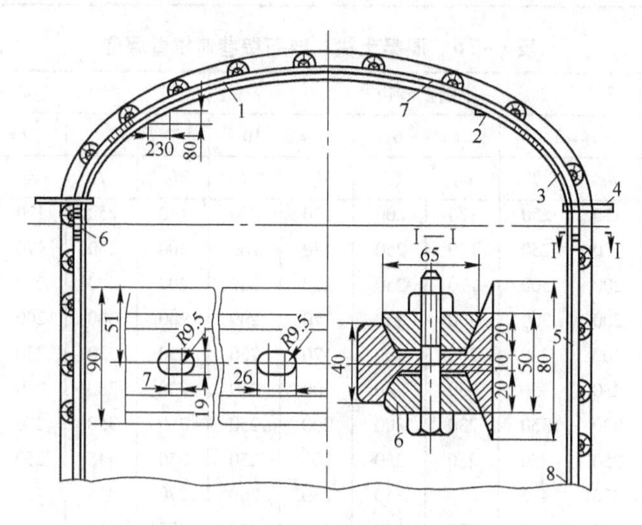

图1－55 金属拱形带腿临时支架

1—架顶；2—顶托；3—架肩；4—钢轨橛子；5—架腿；6—连接板；7—拉钩；8—架腿垫板

（2）掘砌基础。基础深度要符合设计要求，并要做到实底上。在坚硬岩石中的基础深度，局部不得小于50mm。

（3）砌筑侧墙。砌筑料石墙时，灰缝要均匀、饱满，且在砌筑同时，应做好壁后充

填工作，砌筑混凝土墙时，要根据巷道中、腰线组立模板，然后分层浇灌与捣固，如图1－56所示。

(4) 砌拱。砌拱主要包括搭工作台、拆除临时支架架拱、立胎、砌碹等。拆除临时支架时一定要保证作业安全，先撬掉浮石，必要时局部打上顶柱或架过顶梁管理顶板。确认安全后，便根据中、腰线架立碹胎、模板。碹胎分木碹胎(见图1－57)和金属碹胎（见图1－58)。金属碹胎是用14～18号槽钢或15～18kg/m钢轨制成；模板一般用8～10号槽钢或30～40mm厚木板制成。为了节省木材，提高复用率，常采用金属碹胎、模板。碹胎架立稳固后开始砌拱。砌拱必须从两侧拱基线开始，向拱顶对称砌筑，使碹胎两侧均匀受压，以防碹胎向一侧歪斜。砌料石拱时，砌块应垂直于拱的辐射线，楔形砌块的大头必须向上，各行砌块必须错缝；砌拱的同时，应做好壁后充填工作，封顶时，最后的砌块必须位于正中。

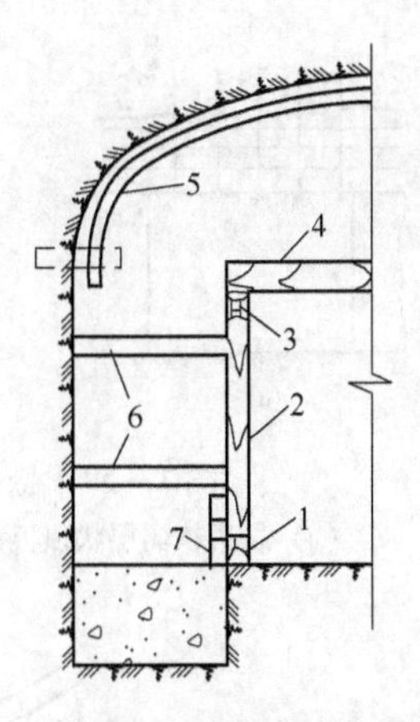

图1－56 混凝土墙的施工
1—底梁；2—立柱；3—托梁；4—横梁；5—临时支架；6—撑木；7—模板

每砌筑一段拱、墙，应留有台阶式咬合茬，以便下次砌筑接茬。

砌筑完毕后，要待拱、墙达到一定的强度后，才能拆除碹胎和模板。拆下的碹胎、模板应洗刷、整理，以便复用。

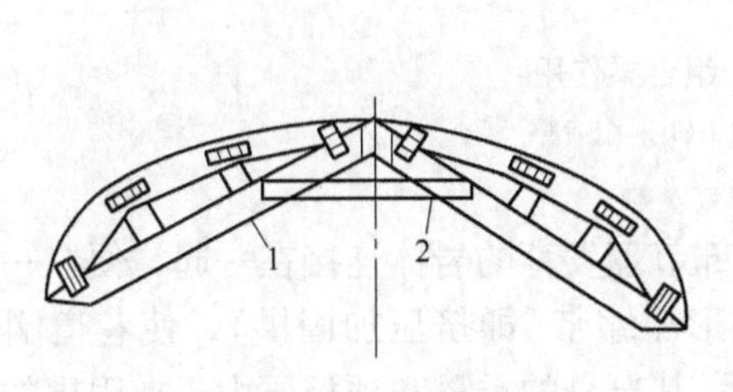

图1－57 木碹胎
1—碹胎；2—固定板

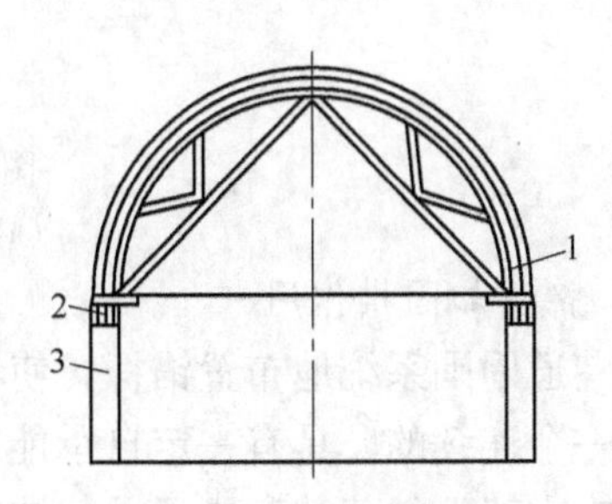

图1－58 金属碹胎
1—碹胎；2—托梁；3—柱腿

1.3.4 锚杆支护

锚杆是一种安设在巷道围岩体内的杆状锚栓体系。采用锚杆支护的巷道，就是在巷道掘进后向围岩中钻锚杆眼，然后将锚杆安设在锚杆孔内，对巷道围岩进行加固，以维护巷道的稳定性。

1.3.4.1 锚杆支护作用原理

A 悬吊作用

悬吊作用是指把将要冒落的危岩或软弱岩层，用锚杆悬吊于上部的坚硬岩体上，由锚杆来承担危岩或软弱岩层的重量(见图1－59)。锚杆的这种作用就像是“钉钉子”，把容易冒落的顶板和危岩块“钉牢”在稳固的岩石上。

B 组合梁作用

可将平顶巷道的层状顶板看做是由巷道两帮为支点的叠合梁，在荷载作用下，各层板

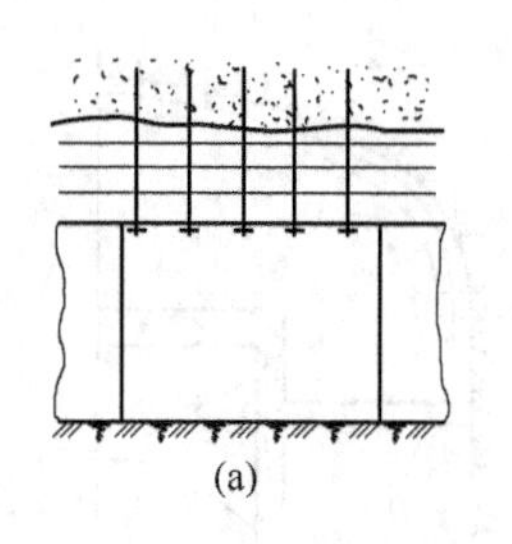
(a)

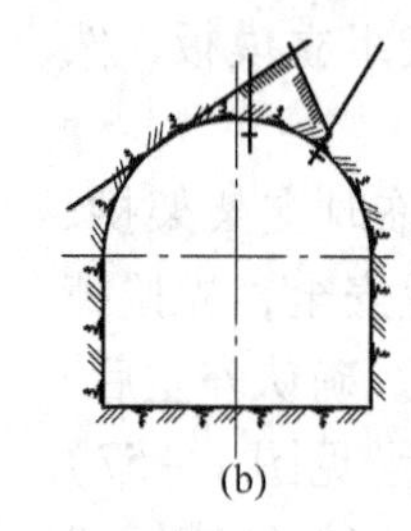
(b)

图1-59 悬吊作用
(a) 悬吊软弱层状顶板；(b) 悬吊危岩

梁都将单独弯曲，每层板梁的上下缘分别处于受压和受拉状态。但用锚杆将各组合板梁压紧之后，在荷载作用下，就如同一块板梁的弯曲一样(见图1-60)。从图中可以看出，组合前后，在相同的荷载作用下，组合后的梁比未组合的板梁的挠度和内应力都大为减少，提高了梁的抗弯强度。在层状顶板中安装锚杆后，将锚杆长度以内的层状岩体锚成岩石组合梁，可提高顶板岩层的承载能力。

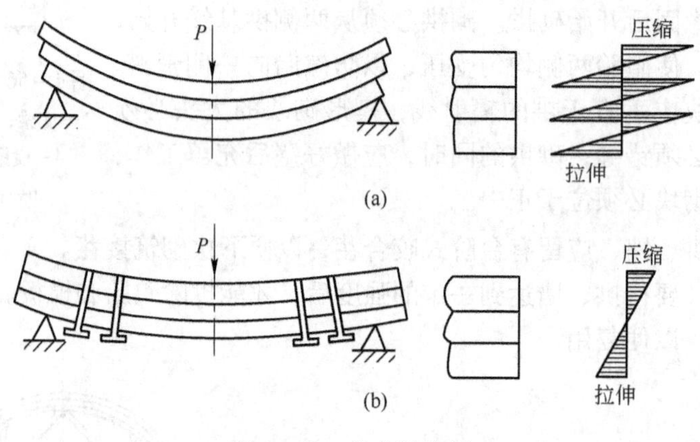

图1-60 组合梁作用
(a) 叠合梁；(b) 组合梁

C 挤压加固拱作用

在巷道周围系统地布置锚杆，使巷道拱部节理发育的岩体连接在一起，便在一定范围内形成一个连续的、具有一定自承能力的拱形压缩带(即挤压加固拱)，使巷道围岩由原来作用在支架上的荷载变成了承载结构，支承其自身的重量和顶板压力。加固拱的厚度主要取决于锚杆布置的间距及长度，如图1-61所示。

D 减跨作用

在巷道内安设锚杆，能减小压力拱的高度和跨度。如在巷道跨中打一根锚杆，相当于在该处打一点柱(即增加了一个支座)，使原拱分成两个小拱，小拱的跨度为原拱的一半，如图1-62所示。若打三根锚杆，相当于把原拱分成四个小拱，压力拱的跨度为原拱的四分之一，同时压力拱的高度也明显降低。

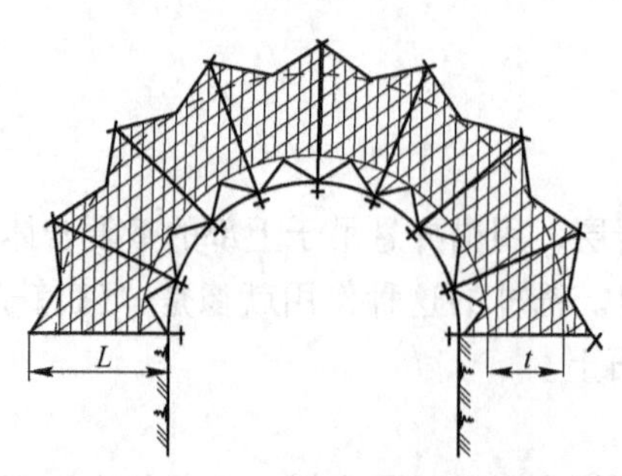

图1-61 挤压加固拱作用

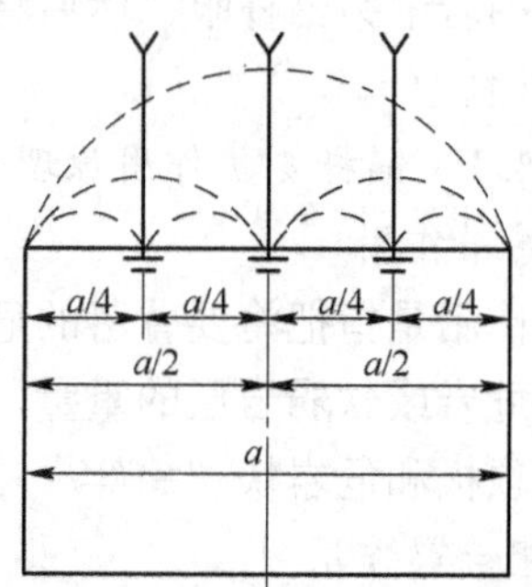

图1-62 锚杆支护的减跨作用

E 围岩补强加固作用

巷道深处围岩内的岩石处于三向受力状态，而靠近巷道周边的岩石处于二向受力状态，后者的强度远小于前者，故易破坏而丧失稳定性。在巷道周边安设锚杆后，由于锚杆托盘的挤压作用，有些围岩又部分地恢复为三向应力状态，增强了自身的强度。此外，锚杆可以增强岩层弱面的抗剪强度，使巷道周边围岩不易破坏和失稳。故锚杆可对围岩起到补强和加固作用。

1.3.4.2 锚杆的类型、结构及适用条件

锚杆的类型很多，按其在围岩内的锚固方式不同可分为集中锚固型锚杆和全长锚固型锚杆，或称为点负荷式和全面胶结型锚杆。按制作的材料不同可分为木锚杆、钢筋或钢丝绳砂浆锚杆、金属杆状锚杆、树脂和快硬水泥卷锚杆等。

A 木锚杆

a 普通木锚杆

普通木锚杆由木楔、托板、杆体组成，如图1-63a所示。杆体用优质木材制作，上下端都做成楔缝，为防止杆体劈裂，上下楔缝应在相互垂直的平面内，楔子用硬木制成，木托板一般为400mm×200mm×50mm。

木锚杆安装时，先将木楔夹到上缝中，放入眼孔内，在下部用锤击锚杆而锚固，再穿上托板，在下部打上木楔，把托板卡住即可。

这种锚杆结构简单，制作方便，价格便宜。但锚固力小、易腐朽，多用于服务年限短的回采巷道。

b 压缩木锚杆

压缩木锚杆是利用压缩木制成的锚杆，其结构如图1-63b所示。这种锚杆浸湿后能沿全长迅速膨胀变粗，井下安装时，先要把它浸湿，然后立即安装，安装后能产生很大的锚固力。

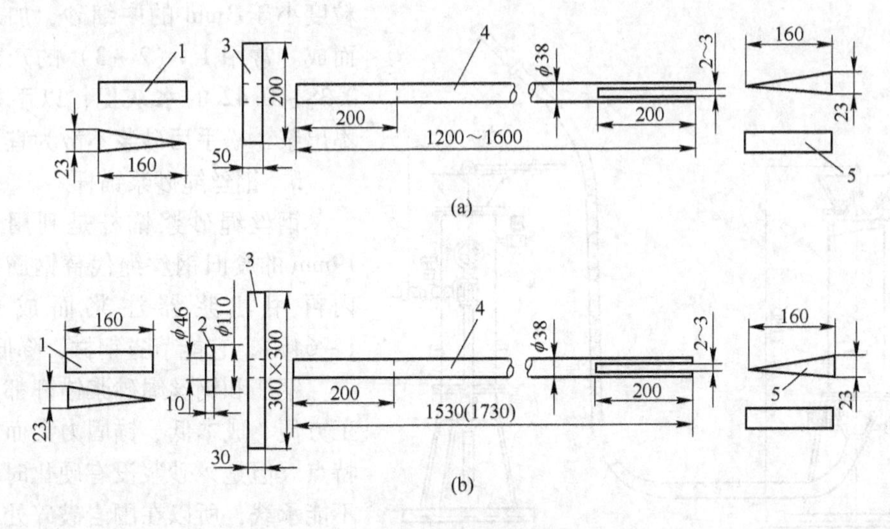

图1-63 木锚杆结构

（a）普通木锚杆；（b）压缩木锚杆

1—外楔；2—铁垫圈；3—木托板；4—木杆体；5—内楔

由于压缩木锚杆横向膨胀变形大，故常在其下端使用金属垫板金属衬套，以防木托板被劈裂。

这种锚杆使用效果较普通木锚杆好，但制造工艺复杂，成本高，储存运输困难，容易吸湿失效，故使用不普遍。

B 钢筋或钢丝绳砂浆锚杆

a 钢筋砂浆锚杆

钢筋砂浆锚杆是在锚杆眼内注满砂浆，然后插入钢筋，待砂浆凝固后，利用砂浆的粘结力，把锚杆牢牢粘结在锚杆孔中(见图1-64a)。还有另一种方法，先将锚杆插入眼孔中而后用注浆器(见图1-65)注浆。

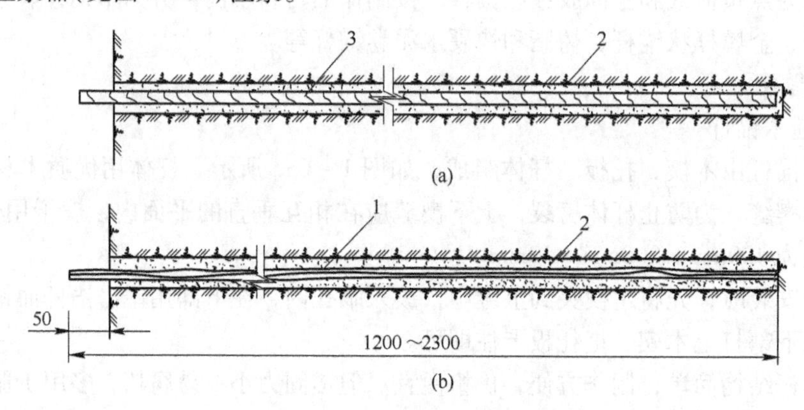

图1-64 钢筋、钢丝绳砂浆锚杆

(a) 钢筋砂浆锚杆；(b) 钢丝绳砂浆锚杆

1—钢丝绳；2—砂浆；3—钢筋

这种锚杆常用ϕ10～16mm的螺纹钢筋；砂浆采用325号或425号普通硅酸盐水泥，粒度小于3mm的中细砂，加水拌和而成。常用1：(2～3)的灰砂比和0.38～0.42的水灰比，以手捏成团不出浆，松手后砂浆不散为宜。

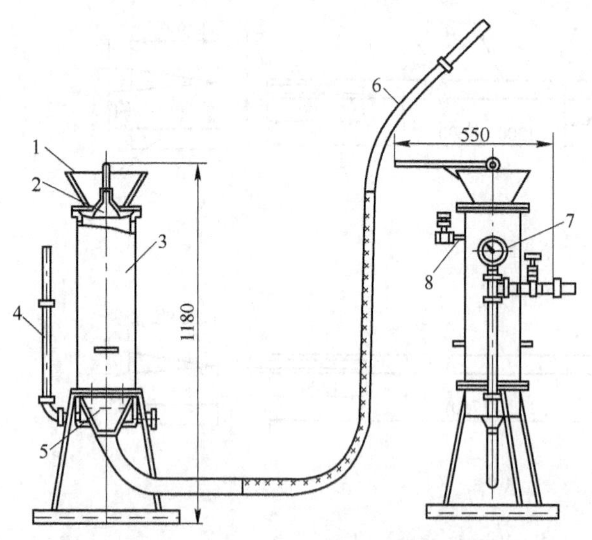

图1-65 MJ-2型锚杆注浆器

1—受料漏斗；2—钟形阀；3—储料罐；4—进风管；5—锥管；6—注浆管；7—压力表；8—放风管

b 钢丝绳砂浆锚杆

钢丝绳砂浆锚杆是利用ϕ10～19mm的废旧钢丝绳代替钢筋插入孔内再用注浆器注浆而成(见图1-64b)，它能节省钢材，降低成本。

钢筋和钢丝绳砂浆锚杆都具有加工方便、成本低、锚固力大而持久等特点。但是，砂浆没有硬化时，锚杆不能承载，所以在围岩破碎处，不宜采用。

C 金属杆状锚杆

a 金属楔缝式锚杆

金属楔缝式锚杆由杆体、楔子、垫板和螺帽组成，如图1-66所示。杆体常用ϕ18~22mm的3号圆钢制作，其上端加工成2~5mm宽、150~200mm长的纵向楔缝，另一端在100~150mm长的范围内车有三角形螺纹。楔子用软钢或铸铁制造，其大小主要取决于锚杆孔直径及锚固部分岩石的力学性能。垫板多用厚6~10mm的钢板制作，其规格为150mm×150mm或200mm×200mm，板中心孔直径比杆体直径大2~3mm。

安装前先检查钻孔深度以及孔底是否坚硬，然后把楔子夹在杆体上端的楔缝中一起送入孔底，并在杆体下端加保护套以保护螺纹，然后用锤击打杆体下端，使上端楔子进入楔缝，楔缝涨开与眼壁相挤而固定，最后穿上垫板，拧紧螺帽。这种锚杆结构简单，容易制造，在硬岩中锚固力较大。但对钻孔深度的精确性要求高，杆体直径大，钢材消耗量多，不能回收复用，在软岩中锚固力较小，不宜采用。

b　金属倒楔式锚杆

金属倒楔式锚杆是由铸铁活楔、固定楔、杆体、垫板和螺帽组成，如图1-67所示。它的锚固头是由铸铁活动楔和铸造在杆体上的固定楔共同组成。杆体通常采用ϕ14~18mm的圆钢制作，下端带有螺纹，由于杆体没有楔缝，杆体直径较楔缝式锚杆稍小。

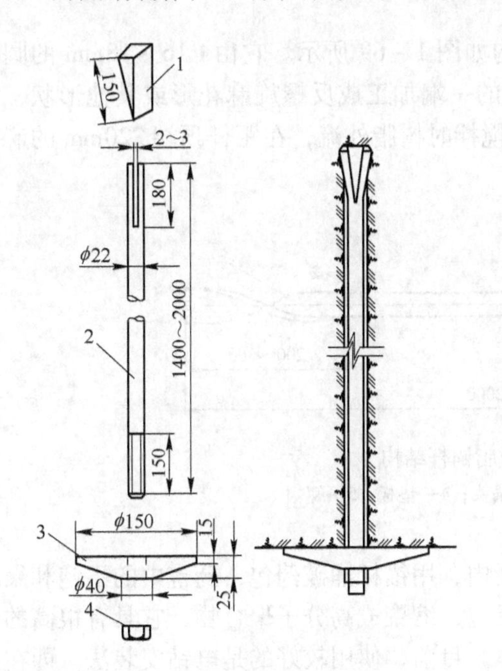

图1-66　金属楔缝式锚杆

1—楔子；2—杆体；3—垫板；4—螺帽

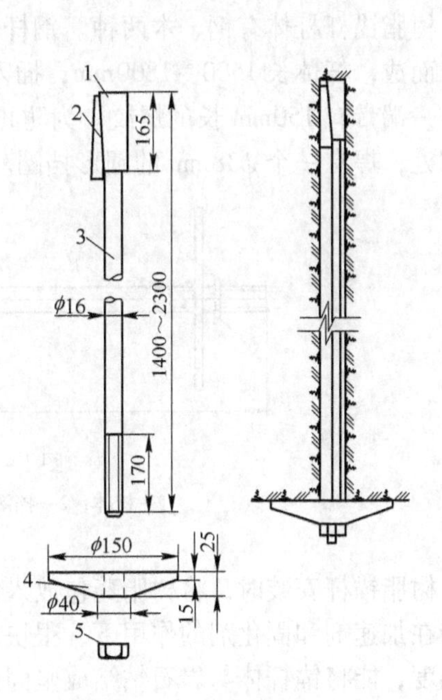

图1-67　金属倒楔式锚杆

1—固定楔；2—活动倒楔；3—杆体；4—垫板；5—螺帽

安装时，把活动楔子绑在锚头的下部，一同轻轻插入锚杆孔内，然后用一根专用锤击杆，顶在倒楔上进行锤击，即可将锚杆锚固在岩层中。最后，穿上垫板，拧紧螺帽。

这种锚杆结构简单，容易制造，杆体直径较小，可节省钢材。安装时，不需要完全插到孔底就能锚固，故对锚孔深度要求不严；巷道报废时，先拧下锚杆的螺帽，退下垫板，向里锤击杆体，如果松动，就可以回收，故在我国应用较广。

D 树脂及快硬水泥卷锚杆

a 树脂锚杆

树脂锚杆由树脂药包、杆体、垫板和螺帽组成。目前，我国矿山普遍采用的通用型不饱和聚酯树脂药包有 M-1-1 和 M-1-2 两种型号，结构如图 1-68 所示。药包规格分别为 ϕ35mm×370mm 和 ϕ35mm×240mm。它由内药包和外药包组成，内药包为 ϕ8～12mm 的小玻璃管内装固化剂及少量填料；外药包为聚乙烯薄膜塑料袋或玻璃管，内装不饱和聚酯树脂、加速剂及填料（瓷粉或石英粉）。

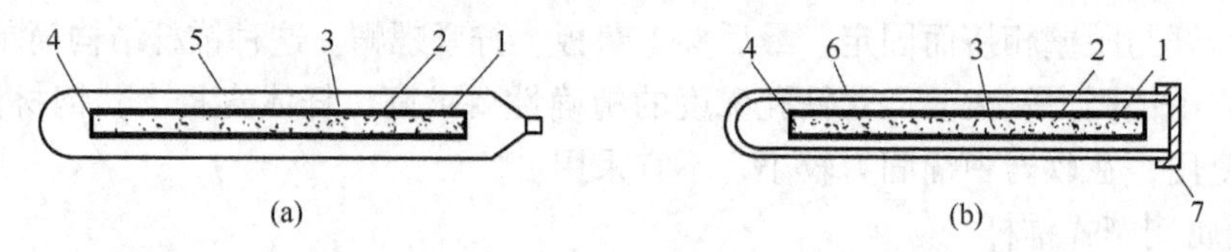

图 1-68 树脂药包

（a）用塑料袋包装；（b）用玻璃管包装

1—固化剂加填料；2，6—玻璃管；3—不饱和聚酯树脂；4—填料；5—聚乙烯外袋；7—硬塑料盖

树脂锚杆杆体有钢、木两种。钢杆体结构如图 1-69 所示。它由 ϕ16～18mm 的圆钢加工而成，杆体长 1500～1800mm，插入孔底的一端加工成反螺旋麻花形或其他形状，杆体另一端带有 150mm 长的螺纹。为防止安装搅拌时树脂外流，在距杆顶端 220mm 的麻花尾部处，焊有一个 ϕ38mm 的圆形挡圈。

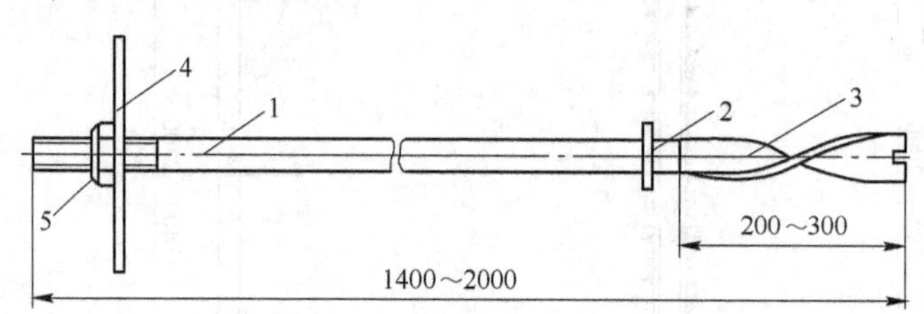

图 1-69 树脂锚杆结构

1—杆体；2—挡圈；3—锚头；4—垫板；5—螺帽

树脂锚杆安装时，将树脂药包放入锚杆孔内，用锚杆捅破药包，药包中的不饱和聚酯树脂在加速剂和固化剂的作用下，很快发生反应，缩聚成高分子聚合物，它具有很高的粘结强度，能将锚杆体与岩石粘结成坚固的整体。目前，使用较好的是电钻安装法。即在长 100mm 的麻花钻杆上焊一个与锚杆相配合的螺母，焊接时，杆体与螺母要同心，焊接要牢固。安装时，应在杆体上做出孔深标记，先将药包送入孔内，再将杆体插入孔中将药包推送至孔底，然后在杆体尾部套上电钻给电转动，捅破药包搅拌，同时把杆体推至合适位置，搅拌 30s 左右。取下电钻，用木楔或石块挤压锚杆，以防止杆体下滑。15min 后（115 型树脂锚固剂）或 5min 后（82 型树脂锚固剂），再安上托板，拧紧锚杆螺母。

树脂锚杆锚固力大，固化时间短，能在几分钟到几小时内获得很高的初锚固力，可以迅速有效地控制围岩，故可以用于各种不同的岩层，对松软破碎岩层的支护效果尤为显著。

b 快硬水泥卷锚杆

快硬水泥卷锚杆是用快硬水泥卷取代树脂锚杆中树脂药包的一种锚杆。具体杆体结构规格种类较多。

快硬膨胀水泥卷，是在水泥中添加了一些外加剂，使其具有速凝、早强、膨胀等特性。药卷长 240 ~ 270mm，质量为 300 ~ 400g，药卷内外径可变，根据现场需要来做，其结构如图 1 - 70 所示。

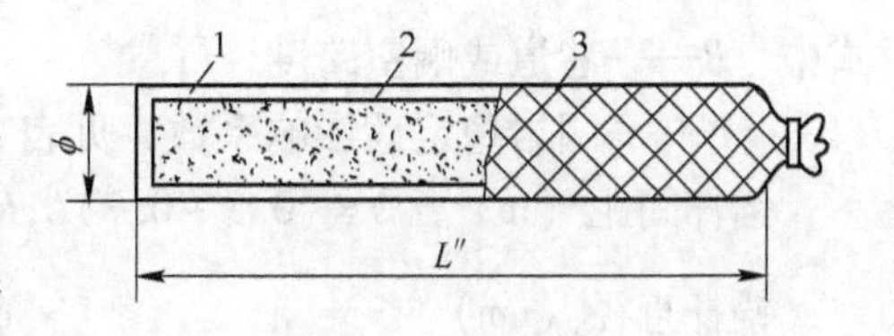

图 1 - 70 快硬水泥卷

1—滤纸内套；2—快硬水泥卷；3—玻璃纤维网

锚杆杆体一般用 ϕ16 ~ 18mm 的普通圆钢制作、两端车有螺纹，并在固定一端加一垫片，亦可将垫片直接焊在固定端，以固定水泥药卷和增大摩擦面，增加初期锚固强度，杆体外露端的螺纹是用来固定托板的。全长锚固时，杆体也可用螺纹钢代替。

安装时，将药卷外层塑料和外包装纸去掉，再将锚杆固定端的垫片螺帽装好，套上水泥药卷，使药卷全部置于水中泡 3 ~ 5s，然后套上捣固管、缓慢将锚杆送入眼中，到底后，先用力压实，再用套管进行捣固，必要时，用锤击几次捣固管尾端，以增加初锚强度。全长锚固时，第一个药包安装方法与上述相同，而后将药卷浸水后逐一套入杆体，依照上述方法分次压实捣固即可。随后套托板，拧上螺母，待药卷具有一定的锚固力后再上紧螺母。

快硬膨胀水泥锚杆具有材料来源广泛、价格低廉、操作使用简便、对人体无害、初锚固力大等特点，实验表明，这种水泥药卷具有相当于树脂锚杆的锚固特性，因此得到广泛的应用。

除前述几种锚杆外，常用的还有金属涨圈式锚杆、管缝式锚杆、可伸缩式锚杆、竹锚杆、拉杆式锚杆等。

1.3.4.3 锚杆支护参数的选择

锚杆支护参数，分系统布置锚杆及局部布置锚杆两种情况加以讨论。

A 系统布置时锚杆参数的选择

锚杆支护参数的选择，主要是确定锚杆支护的长度、直径、间距和布置方式。

系统布置锚杆是指在较大范围内有规律地布置锚杆。这时锚杆参数主要是依据锚杆加固拱原理确定。在选择锚杆长度时，还要同时考虑巷道跨度、岩石性质和使用部位的不同而有所区别。巷道跨度大，锚杆长；用于顶板的锚杆可以较长些，用于两帮的可稍短些；岩体不稳定时，应适当加长锚杆；在墙高较大的硐室中，侧墙上的锚杆从上到下，其长度可递减。根据实际经验认为：锚杆长度至少是岩体节理宽度的三倍。

在选择锚杆间距时，主要考虑岩体的稳定性和锚杆的长度。岩体不稳定时，应减小间距、加密锚杆。根据挤压加固拱理论和光弹实验：如果锚杆间距适当，就会在岩体中形成连续的压缩带。为了形成一定厚度的压缩带，锚杆的长度至少为其间距的两倍。实际中有些矿山使用的锚杆长度与间距之比仅为 1.5，也能长期安全稳定可靠地工作。因此，确定锚杆参数时，可按锚杆长度与间距之比为 1.5 ~ 2 选取。在决定锚杆间距时，围岩的节理也是一个重要因素。据研究，当岩块相互咬合时，锚杆间距为节理间距的三倍左右被认为是安全的。

系统布置锚杆时，支护参数可按以下经验公式确定：

锚杆长度（m） $L = N\left(1.1 + \dfrac{B}{10}\right)$，$L > 2x$（$x$ 为岩石节理间距） (1 - 30)

式中 B——巷道或硐室跨度，m；

N——围岩稳定性影响系数，见表1－37。

锚杆间距（m） $s=(0.5\sim0.7)L, L<3x$（x 为岩石节理间距） (1－31)

锚杆直径（cm） $d=\frac{1}{100}L$ (1－32)

表1－37 围岩稳定性影响系数

围岩分类	围岩稳定性	围岩稳定性影响系数 N
Ⅱ类	稳定性较好	0.9
Ⅲ类	中等稳定	1.0
Ⅳ类	稳定性较差	1.1
Ⅴ类	不稳定	1.2

式(1－30)～式(1－32)适用于跨度为12m以内的巷道或硐室工程拱部钢筋砂浆锚杆设计。对于跨度小、服务年限不长，或围岩稳定性较好的巷道、硐室，则不必系统地布置锚杆。

工程中锚杆的间距通常等于排距，常取0.6～1.0m，最大不超过1.5m。

锚杆的直径在荷载相同的情况下，随材质的不同而不同，当采用软钢或低合金钢时为12～18mm；竹、木为32～38mm。

由于矿山地质条件复杂，设计确定的锚杆参数，还应在施工过程中根据岩石结构及破坏情况适当调整。另外，还可根据有关书籍介绍的理论方法进行计算，以供参考和验算。

B 局部布置锚杆时锚杆参数的选择

当出现局部不稳定结构体或危岩，需要布置锚杆进行加固时，锚杆参数的确定也同样是按经验数据选取和有关公式验算。

按经验数据选取：锚杆长度视具体情况而定，一般可取2.5～3.5m，甚至5m；锚杆间距取0.4～0.8m。

用公式计算，多按悬吊理论计算，即不稳定结构体或危岩的全部重量由锚杆承担。因此，锚杆间距应根据锚杆的锚固力等于或大于被悬吊危岩重量的原则确定。如图1－71所示，即

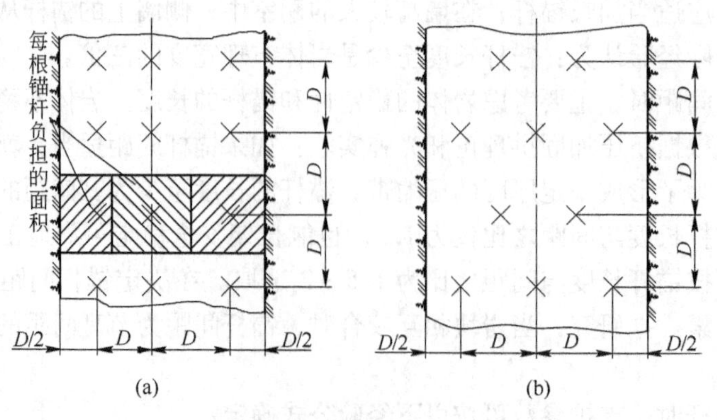

图1－71 锚杆在岩面上的布置

（a）方形布置；（b）梅花形布置

$$Q \geqslant 0.01KHD^2\gamma \tag{1-33}$$

锚杆间距

$$D \leqslant 10\sqrt{\frac{Q}{KH\gamma}} \tag{1-34}$$

式中 Q——锚固力，kN；

γ——不稳定结构体或危岩的平均容重，kg/m^3；

K——安全系数，一般取2；

H——不稳定结构体或危岩厚度，m，可通过实地测量或有关资料确定。

锚杆长度

$$L = L_1 + KH + L_2 \tag{1-35}$$

式中 L_1——锚杆锚入稳固岩层深度，m，一般取0.3m；

L_2——锚杆外露长度，m，无托盘时不大于50mm；有托盘时不大于100mm。

C 锚杆布置

锚杆在巷道顶、帮岩面的布置有方形、矩形和梅花形等几种，其中以方形和梅花形使用较普遍（见图1-71）。方形适用于较稳定的围岩，梅花形适用于围岩稳定性较差的情况。

锚杆的锚入方向应与岩层面或主要裂隙成较大角度，即尽量相垂直；当围岩的岩层面与裂隙面不太明显时，锚杆应垂直于巷道周边锚入。

1.3.4.4 锚杆支护的施工与检验

A 锚杆的安装

锚杆的安装施工包括钻锚杆眼和安装锚杆两个主要工序。在锚杆安装施工前，应根据锚杆支护布置方式设计要求，用巷道中腰线标定出锚杆的眼位。

打眼时，眼位、眼深、角度应符合设计要求。钻眼角度，可采用角度尺来控制。锚杆孔径应与锚杆锚头相适应。在岩层中打锚杆眼，可用6FB型锚杆打眼机（见图1-72）、MGJ-1锚杆打眼安装机等。当条件不允许时，也可以用风动凿岩机钻锚杆眼。此时，工人劳动强度大，效率低。

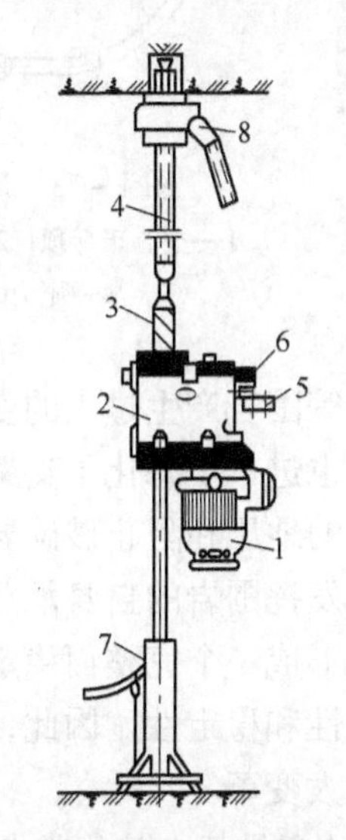

图1-72 6FB锚杆打眼机

1—电动机；2—减速器；3—丝杠；4—接卡杆；5—手柄；6—刹车手把；7—高节座；8—捕尘器

锚杆眼钻好后，即可进行锚杆安装工作。不同种类的锚杆，采用不同的安装方法。施工时应按照前述锚杆的安装方法严格进行操作。另外，为保证锚杆安装质量，应注意以下问题：

（1）锚杆孔深度要与锚杆长度配合适当，采用楔缝式锚杆时尤其要注意。锚杆孔过深或过浅都会使安装垫板和螺帽产生困难。金属楔缝式锚杆孔深应比锚杆短50~70mm，倒楔式锚杆孔深应短100~120mm；

（2）由于楔缝式和倒楔式锚杆的锚固力主要靠锚头与孔壁岩石接触面的摩擦阻力，所以锚杆孔直径与锚头直径也要配合适当；

（3）安装托板时应尽量将岩面找平，使托板和岩面全部接触，以求托板受力均匀，增加承载能力；

（4）螺帽要用大扳手尽量拧紧，使杆体中产生较大的预应力。一般认为，杆体的预拉力应达到锚杆锚固力的40% ~80%。

安装钢丝绳砂浆锚杆，应先插入钢丝绳而后注砂浆；安设钢筋砂浆锚杆则先注满砂浆后插入钢筋。注浆前需用高压风、水将锚杆孔冲洗干净，然后利用注浆器把砂浆注入孔内。注浆时要把注浆管插到孔底，随着砂浆的注入缓缓拔出，以保证水泥砂浆注得饱满均匀。

B 锚杆质量检查

锚杆支护要进行严格的质量检查，以保证较好的支护效果。主要注意检查锚杆孔直径、眼深、间排距、托板质量、螺帽拧紧程度以及锚固力。检查不合格的应重打或补打锚杆。

锚杆眼深和间排距分别用标有尺寸的木棍和钢尺测量。

锚杆锚固力可用 ML20 型钻杆拉力计(见图 1 - 73)进行拉拔试验测定。ML - 20 型锚杆拉力计的主要部件是一个空心千斤顶和一台 SYIFI 型高压手摇泵，其最大拉力为 200kN，总质量为 12kg。试验时将空心千斤顶套入锚杆尾部，随后将高压胶管与手摇泵连在一起，远距离操作。拉拔试验时，除检查锚固力外，在规定的锚固力范围内，要求检查锚杆拉出的滑移量不得超过 10mm。

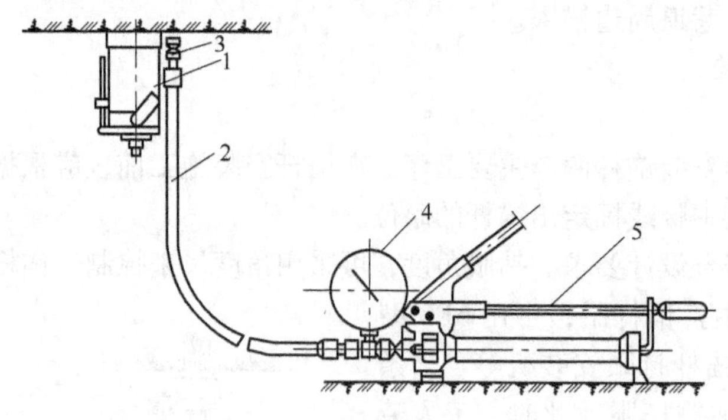

图 1 - 73 ML - 20 锚杆拉力计

1—空心千斤顶；2—胶管；3—胶管接头杠；4—压力表；5—手摇油泵

另外还要检查锚杆支护的托板或托梁是否与顶板紧贴。如螺帽与托板之间留有空隙，螺帽与托板或托梁之间只有部分接触，则必须用铁楔打紧，最好用砂浆充填密实。

1.3.4.5 锚杆支护的优缺点

传统的架棚或砌碹支架，是在井巷掘进后作为一种独立的地下结构物，消极被动地等待地层来压和抵御围岩向井巷里的变形。由于这些支架与围岩之间有一定的空隙，需要等围岩产生过大的变形或松散后才能充分受力，这样便扩大了井巷周围的松碎范围，同时也进一步恶化了支架的工作条件。锚杆支架不同于传统支架，它不是消极地承受井巷周围的地压和阻止破碎岩石的冒落，而是通过锚入围岩内的锚杆，改变围岩的受力状态，充分发挥围岩的自身承载作用，把围岩从荷载变为承载，在巷道周围锚杆和围岩共同作用下，形成一个完整而稳定的岩石带，用来抵御井巷的地压和围岩的变形，从而保持围岩的完整性和稳定性。因此，锚杆支护是一种积极防御的支护方法，是地下工程支护技术的一次重大变革。

A 锚杆支护的优点

实践表明，锚杆支护具有以下优点：

(1) 节约坑木和钢材。一般木支架巷道每米需要坑木 0.193 ~0.375m^3，而使用木锚杆只需 0.027 ~0.018m^3。同样金属锚杆比普通金属支架所用钢材也要少得多。

(2) 降低支架成本。据鹤岗新一矿统计，使用锚杆支护每米巷道的直接费用，相当于料石砌碹的1/5，相当于金属支架的1/7~1/8，相当于木棚支架的1/2左右。

(3) 掘进断面小。用锚杆支护的巷道，掘进工程量比棚式支护的约少20%，比砌碹巷道约少30%；其断面利用率可达95%，而一般支护的巷道断面利用率仅为85%~90%，砌碹巷道则只有70%~80%。

(4) 巷道的变形小、失修小、维修费用低。如抚顺某矿曾作过一次普查，砌碹和木棚巷道失修率达19%，而锚杆支护巷道只有6.3%。

(5) 工作安全。使用锚杆可以改善围岩的力学性质，冒顶、片帮的可能性均可减小。

(6) 锚杆轻便，施工工艺简单，有利于机械化施工，可以减轻架棚、砌碹时笨重的体力劳动。

(7) 和棚式支架比较，可减少通风阻力。

(8) 有利于一次成巷施工和加快掘进速度。

(9) 使用范围广，适应性强。无论是一般岩石巷道，还是具有动压的采准切割巷道或有底鼓的巷道都可使用。

(10) 减少运输量，有利于矿井的运输和提升。

B 锚杆支护的不足之处

综上所述，锚杆支护的确是一项适应性很强的支护技术。但它本身也有一定的适应条件和不足之处。

(1) 锚杆支护不能完全防止锚杆与锚杆之间裂隙岩石的剥落，不能防止围岩的风化，因此，锚杆应配合其他支护措施，如与金属网、喷浆、喷射混凝土等联合使用，其适应范围和效果更好。

(2) 在严重膨胀性岩层、毫无粘结力的松散岩层以及含饱和水、腐蚀性水的岩层中不宜采用锚杆或锚喷支护。

1.3.5 喷浆与喷射混凝土

喷射混凝土支护是将一定配合比的水泥、砂子、石子和速凝剂通过混凝土喷射机，在压缩空气的作用下，沿着管路送至喷嘴口与水混合后以较高速度喷射在岩面上凝结、硬化而成的一种支护类型。它与普通混凝土相比，其力学性能和对围岩支护特性方面具有自捣、早强、密贴和柔性等特点。此外，喷射混凝土支护不需临时支护，施工不需模板，而且可以紧跟工作面施工，有效地防止围岩位移和由此引起的矿山压力。这种支护方式在我国发展迅速，应用极广。

1.3.5.1 支护作用原理

喷射混凝土支护作用原理大体可以归纳为以下几个方面：

(1) 封闭围岩防止风化作用。当在岩面上喷射混凝土(或砂浆)之后，喷层与围岩密贴成一体，形成致密、坚实的保护层，完全隔绝了围岩与空气、水的接触，有效地防止了因风化潮解而引起的围岩破坏剥落。

(2) 加固和补强岩体作用。喷射混凝土(或砂浆)不但能及时封闭围岩，而且能有效地充填围岩表面裂隙、凹穴，将围岩粘结在一起，形成轮廓周边的连续支护，阻止围岩位移、松动，增补了围岩的强度，特别是井巷表面围岩的强度，这样能利用围岩本身的强度支护自身。

(3) 柔性支护结构作用。一方面，由于喷射混凝土的粘结强度大，能和围岩紧密地粘结在一起共同工作，同时喷层较薄，具有一定的柔性，因此可以和围岩共同变形产生一定量的径向位移，在围岩中形成一定范围的非弹性变形区，使围岩的自支承能力得以充分发挥，从而喷层本身的受力状态得到改善；另一方面，混凝土喷层在与围岩共同变形中受到压缩，对围岩产生愈来愈大的支护反力，能够抑制围岩产生过大的变形，防止围岩发生松动破碎。

(4) 组合拱作用。被节理裂隙切割形成的块状结构围岩中，岩块间靠相互镶嵌、联锁、咬合作用而保持稳定。若围岩表面的某块危岩活石发生滑移坠落，则将引起邻近岩块的连锁反应，相继丧失稳定而坠落，从而造成较大范围的冒顶或片帮。开巷后如能及时喷射一层混凝土，使喷层与岩石的粘结力和抗剪强度足以抵抗围岩的局部破坏，防止个别危岩活石的滑移或坠落，那么岩块间的联锁咬合作用就能得以保持，这样，不仅能保持围岩自身的稳定，并且与喷层构成共同承载的整体结构——组合拱。

上述喷射混凝土的作用原理，彼此之间不是孤立的，而是相互联系，互为补充的。

1.3.5.2 喷射混凝土施工

A 喷射机具

喷射混凝土机具包括喷射机及其配套机械。

a 混凝土喷射机

喷射混凝土支护的发展，在一定程度上有赖于混凝土喷射机的发展。我国从20世纪60年代开始研制混凝土喷射机，先后使用过螺旋式、双罐式(WG-25型、冶建65型等)喷射机。螺旋式使用较少，双罐式使用较多。20世纪70年代，先后研制成转子-Ⅰ型、转子-Ⅱ型喷射机，取代了机体高大、笨重、操作频繁、劳动强度大的双闭式喷射机。进入80年代，转子-Ⅳ型等喷射机问世，并开始进行潮喷机、湿喷机的研制工作。但目前得到广泛使用的仍是转子-Ⅱ型。

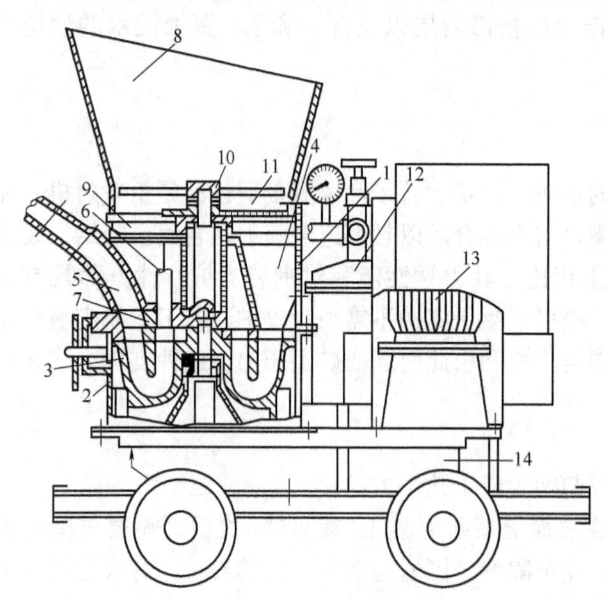

图1-74 转子-Ⅱ型混凝土喷射机

1—上壳体；2—下壳体；3—旋转体；4—入料口；5—出料弯口；6—进风管；7—密封胶板；8—料斗；9—拨料板；10—搅拌器；11—定量隔板；12—油水分离器；13—电动机；14—减速器

转子-Ⅱ型喷射机由主机、传动机构、风路系统、电气系统、机架等组成。主机由旋转体、密封胶板、定量下料机构、搅拌器、料斗出料弯头、上下壳体等组成(见图1-74)。定量下料机构由定量隔板和定量叶片组成，隔板可上下移动，以调整喷射能力。沿旋转体圆周方向均匀地布置有14个U形槽，外圈的槽腔为料槽，里圈为气室，其底部连通成U

形槽。

工作时，电动机通过减速器带动旋转体、搅拌器和拨料板旋转，料斗中的混合料被均匀拨入旋转体的料槽中。当装满料的料槽对准出料弯头时，内圈的气室也恰好对准进风管，于是混合料被压气压入出料弯头和输料管，在喷头处与水混合喷向岩面。

转子－Ⅱ型喷射机，结构紧凑，体积小，重量轻，操作简单，出料均匀，输送距离远，效率高。

喷射机用的喷头，一般由喷嘴和混合室组成，混合室周围有带两排径向小孔的水环。常用喷头的结构形式如图1－75所示。喷头的作用是使干拌合料在这里与水混合。其断面由大逐渐变小，能加快拌合料的流速，使料束更有力更集中地喷向岩面。

用干式喷射机喷射混凝土，装入喷射机的是干混合料，在喷头处加水后喷向岩石。喷射作业时粉尘大，水灰比不易控制，混合料与水的拌和时间短，使混凝土的均质性和强度受到影响，而且回弹量大，喷层质量低。为了解决这些问题，国内外已开始研究与使用湿式混凝土喷射机，即将混凝土混合料与水充分拌和后再由喷射机进行喷射。国内研究的湿式喷射机主要为挤压泵式和柱塞泵式。

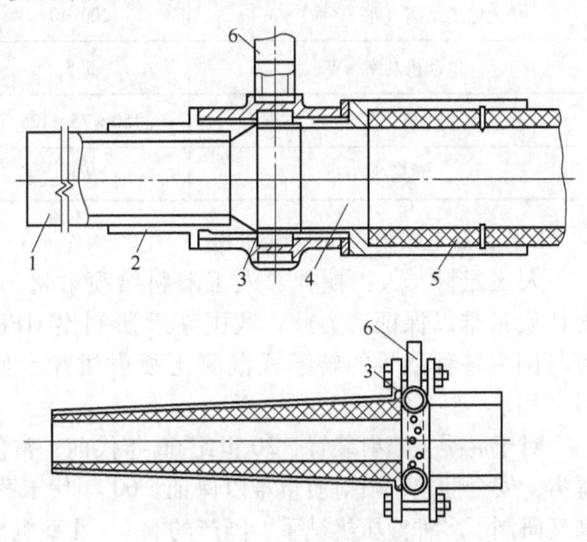

图1－75　喷头结构形式

1—拢料管；2—拢料管接头；3—水环；4—输料管接头；5—输料管；6—水管接头

解决干式喷射机粉尘大等问题的另一现实途径，是研制与使用潮喷机，即装入喷射机的是潮湿的混合料，在喷头处再加入适量水后喷向岩面。

转子－Ⅴ型潮喷机，保留了转子－Ⅱ型与转子－Ⅳ型的优点，并进行了改造。转子－Ⅱ型、Ⅳ型喷射机的转子是整体铸造的。料腔形状复杂，表面粗糙，易与混合料发生粘结堵塞。

转子－Ⅴ型采用了防粘料转子。防粘料转子使用装配结构，软体料腔，在工作时，利用工作风压与大气压的压力差，使料腔产生周期性的强制变形，防止混合料与料腔壁间的粘结。使用含水率小于7%（水灰比小于0.35）的混合料，料腔不粘结，不需清理，其受料和出料系统能连续畅通，始终保证正常工作。转子料腔的受料容积不变，生产能力稳定，出料均匀，不需停机进行清理维护，提高了工效。由于潮喷，粉尘与回弹均有所降低，据测，机旁平均粉尘质量浓度为10mg/m^3，喷墙、喷拱平均回弹率10%。转子－Ⅴ型潮喷机装有粉状速凝剂添加器和风动振动筛，机旁只需2名操作工人，减少了操作工人人数。转子－Ⅴ型潮喷机还采用了摩擦板液压自动压紧装置，对摩擦板提供稳定的操作压力，提高了摩擦板的寿命，减少了跑风和粉尘溢出。

国产转子式混凝土喷射机的主要技术特征见表1-38。

表1-38 国产转子式混凝土喷射机主要技术特征

项目参数	型号		
	转子-Ⅰ型	转子-Ⅳ型	转子-Ⅴ型
生产能力/$m^3 \cdot h^{-1}$	4~6	4~5	4~6
压气工作压力/MPa	0.15~4	0.12~4	0.15~4
压气消耗量/$m^3 \cdot min^{-1}$	5~10	5~8	5~8
最大输送距离（水平/垂）/m	200/40	120/80	200/40
电动机功率/kW	5.5	3	5.5
外形尺寸（长×宽×高）/cm	150×75×125	102×73×126	140×74×125
质量/kg	960	530	750

b 混凝土喷射机的配套机械

人工配料、人工搅拌、人工喂料给喷射机，不仅劳动强度大、粉尘大，且配料、搅拌质量难以保证。为此，我国新近研制出HPLG-5型转子型喷射机供料装置，它可与国内各种型号的转子式混凝土喷射机配套使用，作为配比、搅拌和向喷射机供料之用。

对于混凝土喷射装置，20世纪60年代前，常使用手持喷头，劳动强度大，工作条件恶劣，安全性差，喷射质量难以保证。60年代末我国研制成功简易的杠杆式机械手，后来又研制了多种液压机械手。国产的MK-Ⅱ型机械手的构造如图1-76所示，其技术特征见表1-39。

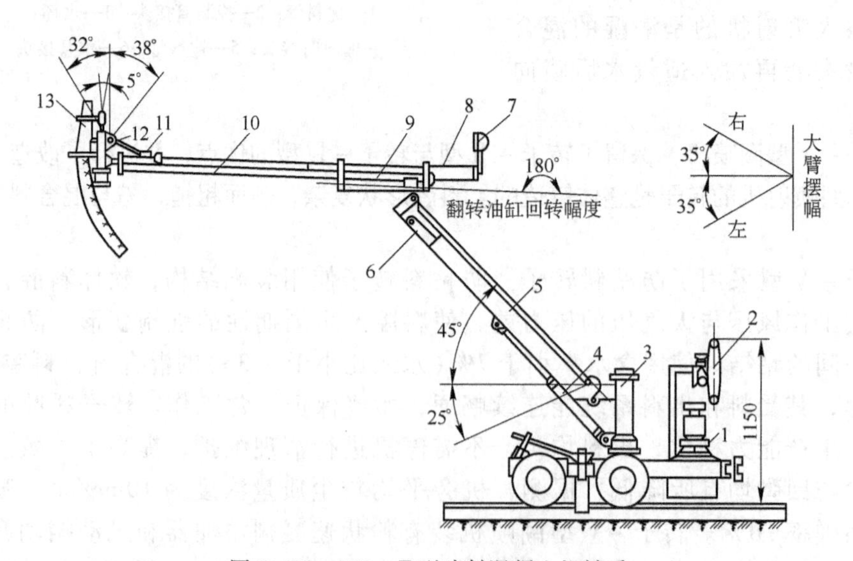

图1-76 MK-Ⅱ型喷射混凝土机械手

1—液压系统；2—风水系统；3—转柱；4—支柱油缸；5—大臂；6—拉杆；7—照明灯；8—伸缩油缸；9—翻转油缸；10—导向支撑柱；11—摆角油缸；12—回转器；13—喷头

表 1－39 MK－Ⅱ型喷射机械手技术特征

适用巷道断面/m^2	大臂变幅范围/(°)			喷头变幅范围/(°)			液压/MPa	风压/MPa	外形尺寸/mm	质量/kg
	左右摆幅	上仰	下俯	左右翻转	前俯	后仰				
3.6～18	70	45	25	180	32	38	7.0	0.5～0.6	工作时 4500×2400×2700 行走时 4000×820×1150	670

B 喷射混凝土的材料及配合比

喷射混凝土要求凝结硬化快、早期强度高，故应优先选用硅酸盐水泥和普通硅酸盐水泥，水泥标号不得低于325号。为了保证混凝土强度和凝结速度，不得使用受潮或过期结块的水泥。

为了保证混凝土强度，防止混凝土硬化后的收缩和减少粉尘，喷射混凝土中的细骨料应采用坚硬干净的中砂或粗砂，细度模数宜大于2.5。

为了减少回弹和防止管路堵塞，喷射混凝土的粗骨料粒径应不大于15mm。

速凝剂掺量应通过试验确定，喷射混凝土初凝不应大于5min，终凝不应大于10min。

喷射混凝土的配合比，可按1.3.1.4节中所述的配合比设计方法求得。喷射混凝土的强度一般要求不得低于20MPa；水灰比以0.4～0.5为最佳。水灰比在此范围内，喷射的混凝土强度高而回弹少。根据我国实践经验，井巷支护中喷射混凝土的配合比（即水泥：砂：石子），喷射巷道侧壁时为1：(2.0～2.5)：(2.5～2.0)，喷射顶拱时为1：2.0：(1.5～2.0)。

C 喷射混凝土的主要工艺参数

(1) 工作风压。工作风压是指正常喷射作业时，喷射机工作室里的风压。工作风压决定着喷嘴出口处的风压，而喷嘴出口处的风压直接影响着回弹率与混凝土喷层质量。风压和混凝土强度、回弹率之间的关系如图1－77所示。根据试验，干式喷射时，喷嘴出口处的风压应控制在0.1MPa，湿喷时应控制在0.15～0.18MPa。

此外，工作风压应随着输料管长度的增加而加大。因此，对于罐式和转子式干式喷射机水平输料在200m以内时，其工作风压可按下式估算：

$$\text{工作风压(MPa)} = 0.1 + 0.001 \times \text{输料管长度 (m)} \tag{1-36}$$

当喷射距离发生变化时可参考下述数值：水平输料每增加100m，工作风压应提高0.08～0.1MPa；垂直向上每增加10m，工作风压应提高0.02～0.03MPa。

(2) 水压。水压应比风压大0.1MPa左右，以利于水环喷出的水能充分湿润瞬间通过喷头的拌合料。

(3) 水灰比。水灰比适宜时(0.4～0.45)，喷层表面平整，潮润光泽，黏塑性好，密实。当水量不足时，喷层表面出现干斑，回弹率增大，粉尘飞扬；若水量过大，则混凝土滑移，流淌，如图1－78所示。

(4) 喷头与受喷面的距离与倾角。喷头与受喷面垂直时，回弹率最低，如图1－79所示。喷头距受喷面的距离以0.8～1.2m为适宜。

喷头距受喷面太近，引起灰浆四溅，回弹量剧增；离得太远，会使料束分散捣固无力，骨料大量坠落，如图1－80所示。合适的间距可以减少回弹，提高喷层强度，一般以1m左右为宜。

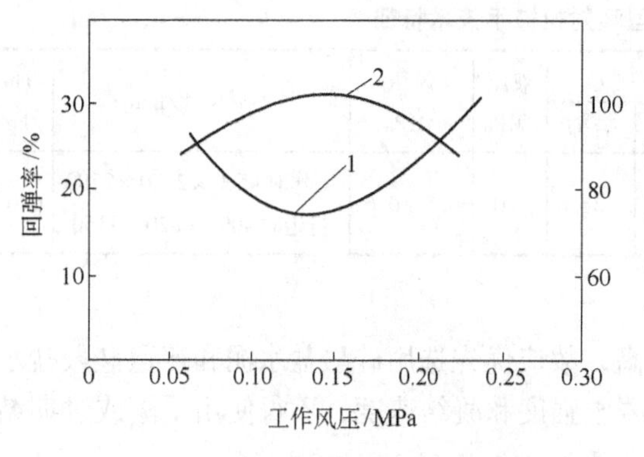

图 1－77　工作风压与回弹率和强度的关系

1—工作风压与回弹率的关系曲线；

2—工作风压与强度的关系曲线

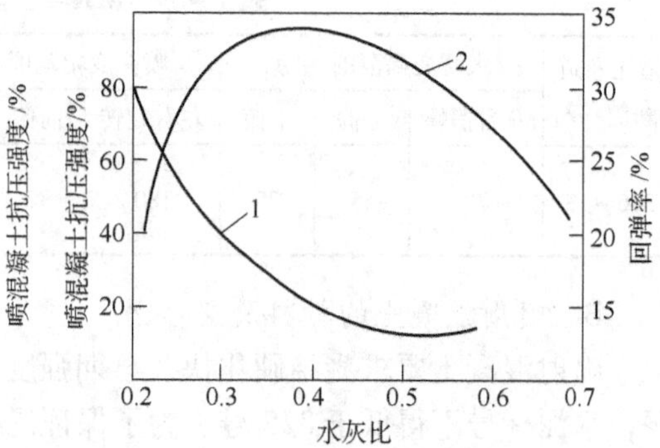

图 1－78　水灰比与回弹率、抗压强度的关系

1—水灰比与回弹率的关系曲线；

2—水灰比与混凝土抗压强度的关系曲线

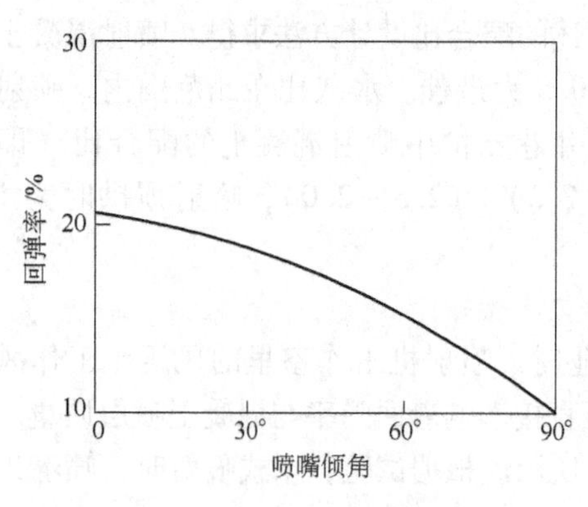

图 1－79　喷嘴倾角与回弹率的关系

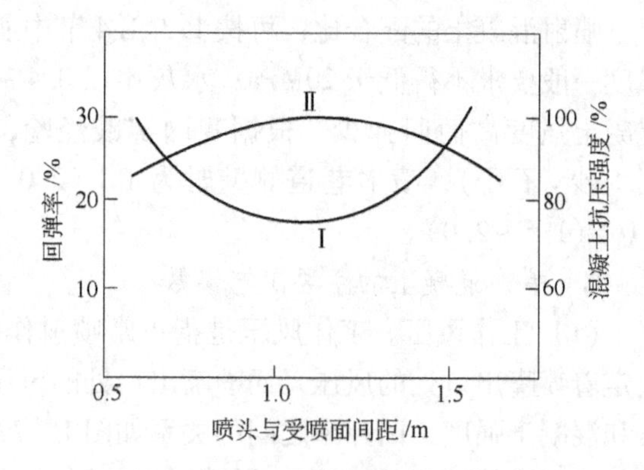

图 1－80　喷头与受喷面间距与回弹率及抗压强度的关系

Ⅰ—与回弹率的关系；Ⅱ—与混凝土抗压强度的关系

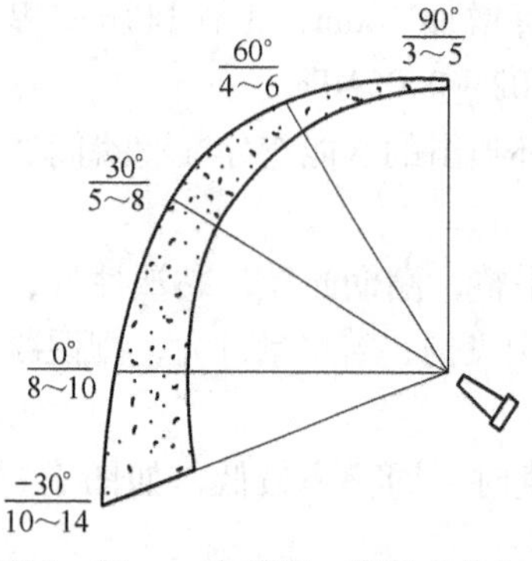

图 1－81　一次喷厚、喷射方向与水平面夹角的关系

分子—喷头与水平面夹角；

分母—混凝土一次喷射厚度（cm）

（5）一次喷射厚度。若一次喷射厚度过大，由于重力作用会使混凝土颗粒间的凝着力减弱，混凝土将发生坠落；若喷层厚度太小，石子无法嵌入灰浆层，将会使回弹增大，如图 1－81 所示。经验表明，一次喷射厚度，墙 50～100mm，拱 30～60mm 为宜。

（6）分层喷射的间歇时间。当一次喷射厚度达不到设计厚度，需进行分次喷射时，后一层的喷射应在前一层混凝土终凝后进行。在常温 15～20℃下喷射掺有速凝剂的混凝土时，分层喷射的间歇时间为 15～20min。

（7）混合料的存放时间。由于砂、石含有一定水分，与水泥混合后，存放时间应尽量缩短。不掺速凝剂时，存放时间不应超过 2h；掺速凝剂时，存放时间不应超过

20min，最好随拌随用。

如遇到围岩渗漏水，造成混凝土因岩面有水喷不上去，或刚喷上的混凝土被水冲刷而成片脱落时，可找出水源点，埋设导水管，使水沿导水管集中流出，疏干岩面，以便喷射。有条件时也可采用注浆堵水。

D 喷射混凝土施工工艺

a 施工准备工作

喷射混凝土之前，应检查巷道断面尺寸是否符合要求；用高压风、水冲洗岩面，并处理活石，清除巷道两帮基底的浮石，使达到设计规定的深度(底板以下100mm)；埋设控制喷层厚度的标桩；认真检查喷射机具，风、水管路，并准备好照明和防尘设施等。撬掉岩面上的活石，认真检查机械设备、管线和其他设施，发现问题及时解决。

喷射开始前，调节好给料速度，给料速度太低会导致产生团块输送，而无法实现稳态喷射；相反，给料速度太快又会造成喷枪堵塞。

要保证混合料搅拌均匀，随时观察围岩、喷层表面、回弹、粉尘等情况，及时调整与严格控制水灰比，掌握好工作风压、喷射距离(喷头与受喷面之间)和角度，尽可能地降低回弹率。

b 施工工艺流程

采用干式喷射法喷射混凝土支护时，其工艺流程如图1－82所示。将砂石过筛，按配合比和水泥一同送入搅拌机搅拌，然后运至待喷地点，经上料机送入喷射机，再经输料管、异径葫芦管到喷嘴处与水混合，并以高速喷向岩面。需要加速凝剂时，可以与水泥一同加入搅拌机内搅拌。

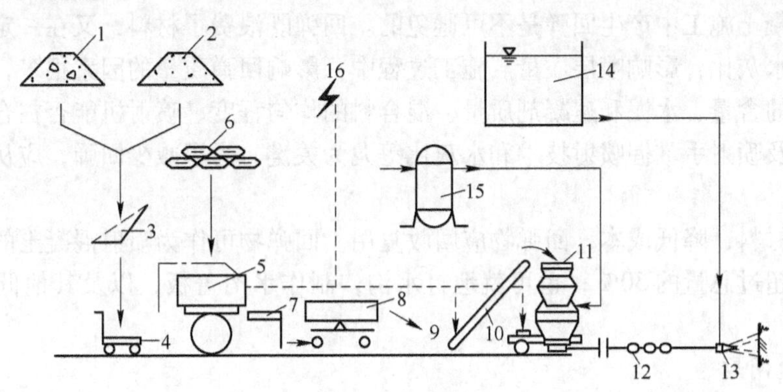

图1－82 喷射混凝土工艺流程

1—石子；2—砂子；3，7—筛子；4—磅秤；5—搅拌机；6—水泥；8—运料矿车；9—料盘；10—上料机；11—喷射机；12—异径葫芦管；13—喷头；14—水箱；15—风包；16—电源

c 喷射作业

(1) 划分喷射作业区段。为了保证喷射质量，提高工效，应根据喷射区的情况，混凝土凝结快慢，操作是否方便等因素，合理地划分喷射作业区段。一般以6m为一个基本段，在基本段内再分2m长三段。平巷喷射区段划分可参考图1－83。

(2) 喷射机操作。要严格按照作业规程操作，要特别注意调整好风压，减少回弹量。喷射机的开停顺序为：开动时，先开风后给水，最后再送电给料；停止时，先停止给料，

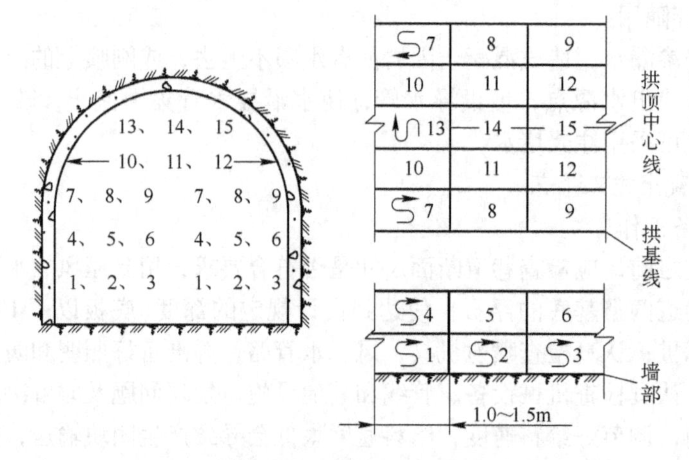

图 1-83 侧墙和拱顶喷射区的划分与喷射顺序

待料罐中的存料喷完后再停电，最后关水停风。

（3）喷头操作。喷头操作要先开水后开风，及时调整水灰比、喷枪与受喷面的夹角与间距；喷射顺序应是先墙后拱，自上而下呈螺旋状轨迹线，轨迹直径100~200mm，如图1-84所示。

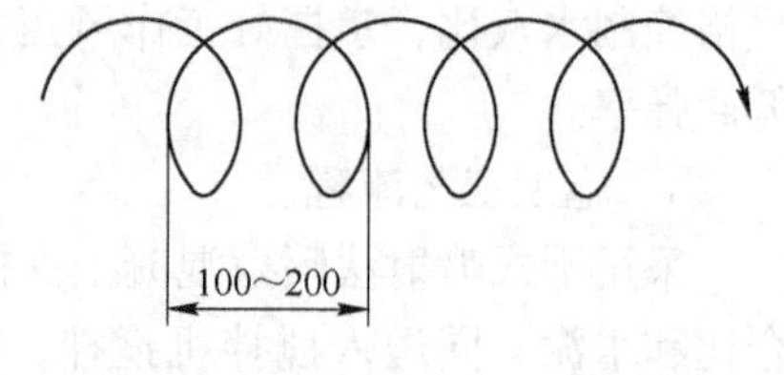

图 1-84 喷射时推荐的移动轨迹

1.3.5.3 喷射混凝土支护存在的问题

A 喷射混凝土的回弹

喷射混凝土施工中产生回弹是不可避免的。回弹既浪费了材料，又在一定程度上改变了混凝土的水灰比，影响喷层质量。施工过程中，影响回弹质量的因素很多，其中以拌合料中粗骨料的含量、水泥和速凝剂质量、混合料的均匀程度、喷射机能否在合适的风压下连续工作以及喷射手掌握喷射技术和水灰比等尤为关键。为了减少回弹，应从以上几个方面采取措施。

为节省材料，降低成本，回弹物应回收复用。回弹物可作为喷射混凝土的骨料用，但掺入量不得超过总量的30%；也可就地打水沟，制作水沟盖板，以及其他低强度混凝土构件。

B 粉尘问题

目前，我国广泛采用的混凝土干式喷射工艺，其拌和用水是在喷头处加入的，由于拌和时间短促，拌合料不易和水混合，在拌合料以极高的速度喷出时，产生了很大的粉尘，恶化了工作环境，影响作业人员的健康。因此，必须采取措施降低粉尘浓度。主要措施有：

加强水泥与水的混合，如适当提高砂石含水率和在输料管距喷头4~5m处安设预加水环和异径葫芦管等，如图1-85所示。加强通风除尘稀释粉尘浓度以及加强操作人员的个人防护。使用湿喷机，发展湿喷工艺，消除或减少粉尘。

C 围岩渗漏水的处理

在喷射混凝土施工中，有时会遇到围岩渗涌水现象，将使喷层与岩面粘结力降低，造成喷层脱落或离层，应当加以处理才能进行喷射作业。处理的原则是：以排为主，排堵结合，先排后喷，喷注结合。主要处理方法有：导水法、快发水泥砂浆堵水法、压风吹水法和注浆法。压风吹水法适用于岩帮仅有少量渗水、滴水的情况；当遇有小裂隙水，可用快凝水泥砂浆封堵后，再喷混凝土；当还有成股涌水或大面积漏水，单纯封堵不行时，必须将水导出，即在大面积裂隙水或集中出水地点，凿一喇叭口或打眼，安设导水管把水导出。导水管可用快凝水泥净浆或锚杆固定。如图1－86所示。当遇有小裂隙水时，可插入稻草绳导水或用五矾灰浆堵水。

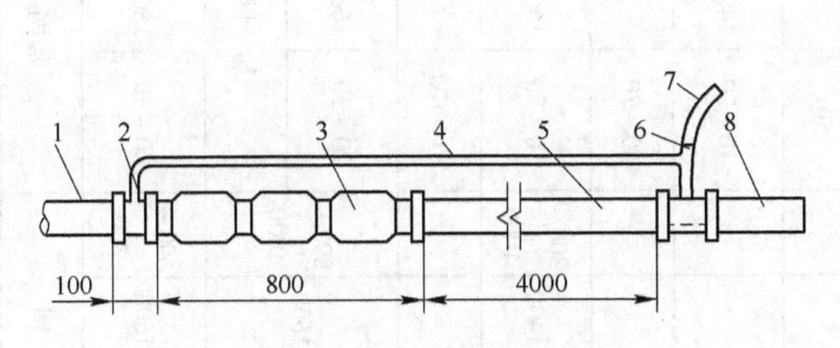

图1－85　双水环和异径管

1，5—输料管；2—预加水环；3—异径管；4—胶皮管；6—水阀；7—供水管；8—喷头

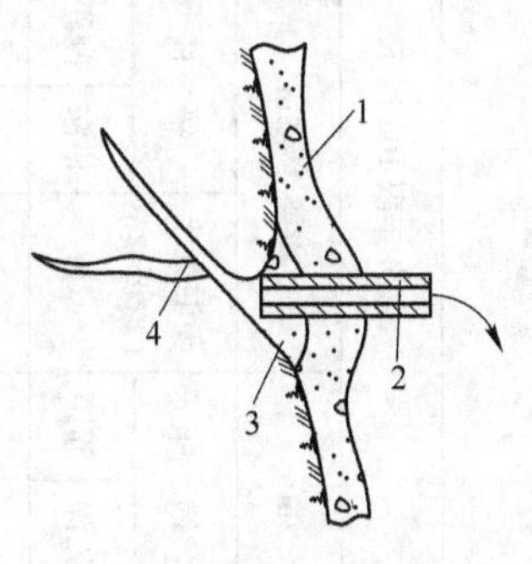

图1－86　埋设导水管导水

1—喷层；2—导水管；3—快凝水泥浆；4—水源

1.3.6　喷锚支护及其优越性

1.3.6.1　喷锚支护类型及选用

以上分别介绍了喷锚支护、喷射混凝土支护和喷浆支护，在一定条件下它们可以分别作为单一的支护形式来应用，但在许多场合则是采用喷锚联合支护。我国使用喷锚支护的类型有以下四种：

喷射混凝土（喷浆）支护；

锚杆支护；

喷射混凝土（喷浆）与锚杆支护；

喷射混凝土（喷浆）、锚杆加金属网联合支护。

为了正确地选用喷锚支护类型和参数，首先要了解围岩的地质特征，如岩体结构和强度，特别是围岩的节理裂隙发育情况及其在空间的组合关系，以判断围岩的稳定程度，然后根据围岩的稳定等级、巷道跨度、工程性质和服务年限，参考下列原则依照表1－40确定支护类型和参数，必要时进行一些验算。

（1）对节理裂隙中等发育的中等稳定或稳定性较好的岩层，巷道跨度小于5m时，一般宜采用单一喷射混凝土支护，其主要作用是阻止个别围岩的滑移和坠落，防止由此引起的围岩松动破坏、巷道失稳。若围岩坚固稳定，为防止因长期风化作用而引起围岩剥皮掉块，可采用单一的喷浆支护。

（2）对比较破碎的、节理裂隙比较发育的岩层，巷道掘进后围岩自身稳定性较差，易出现局部或大面积冒落；或对于马头门、交岔点和装载调度室等围岩集中应力较大的地方，一般应选用锚杆与喷射混凝土联合支护；受采场动压影响的采准切割巷道，因断面小，服务年限短，一般应以锚杆支护为主，必要时用锚杆喷浆联合支护。

表1－40 巷道、硐室锚喷支护参数表

（mm）

围岩分类		锚喷支护参数																	
		服务年限10a以上									服务年限10a以下								
		净跨＜3m			净跨3～5m			净跨5～10m			净跨＜3m			净跨3～5m			净跨5～10m		
		喷混凝土（喷砂浆）	锚杆		喷混凝土（喷砂浆）	锚杆		喷混凝土（喷砂浆）	锚杆		喷混凝土（喷砂浆）	锚杆		喷混凝土（喷砂浆）	锚杆		喷混凝土（喷砂浆）	锚杆	
类别	名称	厚度	锚深	间距	厚度	锚深	间距	厚度	锚深	间距	厚度	锚深	间距	厚度	锚深	间距	厚度	锚深	间距
Ⅰ	稳定岩层				10～20			20～30									10～20		
Ⅱ	稳定性较好岩层	50～70			70～100			100～120			10			50			50～70		
								50～70	1400～1600	800～1000	20			10～20	1400	1000	20～30	1400	1000
Ⅲ	中等稳定岩层	700～100			120～150			100～120	1600～1800	600～800	50			50～70			70～100		
		50～70	1400～1600	800～1000	70～100	1600～1800	800～1000				10～20	1400	800～1000	10～20	1600	800～1000	20～30	1600	600～800
Ⅳ	稳定性较差岩层	70～100	1400～1600	600～800	100～120	1600～1800	600～800	120～150	1800～2000	600～800	50～70			70～100			100～120		
											20～30	1600	800～1000	20～30	1600	800～1000	20～30	1600	600～800
														加网			加网		
Ⅴ	不稳定岩	100～120	1600～1800	600～800	125～150	1800～2000	600	150～200	2000～2200	500～600	20～30	1600	600～800	20～30	1800	600～800	—	—	—
					加网			加网			加网			加网					

（3）对松软破碎和断裂的岩层，或围岩稳定性较差、跨度5~10m的巷道硐室，宜选用喷射混凝土加金属网或喷射混凝土、锚杆加金用网联合支护。

金属网的作用是提高混凝土的整体性，使混凝土的应力均匀分布，防止喷层收缩开裂和增强喷层的抗震能力，并能提高喷层的抗剪、抗拉强度。金属网可用ϕ2.5~10mm的铁丝或钢筋预先编好，用托板固定或绑扎在锚杆上。为了便于施工和避免喷射混凝土时金属网背后出现空洞，金属网格不能过小，喷射混凝土时网格尺寸应不小于200mm×200mm，喷浆时网格应不小于50mm×50mm。在这种联合支护中，混凝土喷层厚度应不小于100mm，以便将金属网完全覆盖住，并使金属网至少有20mm厚的保护层。

1.3.6.2 喷锚支护的优越性

喷锚支护的施工工艺和支护原理与传统的被动支护迥然不同，因而具有很大的优越性：

（1）施工工艺简单，机械化程度较高，有利于减轻劳动强度和提高功效；

（2）施工速度快，为组织巷道快速施工、一次成巷创造了有利条件；

（3）喷射混凝土能充分发挥围岩的自承能力，并和围岩构成共同承载的整体，使支护厚度比砌碹减少1/3~1/2，从而可减少掘进和支护的工程量，节省建设资金。此外，喷射混凝土施工不需要模板，还可节约大量木材和钢材；

（4）质量可靠，施工安全。因喷射混凝土层与围岩粘结紧密，只要保证喷层厚度和混凝土的配合比，施工质量容易得到保证。又因喷射混凝土能紧跟掘进工作面进行喷射，能及时有效地控制围岩变形和防止围岩松动，使巷道的稳定性容易保持。许多施工经验说明，即使在断层破碎带，喷锚支护（必要时加金属网）也能保证施工安全；

（5）适应性强，用途广泛。喷锚支护或喷锚加金属网联合支护，不仅广泛用于矿山井巷硐室工程，而且也大量用于交通隧道及其他地下建筑工程；既适用于中等稳定岩层，也可用于节理裂隙发育的松软破碎岩层；既可作为巷道的永久支护，也可用于临时支护和处理冒顶事故。

但也必须看到，喷锚支护尽管是一项适应性强的先进技术，但它毕竟也有一定的适用条件，不能把它绝对化。事实证明，在严重膨胀性岩层、毫无粘结力的松散岩层以及含饱和水、腐蚀性水的岩层中不宜采用喷锚支护。此外，喷锚作为一种新的支护技术，还存在诸如粉尘大、回弹率高、支护理论不够完善等问题，有待进一步研究解决。

1.3.7 组合锚杆支护

组合锚杆支护是以锚杆为主要构件并辅以其他支护构件而组成的锚杆支护系统，是近几年来发展起来的新的锚杆支护形式，其类型主要有锚网支护、锚带网支护和锚杆桁架支护。

1.3.7.1 锚网支护

锚网支护是将金属网用托板固定或绑扎在锚杆上所组成的支护形式。金属网用来维护锚杆间的围岩，防止小块松散岩石掉落，也可用作喷射混凝土的配筋。被锚杆拉紧的金属网还能起到联系各锚杆组成支护整体的作用。金属网负担的松散岩石的荷载取决于锚杆间距大小。

常见的金属网采用直径3~4mm的铁丝编织而成，一般采用镀锌铁丝。由于金属网消耗钢材较多，目前正在用具有一定抗拉强度和伸长率的玻璃纤网或塑料网代替。

1.3.7.2 锚带网支护

锚带网支护由锚杆、钢带及金属网组成。钢带是由扁钢或薄钢板制成，为了便于锚杆安装，在钢带上预先钻好孔，钻孔形状为椭圆形，钻孔直径由相应锚杆直径确定。钢带作为锚杆的联系构件，其规格共有12种，长度1.6~4.0m，宽度180~280mm，每条重量在49~284N，可根据不同需要选用。也可以采用钢筋梯代替钢带，钢筋梯的钢筋直径一般为10mm，钢筋间距约80~100mm，钢筋梯的优点是省钢材，且有较大刚度。但是，必须保证钢筋梯整体焊接质量，并在使用中确保锚杆托板能切实托住钢筋梯。

1.3.7.3 锚杆桁架支护

锚杆桁架主要由锚杆、拉杆、拉紧器及垫块组合而成(见图1-87)。水平拉杆的预紧作用，增大了沿巷道轴向的一组裂隙的摩擦系数，提高了围岩的“完整性”，有利于顶板围岩的成拱。锚杆桁架特别适用于围岩变形大的软岩巷道，对于锚杆或其他常规支护方法难以维护的复杂地质条件、软弱破碎顶板控制有重要作用。

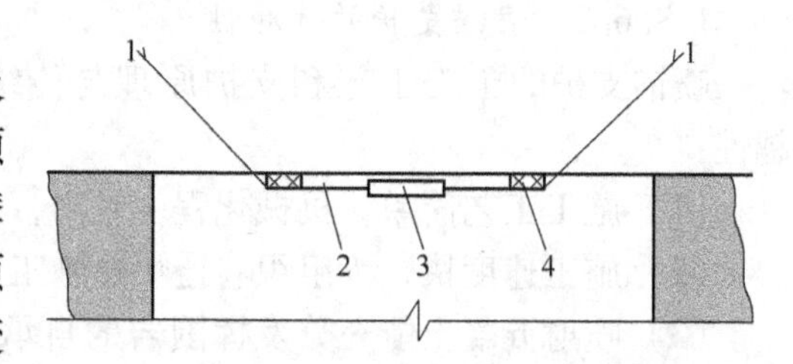

图1-87 顶板锚杆桁架系统

1—锚杆；2—拉杆；3—拉紧器；4—垫块

1.4 平巷掘进机械化作业线的设备配套

1.4.1 平巷掘进机械化配套的意义和原则

1.4.1.1 平巷掘进机械化设备配套的意义

平巷掘进机械化作业线设备配套，是指掘进各工序所用的机械设备，特别是主要工序的施工机械在规格和生产能力上要基本相适应，形成机械化作业线，使之能充分发挥每一工序施工机械的生产能力，从而提高掘进机械化水平和综合的技术经济效果。

近几年来，我国岩巷掘进的机械化程度不断提高，掘进队在破、装、运、支等主要工序的作业中采用了不同的配套设备，组成了不同的巷道掘进机械化作业线，均取得了较好的经济技术效果。但是，掘进机械化作业线的推广不平衡，特别是各主要工序的施工机械还不配套，工效和速度指标都较低，工效一般比采用机械化作业线的掘进队低25%~30%。目前，掘进凿岩台车的使用还很不普遍，凿岩仍绝大多数采用气腿式支架和效率低的凿岩机，装岩还普遍采用小斗容、低效率的铲斗后卸式装岩机，且装、运设备多不配套，极少有转载设备，因此，装岩机因调车而中断工作的时间，往往多于纯装岩时间。一般辅助作业的机械化程度更低，辅助作业占掘进循环时间的比例很大。可以认为，掘进机械的生产率低和配套水平不高，是目前掘进工效和速度未能迅速提高的主要原因之一。

掘进机械设备配套使用，组织机械化作业线施工，有如下优点：

(1) 能较充分地发挥各种机械设备的生产效率，可避免因各工序施工机械之间生产率相差悬殊而引起部分设备的效率无法发挥的现象；

(2) 劳动强度低；

(3) 机械化水平高，作业人员少；

（4）能较好地发挥机械设备的综合效果，并能较稳定地保持高工效和高速度指标。

1.4.1.2 平巷掘进机械化设备配套的原则

在确定机械化配套方法和内容时，应充分考虑下列原则：

（1）各主要工序都应采用机械作业，一般应包括凿岩、装岩、调车运输和支护等工序。至少要使凿、袋、运工序实现机械作业；

（2）各工序所使用的机械设备，在生产能力上要基本相适应，特别是使用转载设备时，其转载能力要稍大于装岩机的生产率；

（3）掘进的主要工序应以顺序作业的方式来考虑各种机械的规格和结构形式；

（4）配套的机械设备在生产能力上和数量上都要有一定的备用量；

（5）要充分考虑本单位的实际情况（包括提升运输系统及设备、巷道规格、岩石条件及设备维修能力、管理水平等）来确定机械化作业线的推广面和采用作业线的组成内容及配套的机械设备等；

（6）要保证施工能获得持续高速度、高效率以及合理的经济技术指标，并要确保安全；

（7）在保证成一条龙配套的前提下，尽量减少机械设备数量，尽可能做到一机多用。

1.4.2 平巷掘进机械化配套方案

根据目前使用的凿岩、装岩、转载、运输等设备的不同搭配，可以构成多种实用的机械配套方案。

（1）多台气腿式凿岩机钻眼、蟹爪式装载机或耙斗装载机装岩、梭式矿车转运、电机车牵引（见图1－88）。这种作业线生产率高，但要求有直接卸载条件、设备较复杂。开滦马家沟矿于1982年10月采用这种作业线（将P－60B型耙斗装载机的斗容改为$0.7m^3$，$8m^3$梭式矿车）在掘进断面$8.15m^2$，砂质页岩的条件下，掘进速度为583.8m/月，工效$2.18m^3$/(工·班)。马万水工程队于1977年11月采用这种作业线（ZXZ－60型蟹爪式装载机，多台梭车搭接）创月进1403.6m的纪录，工效$2.99m^3$/(工·班)。

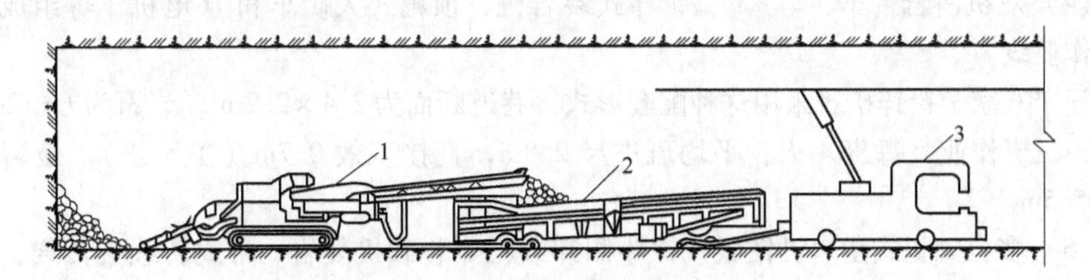

图1－88 蟹爪式装载机、梭式矿车装运系统

1—蟹爪式装载机；2—梭式矿车；3—架线式电机车

（2）多台气腿式凿岩机钻眼、铲斗后卸式或耙斗装载机装岩、固定错车场或浮放道岔或调车器调车、电机车牵引矿车运输(见图1－89)。这种作业线简单易行，但机械化程度低，我国矿山应用比较广泛。如大屯煤电公司，使用YTP－23型气腿式凿岩机15台，带调车盘的耙斗装载机1台，1t矿车，8t蓄电池电机车，在断面积为$14.9m^2$蓬春平调+700m水平南翼运输大巷施工中，平均月进212m，工效$2.07m^3$/(工·班)。

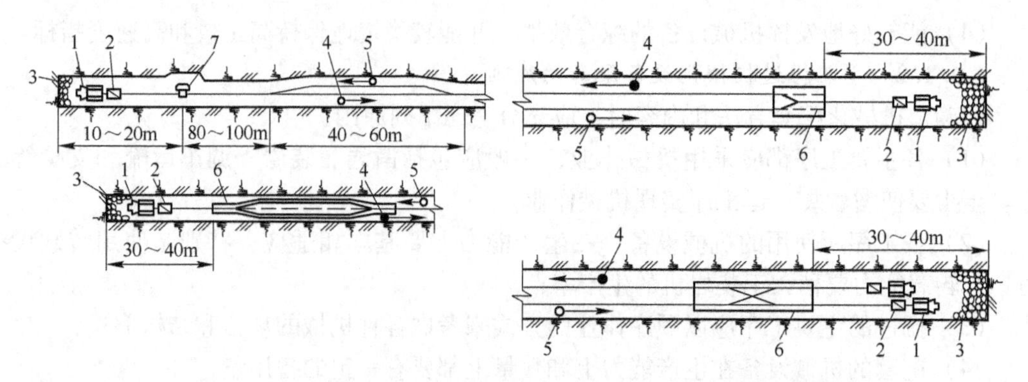

图 1－89　铲斗装载机装岩与电机车牵引矿车运输配套示意图

1—铲斗装载机；2—矿车；3—矿堆；4—重车方向；5—空车方向；6—浮放道岔；7—调车器

(3) 双机凿岩台车（PYT－2 型和 CGJ－2 型等）轻型凿岩机凿岩，华－1 型（或 ZCZ－26 型等）装岩机装岩、斗式转载车转载，电机车牵引侧卸式矿车等组成机械化作业线。这是目前我国金属矿山平巷掘进中使用较多的一种机械化作业线形式。

华铜铜矿平巷掘进采用这种机械化作业线的有关条件及指标如下：

巷道掘进在坚硬的斑状花岗岩中，坚固性系数 $f=14\sim16$，局部的石灰岩，坚固性系数 $f=8\sim10$。巷道涌水量较大。巷道规格：$2.0\times2.0m^2$。

该作业线所使用的设备有：CGJ－2 型双机凿岩台车两台（一台备用），每台台车配两台 YT－30 型凿岩机；ZD－32 型转载斗车两套（一套备用）；华－1 型电动装岩机两台（一台备用）；2t 架线式电机车两台；$0.75m^3$ 固定式矿车 20 辆，每 10 辆一列。

机械化作业线的掘进队采用混合队形式，每班 4 人，全队共 12 人，年工作日 306d，三班作业，每班 8h。该作业线平均月进尺 188.8m，最高月进尺 204m，平均日进尺 6.8m，最高日进尺 8.4m，平均班进尺 2.27m，最高班进尺 4m，平均工效 0.57m/(工·班)，最高工效 1.0m/(工·班)。

(4) 双机凿岩台车、华－1 型铲斗式装岩机、顶耙式大矿车和 7t 电机车等组成的机械化作业线。

辽宁八家子铅锌矿曾采用这种配套形式。巷道断面为 $2.4\times2.2m^2$，岩石为 $f=12$ 的白云岩，三班作业，每班 4 人，平均班进尺 2.8m，直接工效 0.7m/(工·班)，最高月进尺 165.5m。

(5) 多台气腿式凿岩机钻眼、铲斗侧卸或耙斗装载机装岩、带式转载机转载、电机车牵引矿车运输。这种作业线是通过增加带式转载机来加快施工速度。如山东协庄煤矿采用这种作业线（铲斗侧卸式装载机装岩）（见图 1－90）月掘进速度最高达 150m，工效 1.38m/(工·班)。

(6) 岩巷掘进机。岩巷掘进机是将破岩、装岩、转载、临时支护、喷雾防尘诸工序集于一体的一种联合机组，又称联合掘进机。岩巷掘进机由破岩机构、装运机构、推进机构、除尘机构、方向控制装置、护顶板、机器支撑油缸、工作室、动力及液压系统等组成。

岩巷掘进机施工巷道具有机械化程度高、速度快、巷道质量好、节省人力、效率高、

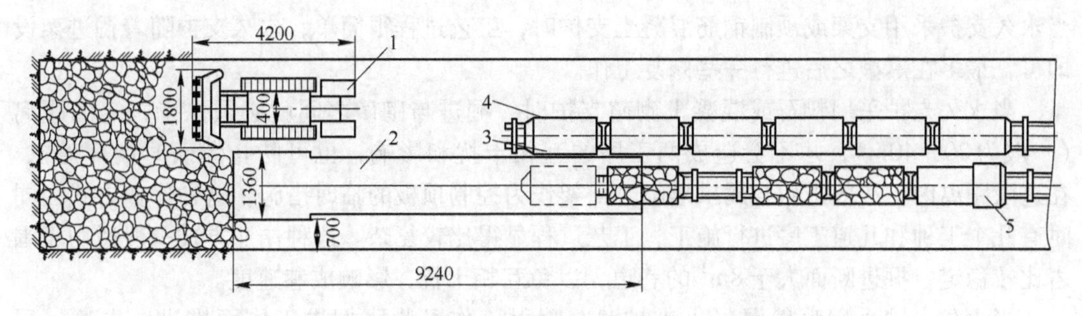

图1-90 铲斗侧卸式装载机与带式转载机配套示意图

1—侧卸式装载机；2—带式转载机；3—矿车；4—调车器；5—电机车

对危岩破坏小、支护容易、安全性好等优点。1967年，美国罗宾斯岩巷掘进机创造了岩巷掘进月进2089m的纪录。缺点是：设备重、动力消耗量大、刀具寿命短、造价昂贵、工程成本高。其只适用于较长的直巷道及曲率半径很大的拐弯巷道，特别是遇到涌水大、断层破碎带等复杂地质条件时，适应性更差。

1.5 巷道施工组织与管理

在巷道施工中，要实现巷道快速、高效、优质、低耗和安全施工的要求，除合理选择先进技术和设备配套外，主要取决于施工方案选用是否适宜，人力组织是否合理，物力是否得到充分的利用，设备和劳动力搭配是否恰当，这就要依靠行之有效的施工组织和科学的管理方法。

1.5.1 一次成巷及其作业方式

1.5.1.1 巷道的施工方法

巷道施工方法有两种：一种是分次成巷；另一种是一次成巷。

分次成巷施工法，是先把整条巷道掘出来，暂时用临时支架维护，以后再拆除临时支架进行永久支护。实践证明，这种方法材料消耗量大，围岩暴露时间长，而且围岩受风化和其他外力作用，在以后施工中容易引起冒顶和片帮，给施工带来很大的困难，施工安全和速度都受到很大的影响。故除了为解决通风、排水或运输等亟待贯通的巷道外，一般不采用分次成巷。

所谓一次成巷，就是把巷道施工中掘进、永久支护、水沟掘砌三项分部工程(有条件的还应加上永久轨道的铺设和管线的安装)看成是一个整体，有机地联系起来，在一定的距离内按设计及质量标准要求，相互配合，前后连贯地、最大限度地同时施工，做到一次成巷，不留收尾工程。

实践证明，采用一次成巷比分次成巷具有明显的优点。这种施工方法不但作业安全，有利于保证支护质量，加快成巷速度，而且材料消耗和工程成本也可显著下降。另外，可有效避免分次成巷不安全、速度慢等缺点。

1.5.1.2 一次成巷的作业方式

一次成巷施工法可分为以下三种作业方式：

(1) 掘进与永久支护平行作业。这种作业方式的难易程度，取决于永久支护的类型。

当永久支护采用支架或预制钢筋混凝土支护时，工艺过程很简单，永久支护随着掘进架设即可，最多在爆破之后进行一些修复工作。

当永久支护采用料石或混凝土砌碹支护时，掘进与砌碹之间就必须保持一定的距离（一般为20~40m），才不会造成两工序的互相干扰和影响，也可防止爆破时崩坏碹拱。在这段距离内，一般采用金属拱形临时支架作为控制顶板的临时措施。这种作业方式因同时有几个工种和几道工序进行施工，工艺过程显得比较复杂。这种作业方式一般适用于围岩比较稳定，掘进断面大于8m^{2}的巷道，以免互相干扰，影响成巷速度。

当永久支护采用喷射混凝土支护时，喷射工作可紧跟掘进工作面推进，先喷一层30~50mm厚的混凝土，作为临时支护控制围岩，随着掘进工作面的向前推进，在距工作面20~40m处再进行二次补喷，使它达到设计厚度。

当永久支护采用锚喷联合支护，则锚杆可紧随掘进工作面安设，喷射混凝土工作可在工作面后面一定的距离处进行。如顶板围岩不太稳定，亦可在爆破后立即喷射一层30~50mm厚的混凝土封顶，然后再安装锚杆，最后喷射混凝土到设计厚度。

（2）掘进与永久支护顺序作业。这种作业方式，是先将巷道掘进一段距离，然后停止掘进，边拆临时支架，边进行永久支护。当围岩稳定时，掘、支间距为10~20m。若永久支护采用锚喷支护，也要根据围岩的稳定情况来决定掘进和锚喷的距离。通常有两种方式，即两掘一锚喷，或三掘一锚喷（即掘进两个班或三个班，然后用一个班进行锚喷），空顶距以不超过5m为宜。这种作业方式的特点是掘、支轮流进行，由一个工作队来完成。因此要求工人既会掘进又会砌碹或锚喷。这种作业方式组织工作比较简单，但成巷速度较慢，适用于掘进断面小于8m^2，巷道围岩不太稳定的情况。

当巷道穿过松软岩层或断层破碎带，用平行作业和顺序作业都有困难时，即可用短掘短砌、边掘边砌或边掘边锚的办法来施工。掘、支间距为2~4m，一般不用临时支架，但在不太稳定的地方，可适当打点柱或者以刹杆和前探梁来控制顶板。这样既能保证工作安全，也可节约大量的坑木，提高成巷速度。

（3）掘进与永久支护交替作业。在距离接近而又平行的两条或两条以上的巷道同时掘进时，可采用这种作业方式。该作业方式的特点是：由一个专业施工队负责，对每条巷道来讲掘进与永久支护是顺序作业，但在相邻的两条巷道中，掘、支是交替进行的。它集中了顺序作业和平行作业的特点。掘支交替作业，工人按工种分工，技术熟练，效率高。掘、支工作在不同巷道中进行，互不干扰，可以充分利用工时。但战线长，占用设备多，人员分散，不易管理。因此这种作业方式一般用于工作面相距200m以内的井底车场和采区巷道等施工中。

在一次成巷施工中，具体采用哪种作业方式，应根据巷道断面大小、支架材料和结构、穿过岩层的地质情况，以及施工装备、劳动组织和管理水平等情况，综合考虑全面分析后确定。

1.5.2 施工组织

1.5.2.1 正规循环作业

在巷道施工中，各主要工序和辅助工序都是按一定的顺序周而复始进行的，如交接班、钻眼、装药联线、装运岩石、支护等这些工序每完成一遍，工作面就向前推进一段距离。这些工序每重复一次，就称为完成一个掘进循环。每个循环巷道推进的距离称为循环进尺。完成一个循环所需的时间称为循环时间。

为组织循环作业，应将循环中各工序的工作持续时间、先后顺序和相互衔接关系，周密地以图表（该图表称为循环图表）的形式固定下来，使全体施工人员心中有数，一环扣一环地进行操作，完成规定的全部工序和工作量。

在岩巷施工中，正规循环作业是指在掘进、支护工作面上，按照作业规程、爆破图表和循环图表的规定，在一定的时间内，以一定的人力、物力和技术装备，按质、按量、安全地完成作业规程中循环图表所规定的全部工序和工作量(达到一次成巷标准)，取得预期的进度，并保证生产有节奏地周而复始地进行。正规循环作业是掘进工作面施工中多年总结出的行之有效的经验，是组织快速施工的基础，是全面提高掘进工作效率的一项重要措施。

1.5.2.2 多工序平行作业

所谓多工序平行交叉作业，是指在同一工作面，在同一循环时间内，凡能同时施工的工序，尽量安排使其同时进行；不能全部平行施工的工序，也可以使其部分平行，即交叉作业。多工序平行交叉作业是实现正规循环作业的基本保证措施。

安排多工序平行交叉作业时，首先要抓住占工时最长的主要工序。在掘进中，钻眼和装岩这两个工序的工作量大，占用时间长，因此，如果采用气腿式凿岩机钻眼，在工序安排上应使钻眼与装岩两工序最大限度地平行作业。具体办法是，爆破后在岩堆上钻上部炮眼和锚杆眼，与装岩平行作业；装岩工作结束后，工作面钻下部炮眼可与铺设临时轨道、检修装岩机平行作业。此外，交接班可与工作面安全检查平行作业；检查中线、腰线与钻眼准备和接长风水管路多工序平行作业；装药与机具撤离工作面及掩护平行作业；架设临时支架与装岩准备工作平行作业等。

在巷道掘进施工中，合理安排施工工序，组织平行交叉作业，是实现快速掘进的主要组织措施。掘进中，钻眼、装岩和支护这三大主要工序的工作量大，占的时间也最长。把这些主要工序和辅助工序统一安排，使更多的工序平行交叉作业，以充分利用巷道有限的空间和时间，才能有效地缩短循环作业时间，提高成巷速度。

1.5.2.3 循环图表的编制

循环图表是施工组织设计(施工措施)的一部分。为确保正规循环作业的实现，必须编制切实可行的循环图表。

A 确定日工作制度

过去我国矿山都采用“三八”工作制(即每天分为3个工作班，每班工作8h)，建井单位多采用“四六”工作制(地面辅助工为“三八”工作制)，在20世纪70年代，有的矿井也采用过“四八”交叉作业制。这些工作制都是按工作时间进行分班的。最近十几年来，有的矿井根据巷道施工特点和分配制度的改革，实行了按工作量分班的“滚班制”，即每个班的工作量是固定的，其工作时间是可变的。何时完成额定工作量则何时交班，不再是按点交接班。班组的考核不再是以工作时间为指标，而是以实际完成的工作量为指标，并直接与职工的工资和奖金挂钩。“滚班制”改变了过去工作制中的分配不公现象，调动了职工的积极性，但也给管理工作带来了一定的难度。它要求正在施工的班组在完成工作量之前一小时就要电话通知工区值班室，值班员再通知下一班职工做好接班准备。目前大多数矿井仍采用“三八”制或“四六”制的日工作制度。

B 确立作业方式

在工作制确定以后，要根据巷道设计断面和地质条件、施工任务、施工设备、施工技术水平和管理水平，进行作业方式的比选，确定巷道施工的作业方式。

C 确定循环方式和循环进度

巷道掘进循环方式可根据具体条件选用单循环(每班一个循环)或多循环(每班完成两个以上的循环)。每个班完成的循环数应为整数，即一个循环不要跨班（日）完成，否则不便于工序间的衔接，施工管理比较困难，也不利于实现正规循环作业。当求得小班的循环数为非整数时应调整为整数。调整方法应以尽量提高工效和缩短辅助时间为原则。对于断面大、地质条件差的巷道，也可以实行一日一个循环。20 世纪 70 年代，应用浅眼（1.0~1.2m）多循环的方式曾取得过岩石平巷施工的好成绩。由于巷道施工中大型设备日渐增多，单循环的方式应用得更为普遍。当采用超深孔光爆时，亦可能为多个小班一个循环。

在巷道施工中，每个循环使巷道向前推进的距离称为循环进度，又称循环进尺。循环进尺主要取决于炮眼深度和爆破效率。在目前我国大多数煤矿仍用气腿式凿岩机的情况下，炮眼深度一般为 1.5~2.0m 较为合理。当采用凿岩台车配以高效凿岩机时，采用 2.0~3.0m 的中深孔爆破，对提高掘进速度更为有利。

D 确定循环时间

在确定了炮眼深度，也就知道了各主要工序的工作量，然后可根据设备情况、工作定额（或实测数据）计算各工序所需要的作业时间。在所需的全部作业时间中，扣除能够与其他工序平行作业的时间，便是一个循环所需要的时间 T，即：

$$T = T_1 + T_2 + \varphi(t_1 + t_2) + T_3 + T_4 \tag{1-37}$$

式中 T——一个循环的总时间，min；

T_1——安全检查及准备工作时间，亦即交接班时间，一般约为 20min；

T_2——装岩时间，min；

t_1——钻上部眼时间，min；

t_2——钻下部眼时间，min；

φ——钻眼工作单行作业系数；

T_3——装药联线时间，min；

T_4——放炮通风时间，一般为 15~20min。

（1）装岩时间 T_2 的计算。T_2 计算如下：

$$T_2 = \frac{60SL\eta}{nP} \tag{1-38}$$

式中 S——巷道掘进断面积，m^2；

L——炮眼平均深度，m；

η——炮眼利用率，一般为 0.8~0.9；

n——同时工作的装岩机台数；

P——装岩机实际生产率（实体岩石），m^3/h。

（2）装药时间 T_3 的计算。装药联线时间与炮眼数目、炮眼深度、装药量及同时参加装药联线的工人组数有关，可用下式计算：

$$T_3 = \frac{Nt}{A} \tag{1-39}$$

式中 N——工作面炮眼总数，个；

t——平均一个炮眼装药联线所需时间，min；

A——在工作面同时装药的工人组数。

（3）钻眼时间总时间的计算。计算如下：

$$t_1 + t_2 = \frac{NL}{mv} \tag{1-40}$$

式中 $t_1 + t_2$——钻眼总时间，其中 t_1 是钻上部眼的时间，t_2 是钻下部眼的时间，min；

N——工作面炮眼总数，个；

L——炮眼平均深度，m；

m——同时工作的凿岩机台数；

v——凿岩机的实际平均钻速，m/h。

（4）钻眼工作单行作业系数 φ 的计算。计算如下：

$$\varphi = \frac{t_1}{t_1 + t_2} \tag{1-41}$$

式中符号意义同前。钻眼、装岩平行作业时，φ 值一般为0.3～0.6；钻眼装岩顺序作业时，$t_1 = 0$，$\varphi = 1$。

（5）一个循环的总时间。将以上各式代入式（1-37），同时，在实际工作中，为了防止难以预见的工序延长，应考虑留有10%的备用时间，故一个循环的总时间为：

$$T = 1.1\left(T_1 + \frac{60SL\eta}{nP} + \frac{\varphi NL}{mv} + \frac{Nt}{A} + T_4\right) \tag{1-42}$$

应当注意，由上式计算出的循环总时间，与每小班的作业时间不相适应，还需要进行调整。这样较为麻烦，为此，也可以先确定与小班作业时间相适应的每一循环的总时间，反算出相应的炮眼深度，即：

$$L = \frac{0.9T - \left(T_1 + \frac{Nt}{A} + T_4\right)}{\frac{\varphi NL}{mv} + \frac{S\eta}{nP}} \tag{1-43}$$

待以上各参数合理确定后，即可着手绘制循环图表。

E 循环图表的编制

根据以上的计算及初步确定的数据，即可编制循环图表。图表名称为：某矿某巷道掘、支（砌、喷）平行(或顺序)作业循环图表。表上有工序名称一栏，施工的各工序按顺序关系自上而下排列；第二栏自上而下为与各工序对应的工程内容，第三栏为自上而下与工序对应的各工序的所需时间；第四栏为用横道线表示的各工序的时间延续和工序间的相互关系。编制好的循环图表，需在实践中进一步检验修改，使之不断改进、完善，真正起到指导施工的作用。

某煤矿开拓-700m水平东大巷时的掘喷平行作业循环图表，见表1-41。

表 1－41 某煤矿开拓 －700m 水平东大巷掘喷平行作业循环图表

班次	工序名称	时间 min \ h	一班						二班						三班						四班					
			1	2	3	4	5	6	7	8	9	10	11	12	13	14	15	16	17	18	19	20	21	22	23	24
掘进班	交接班准备	10																								
	打锚杆眼	60																								
	打炮眼	90																								
	装药联线放炮	40																								
	通风	20																								
	找顶，安装锚杆	40																								
	初喷	40																								
	装岩	140																								
	重车线钉道	40																								
	移电缆开关	30																								
喷混凝土班	准备	60																								
	复喷成巷	240																								
	清理	60																								

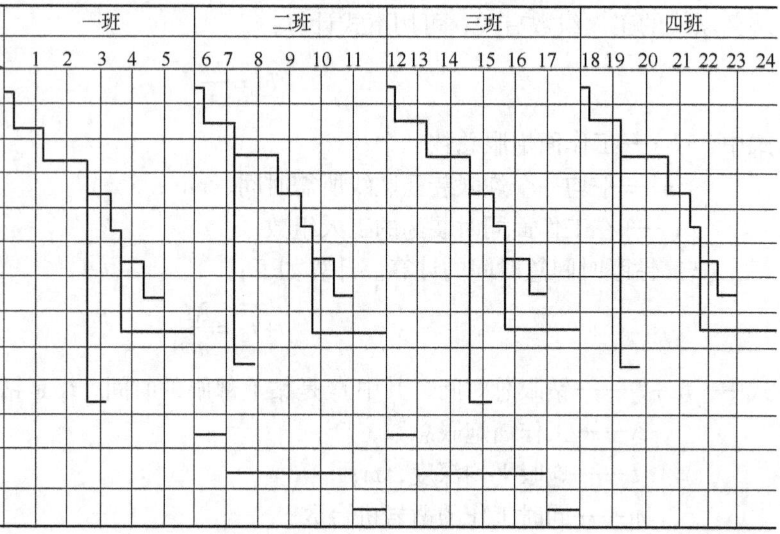

1.5.3 施工管理制度

先进的技术装备，正确的施工方法，必须与科学的管理相结合，才能发挥其作用，取得好的效果。

（1）掘进队的组织管理。要实现一次成巷快速施工，必须具有与之相适应的施工队伍。目前我国常用的有综合掘进队和专业掘进队两种组织形式。

综合掘进队是一支将施工需要的主要工种（掘进、支护）以及辅助工种（机电维修、运输等）组织在一起，各有分工、统一指挥，密切配合协作，共同完成施工任务的掘进队伍。其特点是：在施工队长的统一指挥下，能够有效地加强施工过程中各工种在组织与操作上相互配合，因而能够加快工程进度，提高工程质量和劳动生产率；由于各工种、各班组将组织、任务、操作、集体与个人利益等紧密结合在一起，为创全优工程创造了条件，同时能够提高工人的操作技术水平。但管理复杂，辅助工多，易发生窝工现象。

专业掘进队是将同一工种或几个主要工种组织在掘进队里，而施工的其他辅助工种则由辅助队班配合。在这种组织形式下，掘进队担负的任务比较单一，工人的专业性较强，操作技术也比较熟练，人员配备少，管理恰当时效率高。

两种组织形式，各有自己的适用范围。综合掘进队适用于一次成巷多工序平行交叉作业的巷道掘砌作业；专业掘进队适用于掘砌顺序作业，且在掘进中的其他各主要工序也基本上是按顺序进行作业的施工巷道。

（2）技术管理及施工技术组织措施（作业规程）编制内容。技术管理的主要任务是首先根据巷道特征和地质条件，由区队主管技术员编制切实可行而又比较先进的施工技术安全措施（巷道掘进作业规程），用以指导巷道施工。并以此为依据，定期检查执行情况，以便不断改进、提高，从而获得更高的施工速度和良好的技术经济指标。巷道作业规程的内容可参考表 1－42。

其次，在巷道施工前做好技术交底工作。技术交底的目的是为了使参与施工的技术人员和施工人员明了所担负工程的特点、技术要求、施工工艺等，做到心中有数，以利于有计划、有组织地完成施工任务。技术交底的主要内容是：施工工艺、技术安全措施、规范、质量标准要求、进度要求和组织分工等。技术交底可用书面或口头进行，但要做好交底记录。

表1-42 施工技术措施（巷道掘进作业规程）目录及内容提要

目 录	内 容 提 要
工程概况	巷道位置、用途、工程量、断面、工程结构特点、施工条件，以及与其他巷道的关系
地质、水文地质条件	详细说明巷道穿过岩层产状，地质构造，巷道顶底板岩层名称、性质、硬度、涌水量、瓦斯等有害气体及煤尘情况
施工方法	1. 根据巷道情况及地质条件，选用先进可行的施工方案和施工方法（各工序的施工方法，工序间的平行交叉作业以及一次成巷的规定，掘进、支护、水沟之间的距离和要求等） 2. 推广新技术、新工艺的要求和措施
施工技术安全组织措施	1. 爆破说明书 2. 循环图表 3. 支护说明书 4. 劳动组织形式及劳动配备 5. 掘进辅助工作（根据巷道作业方式及循环进度，选择合理的运输、通风、压气、供排水、供料方式等） 6. 施工安全技术措施（顶板管理、岩石运输、爆破通风、粉尘管理以及综合防尘、水患预防等） 7. 巷道质量标准及保证工程质量的措施
附 表	1. 施工进度计划表 2. 主要材料、设备、工具、仪表需用量计划表（包括永久和施工两类） 3. 主要技术经济指标（工程成本、主要材料消耗定额、劳动效率）
附 图	1. 巷道位置及平、剖面图 2. 掘进工作面设备布置图 3. 巷道穿过岩层的地质预计剖面

在巷道施工过程中要会同地测人员加强地质、测量管理，及时掌握巷道穿过岩层的岩性、构造情况，煤(岩)层的变化情况，涌水量等第一手资料；加强巷道施工的通风管理、瓦斯管理和综合防尘，确保施工安全；要积极开展技术培训工作，提高施工人员的文化水平、技术素质，以及管理人员的业务知识、管理水平，以适应巷道快速高效施工的需要。

(3) 工程管理。巷道的施工管理是施工单位的日常工作。主要内容有填写单位工程开工报告，收集施工基础资料并填写有关文件，如设计更改通知、隐蔽工程检验记录、工程材料试验记录、返工记录、单位工程竣工报告等。

开工报告要填清工程名称、开工日期、施工期、工程量、工程总造价等内容，经批准后才能开工。在巷道施工过程中，往往由于施工条件的变化、材料不符合设计要求，或因采用新技术、新工艺等原因必须修改设计时，设计单位要向施工单位补发设计更改通知书，施工单位接到更改通知书后，要填报工程更改书，主要填清更改部位、工程量、单价、金额。在巷道施工过程中，要填写隐蔽工程原始记录、工程材料试验记录。隐蔽工程是指那些在施工过程中，上一工序结束，将被下一工序所掩盖，其质量等是否符合要求，无法再次进行观察复查的部位。隐蔽工程原始记录主要包括隐蔽工程图，砂浆标号或混凝土强度等级取样、试压证明书，锚杆拉力试验记录等资料。隐蔽工程原始记录应做到及时、认真、仔细，以便于工程验收，一般规定由掘进队的技术员负责收集。

（4）工程质量管理。巷道施工的质量管理，就是要严格按照施工规范和质量标准进行施工，加强对工程质量的检查，不合格者要返修并追究责任。特别要加强对隐蔽工程的及时检查，把不合格的工程消灭在施工过程中。

（5）安全管理。牢固树立安全第一的思想，建立健全完善科学的安全管理制度，高度重视巷道施工中的安全管理工作。

在施工中要严格按照技术措施和操作规程进行指挥和作业。必须加强对职工的岗前培训工作及经常性的安全教育工作；掘进队要建立值班和安全生产检查制度。队长、班组长、安全检查员，应定时、定点进行检查，一旦发现有不安全状况或不利于安全生产的因素，必须及时纠正和处理。严禁违章指挥和违章作业。

（6）经济管理。掘进队的经济管理工作主要应做好班组工料成本核算。要做到施工有预算，消耗有定额，领料有记录、完工有核销，工料有核算。施工中要按照工料消耗定额使用人工和材料，并进行分析比较，不断降低成本。班组要建立核算制度，制定班组核算管理办法，全面掌握班组核算情况，及时公布工程成本和核算数据。

（7）基本管理制度。在巷道施工中，为安全高效地完成施工任务，要切实搞好掘进队的施工管理工作，经验证明，必须建立和健全以岗位责任制为中心的各项管理制度，并要采取切实有效的措施使各项制度落实到位。

基本管理制度一般包括：技术交底制、施工原始资料积累制、工作面交接班制、考勤制、安全生产责任制、质量负责制、设备维修保养制、岗位练兵制和班组经济核算制等。

工种岗位责任制是各项管理制度的核心，它是根据巷道施工特点、工作面性质，将掘进队班组划分成若干作业小组，固定人员、岗位任务、设备、完成作业的时间，做到任务到组，使责任到人，专业组和每个人都明确自己的任务和职责，达到事事有落实，人人任务明确的一种管理制度。

多年的生产实践证明，建立和健全以上各项施工管理制度，是十分必要的，也是必不可少的。

1.6 复杂地质条件下的巷道施工

1.6.1 松软岩层中巷道施工

松软岩层是指黏结性差、强度低、易风化、有时遇水膨胀、自稳能力差的岩层。它是破碎、软弱、松散、膨胀、流变、强风化蚀变和高应力岩体的统称。

松软岩层具有松、散、软、弱四种不同属性。所谓“松”，系指岩石结构疏松，密度小，孔隙度大；“散”，则指岩石胶结程度很差或指未胶结的颗粒状岩层；“软”，是指岩石强度低，塑性大，易膨胀；“弱”则指受地质构造的破坏，形成许多弱面，如节理、片理、裂隙等破坏了岩体的完整性，导致岩体的稳定性和强度降低，井巷开挖后围岩易破碎，易滑移冒落，但其岩石单轴抗压强度还是较高的。

在松软岩层中施工巷道，掘进较容易，维护却极其困难，采用常规的施工方法和支护形式、支护结构，往往不能奏效。因此，软岩支护问题是井巷施工中的关键问题。由于各矿区松软岩层的组成、结构和性质差异很大，迄今为止还没有一种能适应各个矿区的施工方法和支护方式。尽管如此，经过多年的实践和研究，我国还是逐步摸索出一些松软岩石巷道施工的基本规律和应当注意的问题，其中最主要的是必须根据岩层性质和地压显现特点选择合理的支护方式、支护结构，正确选择巷道位置和断面形状，同时要加强巷道底板的管理，采用合理的掘进破岩工艺以及对围岩进行量测监控等。如能结合工程的具体地质条件，采取相应的技术措施，就有可能比较顺利地在松岩层中进行施工，并使巷道易于维护而处于稳定状态。

软岩矿井并非全部都是软岩，往往是软岩、硬岩都有，各层的岩石力学性能有高有低。有些受断层带的影响，有的受构造应力的影响，围岩性质相同或相近的巷道也会发生严重破坏。还有许多矿井，原来巷道掘进与支护并不困难，由于开采深度增加，地层压力逐渐增大，巷道围岩发生软化，致使巷道掘进与支护变得十分困难。在巷道竣工不久，就严重破坏，需要经常翻修，耗费人力、物力和资金，严重影响矿井正常生产和企业的经济效益，同时也对矿井安全生产带来巨大的危害。

1.6.1.1 松软岩层的物理力学特征

A 岩层成岩年代晚、胶结程度差

我国软岩矿区主要分布在开采新生界第三纪褐煤和开采中生界上侏罗纪的褐煤矿区。如吉林的舒兰矿区、珲春矿区，辽宁的沈北矿区，内蒙古的元宝山矿区，山东龙口矿区等。这些矿区煤层顶底板岩石都非常松软破碎，易风化，因此怕风、怕水、怕震。

B 岩石强度低

矿井中软岩多为泥岩、炭质泥岩、砂质泥岩、铝土页岩、风化花岗岩及其他风化岩石等，这些岩石单向抗压强度都比较低，主要表现为围岩松散、软弱，在中等或稍高应力水平状态下就能产生较大的围岩变形，支护困难。

C 节理发育、岩体破碎

有些矿区，虽然岩石强度很高，但由于节理比较发育，岩体破碎，支护也将十分困难。因此，在岩块强度高的节理化地层中，也可能表现出软岩特征。金川是我国有名的软岩矿区。金川矿区超基性岩带的二辉橄榄岩现场原位压缩实验得到的岩体抗压强度、弹性模量与室内小样岩块的实验指标相差10倍以上。

D 围岩遇水膨胀、变形加剧

遇水膨胀地层，多含有蒙脱石、伊利石、高岭石等黏土矿物成分，这些岩石遇水后软化，体积急剧膨胀，因而变形也更剧烈，产生很大的膨胀压力。巷道开挖在这种软岩地层中，若治水措施不当，巷道极难支护。

E 高应力导致软岩特征显现

岩石强度低是形成软岩的重要因素，但只是问题的一个方面。岩石强度的高低是一个相对的概念，它与地应力紧密相联。如果岩体强度低，但地应力绝对值也低，就表现不出软岩特征。我国黄土地层中的窑洞，可以在不支护的情况下长期保持稳定，黄土强度虽然低，窑洞支护却很容易；相反，在高强度的地层中，由于应力水平高，也会表现出软岩的特征来。围岩应力水平高，表现在三个方面：

（1）巷道埋深大。随着开采深度的增加，一些原本稳定性较好的围岩也显现出软岩的特征。例如，开滦赵各庄矿各水平回风和运输两条大巷，均布置在煤层底板的细砂岩之中，巷道埋深小于800m时，基本上无支护问题；随着矿井开采深度的增加，巷道围岩的稳定性逐渐降低，当开采深度达到870m后，支护开始破坏；到达1000～1130m时，围岩的变形破坏表现出明显的软岩特征，刚性支护普遍遭到破坏。

（2）构造应力大。有些矿区开采深度虽然不深，地质构造应力却很大，一些强度很高的岩层（超基性岩、混合岩、破碎结构花岗岩等）由于高构造应力的作用，也变成了软岩。

（3）集中应力作用。采场工作面前方支承压力集中系数高达3～6倍，跨采巷道、矿柱下巷道、受邻进巷道掘进影响的巷道等，其巷道围岩均承受一定的集中压力，从而使围岩由稳定状态过渡到软岩状态。

1.6.1.2 软岩巷道围岩变形和压力特征

开掘在松散软弱岩层中的各种巷道，最明显的特征是地压显现都比较剧烈，巷道维护困难，主要表现在以下几个方面。

（1）围岩的自稳时间短、来压快。所谓自稳时间，就是指在没有支护的情况下，围岩从暴露起到开始失稳而冒落的时间。软岩巷道的自稳时间仅为几十分钟到几个小时，巷道来压快，须立即支护或超前支护，方能保证巷道围岩不致冒落。

巷道围岩的自稳时间长短主要取决于围岩强度和地压大小，同时也和巷道的断面形状、掘进方法、巷道所处的位置等有关。

（2）围岩变形速度快、变形量大、持续时间长。软岩巷道的突出特点就是围岩初始变形速度很大，变形趋向稳定后仍以较大速度产生流变，且持续时间很长，有的达数年之久。如不采取有效的支护措施，则由于围岩变形急剧加大，势必导致巷道失稳破坏。这种变形特性明显地表现出蠕变的三个变形阶段，即减速蠕变、定常蠕变和加速蠕变。

一般软岩巷道掘后的第1～2d，变形速度少的5～10mm/d，多的达50～100mm/d；变形持续时间一般25～60d，有的长达半年以上仍不能稳定。

软岩巷道的围岩变形量，在支护良好的状态下，其均匀变形量一般达到60～100mm以上；大的甚至300～500mm；如果支护不当，围岩变形量很大，300～1000mm以上的变形量是司空见惯的。例如，淮南谢桥一矿－780m水平位于泥岩内的运输大巷，在开巷后的100d内，顶、底板及两帮的移近量分别达到625mm和387mm，一年后达到1200mm和800mm，支护翻修后所产生的附加变形量仍达到300～400mm。

（3）围岩的四周来压、底鼓明显。在较坚硬岩层中，围岩对支架的压力主要来自顶板，中硬岩层围岩对支架的压力来自顶板和两帮。但在松软岩层巷道中则四周来压、底鼓明显。松软岩层，由于结构疏松、强度低，很难支撑上覆岩层的重量，围岩在自重地压（γH）的作用下，以垂直变形为主，垂直变形中又以底鼓为主。

底鼓明显是软岩巷道的重要特征，如果巷道没有底鼓或底鼓不明显，围岩就不是软岩。软岩巷道四面来压，如果底板不支护，将出现一个支护结构的薄弱带，巷道破坏首先就是从不设防的底板开始，又因底鼓导致两帮移近和失稳，导致片帮、冒顶，直至巷道全部破坏。尤其是黏土层，浸水崩解和泥化引起的底鼓更为严重。如淮南谢桥一矿测试结果表明，顶板下沉量、巷帮内移量与底鼓量的比值一般为1∶1∶2。因此，防止水的浸蚀和底板的治理成为软岩巷道支护的重要问题。

（4）普通的刚性支护普遍破坏。软岩巷道变形量大，持续时间长，普通刚性支护所承受的变形压力很大，施工后很快就发生破坏，必须再次或多次翻修后巷道才能使用。这是刚性支护不适应软岩巷道变形规律的必然结果。

（5）围岩变形对应力扰动和环境变化非常敏感。表现为当软岩巷道受邻近开掘或修复巷道、水的浸蚀、支架折损失效、爆破震动以及采动等的影响时，都会引起巷道围岩变形的急剧增长。

此外，软岩巷道的自稳时间短。由于上述因素的差异，松软围岩的自稳时间通常为几十分钟到十几小时，有的顶板一暴露就立即冒落，这主要取决于围岩暴露面的形状和面积、岩体的残余强度和原岩应力。因此，在决定巷道掘进方式和支护措施时必须考虑到巷道围岩的自稳时间。

1.6.1.3 松软岩层巷道围岩变形量的构成

在未经采动的松软岩体内开掘巷道时，其围岩变形量主要由以下三部分组成（见图1-91）：

（1）掘巷引起的围岩变形量，它一般发生在巷道掘进的初期；

（2）围岩流变引起的变形量，它在巷道整个服务期内都会发生；

（3）巷道受各类扰动引起的变形量，如巷道维护过程中，因支架损坏，支护阻力发生变形，巷道附近支架翻修或开掘新的巷道，以及泥岩遇水和巷道积水增加等。

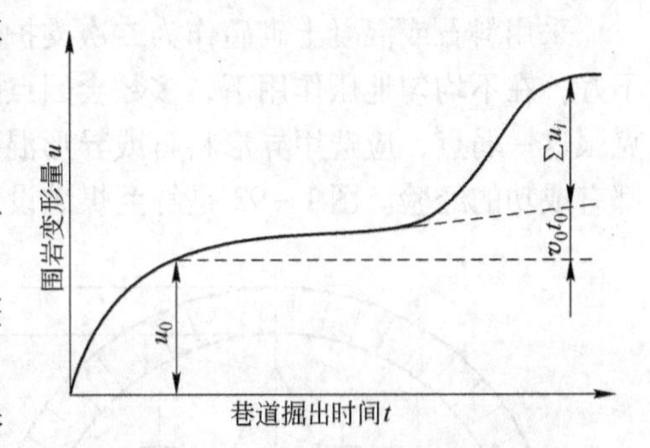

图1-91 软岩巷道围岩变形量的组成
u_0—掘进引起的变形量；$v_0\ t_0$—巷道流变量；
$\sum u_i$—扰动和浸水引起的变形量

因此，软岩巷道的围岩变形量可用式（1-44）表示：

$$u = u_0 + v_0 t_0 + \sum u_i \tag{1-44}$$

式中 u——巷道服务期间内的围岩变形量，mm；

u_0——开掘巷道引起的围岩变形量，mm；

v_0——掘巷影响趋向稳定期间内的围岩平衡流变速度，mm/d；

t_0——巷道的服务时间，d；

$\sum u_i$——巷道受扰动期间的变形量，mm，其中$i=1$，…，n，为受扰动次数。

1.6.1.4 松软岩层巷道的维护

A 支护方式和支护结构的选择

在松软岩层中，巷道一经掘出，若不及时控制，则围岩变形发展很快，甚至围岩深处也有不同程度的位移，继而可能出现围岩破碎、流变以致垮落。如果架设一般的梯形支架，可能会出现断梁、折腿等现象；即使采用拱形料石或混凝土整体支护，亦常因巨大的不均匀地压作用而导致巷道失稳和破坏。为了解决松软岩层巷道的支护问题，我国许多生产和科研部门正在加强这方面的研究工作，并已取得初步成果——对于这种特殊的不良地层，其支护结构应有“先柔后刚”的特性，一般需要二次支护。

松软岩层的地压显现属于变形地压，初始支护应按照围岩与支架共同作用的原理，选用刚度适宜的、具有一定柔性或可缩性的支架。它既允许围岩产生一定量的变形移动，以发挥围岩自承能力，同时又能限制围岩发生大的变形移动。锚喷支护是具有上述特性的支护形式，因而是一种比较理想的初始支护结构。此外U形金属可缩性支架也基本符合上述要求，也可用作初始支护。

二次支护的作用在于进一步提高巷道的稳定性和安全性，应采用刚度较大的支护结构。若采用锚喷支护作为初始支护时，二次支护仍可采用锚喷支护，也可砌碹。在重要工程或地压特大地段，在喷射混凝土中还应增加钢筋网和金属骨架，即构成锚喷网金属骨架联合支护结构。锚喷支护总厚度以150~200mm为宜。锚杆长度一般根据开巷后的塑性区范围而定。在软岩巷道中，塑性区范围一般在2~3m，有时可能超过3~5m，此时采用长短结合锚杆较好，长锚杆大于1.8m，短锚杆在1m左右。长锚杆可以抑制塑性区的发展，而短锚杆可以积极加固松动圈的围岩，使其构成稳定的承载环。在锚杆的长距比相同的情况下，采用短而密的锚杆比长而疏的锚杆效果好。

采用料石或混凝土砌碹作为二次支护时，因长条形料石和混凝土块在碹体中受力情况不好，在不均匀地压作用下，多数会因点接触形成应力集中而使碹体局部遭到破坏。为了克服这一弱点，应选用异形料石或异形混凝土块作为砌体材料，金川、舒兰、沈北等矿区都有成功的经验。图1-92是舒兰煤矿设计采用的异形混凝土块碹。

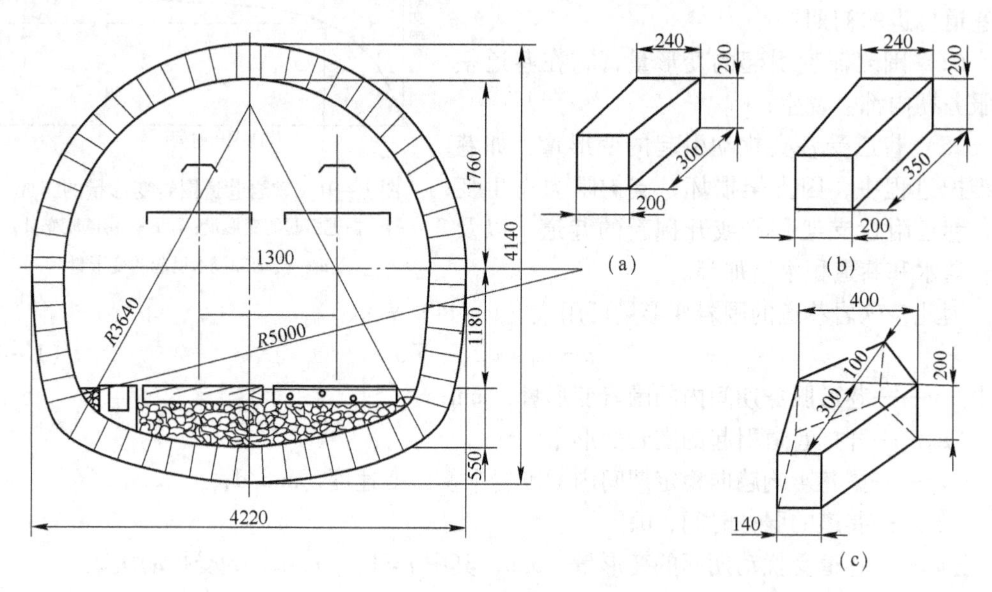

图1-92 异形混凝土块碹

(a) 拱顶、墙料石；(b) 低拱料石；(c) 底角处料石

前苏联、比利时等国支护软岩巷道，尤其是采深较大的巷道时，常采用预制混凝土块支护，并向大型钢筋混凝土块发展，用吊装机械安装。我国少数煤矿，如沈阳大桥煤矿也使用这种钢筋混凝土块来支护软岩巷道，取得了一定的效果。

二次支护应在围岩地压得到释放、初始支护与围岩组成的支护系统基本稳定之后进行。

围岩变形趋于稳定的时间，不仅取决于岩层本身物理力学性质，而且与初始支护时的支架刚度密切相关，因此它的变形范围往往很大。为了保证二次支护的效果，最好进行围岩位移速度和位移量的量测，并绘出相应的变化曲线，如图1－93所示。取位移速度和位移量的峰值下降后所对应的时间 t_0 作为二次支护时间比较稳妥可靠。

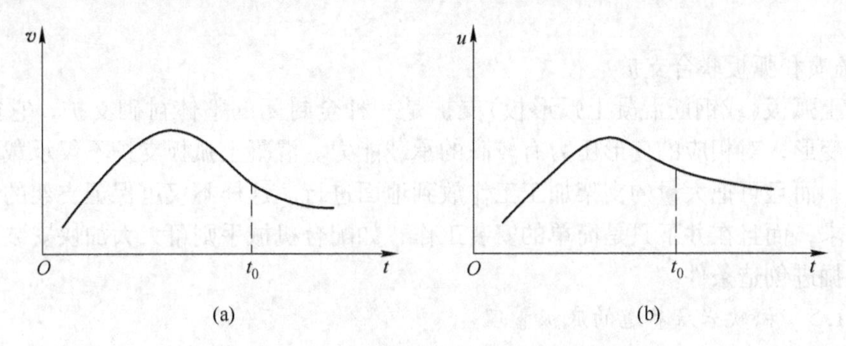

图1－93　围岩位移速度和位移量变化曲线图

（a）围岩移动速度曲线图；（b）围岩位移量变化曲线图

应该指出的是，由于各矿区松软岩层的工程地质条件千差万别，必须从实际出发，选用适合本矿区岩层特点的支护形式。如有的地层岩石流变很突出，若不立即封闭，围岩就要流动。类似这种情况，不必非采用二次支护，可从支架的结构上采取措施，使之具有一定的可缩量，以便有效地抵御形变地压，仅采用一次支护就可使巷道稳定。有的巷道围岩变形长期不能稳定，二次支护时间不易控制，有可能初始支护就需要多次。对于这种情况要等到巷道基本稳定之后才能进行最后一次支护(即所谓二次支护)。

B　软岩巷道的联合支护

在非常松软破碎的岩层中，仅使用某种单一的支护方法往往不能达到预期的效果。因此，近年来我国有些矿区采用了喷射混凝土或锚喷—可缩金属支架、喷射混凝土—砌块或混凝土弧板—回填注浆等联合支护方法，取得了很好的支护效果。虽然联合支护的工艺复杂，成本高，成巷速度较慢，但使用这类支护的巷道能长期保持稳定，减少翻修和保证正常生产。因此，它特别适用于围岩条件差的重要地段，如马头门、井底车场的重要硐室，主要运输和通风大巷等。

a　锚喷和U形钢联合支护

淮南矿区应用这种支护方式的工艺及施工顺序为：

（1）采用光面爆破掘进，使围岩周边规整，减少超挖；

（2）掘后立即喷射一层厚度为30～50mm的混凝土，封闭围岩；

（3）及早打锚杆，锚杆长度为1.6～1.9m，采用树脂锚杆或钢筋砂浆锚杆，长短结合；

（4）安装U形钢可缩支架、钢筋网背板及隔离层；

（5）进行架后充填；

（6）架设U形钢底梁，用混凝土浇筑底板，砌筑水沟，铺设轨道。

b　锚喷和砌碹联合支护

采用先锚喷后砌碹的联合支护形式，以适应软岩巷道围岩初期来压快、变形剧烈的特点。对于这类巷道，采用二次支护比一次支护更有利于巷道的稳定。第一次锚喷支护时，先封闭围岩，让锚喷与围岩一起变形；经过初期和后期释放能量和变形之后，喷层可能出现裂纹，可补喷一次；在围岩变形速度趋向基本稳定后，再进行砌碹。在碹体和锚喷之间进行充填，充填材料应具有一定的可缩性，以能进一步释放围岩能量，使碹体处于有利的受力状态。

c 锚喷和弧板联合支护

混凝土弧板(或钢筋混凝土弧形板)支护是一种全封闭的整体衬砌支护，它能较好地约束围岩变形，对相应的变形压力有较高的承载能力。混凝土弧板支护不仅承载均匀，承载能力大，而且可把大量的支架加工工作放到地面进行。这样不仅可保证支架的加工质量和强度要求，而且在井下只是简单的安装工作，如配合机械手则可大大加快安装速度，从而为快速掘进创造条件。

1.6.1.5 松软岩层巷道的底板管理

巷道受掘进或回采影响，常使顶底板和两帮岩体产生变形并向巷道内产生位移。巷道底板向上隆起的现象称为底鼓。目前巷道顶板下沉和两帮内移能控制在某种程度内，而防治底鼓仍缺乏经济有效的办法。在底板不支护的情况下，巷道顶底板移近量中约有 2/3 ~ 3/4 是由底鼓造成的。剧烈的底鼓不仅增加大量维修工作，增大维护费用，而且还影响矿井的安全生产。因此，研究巷道底鼓机理及其防治措施一直是软岩巷道支护的重要内容。

A 巷道底鼓类型及机理

由于巷道所处的地质条件、底板围岩性质和应力状态的差异，底板岩体发生的方式及其机理也不同，一般可分为以下四类：

(1) 挤压流动性底鼓。有些巷道直接底板为软弱岩层，两帮和顶板岩层结构完整，强度大大高于底板岩体的强度，因此，在两帮岩柱支撑压力的作用下，底板软弱岩层会因挤压而流动到巷道内。

(2) 挠曲褶皱性底鼓。当底板岩层为层状岩体时，即使是中硬岩体，当应力状态满足一定的条件时也可能发生底鼓。其机理是底板岩层在平行层理方向的压应力作用下向底板临空方向鼓起。

(3) 遇水膨胀性底鼓。膨胀岩是指那些与水的物理化学反应有关并随时间发生体积增大的岩石，主要是黏土岩，其矿物成分中含有物理化学性质活泼的蒙脱石、伊利石和高岭石。由于井下巷道经常积水，当巷道底板为膨胀岩时会引起膨胀性底鼓。要完全控制由于膨胀引起的底鼓，支架必须有很高的支护阻力。若允许存在一定的底鼓量，支护阻力可显著减少。

(4) 剪切错动性底鼓。当巷道直接底板为完整岩层且厚度大于 1/7 巷道宽度时，在较高的岩层应力作用下，常使底板出现剪切破坏，由此形成的楔块岩体在水平应力挤压下产生错动而使底板产生的鼓起称为剪切错动性底鼓。

B 底鼓的防治

在具有膨胀性围岩中掘进巷道，基本上均会发生底鼓现象，为了保证巷道的稳定，一般应安设底拱。目前，我国防止底鼓的措施一般是用砌块砌筑底拱。也有个别用锚杆加固的，但效果不好，一旦发生底鼓，锚杆翘起，很难处理。底拱的安置时间应视巷道支护方式而定。若用圆碹或近似圆碹作二次支护，则以先底拱、后墙，最后砌拱的顺序施工，一次完成。若用锚喷支护作初始支护则可在初始支护完成一段时间，底板应力得以充分释放之后再砌筑底拱，并与二次支护同时完成。不论采用何种底拱结构，都必须使底拱两端压在墙下，与墙体连为整体。

国外曾采用过底板钻眼、松动爆破，然后注浆加固底板的方法防止底鼓。这种方法能降低围岩应力和提高围岩强度。

对工作面有水的巷道，施工时要及时排水，尽量减少水与岩石的接触，防止岩石遇水膨胀。

1.6.1.6 松软岩层巷道施工方法及实例

A 合理选择巷道位置

合理选择巷道位置是保证巷道处于稳定状态最关键的决策之一。选择巷道位置应着重考虑以下两个方面：

（1）岩石性质。应尽量将巷道布置在遇水膨胀量小、质地均匀、较坚硬的岩石内。在同一条巷道内，即使围岩性质只有微小的差异，巷道压力的显现也有明显的差别。如沈北前屯二井 -200m 岩石大巷的两个交岔点，一个处于紫红色为主的杂色凝灰岩里，由于岩体较完整，交岔点比较稳定；而另一个处于灰绿色为主的凝灰岩中，由于岩体较破碎，交岔点的破裂较严重。

（2）支承压力的影响。实践证明，采动地压是造成矿体下盘底板岩石巷道破坏的主要原因。矿石开采以后，其底板岩石巷道的压力就有明显的增加。

除了避免支承移动压力的影响外，还必须避开采场上下固定支承压力的影响范围，应把巷道布置在应力降低区或原岩应力区内，如图 1-94 所示。

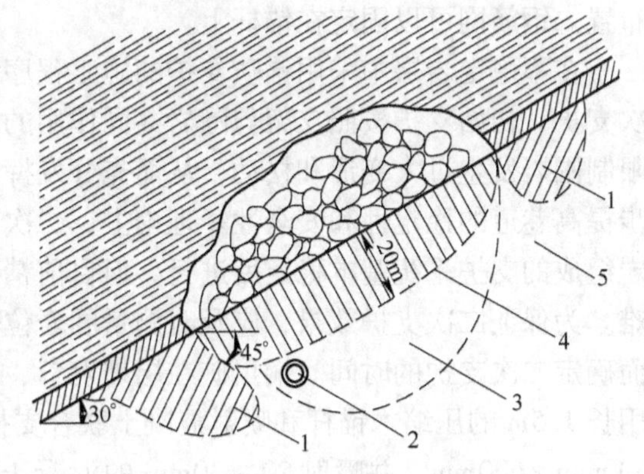

图 1-94 煤层底板岩石巷道合理位置
1—固定支承压力影响区；2—煤层底板岩石巷道；3—压力降低区；4—移动支承压力有害影响区；5—原岩应力区

B 合理选择巷道断面形状

由于松软岩层地质情况非常复杂，巷道支护不单纯受岩层的重力作用，有时周围都受到很大的膨胀压力，甚至有的巷道的侧压比顶压大几倍。若采用常规的直墙拱形断面显然难以适应，往往造成巷道的破坏和失稳。因此，合理选择断面形状对维护松软岩层巷道的稳定尤为重要。

巷道断面形状应根据地压的大小和方向来选择，即巷道断面的长轴应与最大来压方向基本一致。若地压较小，选用直墙拱形断面是合理的；若巷道周围均受到很大的压力，则以选择圆形巷道断面为宜；若竖直方向压力特别大而水平压力较小时，则选用直立椭圆形断面或近似椭圆形断面是合理的；若水平方向压力特别大，而竖直方向压力较小时，则应选用曲墙或矮墙半圆拱带底拱、高跨比小于 1 的断面或平卧椭圆形断面。

C 采用对围岩破坏小的破岩方式

在松软岩层中掘进巷道，破岩方法最好以不破坏或少破坏巷道围岩为原则。若采用钻眼放炮破岩，也应采用光面爆破。淮南潘一矿在软岩中采用光面爆破，用超声波测定围岩松动范围，两帮大约为1.0m左右，而拱顶则为1.3～1.5m，还是对围岩有一定的破坏作用。龙口北皂煤矿在软岩中光爆效果不好，采用只放开心炮，而后用风镐或手镐刷大，对围岩稳定有利。沈北前屯矿基本上废除钻眼放炮，而全部采用风镐掘进。舒兰丰广五井用煤巷掘进机破岩，巷道几乎没有变形。

D 锚喷支护法

锚喷支护不仅适用于比较稳定的岩层，也适用于稳定性较差的岩层，而且在断层破碎带、风化岩层中都有应用，对处理片帮冒顶也是一种有效的方法。但它不宜用于流砂、含水量大的松散岩层。

锚喷网联合支护是用于支护不稳定围岩的主要形式。锚杆在不稳定岩体中能形成加固拱，主动加固围岩；喷射混凝土能紧跟工作面进行支护，及时有效地控制围岩变形和防止围岩松动，对保持巷道的稳定性起到积极的作用；金属网可以提高混凝土喷层的整体性，并能提高喷层的抗剪、抗拉强度。实践证明，在不稳定围岩中，它们联合使用获得了显著效果。为使钢筋网在支护中起到应有的作用，要求钢筋直径不应过大，网度不应过密。直径过大时，钢筋网就很难紧贴岩石铺设。在喷射施工中，由于背着喷射方向的钢筋表面与混凝土的握裹力不高，直接影响支护层的质量并会增大喷层厚度。若钢筋网的密度过密时，会增加回弹量，影响支护效果。因此，在一网一喷支护中，一定要按设计要求施工，钢筋直径一般为6～12mm，网间距一般为200～400mm。钢筋分主筋与副筋，主筋直径为8mm、10mm或12mm，沿垂直巷道轴线方向布置；副筋直径为6mm、8mm，沿巷道轴向布置。钢筋网可以固定在锚杆上。

在不稳定岩层中采用锚喷支护的施工程序，一般需要进行二次支护，即初始支护及二次支护。初始支护按照支架与围岩共同作用的原理，既允许围岩有一定的变形移动，又要限制围岩发生过大变形和松动，从而充分发挥围岩的自承能力。二次支护的作用在于进一步提高巷道的稳定性和安全性。理论上，二次支护应在围岩地压得到释放，初始支护与围岩组成的支护系统基本稳定后进行，但目前精确地确定围岩变形趋于稳定的时间尚比较困难。为保证二次支护效果，应及时测量围岩位移速度和位移量，绘出相应的变化曲线，进而确定二次支护的时间。铜川矿在层理发育、破碎成片状的砂质泥岩和泥岩中施工时，采用长1.5m的压缩木锚杆和喷射混凝土联合支护。工作面放炮后立即安装锚杆，其间距为600mm×600mm，并喷射20～30mm的混凝土作为临时支护，后复喷加厚至70～100m。武钢某铁矿，大巷穿过的地质条件较复杂，有断层破碎带，也有极易风化或节理发育的地段，稳定性很差，暴露时间稍长就发生冒顶片帮。采用喷锚网联合支护，成功地通过了这一松散破碎带。其主要经验是：掘进时采用光面爆破；放炮后立即喷拱，厚度为50mm，出碴后喷墙，形成临时支护。进行第二次循环时，凿岩爆破之后，喷拱、喷墙，同时在前一循环的临时支护处打锚杆眼、安设锚杆、挂网、喷混凝土至永久支护厚度(150mm)。

E 新奥法在软弱不稳定岩层中的应用

新奥法全名为新奥地利隧道施工法，是1957～1965年在欧洲地区修筑隧道的实践基础上逐渐发展起来的一种实用的隧道设计、施工方法。它不是单纯支护方法的改进，而是一套适用于大断面地下工程的设计、掘进、支护、测试相结合的综合施工技术。

新奥法包括锚喷技术、围岩与支护共同形成承载结构体的作用、建立二次支护的理论和工艺、以各种测量数据为基础调整支护参数和确定施工程序等。新奥法的基本思想和方法，不仅适用于大断面隧道工程，而且同样适用小断面松软岩层的巷道工程。

现场监控设计是新奥法的重要组成部分。由于在松软不稳定岩体中一般采用二次支护，现场监控设计也密切配合施工的需要，分为两个阶段，即预先设计阶段和最后设计阶段，其进行步骤大致如下：

(1) 根据工程类比法提出初始支护的结构参数和施工方法，提出测量方案及二次支护的初步设计。这个阶段的设计称预先设计。

(2) 巷道开挖后，按预先设计的参数实施初始支护。同时安设各种测量元件与仪器进行观测，并根据测试结果，及时修正第一次支护参数，与此同时，修改二次支护的设计，并确定初始支护与二次支护的时间。

(3) 从前一段巷道施工所获得的数据和经验，提出初始支护和二次支护的最后设计，以指导未掘进段的施工。在以后的施工中，再进行必要的测量，取得新的资料后，还可对支护参数作进一步的修正。一般说来，最后设计是根据现场监测数据提出的，比较符合工程实际情况，因而也是比较切实可行的。

F 重视围岩的量测监控

在松软岩层巷道采用锚喷支护，一定要配合进行量测监控，以便及时调整支护参数，尤其对巷道围岩的收敛变形应该特别重视。用收敛计可测量巷道的收敛变形；用水准仪可测量顶板下沉量和底鼓量；用各种多点式位移计可量测岩层内不同深度的位移，从而可以算出位移速度。通过这些量测数据，有助于评价围岩的稳定程度，可以论证各设计参数是否合理和锚喷效果，也是修改设计和确定二次支护时间的依据。

锚杆的锚固力可用锚杆拉力计来量测。锚杆的应力状态，可用专门设计的“空心锚杆”（它的构造是聚氯乙烯塑料管内壁用101号胶粘贴电阻片）来测定，以检验锚杆不同深度处的受力状态，从而能推知围岩内应力重新分布的情况，进而可调整锚杆的设计参数。

对于重要工程的大断面巷道，还要进行接触应力的量测，可采用电阻应变砖和钢弦压力盒等测试元件。根据测量结果，可以了解喷层的受力状态，有助于设计喷射混凝土的厚度。

地应力特大的矿区，还应量测构造应力场，这对巷道合理布置，减轻地应力对巷道支护的破坏影响具有重要意义。理论和实践证明，巷道沿最大主应力的作用方向布置比较有利。如果巷道走向垂直最大主应力的作用方向，则巷道围岩中受力变形现象比较严重，易使巷道的稳定状态恶化，导致失稳破坏。

G 软弱岩层巷道施工实例

a 北皂矿软岩巷道施工。

北皂煤矿位于山东龙口矿区黄县煤田的西北部，含煤地层属于下第三纪，煤系地层主要岩石有碳质泥岩、油页岩、含油泥岩、砂质页岩及黏土岩等。岩石的强度都很低，普氏系数$f=0.6\sim2.8$。其中煤$_1$顶板碳质泥岩、煤$_2$顶板含油泥岩及煤$_3$底板黏土岩，均含有黏土质矿物——蒙脱石，开巷后易风化脱水，再遇水就产生膨胀。尤其是煤$_2$顶板油泥岩蒙脱石含量较多，而且层厚较大，在其中开巷后，膨胀压力也较为严重。至于煤$_1$顶板碳质泥岩和煤$_3$底板黏土岩虽也含有蒙脱石，但因强度略大，厚度略小，故膨胀压力显现也较小。

北皂煤矿吸取了临近煤矿用一般常规的支护方式（棚式支架和料石砌碹）不能有效地抵御膨胀地压的教训，在各种岩层中较多地使用了锚喷支护。该矿实践证明，在相对比较稳定的岩层及各煤层巷道中，采用常规光爆锚喷方法即可有效地维护巷道。

当通过稳定性较差的泥岩或黏土岩，及施工断面较小的巷道时，加铺 ϕ4mm 冷拔钢丝编成的 150mm×150mm 的金属网，用锚杆托盘固定，然后再喷一层混凝土，形成锚喷网。在二、三采区上山，部分回风巷及运输顺槽中均采用这种支护形式。当围岩条件更差，巷道断面较大时，则采用 ϕ12mm 或 ϕ16mm 钢筋编成的 250mm×250mm 钢筋网代替上述金属网。如受压后变形严重，可补打锚杆校正钢筋网，最后再复喷混凝土。

在巷道必须通过本矿区膨胀性比较大的碳质泥岩和含油泥岩时，采用锚、喷、网、架联合支架。如一水平东大巷，因通过含油泥岩，围岩难以控制，用风镐掘进，有时只放开心炮，未爆下来的岩石按设计轮廓线用风镐或手镐挑顶刷帮成形。为了防止由于巷道围岩变形而影响巷道断面尺寸，可使巷道两帮比设计宽度各增加 200mm，顶、底也外扩 200mm，每日两掘一喷，班进 1.0~1.2m，日进尺 2.0~2.4m。巷道掘出后，立即站在岩石堆上打顶部的锚杆，并及时扎装钢筋网。锚杆采用金属倒楔式锚杆，长 1.8~2.0m，间距 600~700mm，均按巷道轮廓法线方向布置，如图 1-95 所示。为了有效地控制围岩变形，每隔 500mm 架设一架 16 号槽钢金属骨架，然后再喷混凝土，厚度 100~150mm 左右。由于膨胀压力的影响，过一段时间有局部地段的喷层和钢骨架被压坏，需要重新修整，第二次喷射混凝土，总厚度一般在 200mm 左右。二次支护的时间，一般在三个月以后，最好是在半年以后进行，此时巷道围岩基本稳定。

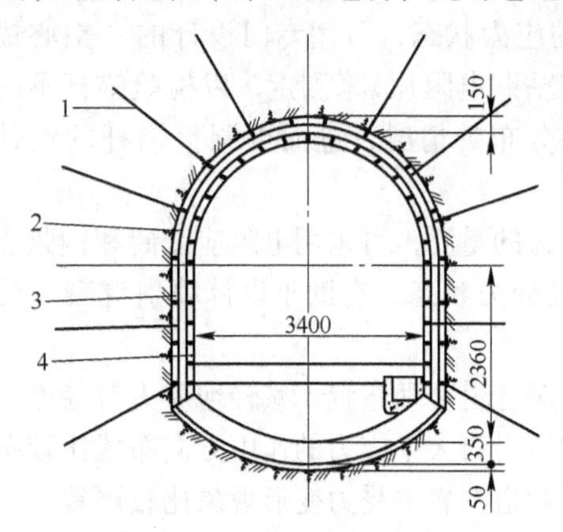

图 1-95 北皂煤矿东大巷施工图
1—锚杆；2—钢筋网；3—金属骨架；
4—混凝土喷射层

龙口矿区在软岩中掘进巷道，一般都发生底鼓现象，特别是在具有膨胀性的含油泥岩中，底鼓比较严重，巷道施工时，需设底拱。由于锚喷底拱养护条件差，在底鼓较严重的东大巷没有采用，而采用毛料石砌筑底拱。底拱施工不宜过早，待围岩压力得以充分释放后，和二次支护一并施工为好。铺设底拱一定要与墙基紧密结合，复喷成巷。

b 舒兰矿区松软岩层巷道施工

吉林舒兰矿区为第三纪中新统含煤地层。构成含煤地层的岩石均属松软岩石——以未胶结的疏松含水砂岩为主，其次为半胶结的粉砂岩、半坚硬的砂页岩以及黏土质页岩。其中半胶结和未胶结的砂岩，质地疏松，开挖后易溃砂；未胶结的粉砂岩遇水后呈片状崩解；黏土质页岩具有塑性膨胀的特点。同时随着开采深度的增加，地压有明显的增大。以吉舒三井为例，当巷道距地表小于 100m 时，巷道容易维护，碹体的破坏率仅 12.6%；距地表 100~150m 时，碹体的破坏率达 31.2%；而深度大于 150~200m 时，巷道维护特别困难，碹体的破坏率高达 90% 以上。在遇水膨胀的围岩中，底鼓现象也很严重，一般巷道底鼓速度为 60~100mm/月。采场动压对相邻巷道的影响也很严重，动压波及范围远大于一般矿井，片盘斜井一侧的保护煤柱宽达 60~70m，仍能受到采动压力的影响。

在舒兰矿区开采最深的矿井——丰广四井暗斜井实验锚喷支护取得了初步成果。实践证明，在该矿区软岩地层中采用锚喷网支护是有效的。

丰广四井胶带输送机暗斜井全长357m，+40m以上已经压垮。重新修复后，永久支护为U形钢支架。+40m以下为新掘斜井。为了克服以往采用的直墙半圆拱形断面局部受力不均的缺点，暗斜井井筒断面选用曲墙、半圆拱加底拱，形成近似圆形断面，如图1-96所示。

胶带输送机暗斜井采用钻眼爆破法破岩，临时支护采用木棚，掘完一段并待围岩得到充分卸压之后（大约需要1~2个月），拆除临时木棚，刷帮挑顶，接着打锚杆眼，安装倒楔式锚杆，注入砂浆，然后挂网，上垫板，最后喷射混凝土，一次喷厚150mm。

该暗斜井在成井后的三年零七个月期间，除了经受正常静压考验外，还经受了三层煤的支承压力、五层煤的采动压力以及右侧反石门和溜煤眼掘进的动压影响，虽然局部巷道发生开裂和剥落，但围岩没有松脱和冒落，经两次补喷和局部地段用U形钢支架补强后，斜井仍然能为生产正常服务。

在舒兰吉舒一井副井六路半处还曾试用过条带碹代替常用的料石碹。这也是解决软岩支护问题的途径之一。所谓条带碹，即是在一条巷道里，砌一段，空一段，如此反复构筑的碹体，如图1-97所示，其中1~5是砌碹条带，砌碹条带之间的空段是卸压通道。条带宽1.6m，卸压通道宽0.6m。若该试验巷道在设计和施工时考虑铺设底拱，其结构将会更加合理。显然条带碹是一种支、让结合的支护方式，它可以随时调整巷道围岩的压力，围岩可以向未砌碹的空间发展变形，以减小围岩对碹体的压力。条带碹适用于塑性流变大、有黏土膨胀性矿物成分的松软岩层平巷或坡度较小的斜巷，对受采动影响的巷道也有较大的适应性。此外，条带碹还具有成本低、施工速度快、便于返修等优点。

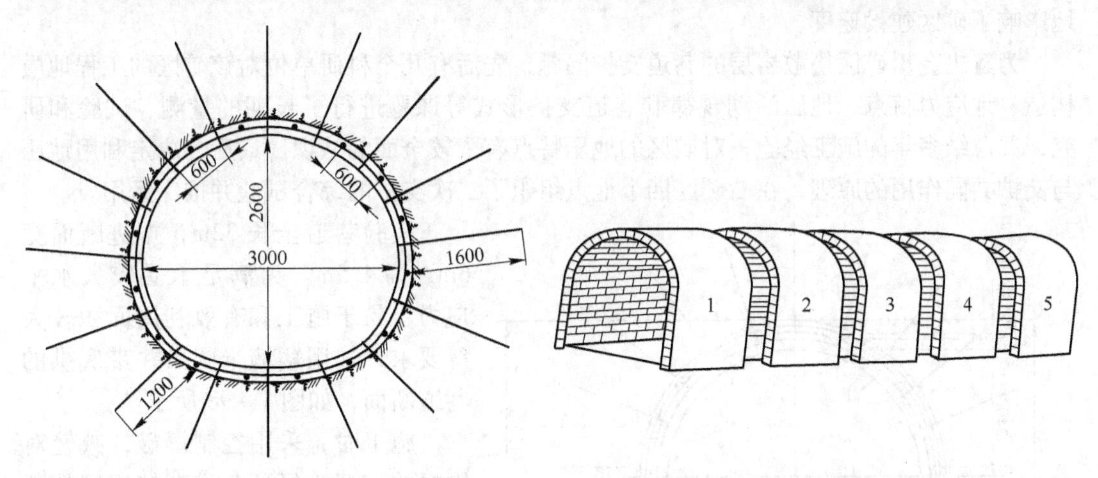

图1-96 丰广四井暗斜井断面示意图

图1-97 条带碹示意图

c 沈北前屯煤矿软岩巷道施工

沈北前屯煤矿煤层顶板为厚80m的黑灰色泥质页岩，底板为40~100m的黏土页岩和亚黏土质页岩，含有蒙脱石和伊利石，风干脱水后再遇到水的作用时，均产生膨胀和崩解现象。当含水率增大时，其力学强度降低，塑性增大，最后变为流动状态。巷道开掘后，围岩向巷道空间大量移动，如不采用封闭支架，巷道顶板一直不停地冒落，甚至波及地表，难以形成较稳定的平衡状态。

在前屯这种特殊的地层中，曾采用过料石砌碹、混凝土碹和锚喷支护，均未达到预期的效果。为此，该矿采取了一系列有效的措施，比较好地控制了巷道围岩。例如：采用木板砌缝的花岗岩料石碹，以柔刚结合的支架结构形式来适应较大的变形地压；采用风镐掘进，防止围岩受到震动而失稳；及时排除巷道中的积水，减少岩石遇水膨胀的程度；合理选择巷道位置，减少支承压力的影响。

施工时，为了尽量缩小空顶面积，采用了短段掘砌一次成巷的施工方法，全断面掘完以后8～16h以内，就及时封闭。掘进步距为1.0～1.2m，用样模来保证巷道的圆度。碹体与围岩之间保留100mm左右的空隙，壁后用河沙充填，既可以起到缓冲作用，也可以控制围岩只能均匀地位移。

在围岩膨胀力大、岩石移动量大的主要巷道采用木板接缝的料石圆碹。木板的规格是(10～15)mm×400mm×200mm；料石采用异形料石，其规格是(150～200)mm×400mm×(200～250)mm。

这种碹体具有一定的可缩性，并能适应围岩的应力变化，以“先柔后刚”的特性获得良好的技术效果。

前屯三矿北五道因受地质构造影响，压力较大，采用木板接缝料石圆碹支护效果很好，而与其相邻的砂浆接缝料石圆碹却遭到了严重破坏。

d 金川二矿区松散围岩巷道施工

甘肃金川矿区为震旦系古老结晶变质岩系，历次构造运动给该区留下了以断裂为主的构造形迹，大小断层裂隙纵横交错，岩体整体性差，地应力大，开掘后呈现出严重松散和内向挤压的特点，围岩变形量大，具有明显的流变性，给巷道维护带来极大的困难，严重地影响了矿区建设速度。

为解决金川矿区松散岩层的巷道支护问题，先后有几个科研单位对该矿区的工程地质构造、地应力特点、地压活动规律和巷道支护形式等课题进行了长期的量测、试验和研究，并总结多年的施工经验，对矿区的地压特点有了较全面的认识。最后，决定利用地压与支护共同作用的原理，在二矿区四个地点组织了二次支护的综合试验并推广运用。

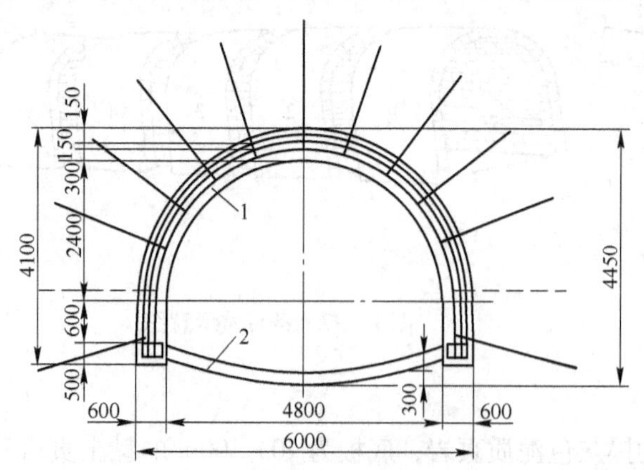

图1－98 金川矿区松散岩石试验巷道施工图
1—预留厚度300mm混凝土衬砌；
2—混凝土块砌筑的底拱

实验巷道全长32m，掘进断面宽6m，高4.5m。为满足承受较大水平应力、易于施工和有效利用面积较大等要求，选用矮墙半圆拱并带底拱的巷道断面，如图1－98所示。

施工时，采用控制爆破，减轻对围岩的破坏，保证巷道有较规则的断面形状。

巷道支护由初始支护和二次支护组成。初始支护采用钢筋网喷射混凝土和锚杆。喷锚作业紧跟掘进工作面，放炮后立即喷一层30～50mm厚的混凝土，然后安锚杆，绑紧钢筋，再喷射混凝土至设计初始支护厚度100~150mm。试验巷道的支护参数见表1-43。

表1-43 试验巷道的支护参数

段别	初始支护			二次支护	
	喷射混凝土厚度/mm	钢筋网	锚 杆	喷射混凝土厚度/mm	钢筋网
第一试验段	100~150	主筋 $\phi 12$ 或 $\phi 14$mm；副筋 $\phi 6$mm；网距250mm	$\phi 12$mm；长度：顶拱部1.8m，侧壁2.5m；间距1.0m	150	主筋 $\phi 12$ 或 $\phi 14$mm；副筋 $\phi 6$mm；网距250mm
第二试验段	100~150	主筋 $\phi 12$ 或 $\phi 14$mm；副筋 $\phi 6$mm；网距250mm	$\phi 20$mm；长2.5m；间距1.0m	150	主筋 $\phi 12$ 或 $\phi 14$mm；副筋 $\phi 6$mm；网距250mm

为了及时掌握巷道开掘后围岩变化的动向和支护的力学状态，监视施工中的安全程度，确定和调整支护参数，为二次支护合理施工提供可靠的信息，在每一试验段均安设多种监测装置。量测包括巷道变形量测（用带钢尺和测杆）、围岩位移量测（用BM-1型机械式多点位移计）、锚杆应力量测（用电阻片和电阻应变仪）、喷层径向和切向应变量测（用压磁元件和电感应力计）等。

1.6.2 松散岩层巷道的施工方法

在矿山井巷掘进施工中，常常会遇到一些复杂的地质条件，如松散表土层、断层破碎带等。在这些岩层中开挖巷道，很容易产生冒顶片帮，突水、流砂突然涌出，给井巷施工造成很大的困难。情况严重时，可使掘进支护长期停滞不前，甚至无法进行。这里将介绍一些在松散复杂地质条件下，井巷特殊施工方法。

在不稳定松散岩层中的平巷特殊施工方法有撞楔法、穿梁护顶法、铁道送梁法、超前喷锚支护法等。

1.6.2.1 撞楔法

撞楔法，又称板桩法，适用于控楔容易打进的松软不稳定岩层。在缺乏特殊设备的情况下，此法是通过断层破碎带、含水砂层、流砂层、软泥层、松软矿层的有效方法。其缺点是施工速度慢、材料消耗大、成本高。

撞楔法实质上是一种超前支架法，巷道在超前支架的掩护下进行掘进工作。当巷道穿过松软岩层时，由工作面预先将撞楔强行打入岩层，以此挡住破碎围岩涌入工作面，确保掘进工作的正常进行和人员的安全。

撞楔一般用硬质木料制成。木撞楔的断面有圆形和矩形两种，圆木撞楔的断面直径一般为80~120mm，长约为2.5m。撞楔头部必须削尖，以利插入岩层，尾部要平。有时要将其头部套上尖铁，尾部箍上铁箍。

采用撞楔法施工时，应根据不同的围岩选择不同的施工方式，常见的有三种：

（1）巷道顶板极不稳定，而两帮和底板允许短时间暴露。这种情况只向顶板打入撞楔，其施工方法如图1-99所示。首先紧靠工作面架设支架1，然后从后一架支架的顶梁下向支架1的顶梁上打入撞楔2。打入撞楔时，应将一排撞楔分次打入，每次打入深度为100~200mm。撞楔要排严，打完后，即可在其掩护下清除岩碴。当清除到撞楔打入岩层深度的1/3处时，即架设支架3，清除到2/3时，架设支架4。由于支架4处的撞楔较高，为牢固地支撑撞楔前部，并为下一排撞楔创造条件，可在支架4的上方再加一根横梁5，并以撞楔6楔紧，两根梁之间的间隙作为打入第二排撞楔的导向插口。依上述施工程序，依次打入第二排，第三排，直至通过破碎带。前后支架间用撑柱和抓钉连成整体，提高其稳定性。

（2）巷道的顶板和两帮均极不稳定，只是巷道的底板允许暴露。这种情况时顶板和两帮都要打入撞楔。采用带底梁的完全棚子（或穿木鞋的非完全棚子），同时用木板封闭工作面，如图1－100所示。

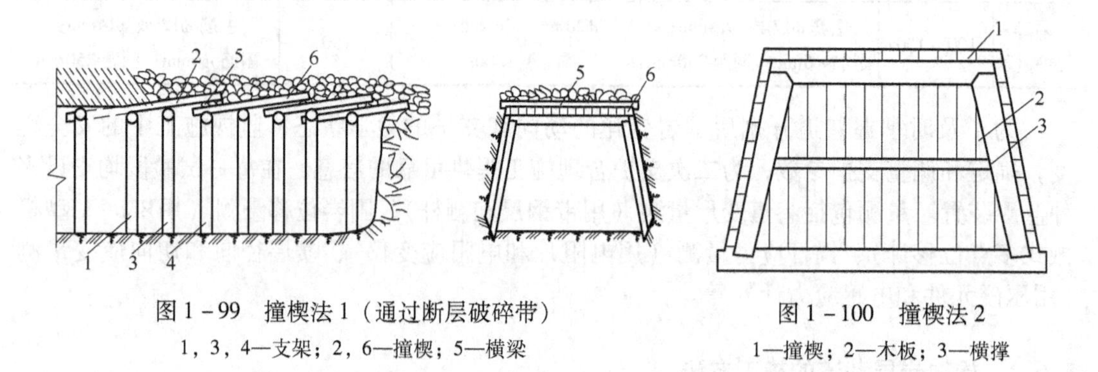

图1－99 撞楔法1（通过断层破碎带）

1，3，4—支架；2，6—撞楔；5—横梁

图1－100 撞楔法2

1—撞楔；2—木板；3—横撑

先打顶板撞楔，后打帮楔。为避免帮顶角上形成三角空洞，上部的帮楔要以适当的仰角打入。如撞楔间结合不严，可用稻草等塞紧。

挖掘工作从封闭的工作面上部开始，先将封闭的木板取下一部分，挖出其后的岩石，将木板重新安上楔紧，使之靠紧工作面，再依次挖掘工作面上部的其余部分，待工作面上部掘进500～600mm后，以同法挖掘下半部分。随后，架一架棚子。

（3）巷道通过流砂层，四周围岩均不允许暴露。这种情况除在顶板和两帮打入撞楔外，还要在工作面和底板上打入密集的木桩，如图1－101所示。木桩不宜过长，打入工作面的一般为0.3～1m，打入底板的一般为250～350mm。木桩的直径为80～120mm，工作面上的打桩是从上面几排开始，自上而下地进行。随木桩的打入，一部分流砂被挤实，一部分从木桩间挤出，施工中要注意不要让支护后面的砂层中形成空洞。挖掘与架棚子与第二种情况基本相同，但更须小心谨慎，确保工作安全。

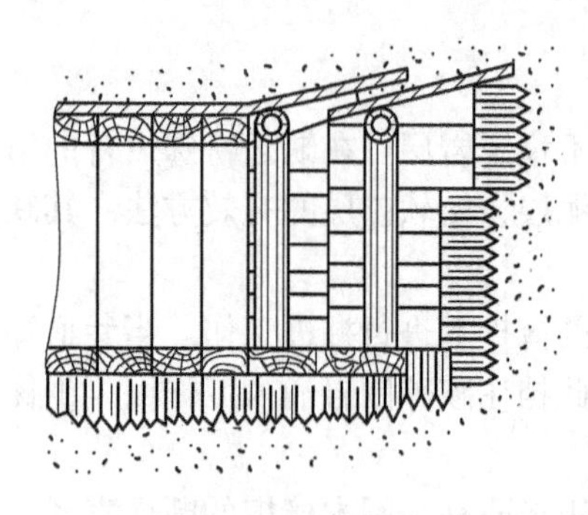

图1－101 撞楔法3

1.6.2.2 穿梁护顶法

当巷道穿过断层破碎带时，顶板围岩已有小的冒落，而且有可能发生进一步冒落，此时工作面堆满岩碴，不便立即进行支护，可采用穿梁护顶法局部维护顶板。具体施工方法是放炮后立即用直径为120～150mm的圆木4～6根，插入工作面，如图1－102所示，形成悬臂式托梁，利用冒落的间歇时间，及时用背板或方木架成木垛，背实工作面，然后出碴，补架棚子。由于穿梁一端悬空，承载能力小，因此要求顶板不能冒落太高（一般在1.5m以下）。穿梁的悬空长度也不能太长，一般控制在1m左右。

1.6.2.3 铁道送梁法

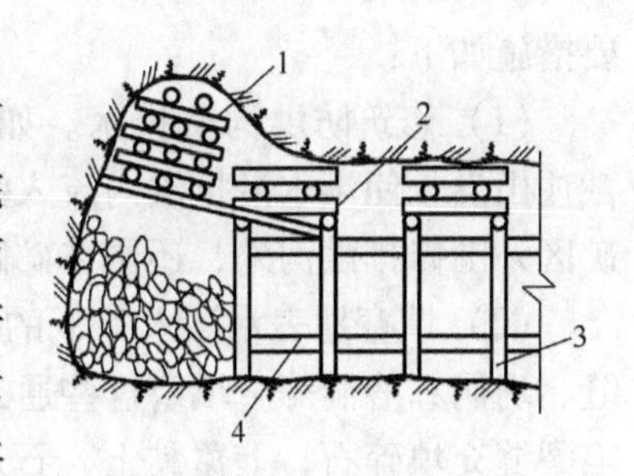

图 1-102 穿梁护顶法
1—木垛；2—穿梁；
3—棚子；4—拉杆

当工作面顶板冒落较高，无法窥探冒落情况时，可采用铁道送梁临时维护出安全的工作空间，以便顺利完成掘进工作。其施工方法是用两个特制的 U 形梁卡把两根钢轨卡吊在靠近工作面的棚梁下面，如图 1-103 所示。放开后，松开梁卡，向前移动钢轨，其伸出的距离视棚距而定，然后将棚梁放在钢轨上，对好中线，找好高低，合乎规格后，将梁卡拧紧，接着把棚梁上部空隙用背板背死。待工作面出碴完毕后，再立棚腿支承钢轨上的棚梁。

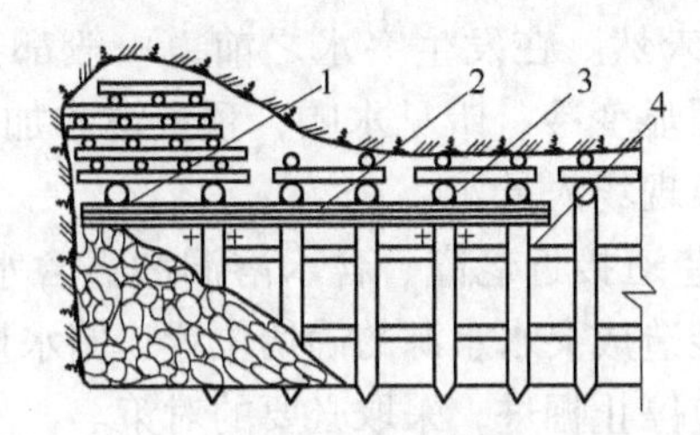

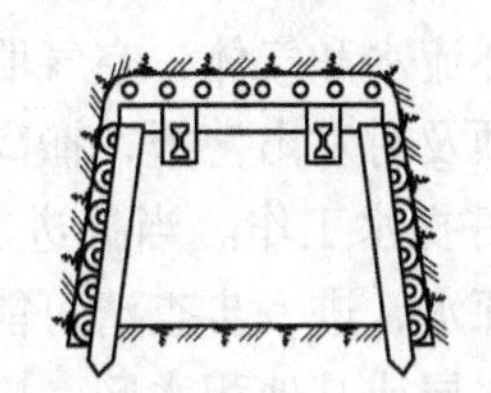
图 1-103 铁道送梁法
1—棚梁；2—24kg/m 钢轨；3—U 形梁卡；4—拉杆

1.6.3 在含水岩层中的巷道施工

在含水岩层中，特别是在涌水量很大的破碎带和流沙层中掘进巷道，施工条件是恶劣的，假若有大量的水突然涌出，将给施工带来严重威胁。为此，必须采取相应的治水措施。

治水，一般有“疏”和“堵”两个途径，或者疏堵结合。所谓“疏”是指用钻孔或放水巷道放水，使掘进工作在疏干了的岩层中进行。所谓“堵”就是采用某些方法堵住流水进入巷道的裂隙或空间，从而使巷道通过的岩层与水源隔绝，造成无水或少水的掘进条件。

治水应首先从查清水源及透水通道入手，然后相应采取防水治水措施。

1.6.3.1 做好水源及透水通道的调查研究

根据实践经验，灾害性突然涌水多来自强含水层、断层水、老窿积水、有透水通道的地面水源（如河流、湖泊和水库）等。水源及透水通道的调查工作包括：分析研究已有的水文地质资料，初步了解地下水源及透水通道的分布情况及储水量，调查研究矿山历年生产情况，详尽了解采空区、老窿、水文地质条件复杂的积水区的现状，以取得生产期间有关水文地质方面的详细资料，绘制采空区、积水区的分布图，作为采取防水治水措施的依据。

1.6.3.2 防水措施

防水措施有地面防水和井下防水两方面。

A 地面防水

地表水是地下涌水的补给水源。地面防水的目的是防止或减少地表水渗入井下，其主要措施如下：

（1）修筑防洪沟截排水。如在山岭地区，应在来洪方向修筑拦洪坝或挖掘排洪沟，截住山洪，使洪水沿排洪沟流入河道，以防山洪流入井下。在平原或地势低洼地区，除在矿区外围修排洪沟外，还要在矿区内部挖排水沟，形成地面综合防排水系统。

（2）填塞地表水渗入井下的通道。地表水的通道有塌陷区裂缝、废旧钻孔、河床裂缝、坍洞和溶洞等。填塞这些通道的方法是用泥砂或水泥砂浆等材料进行充填夯实。对塌陷裂缝充填碎石，上覆黏土、石灰夯实，并高出地面0.3～0.5m，使降水不在此处汇集，对流经矿区的河流，如其底部有裂缝、坍洞与矿区相通，则可在这些地段先进行疏干，后进行填塞加固处理。

B 井下防水措施

（1）摸清突水前的预兆，防患于未然。在发生突水之前，一般都会有一定的预兆，如工作面发现异样流水和气体，空气明显变冷，听见水响，顶板淋水加大，底板涌水等，出现预兆后，必须及时发出警报，撤离现场人员。

（2）认真做好探水工作。当掘进巷道接近老窿、含水溶洞和强含水层时，都要进行探水工作。通过探水，进一步查清可能造成突水水源的确切位置、储水量和水压，一旦发现储水量大的含水层或其他积水区，应停止掘进，采取必要的对策。

目前，常用的探水方法是打超前钻孔。如果从工作面附近钻凿探水钻孔，必须采取应急措施，如加固工作面附近的支护，拆除危险地段的设备，在工作面附近准备好各种堵水材料，检查坑内主要排水设备和排水设施，准备好安全可靠的退路等。

（3）对巷道周围岩层采取疏干措施。疏干的目的是将巷道穿过岩层的水位降低至巷道底板以下，从而使掘进工作在无水或少水岩层中进行。实践表明，在坚硬含水层内，如果水力沟通条件良好而无其他补给水源，采用疏干是有效和经济的方法。

常用的疏干方法有钻孔放水法和巷道放水法。

1）钻孔放水法。对已经探明的强含水层或各类积水区采用钻孔放水法疏干时，除可利用已有的探水钻孔外，还可根据情况增加一些钻孔进行放水。如图1－104所示，当掘进工作面距含水层30～40m时，即从工作面下倾10°～30°钻进2～3个直径为100～150mm的钻孔。在孔口安设3～5m的套管，并在其上安装截止阀，然后继续钻孔直至含水层或其他积水区。当钻孔中的涌水量已经不大而且动水压力降至0.1～0.2MPa时，即可在含水岩层内掘进。但有时动水压力虽已降低，而涌水量并未明显减少时，可用水泵加速排水。

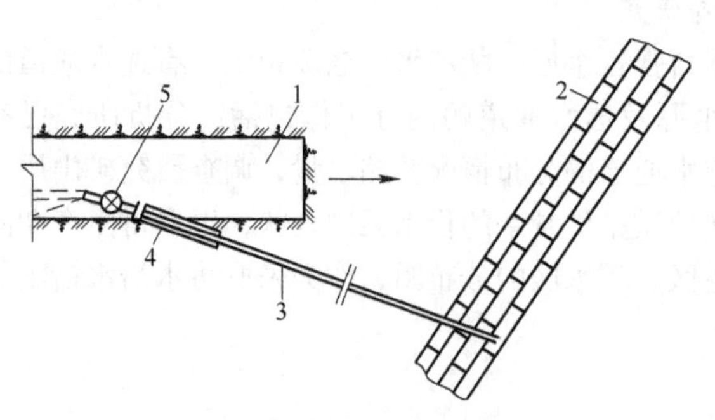

图1－104 钻孔放水法
1—巷道；2—含水石灰岩；3—探放水钻；4—孔口管；5—放水阀门

2）巷道放水法。该法是在掘进巷道附近开凿一条标高低于巷道底板的放水巷道，以降低含水层水位。这条巷道对掘进巷道起到了疏干作用。

（4）注浆堵水法。当掘进巷道需要穿过强含水层或富水断层破碎带时，由于某种原因不能采用放水方法时，可考虑采用注浆堵水法。这种方法的实质是将注浆材料通过注浆设备强行压入岩石裂隙、孔隙中去，以封闭透水通道，形成无水条件下的巷道施工。注浆材料目前仍以水泥为主，通常采用的水灰比为0.5∶3。若采用水泥-水玻璃双浆注浆，通常采用水泥浆与水玻璃体积比为1∶0.6~0.8。

复习思考题

1-1　巷道断面有哪些形状，应如何选择？
1-2　巷道净宽度有哪些尺寸规定？
1-3　巷道净高度有哪些尺寸规定？
1-4　井下轨道道床参数有哪几种？
1-5　对水沟和管线的布置有何要求？
1-6　做一巷道断面设计（含设计说明书及图表）。
1-7　对凿岩爆破工作的主要要求是什么？
1-8　掘进工作面的炮眼，按其在爆破中所起的主要作用不同可分哪几种？
1-9　掏槽眼的主要作用是什么？
1-10　为什么掏槽眼要比其他炮眼加深200~300mm？
1-11　什么是直眼掏槽，有哪几种形式，直眼掏槽适用于什么条件？
1-12　直眼掏槽有何特点？
1-13　直眼掏槽方式中的空眼起什么作用？
1-14　什么是斜眼掏槽，有哪几种形式？
1-15　斜眼掏槽有何特点？
1-16　什么是混合掏槽？
1-17　辅助眼和周边眼的布置有哪些基本要求？
1-18　什么是炸药消耗量，影响炸药消耗量的主要因素有哪些？
1-19　影响炮眼深度的主要因素有哪些？
1-20　爆破作业图表的编制内容有哪些？
1-21　如何编制爆破作业图表？
1-22　耙斗、铲斗装载机的性能及使用条件是什么？
1-23　掘进工作中利用固定错车场调车的方式有哪几种？
1-24　掘进工作中常见的调车有哪些，各适用于什么条件？
1-25　根据第6题设计的巷道断面，编制该平巷掘进的爆破作业说明书。同时设计出掘进施工中岩石装载及转运方案，并绘制岩石装载及转运布置图。
1-26　水泥一般有哪几种，各种水泥的性质和适用条件是什么？
1-27　水泥的凝结时间和强度是怎样要求的？
1-28　混凝土的组成及要求是什么？
1-29　何为速凝剂，如何使用？
1-30　木材的力学特性是什么？
1-31　钢材有何优点？
1-32　料石分哪几种，有何要求？
1-33　巷道支护常见的类型有哪些？
1-34　各类巷道支护方式的特点及适用情况。
1-35　为什么说锚喷支护是一种积极的支护方式？

1－36 锚喷支护方式的优点。
1－37 设计一混凝土的配合比，并检测混凝土混合物的和易性和混凝土的标号。
1－38 根据前面设计的巷道断面，设计出该巷道采用喷锚支护的参数，并绘制支护施工图。
1－39 平巷掘进中机械化作业线设备配套有何意义？
1－40 巷道掘进机械化作业线的配套原则是什么，常用的机械化作业线有哪几种？
1－41 一次成巷的优点有哪些？
1－42 说明正规循环作业的概念。
1－43 为利于组织施工，如何合理确定炮眼深度？
1－44 综合施工队和专业施工队各有何特点？
1－45 根据前面设计的巷道设计及施工方案，编制该巷道的施工作业循环图表。
1－46 如何理解工程中的松软岩层？
1－47 松软岩层具有哪些特性？
1－48 试论述松软岩层中巷道的变形和压力特征。
1－49 你认为在松软岩层中进行巷道施工时，需要解决的主要问题有哪些，应如何解决？
1－50 简述通过松散岩层时常用的集中施工方法。你认为是否还有其他方法？
1－51 在含水岩层掘进巷道时，应采取哪些技术和安全措施？

2 天井断面设计与施工

天井，是用于连接上下两个中段、下放矿石或废石、提升或下放设备工具和材料，或供通风、行人及勘探矿体等用途的巷道。

天井的名称是根据天井的用途而命名，如人行天井、材料天井、切割天井、通风天井、探矿天井、充填天井、溜井(专门作放矿用的天井称溜井)等。

天井工程(包括溜井)是矿山基建、采准和生产探矿的重要工程之一。天井工程量一般约占矿山井巷工程量的10%～15%；占采准切割工程量的40%～50%。因此，加快天井掘进速度(由于溜井除下部施工稍有不同外，其他均大体与天井相同，故也包括在天井掘进里)，对确保基建矿山早日投产和生产矿山三级矿量平衡，实现持续均衡高产，具有重要的意义。

天井一般是从下往上掘进。天井掘进时，工作的空间狭小，是高空作业，工作条件较差，工人经常受到掉石块、淋水、粉尘和炮烟的危害，工作不太安全。随着开采深度的不断增加，地压和地温的影响逐渐加大，使作业条件更加恶化，安全问题也更为突出。

随着采矿技术的发展，阶段高度不断增大，天井也相应增长。

由于以上原因，各国都很重视天井掘进技术的发展。近十多年来，除普遍采用吊罐法外，深孔分段爆破掘进法已大力推广，天井钻机钻进法也发展很快。这些方法各有所长，相互补充，使天井掘进技术日趋完善。

2.1 天井断面形状与尺寸确定

2.1.1 天井断面形状选择

天井断面形状有矩形(或方形)与圆形两种，主要是根据用途来确定天井断面的大小及格间数目，根据所用的支护材料、围岩性质、施工方法和施工设备等来确定断面形状。由于采区回采时间都较短，故一般天井的服务年限都不长(主要回风天井除外)，又因金属矿山大多数围岩较好，所以一般不支护或仅用局部支护，或采用薄层的喷射混凝土支护即可。过去有的天井兼作多种用途，如三格间的矩形断面，有溜矿、行人和运料及管路三个格间，几乎无异于一个小方井的结构。为满足三个格间的要求，支护结构很复杂，因此目前已基本不用了。溜矿间一般单独由采区溜井承担溜矿，行人天井兼作通风天井，而通风天井和运料设备天井兼用。再者，由于施工方法的发展，断面形状由过去以矩形为多，而变为当前以圆形和方形为主了。确定断面形状的依据也变了。如用天井钻机的钻进，只能是圆形断面。若围岩稳定性较差也以用圆形断面为好。在围岩较稳定、坚硬的条件下，可采用方形或接近方形的矩形断面。

2.1.2 天井断面尺寸确定

天井的断面尺寸主要按天井用途决定。

2.1.2.1　行人天井

行人天井需设置人员通行的梯子及平台，并常兼设风水管路、电缆等。梯子间设置按安全规程规定与竖井梯子间要求一样。通常梯子间短边尺寸不小于1200~1300mm。

2.1.2.2　通风天井

用于进风或回风的天井断面，可按采区生产中提出的风量要求及该井允许的风速来确定。一般采区进、回风井允许风速为6m/s，由此可反算出通风天井的最小断面尺寸 S_{min}（m^2）。

$$S_{min} \geqslant Q/(KV_{允}) \qquad (2-1)$$

式中　Q——通过该天井的风量，m^3/s；

K——增加装备后天井净断面的折减系数，$K=0.6\sim1$；

$V_{允}$——安全规程规定允许的最大风速 $V_{允}=6m/s$；但最小风速不得低于0.15m/s。

2.1.2.3　放矿天井

用于溜放矿石的天井，通常称为采区溜井，断面尺寸根据最大矿石块度含量系数，矿石允许最大块度和溜井的畅流通过系数等来决定。

净断面尺寸确定后加上支护断面，可得天井的掘进断面。

实践中确定天井断面尺寸时，要考虑天井施工方法与所用施工机械设备。如已选用某种天井钻机或某种天井吊罐，则天井断面已被规格化、统一化了。目前，国内矿山天井尺寸常用的有1.5m×1.5m、1.8m×1.8m、2.0m×2.0m；$D=1.2m$、$D=1.5m$ 等。过去常用的矩形断面尺寸有：1.3m×1.5m、1.5m×2.9m、1.6m×1.9m 等。

2.2　天井掘进方法

天、溜井掘进可分为井内施工方法和井外施工方法两大类。井内施工方法有普通法、吊罐法和爬罐法；井外施工方法有深孔法和钻孔法。采用井内施工法时，工人进入井筒内作业。普通法有被淘汰的势头，吊罐法正得到推广应用，而爬罐法、深孔法和钻井法试验性地得到应用。

2.2.1　普通法掘进天井

普通法是沿用已久的老方法。为了免除繁重的装岩工作和排水工作，采用普通法掘进天井时，一般都是自下而上掘进。它不受岩石条件和天井倾角的限制，只要天井的高度不太大都可使用。如图2-1所示，天井划分为两格间，一间为供人员上下的梯子间；另一间为专供积存爆下来的岩碴用的岩石间，其下部装有漏斗闸门，以便装车。

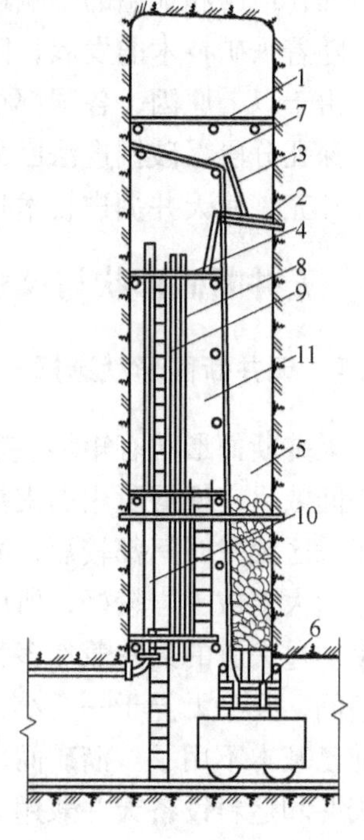

图2-1　普通法掘进天井示意图

1—工作台；2—临时平台；3—短梯；4—工具台；5—岩石间；6—漏斗口；7—安全棚（与水平面成30°左右角度）；8—水管；9—风管；10—风筒；11—梯子间

凿岩爆破工作在距工作面2m左右处临时搭设的工作台上进行。每循环需架设一次工作台。为了便于人员上下和设备材料与工具的搬运，需要随着工作面的推进而向上架梯子。爆破下来的岩碴，为了利用自重下溜装车，必须修筑岩石间并随着工作面的推进而逐步加高。为了保护梯子间不被爆破下来的岩石打坏，在凿岩工作台之下梯子间之上方，需搭设安全棚。

2.2.1.1 普通法掘天井工艺

A 漏斗口的掘进

掘进天井时，首先根据所给的漏斗口底板的标高和天井的中心线，以50°左右的倾角向上掘1~2茬炮，形成架设漏斗口所需的坡度。然后按照设计的倾角继续向上掘进，直至掘进到架设漏斗后能容纳一茬炮的岩碴高度，即停止向上掘进，架设漏斗口、岩石间、梯子间，并在梯子间上部架设安全棚。在此期间爆下来的岩石，直接落入平巷底板上，用装岩机装岩。

B 凿岩工作台的架设

当漏斗口掘进完毕并安装好漏斗与梯子间、安全棚等之后，在继续向上掘进之前，必须首先在安全棚之上距工作面2.0~2.2m处搭架凿岩工作台。凿岩、装药、联线都是在此台上进行的。

凿岩工作台一般由三根直径为12~13cm的圆木横撑在天井顶底板之间，并在其上铺以厚度4~5cm的木板所构成。

架设横撑时应先在井壁上凿好梁窝，并以木楔楔紧横撑的一端，以防横撑移动。

凿岩工作台在垂直或倾角不小于80°的天井中呈水平位置。当天井倾角小于80°时，为了便于打眼，工作台必须迎着工作面与水平面成3°~7°的倾角。

放炮时，必须将工作台上的木板拆除，以便放炮后岩石落入岩石间，同时木板不致损坏以便重复使用。

由于架设和拆除工作台较费时，特别是在硬岩中梁窝难凿，为此，有的矿山采用简易法搭工作台。吊挂双层工作台情况如图2-2所示。工作台由上下两层组成，两层间的距离一般等于一个循环的进尺。上层为凿岩工作台，距工作面2m左右，下层为安全台以防止人员物料坠落。每层工作台由两根钢管或圆木铺上木板做成。每根钢管用两根铁链悬挂在插入岩壁炮眼中的两根直径为30~35mm的圆钢上。工作台的高低可以通过铁链的环数进行调节。为了防止圆钢和铁链滑落，插圆钢的炮眼应向下倾斜10°~15°，圆钢插入岩壁的深度应小于500mm，露出长度应为100mm。在工作面上打眼时，就将安装圆钢的炮眼一道打好。为使爆下来的岩石能落入岩石间，爆破前需把下层平台全部木板和上层平台靠岩石间部分的木板拆除，集中放在上层平台对应梯子间的部位，并使其向岩石间倾斜。放炮通风后，工人进入工作面，首先把上层工作台的木板铺好，然后在上一班打好的四个炮眼中插入圆钢，挂上铁链，安装钢管或圆木，铺好木板。于是原来的上层工作台成了下层工作台，新架设的为上层凿岩工作台，工人站在安好的上层工作台上进行

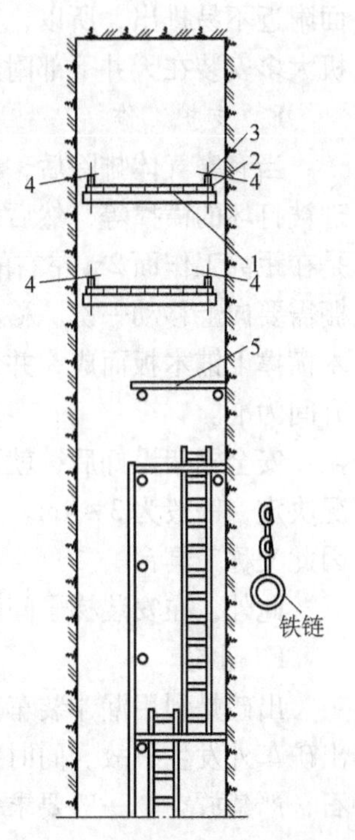

图2-2 采用双层工作台掘进天井工作面布置示意图

1—钢管；2—木板；3—铁链；4—圆钢；5—临时踏板

打眼工作。

生产实践表明，采用以上简易方法架设工作台，可以缩短工作台的架设时间和节约坑木。但使用这种方法要求围岩坚固，能有效地固定悬挂铁链的圆钢。

此外，这种方法需要专门配备一套打安装工作台所用的炮眼的凿岩设备，因此，在推广使用中受到一定的影响。

C 凿岩爆破工作

凿岩工作台架设好之后，即可开始凿岩工作。凿岩设备选用 YSP－45 向上式凿岩机。

由于天井横断面不大，为了便于凿岩和加深炮眼，广泛采用直眼掏槽。掏槽眼与空心眼之间距离视岩石硬度、空心眼数目与起爆顺序等而定。掏槽眼布置的位置以布置在岩石间上方为宜，这样可减弱对安全棚及梯子间的冲击。其他炮眼布置原则基本上与平巷相同。炮眼深度一般在 1.4～1.8m。起爆方法多采用火雷管。为安全起见，应采用点火筒或电点火。

对于用电点火的起爆方法，由于采用的点火器材不同，可分为用电桥点火与电阻丝点火两种(详见吊罐法掘进天井部分)。

如采用普通电雷管起爆时，则要求采取驱散杂散电流的措施才允许装药联线，并且由专人亲自管理起爆电源箱闸。

D 通风

由于天井是自下往上掘进的，爆破后产生的有害气体比空气轻，一般积聚在上部工作面附近不易排出，所以，为了加速吹走工作面的有害气体，一般多采用压入式通风。通风机大多安装在天井下部附近的平巷内。风筒应随着安全棚往上移动，及时地接上去。

E 支护工作

当有害气体排除后，即可进行支护工作。首先检查工作面的安全情况，清理浮石，修理被打坏的横撑等，然后才开始支护工作。在不架设安全棚的情况时，支柱工的主要任务是在距离工作面 2m 左右的位置，架设凿岩工作台。当工作面向上推进 6～8m 时，则安全棚需要向上移动一次。移动时首先拆除旧安全棚，然后在上面架设新安全棚。安全棚由圆木横撑上铺木板而成，并使其向岩石间倾斜。安全棚的宽度以能遮盖梯子间或梯子间和提升间为准。

安全棚架设好后，就开始自下而上地安装梯子平台和梯子。梯子平台间距根据实际情况决定，一般为 3～4m。安全台下第一个梯子平台往往兼作放置凿岩机、风水管等之用，因此又称工具台。

此外，在安装梯子间的同时，需将岩石间的隔板钉好。

F 出碴

出碴是利用漏斗装车。为安全起见，应严禁人员正对漏斗闸门操作，以免岩流冲下飞出矿车外发生事故。同时为了保护岩石间隔板和横撑不被打坏，岩石间中应经常贮有岩石，严禁放空。一般要求每次放出的岩石所腾出的空间以能容纳爆破一次所崩下来的岩碴为准。

G 工作组织

此法由于支护和通风所需时间较长，一般两班一循环，一班打眼放炮通风，另一班进行支护和出碴。为了加快天井掘进速度，缩短采准工作时间，我国广泛采用多工作面作业法，即凿岩工在第一个天井工作面打完眼后，随即转入第二个天井工作面打眼。与此同时，支柱工在另外的几个天井工作面进行支护，做好打眼前的准备工作。

2.2.1.2 普通法掘天井的适用条件

采用普通法掘进天井，每个循环都要搭、拆工作台，都要搬运设备和器材，每隔几个循环又要搭、拆安全棚，延长管线，装配梯子间和岩石间，因此劳动强度较大，掘进速度慢、工效低、材料消耗大，根据部分矿山统计，采用普通法掘进天井的掘进速度平均每月只有20~30m，工班工效只达0.2m，每1m天井消耗木材达0.14~0.20m^3。另外，容易发生天井炮烟中毒和坠井事故。显然采用这种方法不能适应我国采矿事业日益发展的需要。应迅速推广使用吊罐法，并试验使用深孔法；同时，还应抓紧对爬罐的试验改进，以及天井钻机的研制工作，以促进天井掘进工作的发展。

但是，普通法在下述条件下仍可考虑采用：

(1) 不适宜采用吊罐、爬罐掘进的短天井，其中特别是盲天井，如切割天井等；

(2) 在软岩或地质构造发育的破碎带中掘进需要支护的天井；

(3) 倾角常变的探矿天井，以及掘进溜井时，其下部一段特殊形状的井筒不宜采用其他先进方法掘进时，可采用普通法掘进。

2.2.2 吊罐法掘天井

普通法掘进天井存在着许多缺点，严重地阻碍冶金矿山生产的发展。吊罐法掘进天井，实现了凿岩、装岩、运输、提升等机械设备的配套使用，形成了一条完整的机械化作业线，不但改善了作业条件，减轻了劳动强度，而且使掘进速度与工效有了大幅度的提高，为矿山持续均衡生产提供了有利条件。

近几年来,我国有些矿山成功地使用吊罐法一次掘进高达100~186m的通风井,成功地应用吊罐掘进联络道、采矿凿岩硐室以及进行竖井延深,大大地扩大了吊罐法的使用范围。

吊罐法掘进天井的实质如图2-3所示。它的特点就是以吊罐代替普通法中的凿岩工作台，同时又作为提升人员、设备、工具和爆破器材的容器。为此，在采用此法掘进天井时，首先要在天井断面中央打一个直径100~130mm的中心孔9，以贯通上下两个中段。然后在上中段安装提升绞车1(游动或固定)。借此绞车和通过中心孔的钢丝绳3升降吊罐2。在吊罐的作业平台上完成凿岩、装岩和联线等作业。放炮前把吊罐下放到天井下部平巷中去避炮。放炮通风后，将吊罐提升至工作面进行打眼，同时，在下部平巷用装岩机装岩。

2.2.2.1 吊罐法掘进天井所用的设备

吊罐法掘进天井所用的主要设备有：吊罐（直、斜）和提升绞车，以及配套使用的深孔钻机、凿岩机、信号联系装置、局部扇风机、装岩机和电机车等。为了缩短出碴时间，尚可使用斗式转载车或其他转载设备。现仅对施工中的主要设备——吊罐和提升绞车加以介绍。

A 吊罐

吊罐是凿岩、装药和联线的工作台，又是运载人员、设备和器材上下的装置。因此要求它必须坚固耐用、轻便灵活、使用方便；在工作时要占满天井断面，避免人员和设备坠井；升降时要体积变小不易卡帮；搬运时能随轨道移动而不需拆卸。

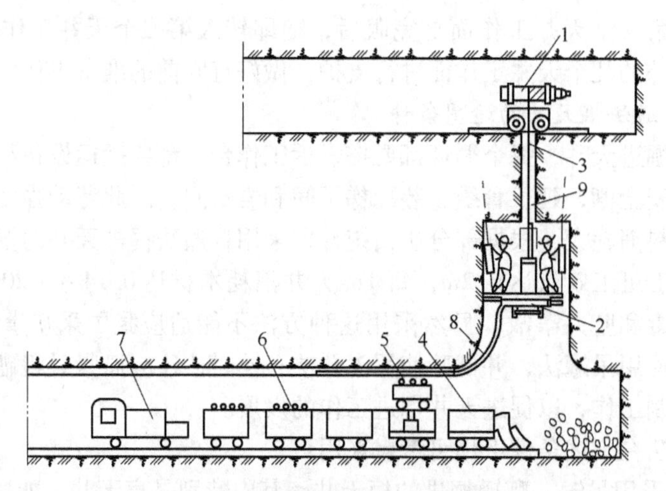

图2-3 吊罐法掘进天井示意图

1—游动绞车；2—吊罐；3—提升钢丝绳；4—装岩机；5—斗式转载车；
6—矿车；7—架线式电机车；8—风水管及电缆；9—中心孔

吊罐按其控制方式有普通吊罐和自控吊罐；按其适用的天井的倾角有直吊罐和斜吊罐；按其结构有笼式吊罐和折叠式吊罐；按吊罐的层数有单层吊罐和双层吊罐；按吊罐下部的行走结构有轨轮式吊罐和雪橇式吊罐。下面仅就常用的几种吊罐加以介绍。

a 华-1型直吊罐

华-1型直吊罐的结构如图2-4所示，主要由折叠平台1、伸缩支架2、保护盖板3、风动横撑4、稳定钢丝绳5、行走车轮6和风水系统（本图未示出）七部分组成，其主要技术性能为：

吊罐自重	4000N
最大载重	6000N

外形尺寸：

展开时的最大尺寸	1700mm×1400mm×2100mm
折叠时的最小尺寸	900mm×900mm×1250mm

风动横撑：

数量	4件
压力	1820N/件
风压	0.45~0.55MPa

行走车轮：

轨距	600mm
轴距	320mm

（1）折叠平台。折叠平台由角钢和铁板焊接组成。因折页和挡架均能折叠，故称此平台为折叠平台。吊罐升降时将全部折页竖起，形成900mm×900mm×730mm的升降容器，用以提升人员、设备、工具和爆破器材。吊罐提到工作面时，将各折页铺开，形成1400mm×1700mm的工作台，工人便可站在平台上进行打眼、装药等工作。为了盛放爆破器材，在工作平台上设有特制的炸药箱(图上未示出)。

（2）伸缩支架。伸缩支架是由两条可以伸缩的立柱与吊架焊接而成。立柱采用

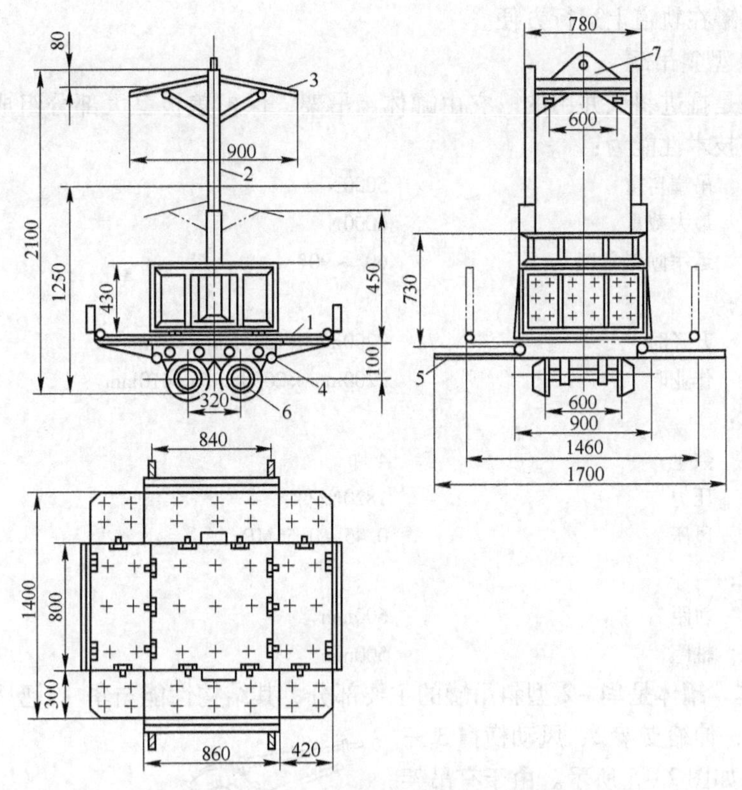

图2-4 华-1型直吊罐结构示意图

1—折叠平台；2—伸缩支架；3—保护盖板；4—风动横撑；
5—稳定钢丝绳；6—行走车轮；7—吊架

100mm×50mm×4.8mm 和 120mm×60mm×5mm 两种槽钢套接，用直径 18mm 的锁销定位。每根立柱下端分别用 4 个 M16 的螺栓与平台底座连接。吊架由角钢和铁板焊接组成，其上的圆孔借销轴与提升钢丝绳的 V 形吊钩和桃形环相连。在吊罐升降和作业时，将立柱拉长，使支架升高，便于人员站立和作业；当吊罐需要运搬时，将立柱缩短，使支架降低，便于吊罐在巷道内运行。

（3）保护盖板。保护盖板是吊罐用以防止松石掉下伤人的安全保护装置。它是由两块 770mm×400mm×5mm 的铁板通过铰链与吊架连接，靠两个长 185mm，直径 27mm 内装缓冲弹簧的支撑支于吊架两侧。吊罐升降过程中，支起盖板，罐内人员可受其保护而不致被下落松石打伤；作业时，放下盖板，以便进行工作。

（4）风动横撑。风动横撑是吊罐作业时，为防止其摆动而设置的稳定装置。横撑共有 4 个，反向对置，平行安装在平台底座下部。吊罐作业时，打开进气阀门，就可以将 4 个横撑分别支于天井两侧岩壁上。这样，不仅可以保护平台稳定，还可以减轻提升钢丝绳的负荷。吊罐运行时，将横撑缩回。

（5）稳定钢丝绳。在吊罐底座的四个角上对称地安装有四条长 600mm，直径为 28mm 的钢丝绳。吊罐升降时，这些钢丝绳沿井壁滑动，以防止吊罐转动或摆动。

（6）行走车轮。吊罐底座上装有两对直径 150mm、轨距 600mm、轴距 320mm 的车轮，以保证吊罐在轨道上运行方便。

b 华-2型斜吊罐

这种吊罐是掘进斜天井用的。它由罐体、吊架、保护盖板三大部分组成，如图2-5所示。其主要技术性能为：

吊罐自重	5000N
最大载重	6000N
运用倾斜角度	60°~90°

外形尺寸：

升降时	2200mm×1330mm×930mm
作业时	2200mm×2000mm×1410mm

风动横撑：

数量	4件
压力	1820N/件
风压	0.45~0.55MPa

行走车轮：

轨距	600mm
轴距	500mm

(1) 罐体。罐体是华-2型斜吊罐的主要部分，其结构性能与华-1型吊罐相同。它由折叠平台1、伸缩支架2、风动横撑3三个部分组成，如图2-5所示。由于有吊架的关系，平台在靠吊架的一侧没有设置折页和挡架。伸缩支架通过插入吊架上的自位销孔a内的销轴与吊架铰接，可使作业平台在掘进不同倾角的天井时保持水平位置。

(2) 吊架。吊架是带动罐体升降和运行的部分，它由悬吊耳环4、行走车轮5和滑动橇板6三个部分组成。

悬吊耳环上有四个并列的环孔b，可用销轴、V形吊钩与桃形环和提升钢丝绳连接；另有两个自位销孔a是连接罐体的。当掘进不同倾角的天井时，可选用适当的环孔与销孔，以保证吊罐升降时平稳。

吊架底部装有两对车轮，除在轨道上运行之外，可在吊罐升降时，沿天井底板滚动，这样，就可以减少吊罐与天井底板岩壁之间的碰撞、摩擦，便于吊罐上下稳定运行。因此，在吊罐升降时，它可以起导向和减少摩擦的作用。为了减少震动，在车轮轴上安有减震弹簧。

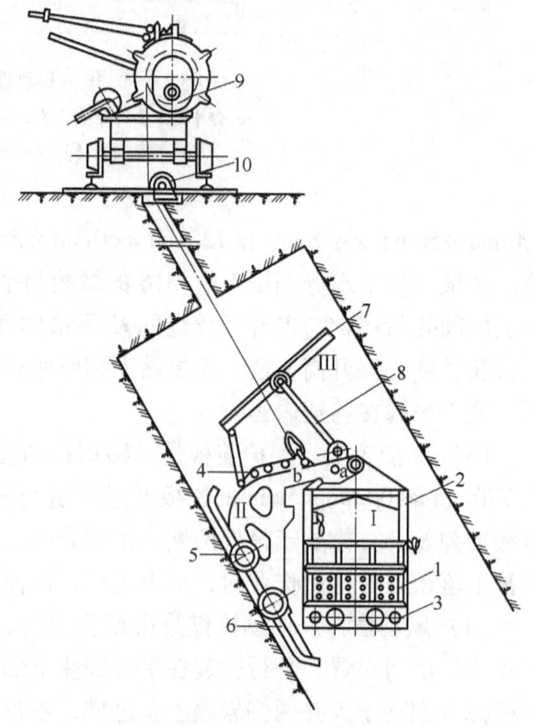

图2-5 华-2型斜吊罐结构示意图

1—折叠平台；2—伸缩支架；3—风动横撑；4—悬吊耳环；5—行走车轮；6—滑动橇板；7—保护盖板；8—支撑；9—游动绞车；10—导向地轮；Ⅰ—罐体；Ⅱ—吊架；Ⅲ—保护盖板

吊架下面还装有两条滑动撬板，是为了在吊罐升降时能协同车轮共同起导向和减少摩擦作用的。

(3) 保护盖板。保护盖板7借支撑8安在吊架上端，以保护罐内人员的安全。

B 提升绞车

提升绞车是吊罐法掘进天井中升降吊罐的配套设备之一。用吊罐法掘进天井时，提升设备需要经常搬迁；提升时，因无导向装置，且往往因中心孔偏斜或天井四帮局部凹凸不平，则吊罐在运行中易发生碰壁卡帮，以及被落石冲击等情况。根据以上这些特点，对提升绞车除要求刹车可靠，有足够的容绳量外，还必须要求：提升速度慢，便于吊罐在上下运行遇到卡帮时进行处理，同时，也便于人员跟随吊罐下放的同时敷设爆破母线。绞车的提升能力不仅要求能承担吊罐本身及其所提升的人员、设备等全部重量，同时，还要考虑吊罐卡帮、落石冲击及过卷等情况产生时突然增大的负荷，这样，电动机才不致烧坏。根据多年的实践证明，吊罐绞车的提升速度不得超过5~7m/min，提升能力应为其所提升的全部总重量的1~2倍。同时，还要求绞车搬迁方便，安装容易。

在吊罐法掘进天井中，我国采用的提升绞车有两大类型：固定式绞车和游动式绞车(简称游动绞车)。前者就是通用的慢速电动绞车，它提升能力大，但与游动绞车相比，安装复杂，运搬不方便，要求绞车硐室大（一般比采用游动绞车时大一倍以上)，故它仅与大型吊罐配套使用，一般矿山多使用游动绞车。

游动绞车的最大特点是，它本身装有两对行走车轮，在吊罐升降时，绞车是不固定的。它靠钢丝绳缠绕卷筒时产生的横向推力使绞车在轨道上自行来往游动，这样，就保证了钢丝绳在提放过程中始终对准天井中心孔，并使钢丝绳在卷筒上依次均匀地缠绕而不紊乱，从而就减少了钢丝绳与孔壁间的摩擦，以及吊罐在提放过程中因钢丝绳乱叠而造成的冲击动载荷，因而可以延长钢丝绳的寿命和使电动机不受到损坏。正是由于上述特点，也就将此种绞车取名为游动绞车。此外，游动绞车还具有体积小、搬运方便、安装容易、要求绞车硐室体积小等优点。

游动绞车是吊罐法掘进直、斜天井用得最广泛的专用提升设备。除少数矿山自制一部分外，绝大部分是由我国重庆矿山机械厂生产。该厂除生产功率为2.8kW的华-1型游动绞车外，为适应掘进高天井的需要，还生产了功率为4.5kW的提升能力较大的天井吊罐卷扬机（也可称游动绞车)，其技术性能见表2-1。该两种绞车均系行星齿轮传动。4.5kW绞车由电力驱动，华-1型游动绞车为风电两用的设备。采用风马达驱动，虽然具有过载保护，可以控制风量实现无级调速，不必经常用刹车来控制速度，可以减轻操作者的劳动强度等优点；但是开动风马达时，噪声较大，影响司机与罐上人员的联系，同时，用压风作动力的成本比电力高，当风压不够高时，绞车的提升还受到风压的影响。因此，生产中很少使用风动的。此类提升设备主要与华-1型直吊罐、华-2型斜吊罐等轻型吊罐配套使用。

提升钢丝绳是提升设备的主要部件，它不仅要负担吊罐本身以及所提升的人员、设备等全部重量，同时还要考虑卡帮、过卷时不被提升绞车拉断，因此，必须要求钢丝绳的最大牵引力大于绞车的提升能力，才能确保人员与设备的绝对安全。为了适应上述要求，根据生产实践经验，应将钢丝绳的安全系数增大至十三倍以上才为安全可靠。此外，为了减少钢丝绳弯曲应力，在选择钢丝绳时，钢丝绳直径还必须与卷筒直径相适应。

表 2-1 常用游动绞车技术性能

主要技术性能 \ 绞车名称与型号		华-1 游动绞车	天井吊罐卷扬机
最大牵引力/kN		10	12
平均绳速/m·min^{-1}		6.27	6.18
卷筒	直径/mm	210	330
	宽度/mm	310	500
	容绳量/m	65	93
	钢丝绳直径/mm	15	17
	设备重量/kg	500	1112
主要配套产品名称，型号及规格		电动机 JO42-4，2.8kW，一台	电动机 JO2-42-8，4.5kW，一台
外形尺寸（长×宽×高）/mm		1153×962×1233	1210×974×885

钢丝绳与吊罐的连接，我国除少数矿山采用绳卡外，大多数矿山都采用钢丝绳编插结构。采用绳卡的最大缺点是，上下空绳时，绳卡不易通过中心孔。此外，绳卡受震动容易松动，需要经常检查与拧紧。钢丝绳编插结构是将编插的钢丝绳段破成单股，用专用的编插工具将每股钢丝绳按顺序均匀地编插在主体钢丝绳内，这样，就形成了一个编插的钢丝绳环。编插长度不应小于 800mm。这种编插结构无接头，既牢靠，又易通过中心孔。因此，已被很多矿山推广使用。

2.2.2.2 吊罐法掘天井工艺

A 吊罐法掘进天井前的准备工作

开凿必要的硐室和钻凿中心孔是吊罐法掘进前的两项主要准备工作。其他准备工作有安装绞车和信号设施以及掘进前用普通法先开凿两茬炮的天井等。

a 上下硐室的开凿

在吊罐法掘进天井之前，为了安装设备、准备作业地点和放炮时便于吊罐避炮，必须在上下中段开凿硐室。

（1）上部硐室。上部硐室的规格尺寸主要根据中心孔钻凿的方向而定。若中心孔自下而上钻凿，上部硐室只是为了安装绞车，此时硐室规格只需考虑绞车的尺寸及操作方便即可。例如用华-1 型游动绞车提升时，硐室规格(长×宽×高)为 3.0m×2.2m×2.0m。

若中心孔选用地质钻自上而下钻凿，上部硐室尺寸还应满足打中心孔时安装钻机和便于钻机操作的需要，具体尺寸视所用钻机而定。为了节省辅助工程量，上部硐室尽量利用原有坑道；如不足时，可据具体情况扩大。

（2）下部硐室。当采用装岩机装岩和中心孔自上而下钻凿时，下部硐室主要是为装岩和吊罐出入井筒用的，其尺寸以保证装岩和吊罐出入方便为原则。一般只需将连接天井处的长约 4～5m 的一段平巷适当加高即可。

如果用装岩机装岩和潜孔钻机(YQ-100 或反修-100)自下向上钻凿时，则需在天井下部开凿打中心孔的钻机硐室。其规格在打倾斜孔时：3m×2.5m×3m；打垂直孔时：2.5m×2.5m×3.0m。

如果底部采用漏斗装岩，除进行上述准备工作外，还应在下中段开凿人行道、联络道和出碴井，其布置如图2-6所示。

如果是掘进大型主溜井，必须在下中段开凿放矿闸门硐室，以便在硐室内安装装岩用的临时漏斗，以及在硐室内安设板台，作为放炮时吊罐避炮的地方，其布置如图2-7所示。如果中心孔自下向上钻凿，此板台还可用来进行钻孔。

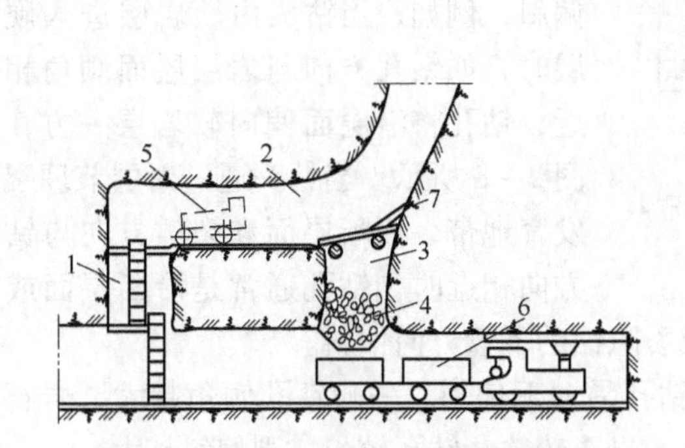

图2-6 漏斗装岩时天井底部结构示意图
1—人行井；2—联络道；3—出碴井；4—漏斗；
5—吊罐；6—矿车与电机车；7—钢轨（上下罐用）

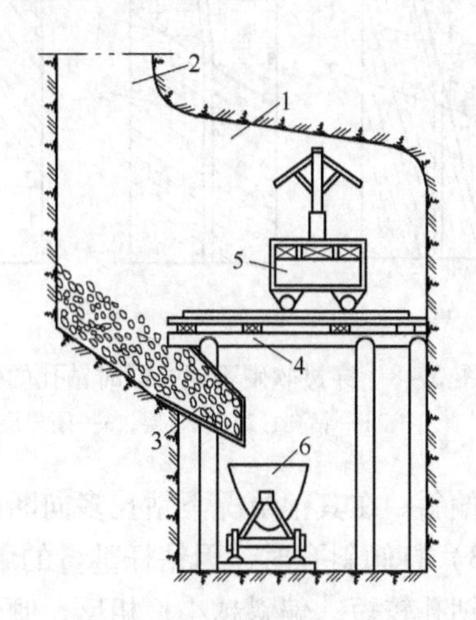

图2-7 主溜井底部结构示意图
1—放矿闸门硐室；2—溜井；3—临时漏斗；
4—板台；5—吊罐；6—矿车

硐室掘完之后，为便于吊罐施工，一般在天井下部用普通方法先掘进两茬炮。之后，通过中心孔放下提升钢丝绳系上吊罐，此后便可采用吊罐法掘进天井。

b 钻凿中心孔

（1）钻孔设备的选择。天井中心孔的钻凿可以采用地质钻机或潜孔钻机。当使用地质钻机钻凿天井中心孔时，都是自上而下进行的。地质钻机的优点是钻孔偏斜率比潜孔钻机小，作业条件好。但穿孔速度慢，工效低，同时必须开凿较大的硐室。采用潜孔钻机自下而上钻凿时，下部安放钻机的硐室就可以作为天井下部的一段，同时穿孔速度比地质钻机快，工效也高。因此，除钻进深度大于60m的中心孔需要使用地质钻机外，其他情况均宜采用潜孔钻机钻凿中心孔。但是，必须指出，潜孔钻机钻孔时的偏斜率还是较大的，同时，穿孔效率还不能适应生产发展的需要。因此，研制一种效率高，偏斜率小，同时又能钻较深的钻孔的新型钻孔设备，对吊罐法的推广和应用将起着重要的作用。

中心孔直径一般采用100~130mm。

（2）中心孔钻进的偏斜问题。无论用地质钻机自上而下钻进或用潜孔钻机自下而上钻进，中心孔的偏斜都是经常发生的。中心孔钻进深度越大，其偏斜越严重。钻孔偏斜较大，则不便于吊罐的上下和安全施工。尤其是中心孔偏出了天井断面之后，为了找孔，还必须增加为找孔而开凿的工程量。偏斜很严重时，必须重新钻凿新的中心孔，因而会拖延施工的期限，增大掘进成本。从这里我们便可以看到吊罐法掘进天井的关键工程是中心孔的钻凿质量。为此，除了研制一种效率高，偏斜小，同时又能钻凿更深的中心孔的钻机外，在目前应在生产实践中仔细观察分析中心孔发生偏斜的原因，找出行之有效的措施，做到及时纠偏，确保钻孔的偏斜率不超过2%（指偏离中心孔的距离与天井长度之比）。

潜孔钻机钻凿中心孔产生偏斜的原因是多方面的，有客观因素，也有主观因素：

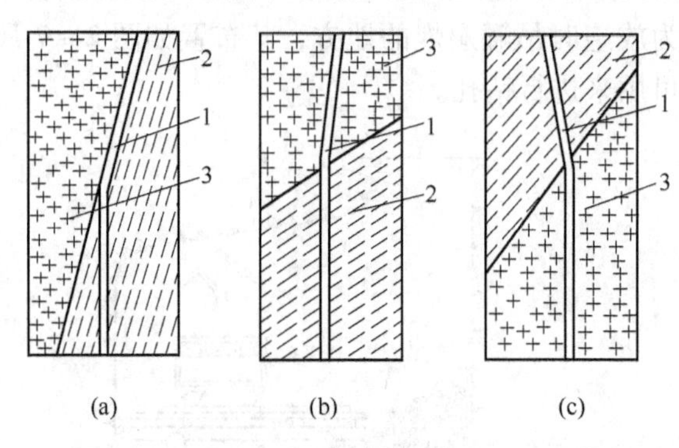

图2-8 穿过软硬不同岩层时钻孔的偏斜情况
1—钻孔；2—软岩层；3—硬岩层

1）钻机安装不正，不牢，校正工作不严，造成起始偏斜和钻进过程中的连续偏斜。

2）当钻孔穿过软硬不均的岩层时，因岩石的抗钻性不一，易发生有规律的偏斜，例如，当钻头由软岩层进入硬岩层时，如钻孔方向与岩层层面倾角相接近，钻孔将沿层面偏向软岩层一方，如图2-8所示。当钻头通过断层节理裂隙发育地带，而断层面和裂隙方向与钻孔方向相近时，钻孔通常是沿断层面或裂隙面偏斜。在其他情况下钻孔多向断层面或裂隙面的下盘方向偏斜。

3）打倾斜孔时，因钻杆重量的影响，钻孔易向下偏斜。一般钻孔倾角越大，岩石较硬，钻孔较短，偏斜越小；相反，倾角越小，岩石较软，钻孔较长，则偏斜越大。

4）操作不熟练。比如开孔时，孔口不平就开钻；又如什么时候推进要快，什么时候推进要慢，没有根据岩石的变化情况来调整；开钻后，哪些部件易松动，哪些部件已经磨损，不甚了解等，都可能导致钻孔偏斜。

其他因素，如钻杆在钻进中发生摆动，钻杆本身已经弯曲，某些钻孔事故处理不当等，也是引起钻孔偏斜的原因。从以上分析可以看出，主观上的因素是主要的，某些客观因素，经人们发现之后，采取了相应的措施，问题也可以得到解决。

根据孔斜原因，采取以下措施可以适当地防止或减少潜孔钻机钻孔的偏斜：

1）首先要了解天井中心孔穿过岩层的情况及其变化的情况，了解断层、破碎带、岩层变换等的确切位置，以便提前采取相应的措施；另一方面在钻进过程中，要经常注意钻孔内淌出的泥浆颜色的变化，注意推进速度是否发生突变，注意卡钻情况的发生，做到及时地调整推进压力和采取相应的措施。

2）打倾斜孔时，为了克服钻杆重量影响所造成的钻孔偏斜，在安装钻机时，可根据钻孔的偏斜方向和偏角大小，朝相反的方向偏一个校正角，如图2-9所示。也就是说，要求钻机的开孔角度比钻孔设计倾角要大一个校正角，这样就可以使钻孔上口最后仍落入设计位置。校正角的大小，需视岩石性质、钻孔倾角和天井高度来确定。一般说来，在岩软、钻孔倾角较小、井高时，所用的校正角要大一些；在岩硬、钻孔倾角较大、井浅时，校正角要小些。

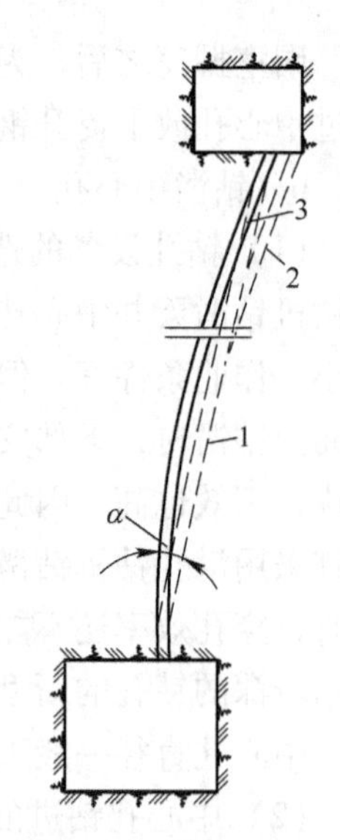

图2-9 打倾斜孔时潜孔钻机安装的位置
1—设计的钻孔方向；2—按设计倾角向上打出的钻孔方向；3—按偏一个校正角后向上打出的钻孔方向；α—校正角

3）开孔时，为了使孔口处的岩石平整，为钻孔创造较好的条件，开钻时不应给压太大，待钻头将岩面磨平，最好钻进 300~400mm 经校正无误以后，再给足全压进行钻进。切不可急于求成，以免起钻之初就发生偏斜。

4）为了减少钻杆在钻进时的摆动，可以在冲击器后面，接一导向钻杆，以协助冲击器定向。导向钻杆是由一节钻杆外面焊有 3~4 根长 500~700mm 的圆钢做成。它直接与冲击器相连，其构造如图 2-10 所示。

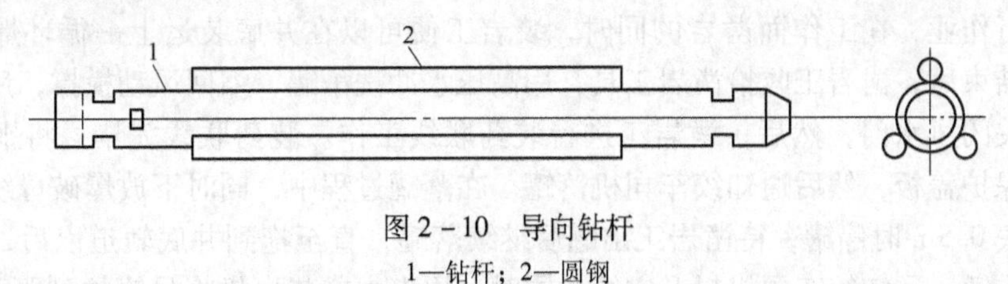

图 2-10 导向钻杆

1—钻杆；2—圆钢

5）确保钻机的安装质量，也是防止钻孔偏斜的重要措施。一般在安装钻机时，必须使钻机位置对准孔口的位置、方向和倾角，并应适当加一校正角。钻机的安装位置必须用半圆仪和垂球校正。立柱的上下端岩面最好要平整些，上下两端都要垫上木板。立柱上下端的岩石应力求坚固稳定，并注意立柱上下端是否抵紧。在钻进中要经常注意钻机的某些部件是否松动，以便及时拧紧。

6）经常检查钻杆是否发生弯曲；对已经弯曲的钻杆，必须经过矫正之后才能使用。

7）注意钻工的技术培训，提高其责任感和技术水平；相应地还要制定一些必要的操作规程，以切实保证提高钻凿中心孔的质量。

c 设备及管线安装

（1）在上部铺设轨道。轨道的铺设必须要求水平，同时轨道的中心线应与中心孔的中心相适应，以便保证绞车在钢丝绳的横推力作用下自行地在轨道上来往游动，使钢丝绳始终自动对准中心孔。

铺轨后，即将游动绞车推入硐内。为了防止杂散电流造成爆破事故，绞车硐室内的轨道切忌与电机车轨道相连。

（2）安装风水管、爆破及照明线路和专用讯号联络装置。绞车硐室和下部中段与天井工作面之间的讯号联络，通常要用敷设的专用电铃和电话线路来保证。这些线路是通过附近天井或钻孔敷设的，应当及时检查讯号是否畅通。

此外，在掘进天井之前，还要在下中段敷设专用的爆破线路。采用普通电雷管起爆时，为了保证爆破作业的安全，在装药前切断作业地点的一切电源，还必须在上下中段距离作业地点 50m 处，在各种电源线路上安装断源开关。

（3）安装通风机等。

B 掘进工作

在完成上述准备工作之后，便可开始天井上掘工作。

在每个循环开始之前，首先从上中段由绞车工经中心孔往下放钢丝绳，井底由装岩工对上一循环爆下来的岩石进行洒水。此时，凿岩工把作业时所需的凿岩机、钎杆及爆破器材等装入吊罐内（爆破器材需放在特制的炸药箱内）。等钢丝绳放到井底后，打停铃，凿岩工取下重锤，用销轴将吊罐挂在钢丝绳上，并撑开保护盖板，然后发出提罐信号。当吊罐提至离井底岩碴面后，凿岩工发出停罐信号。待吊罐停稳后，两名凿岩工迅速进入罐内各站一方，再发出提罐信号。在提罐过程中，应根据情况发出落罐或停罐信号，以处理卡帮或松石，然后继续提升。当吊罐提至距工作面约2m时便停罐。这时，凿岩工站在保护盖板的下面处理工作面松石，待认为安全后方可放下保护盖板，用信号通知下部人员开风水门，打开风动横撑，稳定吊罐，展开工作平台的折页，开始凿岩工作。如果是采用凿岩与出碴平行作业，在工作面凿岩的同时，装岩工便可以在井底装运上一循环爆下来的岩碴。凿岩结束后，凿岩工收拾凿岩工具，用高压水冲洗吊罐，缩回风动横撑，用信号通知下部人员关闭风水门，然后，凿岩工进行装药联线工作。装药联线完毕，将平台折页竖起，撑开保护盖板，然后通知绞车司机落罐。在落罐过程中，同时下放爆破母线。当吊罐落至离井底0.5m时停罐，待凿岩工出罐后继续落罐，直至拖到井底轨道以后，摘下钢丝绳，挂上重锤，通知绞车司机提升空绳。同时，用人力或装岩机将吊罐拉到距天井口3～4m的安全处(吊罐避炮硐室或平巷)避炮。待空绳提至上中段后，绞车司机将绞车推离中心孔。上下经联系好后，接好母线，合闸起爆，同时开动下部局部扇风机。响炮后绞车司机立即把高压风水胶皮管插入中心孔，由上而下吹走炮烟。当炮烟被排除之后，便开始下放钢丝绳进行下一作业循环。

下面介绍吊罐法掘进天井的主要施工工艺要点。

a 凿岩爆破

用吊罐法掘进天井时，由于吊罐需要沿井筒升降，钢丝绳需要通过中心孔上下，因此，保证井筒规格质量和中心孔不被堵塞，就成为凿岩爆破工作中十分重要而突出的问题。如果这一工作没搞好，将直接影响吊罐施工的安全和掘进速度，因此，必须严肃认真对待。

采用吊罐法掘进天井时，打眼采用YSP－45型凿岩机。一般有两名凿岩工上罐负责凿岩、装药和联线。凿岩时，两名凿岩工各站在工作平台的一侧，对称进行打眼，这样有利于吊罐保持受力均衡，不致因打眼而发生摇摆。

天井掘进的炮眼排列很重要，炮眼排列的好坏直接关系到一茬炮的爆破效果，特别是在天井的断面小，围岩对炮眼的夹制性大的情况。因此，过去采用普通法掘进时的爆破效果不好，炮眼利用率低。吊罐法掘进天井由于有中心孔可以作为人工自由面，而改善了爆破条件，故在排眼时都要考虑如何利用中心孔作爆破自由面，并使眼深不受天井断面小的限制。施工中一般采用直线掏槽，其掏槽眼必须与中心孔保持平行。掏槽眼距中心孔的间距，应根据岩石性质来确定，一般在硬岩中采用的间距较小，软岩中较大。

掏槽眼是最先起爆的炮眼，它的爆破条件最差，它的装药量自然较其他炮眼多。一些矿山掘进天井的实践证明，掏槽眼多装药不仅可以保证掏槽效果，而且可以使中心孔不被挤死。在硬岩中其装药系数一般控制在80%～85%，1号掏槽眼甚至可达90%，软岩中一般应控制在70%～80%左右。

在斜天井掘进中，为了保证底板比较光滑平整，有利于吊罐沿底板上下滑行，天井底板要求采用多打眼少装药的光面爆破法进行爆破，这样，有利于保证底板在爆破时获得平整轮廓。必须看到，当用斜吊罐掘进斜天井时，由于天井的底板不平整光滑，修整底板的时间和吊罐上下滑行所花的时间比较多，显著地影响天井掘进的速度，故在掘进斜天井时，对怎样保证底板平整应给予足够的重视。

起爆方法有火雷管起爆和电雷管起爆两种。为避免杂散电流的威胁，一般多采用通电点燃火雷管引爆炸药的起爆方法。在电力点火的方法中，各矿山又用了多种不同的方法。例如有用高电阻丝直接引燃炮眼中起爆导火线的点火方法；有用点火电桥通过引火导火线和铁皮三通再引燃起爆导火线的点火方法。

(1) 利用点火电桥、引火导火线和铁皮三通通电点火的方法。其网路联结如图2-11所示。

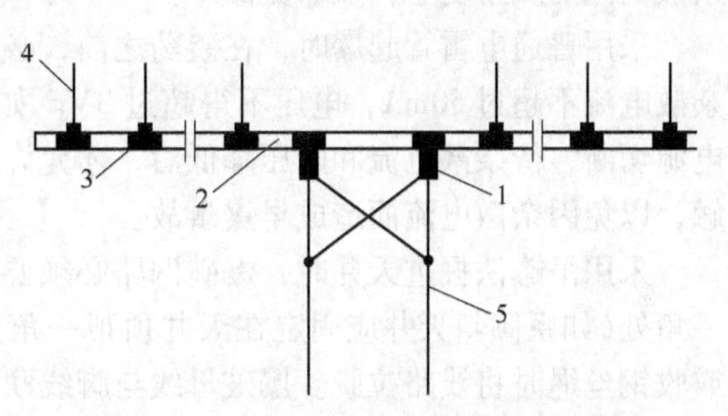

图2-11　利用点火电桥、引火导火线和铁皮三通通电点火的爆破网路示意图

1—点火电桥；2—引火导火线；3—铁皮三通；4—起爆导火线；5—爆破母线

图中1为点火电桥，系采用迟发普通电雷管的引火头部分做成，用于通电后点燃引火导火线2。铁皮三通3分别与各炮眼的起爆导火线4相接。接通电源以后，点火电桥产生爆炸，点燃引火导火线，再由引火导火线依次点燃各炮眼中的起爆导火线，这样就引起各炮眼中的雷管爆炸，而达到起爆炸药的目的。各炮眼的爆破顺序可由三通的置放先后顺序或每一炮眼中导火线的长度来控制。起爆电源可用井下的36V照明电。在听到点火电桥爆炸时发出的响声后，应立即从天井内拉出爆破母线5，放在安全地点，使其不被爆下来的岩石打坏，这样，可以节省母线的消耗量。

利用上法起爆时，为防止爆破时发生故障，必须采取以下措施：

1）三通一定要夹紧，以使引火导火线在外力作用下，仍然与起爆导火线保持良好的接触。

2）工作面有滴水时，三通联接处必须用防水胶布包扎，或用黄油涂抹，并且要将三通口朝下。

3）必须注意不使引火导火线切口受潮。

4）在引火导火线上安装三通时，必须使引火切口对正三通口，夹紧后应再检查一次。

(2) 利用高电阻丝通电直接点燃导火线的起爆方法其爆破网路如图2-12所示。高电阻丝系采用31号铁铬铝电热合金丝（即电炉的电阻丝，规格为220V，1～2kW）。此法是将长约20cm的电阻丝横穿导火线药芯。从装药联线方便考虑，一根电阻丝穿过的导火线数，以四五根为宜。在电阻丝穿过的地方和导火线的端部，都要用防水胶布包扎，以防水浸入导火线药芯。电源接通后，由高电阻丝所产生的热能点燃导火线，最后导致炸药爆炸。为了从天井内及时拉下爆破母线，使其不被爆下来的岩石打坏，在网路中安有一个信号雷管用来告知通电后导火线点燃与否。等信号雷管一响，马上就从天井内拉出母线。每个炮眼的爆破顺序由导火线的长度来控制。根据施工实

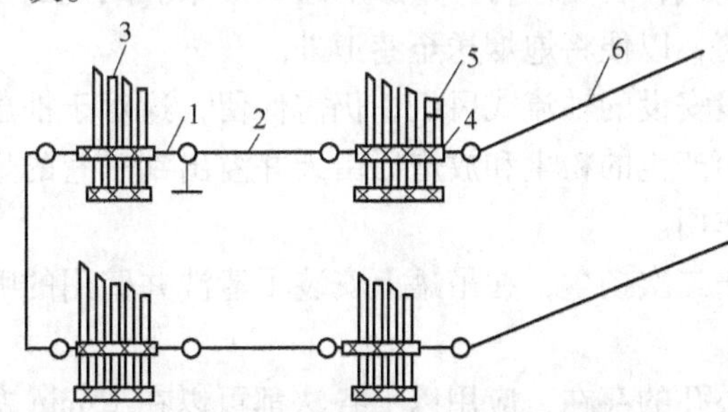

图2-12　利用高电阻丝直接点火的爆破网路图

1—高电阻丝；2—脚线；3—导火线；4—防水胶布；5—信号雷管；6—爆破母线

践证明，使用高电阻丝点火，要用380V的交流电源，这就更有利于保证在有杂散电流威胁的情况下爆破工作的安全。

以上两种起爆方法，都可以保证在有杂散电流情况下安全作业，特别是第二种方法受杂散电流的威胁更小，操作更简单。

采用普通电雷管起爆时，在装药之前，必须测定杂散电流。为确保作业的安全，要求杂散电流不超过50mA，电压不得超过3V。如已超过，必须将上下中段50m以内的各种电源切断，待杂散电流和电压降低后，才允许装药。联线时应注意避免脚线接点与大地接触，以免因杂散电流而造成早爆事故。

采用吊罐法掘进天井时，爆破网路必须要求接牢，并应用木桩将网路固定在天井周帮一角处(如系倾斜天井应固定在天井顶帮一角处)，使线路尽可能远离中心孔，以免下罐或收钢丝绳时将线路拉脱。爆破母线与脚线联结时，必须将母线的另一端短路并用胶布包好。落罐时由一人专放母线，并设法分段固定在井帮一角处(这种固定应以不妨碍起爆后将母线拉出为原则)。待罐下至井底，人员出罐，上下中段的人员和作业设备撤到安全地点，上下取得联系后，才允许合闸起爆。

b 通风防尘

用普通法掘进天井时，通风所占的时间较多，特别是在高天井掘进时。采用吊罐掘进天井，就可以利用中心孔加强通风，有利于缩短通风时间。常用的方法是，在上中段通过中心孔下放胶皮风、水管(下放深度约10m左右)，通以高压风和高压水，将炮烟自上向下吹洗，同时于下中段天井口附近安设局部扇风机将炮烟向外抽出。这种方法效果较好，大约在10～15min内就可将炮烟自井筒内全部排出。

此外，为了缩短通风时间，有的矿采用了在上中段中心孔上端安装高压离心式风机(8～18－5号)利用中心孔进行抽风的方法，如图2－13所示。一般放炮后10～15min也可以将天井内的炮烟排净。此法的主要特点是节省了高压风和高压水的消耗，但安装工作较复杂。采用此法时，在风机进风口风筒中应加设铁丝网，以防止抽出的碎石打坏风机叶轮。同时，在进风口一侧，风筒各连接处都要加装橡皮垫圈，以防止漏风，否则，将严重影响通风效果。风机的出风口应接风筒，以便将炮烟送至巷道外。

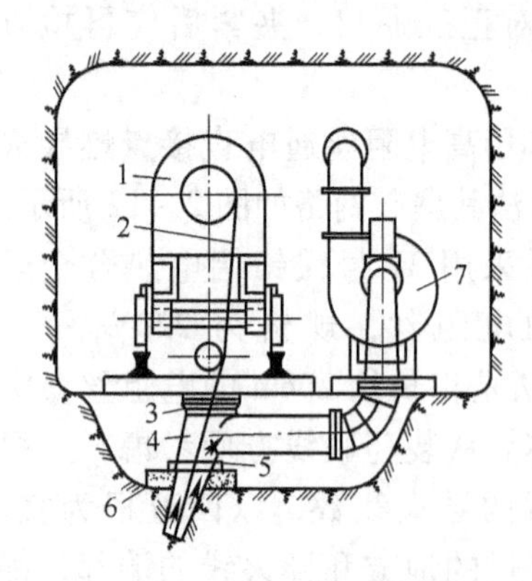

图2－13 利用高压离心式风机借中心孔进行抽出式通风示意图

1—风动游动绞车；2—提升钢丝绳；3—木盖板；4—三通管；5—橡皮垫圈；6—混凝土底座；7—8～18－5号离心式风机

在下中段安设的轴流式风机，仍需保留，这对于抽出下部因装岩而产生的粉尘和放炮后由天井溢出到平巷的炮烟仍起一定作用。

为了防止二次扬尘，在吊罐上安装了清洗井壁用的喷雾洒水装置。

由于中心孔的存在，应用以上各法都可以在15min左右将炮烟排除干净，但防尘的方法仍停留在喷雾洒水和湿式凿岩的水平上，工作面附近的粉尘浓度仍然较高，有待进一步改进。

c 出碴

为了缩短出碴时间，出碴可与凿岩平行作业。装岩方法目前广泛应用装岩机装岩，其次还有采用漏斗装岩的，见图2－6。漏斗装岩方法的效率虽高，但只适用于天井下部结构可以作为生产中的人行井和联络道，或者在缺乏装岩机的情况下。

C *劳动组织与作业方式*

采用吊罐法掘进天井，虽然解决了掘进工作中的机械化问题，但如果不采用合理的劳动组织与作业方式，要发挥设备的作用来提高掘进速度与工效也是不可能的。

根据我国各矿山组织快速掘进的经验，采用吊罐法掘进天井，最好成立专门吊罐掘进队，下设准备小组和掘进小组，由掘进队统一进行领导。其中准备小组主要负责打天井中心孔，开凿天井上下硐室，以及运搬与安装设备（主要指吊罐与绞车）等，其人数可根据实际情况配备。掘进小组主要负责天井的上掘工作。一般采取三班作业制，每班配备凿岩工2人，负责打眼放炮，检查吊罐，清洗吊罐与装岩机及准备工具、材料等；绞车工1人，负责开绞车，放炮后，由中心孔用胶皮管向下输送高压风和高压水吹洗炮烟，还负责信号联络及处理中心孔堵塞等；装运工主要负责完成出碴工作，其人数可视实际情况确定，但其中应有人兼管信号联络，并在吊罐升降时，负责风水绳和电缆线缠放工作，以及协助凿岩工做好工具、材料的准备工作。此外，每个班或每个圆班还应配备一名机修工，负责设备的维护检修工作。各工种虽有具体分工，但又应紧密协作，互相配合。

采用吊罐法掘进天井，为了加快掘进速度，一般都是将作业循环中费时最多的凿岩与出碴两个工序组织平行作业。此时，并应注意把眼深选择适宜，以便使出碴和打眼能同时结束。采用单工作面作业，根据多数矿山实践，每班可完成2～3个作业循环，其循环图表如表2－2所示。

表2－2 单工作面作业时每班三循环图表

工 序	时间 / min	1	2	3	4	5	6	7	8
提罐准备	6								
提罐	6								
打眼准备	11								
打眼	75								
装药联线	25								
整理下罐	15								
提空钢绳	6								
放 炮	6								
通 风	10								
装 岩	70								

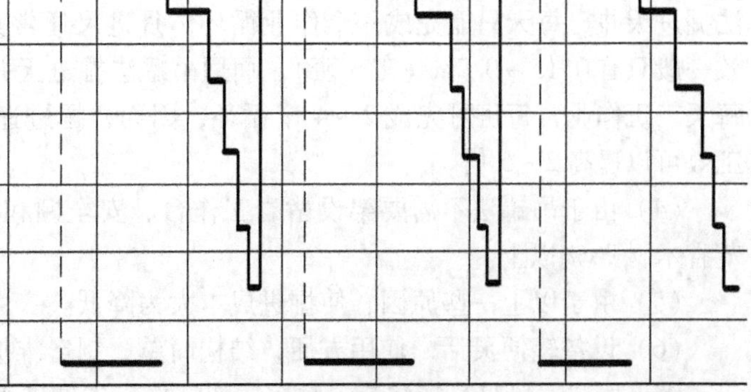

为了进一步提高掘进速度与工效，一些矿还采取了多工作面作业法，即给一个掘进队配备几套设备，在几个天井中交叉作业。实践证明，采用这种作业方式，有利于发挥人的

主观能动性，提高工时利用率，缩短辅助作业时间，使掘进速度与工效得到较大幅度的提高，是一种较好的作业方式。

国内吊罐法掘进天井的指标、采用的作业方式和劳动组织见表2-3。

表2-3 一些矿用吊罐法掘进天井的指标、采用的作业方式和劳动组织

矿山名称	掘进速度/m·月$^{-1}$	天井断面/m^2	天井高度(斜长)/m	岩石坚固性系数f	设备情况	作业方式	劳动组织	工效/m·(工·班)$^{-1}$
河北铜矿	1025	2×2	60	12~14 8~10	华-1型直吊罐，可调速游动绞车	多工作面	三班制，每班12人	平均0.95 最高1.32
河北铜矿	416	2×1.5 2×1.8	35~57	8~10 8~14	华-1型直吊罐，游动绞车	单工作面	三班制，每班5人	0.93
华铜铜矿	306.4	2×1.5	30~60	12~14	华-1型直吊罐，游动绞车	基本上为单工作面	三班制，每班6~10人	0.51
河北铜矿	186 (59天)	2×2.5	186	8~10	华-1型直吊罐，10kW游动绞车	二次成井	每天二班，每班8h，8人	上掘0.31 扩大0.38

2.2.2.3 对吊罐法掘天井的评价

与普通法掘进天井比较，吊罐法掘进天井有如下的一些优点：

(1) 用普通法掘进天井，在作业前，工人需要架设凿岩工作台、安全棚和梯子；作业时，工人要携带机器和爆破器材爬梯子，劳动强度甚大；而吊罐法掘进天井，由于以吊罐代替了凿岩工作台，同时又兼作人员、设备、工具、材料等的提升容器，因而在掘进时不需要架设凿岩工作台、安全棚和梯子，人员、设备等由吊罐直接提放，故使工人劳动强度大大减轻。

(2) 普通法掘进天井，爆破后炮烟不易迅速排出，工人常有炮烟中毒的危险；而吊罐法掘进天井，由于可以利用中心孔进行混合式通风，因而可以迅速地排除炮烟，从根本上杜绝了炮烟中毒事故，使作业条件大为改善。

(3) 吊罐法掘进天井比普通法机械化程度高，工序简单，辅助作业时间短，爆破效率高（由于有中心孔作爆破自由面），因而大大地提高了天井掘进速度和工效。如用普通法掘进天井，每天只能完成一个作业循环，月进尺通常只有20~30m左右，其工作面工效一般只有0.15~0.2m/(工·班)。而用吊罐法掘进天井，大大地缩短了作业循环时间，每天三班作业，每班可完成2~4个循环，因而，掘进速度比普通法可以提高5~10倍，工效可以提高2~5倍。

(4) 由于吊罐法不需要架设凿岩工作台、安全棚和梯子，所以与普通法相比，可以节省木材90%以上。

(5) 由于以上一些原因，使掘进成本大为降低。

(6) 设备轻便灵活，使用方便，结构简单，制造维护容易，有利于推广使用。

综上所述，可见吊罐法是一种多、快、好、省掘进天井的方法。但是，该法只适用于中等以上硬度（$f>8$），不需要支护的稳定岩层中，在松软、破碎的不稳定岩层中不宜采用。同时要求天井倾角不应小于65°，否则，将给吊罐运行带来极大困难，甚至还可能产生翻罐事故。吊罐法虽然可用于掘进高达200m的高天井，但生产实践表明，随着天井高度的增大，吊罐法的优点显著降低，特别是掘进高天井时，中心孔的偏斜率不易控制，使井筒位置难以达到设计要求。因此，从控制天井方向和改善掘进技术经济指标出发，采用吊罐法掘进天井的高度，一般以30~60m为宜。

采用吊罐法掘进天井，也存在以下一些缺点和问题：

(1) 掘进斜天井时，风水绳和电缆线易被落石打坏，影响掘进工作的正常进行。

(2) 采用吊罐法掘进天井，虽然通风条件比普通法有较大改善，但凿岩时，工作面粉尘浓度依然较大，对工人健康有一定影响。

(3) 不适于高天井、盲天井和倾角小于65°的斜天井的掘进，因此，其使用范围受到限制。

(4) 在薄矿脉中，沿脉掘进斜天井时，由于中心孔的偏斜难以控制，一般容易使天井脱脉掘进，不但对探矿不利，还给采矿贫化率和损失率带来影响。

为使吊罐法进一步完善，今后应着重研究解决以下几方面问题：

(1) 进一步改进斜吊罐的结构，以保证吊罐升降的稳定性。

(2) 研究降低工作面粉尘浓度的综合措施，进一步改善作业条件。

(3) 研究简易可靠的信号联系装置，进一步保证吊罐作业安全。

(4) 研制一种重量轻、效率高、偏斜率小的钻凿中心孔用的新型钻孔设备，以提高穿孔效率和吊罐法的适用高度。

2.2.3 深孔爆破法掘天井

深孔爆破法掘进天井，就是用深孔钻机按天井断面尺寸，沿天井全高自上向下或自下向上钻凿一组平行深孔，然后分段爆破，形成所需要的天井，见图2-14。这种方法施工时的最大特点是：工人不进入井筒内作业，一般不受岩层破碎与否的限制，所需的设备较少，人员的作业条件和安全获得了显著改善。

深孔爆破法掘进天井，适用范围较广，在技术上是可行的，其工艺基本上是成功的。

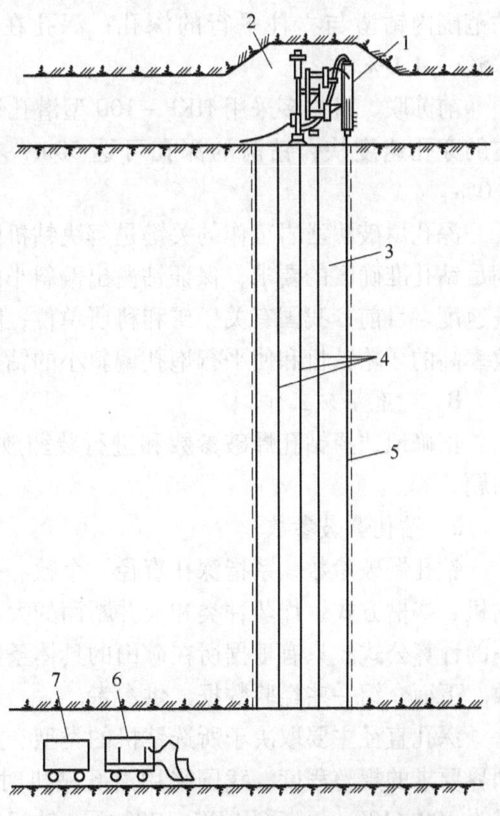

图2-14 深孔爆破法掘进天井示意图

1—深孔钻机；2—钻机硐室；3—天井；4—掏槽孔；5—周边孔；6—装岩机；7—矿车

2.2.3.1 深孔爆破法掘天井工艺

A 钻孔设备

钻孔的质量和速度是决定深孔爆破法掘进天井能否成功，能否迅速发展的关键。钻孔的质量标准是：钻孔偏斜率要小，孔与孔之间要保持平行。

保证钻孔的质量和速度的关键是解决钻机和配套的钻架问题。

当前，我国多采用 YQ－100、反修－100 潜孔钻机和 YZ－90，及 FJ1－700 深孔钻机进行钻孔。

从便于控制深孔方向，减少深孔的偏斜出发，采用 YQ－100 型等潜孔钻机时，以打下向孔为好。但打下向孔时，深度不能过大，否则，排粉困难，容易发生卡钎事故。实践表明，采用 YQ－100 型钻机打 40m 以内的深孔是可以的，同时，在打下向孔中，断钻头、掉合金片时，处理困难，因此要求钻头质量较高，操作更需留意。

FJ1－700 型深孔钻机是天津风动工具厂仿照瑞典辛巴－5 型制造的，由 YZ－100 外回转凿岩机、螺旋推进器、钻架组成。

FJ1－700 型深孔钻架的优点是：

(1) 钻架的立柱仅需一次安装和定向，不必移动便可钻凿整个天井的全部平行深孔。

(2) 由于只需一次定向，钻孔的偏斜也会减少。

(3) 钻架采用液压操纵，凿岩时换孔移位时间短。

(4) 工人劳动强度小，操作条件好。

FJ1－700 深孔钻机曾进行过生产试验，其主要问题是：钻机的总重量较大，对钎钢的质量要求高，用普通钎钢易断钎，钎杆折断时，不易打捞。

在国外，瑞典使用辛巴－5 型钻机。它是一种天井专用钻机，配有 BBE57 型外回转凿岩机，可以钻凿直径为 51～76mm 的深孔，凿岩机可在内径为 860mm 和外径为 3400mm 的范围内钻凿与立柱平行的深孔；深孔在 30～40m 以内时，深孔的偏斜一般不超过 0.5%～1.0%。

前苏联、日本多采用 HKP－100 型潜孔钻机，它可以钻凿直径为 85～105mm 的深孔，它的穿孔速度快，钻凿的深孔可达 50m，在正常情况下，深孔的偏斜不超过 0.5%～1.0%。

深孔爆破法凿岩工作的关键是解决钻机问题。要有适合深孔法使用的钻机，它应首先满足钻孔准确度的要求，保证钻凿出偏斜小的平行炮孔；其次是钻速要高，以加快天井掘进速度。目前，我国有关厂矿和科研单位，除对上述钻机继续进行研究改进外，正在研制效率高的牙轮钻机和使平行炮孔偏斜小的钻架，以提高深孔的钻凿速度和准确性。

B 钻孔爆破工作

正确地选择钻孔爆破参数和进行装药放炮工作是深孔爆破法掘进天井的另一个关键问题。

a 钻孔爆破参数

钻孔爆破参数，系指深孔直径、个数、孔距和分段爆破高度等。这些参数应根据所用钻机、掏槽方式、炸药种类和天井断面的大小来决定。由于影响因素很多，目前还没有统一的计算公式，只有根据所在矿山的具体条件，经过反复实践才能求得正确的钻孔爆破参数。下面介绍一些经验数据，供参考。

深孔直径主要取决于所选钻机的类型、穿孔速度、岩石的性质、天井断面大小、天井周界要求的规整程度。我国采用潜孔钻机时，深孔直径多为 90～105mm，少数的空眼直径为 100～130mm；采用 FJ1－700 深孔钻机时，深孔直径多为 51～76mm。从国内外深孔爆破法掘进天井的实践来看，由于天井断面较小，爆破时的夹制性大，在岩石较硬的情况下，用少数几个大直径深孔崩落天井，要想获得较整齐的断面是不易的，更何况大直径深孔的穿孔速度要慢得多。因此，近来深孔法中装药的深孔有减少直径的趋势；而中心孔则相反，都要求增大直径，以利于提高爆破效果。比如某矿在试验中认为，采用直径110mm空心孔掏槽，效果比直径70mm空心孔掏槽要好。瑞典波达斯矿在硬岩中掘进断面为4m^{2}的天井，装药孔直径为51mm，空心孔直径为110~150mm。日本的丰羽铅锌矿，在掘进直径为2.6m、高21m的天井，空心孔直径105mm，装药孔直径为50mm。前苏联古布肯矿为了打直径为300mm的空心孔，使用了HKP－100型潜孔钻机和专门制造的PC－300扩孔器。

深孔的个数和深孔的间距要根据岩石性质、深孔的直径、天井的横断面尺寸和掏槽方式来确定。某铁矿在节理发育、爆破性好的岩石中开凿断面为0.5~4m^{2}的天井时，炮眼直径为105mm左右，其深孔数目为1~3个，深孔间距在1.2m以内。有的矿在$f=8\sim14$的灰岩、砂岩中开凿2.25~4m^{2}断面的天井时，采用直径为95~120mm的深孔7~9个。瑞典波达斯矿在硬岩中开掘4m^{2}断面的天井，采用一个直径为110~150mm不装药的中心孔，和15~20个直径为51mm的其他深孔。前苏联塔什塔哥尔矿在$f=12\sim16$的岩石中，开凿断面为4m^{2}的天井，深孔直径110mm，深孔数目采用7个。

深孔法掘进的掏槽方式可分为以空炮孔为自由面的掏槽和以天井工作面为自由面的掏槽，如图2－15所示。下面分别介绍两种掏槽方式的原理及钻孔爆破参数。

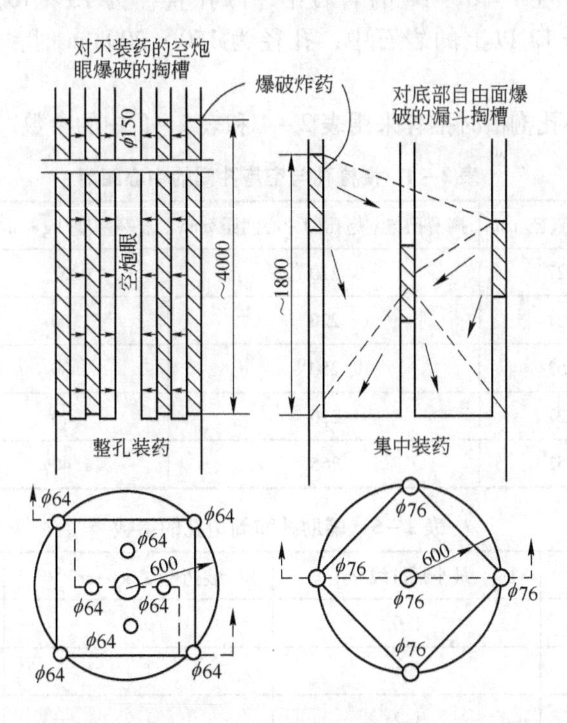

图2－15　连续装药空炮孔掏槽与集中装药漏斗掏槽的作用原理

空炮孔掏槽是在孔内连续装药，以空炮孔为自由面，各掏槽孔向中心孔自由面爆破，形成掏槽空间，其作用原理与浅眼爆破法中的直线掏槽完全相同。

我国以空炮孔为自由面的掏槽方式使用较多，如某矿的深孔排列如图2－16所示。

空炮孔掏槽时，爆破效果的好坏，取决于空炮孔的直径和装药孔与空炮孔的距离。空心孔越大，即自由面越大，爆破效果越好。

掏槽孔之间的距离，目前可根据岩石性质、深孔直径的大小，按经验数值选取。某铅锌矿在中硬以上岩石中，装药掏槽孔与空心孔之间的距离一般采用350～500mm左右。

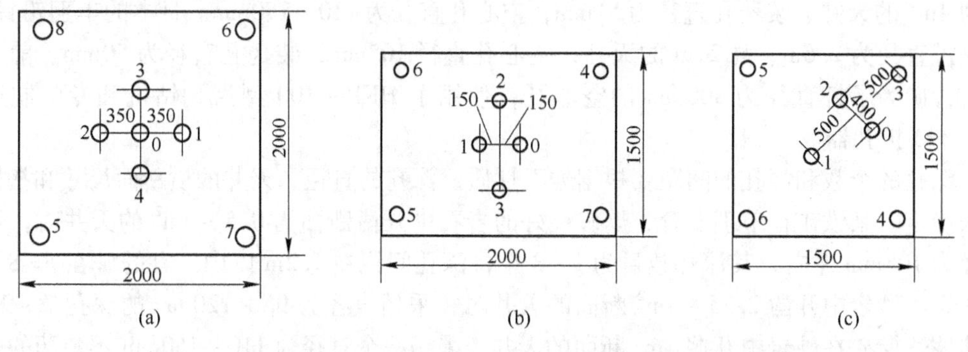

图2－16 某矿在f＝8～14的岩石中开掘天井采用的深孔布置图

(a) 9个ϕ100mm炮孔；(b) 8个ϕ100mm炮孔；(c) 7个ϕ100mm炮孔

国外有的研究认为，掏槽孔与不装药的中心孔之间的距离应为掏槽孔直径的2.6～4倍。因此他们建议：在f＝6～10的岩石中，深孔直径为75～100mm，间距为孔径的3.08～3.5倍；在f＝12以上的岩石中，孔径为150～200mm时，间距为孔径的4.3～4.5倍。

瑞典在采用中心孔掏槽时推荐采用表2－4和表2－5中的参数。

表2－4 掏槽孔与空炮孔间的中心距离

掏槽孔直径/mm	空心孔直径/mm	掏槽孔与空炮孔的中心间距/mm	装药密度/kg·m^{-1}	硝化甘油药卷直径/mm
51	127	210	0.67	25
64	127	220	1.00	32
64	152	250	1.00	32
75	127	230	1.40	2×25
75	152	265	1.40	2×25

表2－5 辅助孔和周边孔的参数

孔径/mm	最小抵抗线/m	装药密度/kg·m^{-1}	硝化甘油药卷直径/mm
51	1.0	0.9	29
64	1.1	1.1	32
75	1.2	1.2	2×25

以天井工作面为自由面的漏斗掏槽法的特点是：不留空孔，中心孔也装药，各掏槽孔采用集中装药，装在各掏槽孔中的炸药与天井底部自由面的距离不一样。爆破时，中心孔以天井工作面为自由面爆破，其余掏槽孔均以前一深孔爆破后所形成的爆破漏斗为自由面进行爆破，从而形成一段掏槽空间。所有外围周边炮孔采用一次爆破。

漏斗掏槽的优点，是不需要大直径的空心孔，而且所需的炮孔直径较小，炮孔的精确度也不像空心孔掏槽要求那样高，炮孔堵塞事故也少。但漏斗掏槽的装药深度必须严格控制，每次的爆破分段高度也较低。漏斗掏槽的方式在瑞典应用较多。

漏斗掏槽的炮孔布置通常是钻 5 个直径为 64 或 76mm 的炮孔，其中一个在中间，四个在边角。为了爆出整个天井断面，对 $4m^2$ 或 $8m^2$ 的天井，应再分别钻 5 ~ 8 个 ϕ64mm 的周边孔，钻孔布置如图 2 - 17 所示。

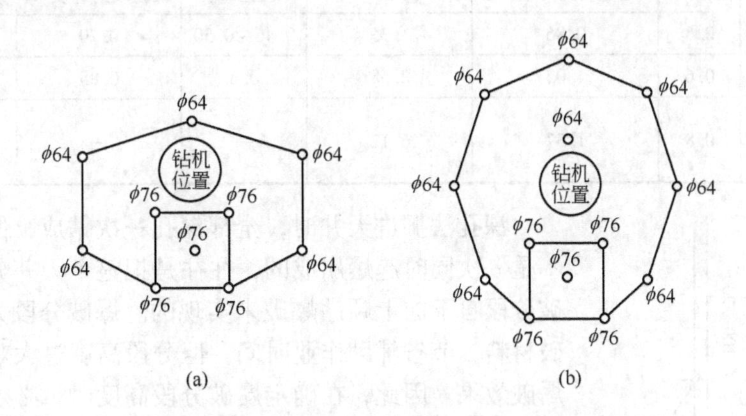

图 2 - 17　瑞典波立登矿山公司采用的漏斗掏槽炮孔布置图

(a) $4m^2$ 天井，5 个 ϕ76mm 掏槽孔和 5 个 ϕ64mm 周边孔；

(b) $8m^2$ 天井，5 个 ϕ76mm 掏槽孔 8 个 ϕ64mm 周边孔

瑞典漏斗掏槽有关参数计算如下：

在掏槽过程中，中心孔爆破时，能否准确地形成圆锥形自由面极为重要，因而必须求出中心孔的装药量和最佳装药深度，才能在爆破时形成必要的自由面和确定四个边角炮孔的距离。

(1) 第一个掏槽深孔集中装药长度。第一个掏槽深孔集中装药长度 L_0 (mm) 为深孔直径的 6 倍时，爆破效果最好，即：

$$L_0 = 6d \tag{2-2}$$

(2) 第一个掏槽孔的最佳装药深度。在中心孔内进行装药，如果装药量和装药深度(中心孔药包中心至天井工作面的距离)适宜，就能形成以药包中心为顶点的圆锥形漏斗，如图 2 - 18 所示。

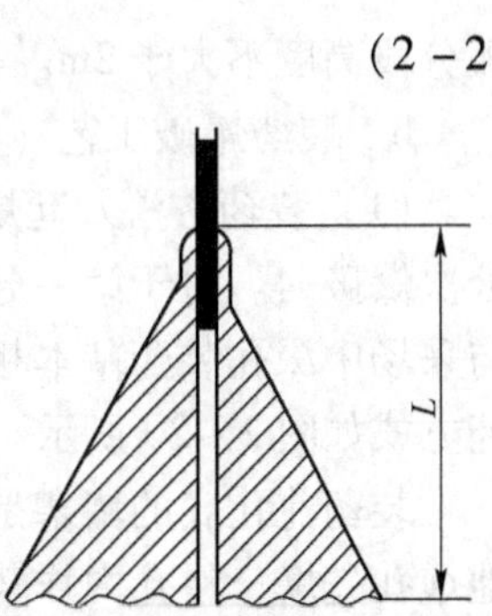

其最佳装药深度 L_{zj}(mm) 为：

$$L_{zj} = 13.7d \tag{2-3}$$

(3) 整个掏槽深孔组的掏槽深度。其余掏槽孔的装药深度，可依次增加 100 ~ 200mm，如图 2 - 19 所示。因而整个深孔组的掏槽深度 L_{xh}(mm) 为：

$$L_{xh} = 13.7d + 4 \times (100 \sim 200) \tag{2-4}$$

图 2 - 18　至自由面 L 的中心孔集中装药

(4) 中心孔至四个边角孔的距离 a (mm)。计算公式为：

$$a = (0.58 \sim 0.7) L_{zj} \tag{2-5}$$

以 $L_{zj} = 13.7d$ 代入上式，则得：

$$a=(7.9\sim9.6)d \tag{2-6}$$

瑞典的漏斗掏槽时推荐采用表 2－6 所列的参数。

表 2－6 瑞典漏斗掏槽钻孔爆破参数

钻孔直径/mm	理论计算值			实际应用值		
	孔距/m	最佳装药深度/m	装药量/kg·孔$^{-1}$	孔距/m	最佳装药深度/m	装药量/kg·孔$^{-1}$
64	0.5	0.86	1.35	0.46～0.50	0.70	1.50
76	0.6	1.02	2.58	0.6	0.85	2.50
102 中心孔 +64 的四角炮孔	0.8	1.37	6.12	—	—	—

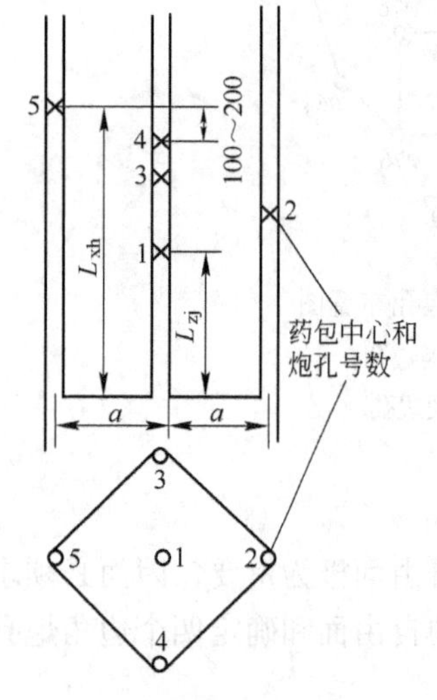

图 2－19 漏斗掏槽各掏槽孔的药包位置确定图

深孔法掘进天井时，全部深孔一次钻成，但爆破时多数不是一次同时起爆崩成的，往往是把整个天井分成若干个爆破分段自下向上顺序爆破来实现的。爆破分段大，能节省爆破材料，节省辅助作业时间。但分段高度过大难以保证好的爆破效果。因此，在确定爆破分段高度时，必须根据岩石的性质、天井断面大小、深孔的直径、掏槽形式、炸药的性质等诸因素综合考虑。

某铁矿，由于岩石节理发育，爆破性好，15m 以内的天井一次起爆；15～25m 的天井分两段起爆；25m 以上的天井分三段起爆，均能保证好的爆破效果。

某铅锌矿，通过试验研究认为，当采用平行空心孔掏槽的分段高度以 3～4m 为宜，而采用漏斗掏槽时，分段高度以 2～3m 为宜。

瑞典矿山采用平行空心孔掏槽，空心孔直径 150mm 时，爆破分段高度不大于 4m；空心孔直径为 114～127mm 时，爆破分段高度不大于 2m。采用集中装药漏斗掏槽时，爆破分段高度为 $13.7d+600$mm。

b 装药爆破工艺

（1）装药方法及起爆顺序。深孔分段爆破法掘进天井时，爆破是从下而上一段一段分次爆破的。对于第一分段爆破的装药方式，通常采用自下往上的方式进行，其装药工艺与采场中深孔装药基本相同。从第二分段开始，一般均采用自上往下装药的方式，这种装药方式如图 2－20 所示。

装药前孔底的堵塞是否良好对爆破效果很有影响。如孔底堵塞不好，则很可能由于其他炮孔先爆，将孔内炸药震落。这样，不仅该炮孔失去作用，而且也严重影响其他炮孔的爆破效果。当采用平行空炮孔掏槽时，由于装药掏槽孔与空炮孔间距不大，爆破时岩石主要是沿着空炮孔方向破坏，故此时炮孔 L 底部的堵塞高度不宜过高，否则将产生带“眼镜”的恶果，一般孔底堵塞以 0.3～0.5m 为限。进行孔底堵塞时，首先在一小圆木(长约 0.25m 左右，直径以能顺利通过炮孔为准)长度的中间位置钻一小孔，以细铁丝穿过小孔并绑紧悬吊于孔底外，使它横着堵住孔口。再以木楔丢入孔内。为使木楔与孔底孔壁之间楔紧，自上部悬吊一小锤下放至孔底冲击木楔。当木楔楔紧后，丢入 2～3 个炮泥。如果孔壁淋水较大，此时切勿加堵炮泥，否则，孔底会大量蓄水，影响装药或爆破效果。

此后即向孔内装药。国内一般采用柱状药包。装药时用细麻绳和小钩将药卷一个一个挂着装入炮孔。绝不允许将药卷往炮孔里扔，这样容易卡住而装不到底，影响爆破效果，处理也很麻烦。装药时，必须使各孔的装药高度保持在同一水平。如果参差不齐，则装药较高的炮孔，会将装药低的炮孔挤死。如果采用漏斗掏槽时，每个深孔内的装药长度和位置，必须按设计进行。为了保证预期的爆破效果，特别要加强装药堵塞时的测量工作。

装完炸药后，上部充填0.3~0.5m高的炮泥。

起爆方法可采用秒差或毫秒电雷管，也可用火雷管；为使药包起爆可靠，一般多采用双雷管，有时还加入导爆索。爆破顺序是掏槽孔先爆，其次是辅助孔，最后是周边孔。

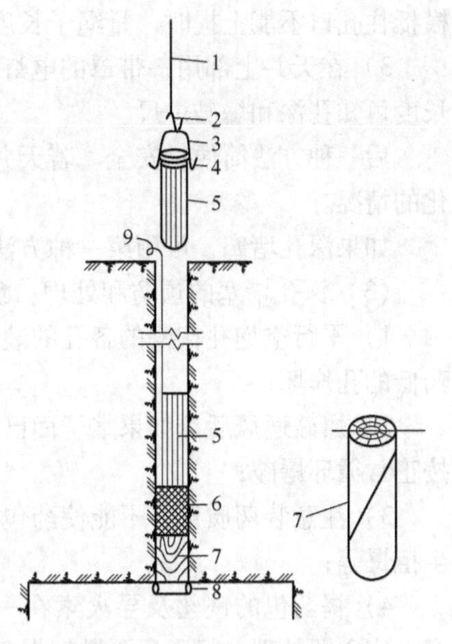

图2-20 装药方法示意图
1—麻绳；2—铁钩；3—铁丝；4—麻线；5—药包；6—炮泥；7—木楔；8—小圆木；9—细铁丝

采用火雷管起爆时，放置起爆药包和点火有两种做法：一种是起爆药包先放至装药位置，导火索可拖出孔外点火，起爆顺序一般是用点燃导火索的时间差来控制，但由于导火索本身的燃速误差，很难保证预期的效果。另一种是将起爆药包点火后再送入孔内，这时导火索的长度可取3~4m，采用后种方法起爆时，应将所有炮孔装药后，顺序点火下放，每个炮孔再装入一个覆盖药包及3~4个堵塞炮泥。为了缩短整个天井下放起爆药包所需的时间，可以采取将整个工作面炮孔分区，由多人同时进行，但每人负责下放起爆药包的炮孔数以不超过2~3个为限。

集中装药漏斗掏槽的起爆顺序是：先将天井全长的掏槽孔分段爆破，一直进行到距天井上端4m的地方为止，以防掏槽孔外面的周边孔受损失和保证周边孔装药时有个安全的站脚台。以后，如果天井下面有足够的空间能容纳崩落的岩石，就用周边炮孔将天井全长一次爆破。否则，就得先将天井上端4m处以下的周边孔崩落，把岩石装走，再将天井上部4m的掏槽孔、周边孔一次起爆。

为了防止天井口形成大喇叭口，在放天井最后一茬炮时，采取孔口少装药，增长堵塞长度，使井口规格达到设计要求。

（2）爆破效果的检查。每次爆破和通风之后，应对爆破效果进行检查。检查的内容有：爆破进尺、各孔深度和是否堵塞、掌子面情况和深孔位置变化情况等。

检查的方法：

1）可用绳子悬一重物放入深孔中，在天井下部由人观察，见重物至孔口后，量绳子长度即可知孔深和爆破进尺。

2）若天井下部不能去人观察时，可在天井上端用一长0.3~0.4m细木棍，用两根绳子分别拴住细木棍的中间和一端。在深孔中下放时，拉住拴着细木棍一端的那根绳子，另一根绳子放松，估计木棍已超过下部孔口后，拉紧拴在细木棍中间的那根绳子，当细木棍横抵住孔口不能上提时，量绳子长度即知孔深和爆破进尺。

3）在天井上部用一带罩的电灯泡放入深孔中，当在其他孔中看到了灯光，量电线的长度可知孔深和爆破进尺。

后一种方法简便、安全。若天井下端能去人还可观察到掌子面是否平整和深孔位置变化的情况。

如果深孔堵塞，可用第一种方法量被堵塞孔的可通长度，即知深孔的堵塞长度。

（3）深孔堵塞的预防和处理。预防深孔堵塞注意事项如下：

1）平行空炮孔掏槽的各孔的装药高度应尽可能在同一个水平，以防装药高的孔将装药低的孔炸坏；

2）爆破通风后，如果掌子面已经不整齐，应将落下部分的深孔单独放炮，爆齐后再按正常循环爆破；

3）注意装药质量，不能使药包在深孔中卡住产生间隔，或起爆药包加工质量不好产生拒爆等；

4）提药包的铁丝及导火索在一般情况下都能在爆破后冲出孔口，个别情况会有堵塞，应立即处理，畅通后再继续爆破；

5）要保护好孔口，孔口周围的松石要清除干净，防止爆破震落松石堵塞孔口；

6）不可急于求成，有时一两次爆破顺利，便企图加大分段高度，以致造成深孔堵塞；

若爆破后检查发现深孔堵塞，根据堵塞的具体情况可采用以下的处理方法：

1）通孔。如果深孔中间堵塞，而且堵塞长度不大，可用绳子拴上重钢条插穿。如系石块卡在炮孔中间，可用悬吊的圆钢钎砸通。

若深孔下部堵塞或挤死的长度在500mm以下，可以不必处理正好当炮泥。若下部堵塞或挤死的长度过大，就得用钻机将它重新打通，或者用漏斗掏槽法处理。

2）用漏斗掏槽法处理堵孔。爆破后，如果有一部分深孔堵塞或挤死过长，而另一部分深孔没有被堵塞（或者堵塞长度不大，相当于炮泥长）时，可以按漏斗掏槽爆破的原理，在一个没有堵塞的深孔中装药，使其向天井底部自由面爆破，以削减邻近的那个被堵塞或挤死过长深孔的堵塞长度。处理时一般采用短段爆破，每次装药高度约1m，通过数次爆破，逐渐地削减堵塞的长度，直至堵塞的长度削减到相当于炮泥长度时，才可同时在原来被堵塞或挤死过长的深孔中装药爆破，使被堵孔炸通，工作面炸平。

2.2.3.2 对深孔爆破法掘天井的评价

根据国内外一些矿山采用深孔爆破法掘进天井的经验可以看到，这种方法掘进天井的显著优点是作业的工人可以不进入工作面，作业安全，劳动强度低，作业条件好，这是普通法、吊罐法所不能比拟的。另外，深孔法和吊罐法一样不需要木材；它与吊罐法、爬罐法、钻进法相比，设备的投资低。掘进速度则很不一致，一般说来，在易爆的短天井中掘进速度快，而在坚硬难爆的高天井中较慢。深孔法掘进天井的费用，多数矿山认为是低的。

此法目前国内外矿山已逐步推广用于高度在50m以内，倾角在45°~90°的天井掘进；或下部用普通法掘进，上部用深孔爆破法掘进，以提高掘进速度。

这种方法的主要问题是难于在高天井中使用，这是因为天井高穿孔速度慢，钻孔的偏斜更大，很难使各个深孔平行。一般在深孔底部不是相离太远，就是太近，有的甚至贯通，给深孔法的使用带来了很大的困难。个别情况下，不得不改用其他方法来完成这个天井的掘进。再就是在爆破工艺上，由于使用不多，好多规律没有弄清，因此爆破效果不够好。针对深孔法掘进天井存在的上述问题，今后应着重研制钻孔精度高、速度快的深孔钻机；由于岩石性质的变化，将影响炮孔直径、排列方式、孔数和孔距的选择，研究合理的爆破分段高度、装填堵塞的质量、长度和起爆顺序，使深孔法掘进天井的工艺日趋完善。

随着上述问题的合理解决，深孔爆破法无疑是天井掘进的一种既安全，又经济，速度又快的方法。

2.2.4 爬罐法掘天井

利用爬罐法掘进天井是国内外掘进天井的又一种方式。其特点是：爬罐在井筒内升降，不是借助上中段安装的绞车来实现，而是用自身的驱动装置沿着天井顶板铺设的导轨升降，因此可以用来掘进倾角大于45°的各种弯度的高天井。由于它不必钻凿中心孔，所以还能掘进盲天井。

用爬罐法掘进天井的概况如图2-21所示。它是用爬罐本身的驱动装置沿着天井顶板铺设的导轨5升降。主爬罐1上到工作面上，人可立于主爬罐上进行凿岩爆破工作。利用辅助爬罐2可以使天井工作面与井下取得联系，以缩短掘进过程中的辅助作业时间。

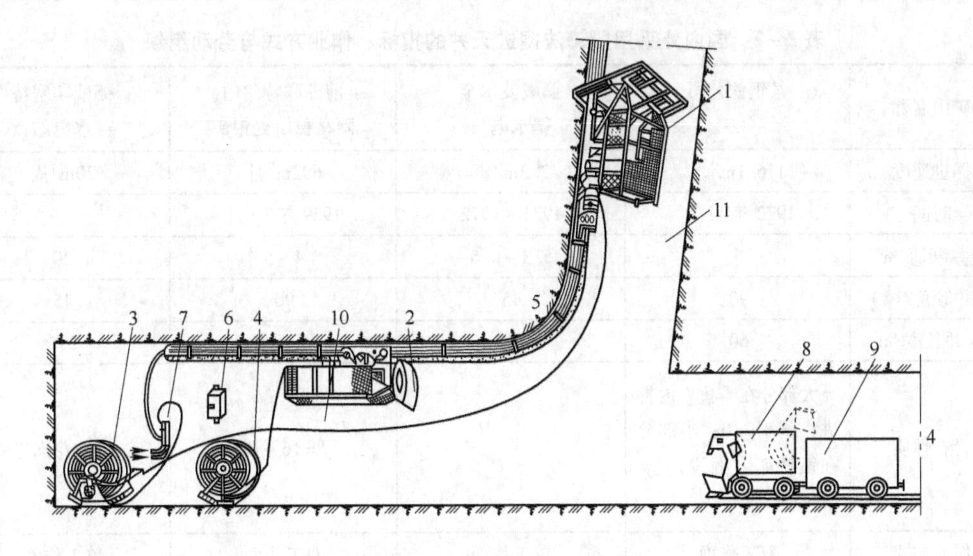

图2-21 爬罐法掘进天井示意图

1—主爬罐；2—辅助爬罐；3—主爬罐软管绞车；4—辅助爬罐软管绞车；5—导轨；6—信号联络装置；7—风水分配器；8—装岩机；9—矿车；10—设备安装硐室；11—天井

掘进天井之前，首先在下中段开凿设备安装硐室（或称为避炮硐室）10，以及用普通法将天井上掘3~5m。然后在设备安装硐室和天井顶板围岩上安装导轨5，作为爬罐在天井内上下升降的轨道。同时，还可借导轨中的管路向工作面供应凿岩用的高压风、高压水。与此同时，在导轨上装好爬罐。而后在设备安装硐室中，安装供爬罐升降使用的软管绞车3，以及信号联络装置等。

在上述准备工作完成后，即可开始天井的上掘工作。在每个作业循环中，首先将主爬罐1由设备安装硐室沿导轨开至工作面进行接轨工作，然后将主爬罐开到新接的导轨上去进行打眼、装药和联线工作。放炮之前将主爬罐开到设备安装硐室中避炮。放炮后，打开风水门，借导轨顶端保护盖板上的喷孔所形成的风水混合物对工作面进行通风。爆下来的岩碴用装岩机装入矿车运走。装岩和凿岩可根据具体情况依次或平行进行。

爬罐法掘进天井于1957年首创于瑞典阿利马克公司。瑞典早期生产的STH-5L型爬罐采用风力驱动。当供风软管过长时，由于风压下降，风马达的驱动能力也将大大降低，所以掘进天井的长度多为300m以内。为此阿利马克公司又生产了STH-5E型电动爬罐，不仅运行速度快，掘进长度可达1000m。最近该公司又生产了STH-5DD型爬罐，采用柴油机驱动，据称掘进长度可达1500m以上。

罐法掘进天井的适应性强，它不仅可以用于小断面的天井，也可用于倾角较小的天井，又可用于掘进盲天井；它不仅能用于较稳定的岩层中掘进天井，也可以用于不稳定岩层中需要支护的天井。正因为这样，爬罐法在国外应用较广。我国曾从瑞典引进STH-5L型风动爬罐，先后在几个矿山进行了试验，并取得了一定的成效。重庆矿山机器厂为了适应矿山发展的需要，结合我国的具体情况对该设备进行了改进设计，制成了由风力驱动的PG-I型爬罐。

国内外采用爬罐法掘进天井的指标、作业方式与劳动组织列于表2-7。

表2-7 国内外采用爬罐法掘进天井的指标、作业方式与劳动组织

矿山名称	某钢铁公司一矿	挪威波尔金德水电站	前苏联特尔内阿乌兹斯克钼矿	挪威印塞特水电站
掘进速度	116.1m/月	2.2m/班	602m/月	20m/周
时间	1972年11月	1971~1972	1969年10月	
天井断面/m²	5	5.8~6.6	4~5	20
天井倾角/(°)	90	45	90	45
天井长度/m	60	980	—	291
岩石性质	大部分在千枚岩内掘进，$f=8\sim10$；小部分在镜铁矿内掘进，$f=12\sim14$	—	$f=16\sim18$	片麻花岗岩
作业方式	双工作面	单工作面	双工作面	单工作面
劳动组织	四班制，每班8人（出碴人员另配）	三班制，每班3人，其中掘进工2人，辅助工1人	四班制，每班6人，其中凿岩工2人，爆破工2人，电钳工1人，电耙工1人	每天三班，每班5人，其中掘进工4人，辅助工1人
循环次数	—	一次/班		—
工班工效/$m^3\cdot$(工·班)$^{-1}$	0.56	4.25~4.84	凿岩工：11.6 全队平均：3.76	—

2.2.4.1 爬罐法掘进天井工艺

A 设备简介

a 主爬罐

主爬罐由工作平台1、罐笼5、驱动装置11和导向装置13四大部分组成，如图2-22所示。

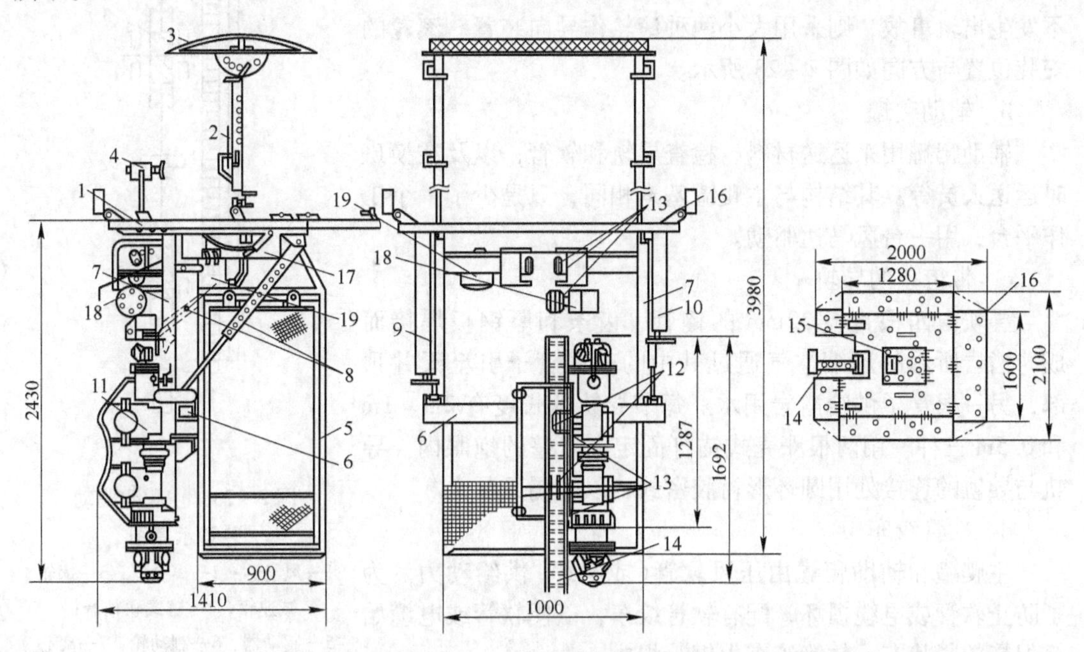

图2-22 PG-1型爬罐结构图

1—工作平台；2—安全伞的支撑杆；3—安全伞；4—导轨安装销；5—罐笼；6—支撑梁；7—构架；8—工作台的支撑杆；9—长钎筒；10—短钎筒；11—驱动装置；12—行走齿轮；13—导向装置；14—导轨；15—安全门；16—折页；17—工具箱；18—自动铺轨器；19—控制阀

（1）工作平台。工作平台在罐上面，既是接轨、打眼、装药联线时的工作平台，又是在爬罐运行时，用来作保护罐笼内乘坐人员安全的盖板。工作平台由固定部分和活动折页16组成，彼此之间用铰链连接。爬罐升降时，将折页叠起。平台上由铰链安装的安全门15，是为人员上下设置的。当爬罐用于倾斜天井时，工作平台可以通过调整支撑杆8的长度，使其保持水平位置。工作平台上的安全伞3，采用两根支撑杆2支撑，其高度和角度可以分别调整支撑杆的长度和安全伞的插销来实现。

（2）罐笼。它是用来乘坐人员和运送器材的。为了保证安全，罐笼用金属网封闭了三边。用两个螺栓铰链式地悬吊在工作平台下面。这样，可使罐笼经常保持垂直位置。罐笼内设有梯子，以便人员上下于罐笼和工作平台。

（3）驱动装置。主爬罐的驱动装置由风马达1、离合器2、蜗轮减速箱3、链式联轴器4、制动器5、制动轮6、离心限速器7、飞轮8和行走齿轮9等所组成，如图2-23所示。其中风马达为主爬罐的行走动力设备；离合器、蜗轮减速箱和链式联接器为主爬罐的传动机构；制动器、离心限速器和在驱动系统上的自动铺轨器(图2-23中未表示，可参见图2-22中的18)为主爬罐的安全装置。由图2-23可知，主爬罐的传动原理是：当风马达转动时，其运动通过离合器，经蜗轮减速箱传至行走齿轮，使行走齿轮转动。由于上下两蜗轮减速箱蜗杆借链式联轴器连接,从而就使上下两行走齿轮获得同步并与导轨上的齿条啮合,沿导轨上下运行,这样就达到了升降爬罐的目的。

（4）导向装置。为了限制爬罐只能沿导轨上下运行，不发生出轨事故，则采用大小两种滚轮作导向装置。滚轮的安装位置与方向如图2－23所示。

b 辅助爬罐

辅助爬罐用来运送材料，检查导轨和软管，以及在换班时运送人员等。其结构与主爬罐基本相同，只是少了一个工作平台，用一台风马达驱动。

c 带齿条的导轨

导轨由四根直径32mm的钢管、齿条和厚钢板焊接而成。凿岩所用的压缩空气通过其中的三根管子引至天井顶部，另一根管子供给凿岩用水。每节导轨的长度有2m、1m和0.5m三种。用两根涨壳式锚杆固定在岩壁的炮眼内。导轨与导轨的连接处用圆环形衬胶密封，以防漏风漏水。

d 软管绞车

主爬罐和辅助爬罐由压风软管(或电缆)供给动力。为了防止软管或电缆损坏，配有软管绞车，以便软管或电缆始终保持拉紧状态。软管绞车由钢管焊成。

除此以外，还配有风水分配器、轻便绞车和起重葫芦(安装、拆卸导轨与爬罐用)、信号联络装置等。

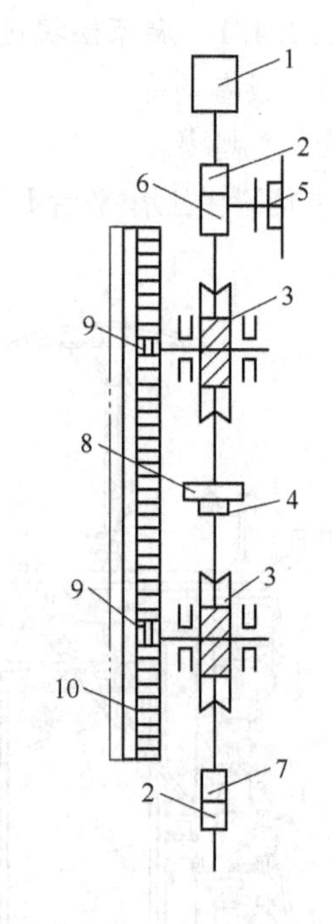

图2－23 主爬罐驱动装置示意图

1—风马达；2—离合器；3—蜗轮减速箱；4—链式联轴器；5—制动器；6—制动轮；7—离心限速器；8—飞轮；9—行走齿轮；10—导轨的齿条

B 掘进施工简述

当爬罐上升到天井工作面后，首先要撬掉工作面上的浮石，然后接长导轨，做好凿岩前的准备工作便可开始凿岩。在布置炮眼时，应把掏槽眼布置在导轨的对面，以免爆破时石碴打坏导轨。当凿岩和装药联线完毕后，卸下导轨顶端的顶盖板，换上带孔的导轨保护盖板，以便放炮后，利用高压风水喷洒工作面，排除工作面的炮烟和粉尘。起爆可以采用火雷管电力一次点火的方式进行，也可以采用电雷管进行。只有在爬罐下降进入避炮硐室，人员撤至安全地点，然后才能合闸起爆。放炮后，打开高压风水门。高压风水通过导轨顶端带孔顶盖板呈雾状喷出，以排除炮烟和粉尘，从而完成一个作业循环。下部采用装岩机装岩。为了加快掘进速度，多采用装岩与凿岩平行作业。爬罐法掘进天井，一个小组一般由三人组成，两人上罐作业，负责完成凿岩爆破和接轨工作，一人在天井底部修磨钎头、运送材料和维修设备。在设备较多的矿山可组成爬罐掘进队。考虑到爬罐的安装和维修工程量大，队内可成立专门的安装小组，这样更有利于爬罐法施工。

2.2.4.2 爬罐法掘进天井的适用条件

爬罐法能掘进高天井、盲天井，也能掘进倾角较小的天井，又可用于掘进需要支护的天井，因此它的适应性强。不仅如此，采用此法作业较吊罐法安全，机械化程度高，人员的劳动强度不大。但是，这种方法的设备投资大，掘进前的准备工程量大，成本也高，设备的维护检修也较复杂，工作面的通风效果不及吊罐法，粉尘大，风动爬罐还受到风压的限制使其不能掘进高天井。尽管如此，这种方法由于它的适应性强，因而在国外得到了推广。

2.2.5 钻进法掘天井

2.2.5.1 钻进法掘天井

钻进法掘进天井，是用特制的回转钻机在天井的全深钻一个直径 200～300mm 的导向孔，然后扩大到天井的全断面，这是一种真正使掘进工作全面机械化，人员不进入天井内作业的新方法。

利用天井钻机钻进天井的方式有两种，见图 2-24。一种是把钻机安在天井上部，先向下打导向孔，再自下向上扩大到天井全断面，即一般所称的上扩法；另一种方式是把钻机安装在天井底部，先向上打导向孔，而后向下扩大至全断面，即下扩法。与下扩法比较，上扩法具有以下优点：

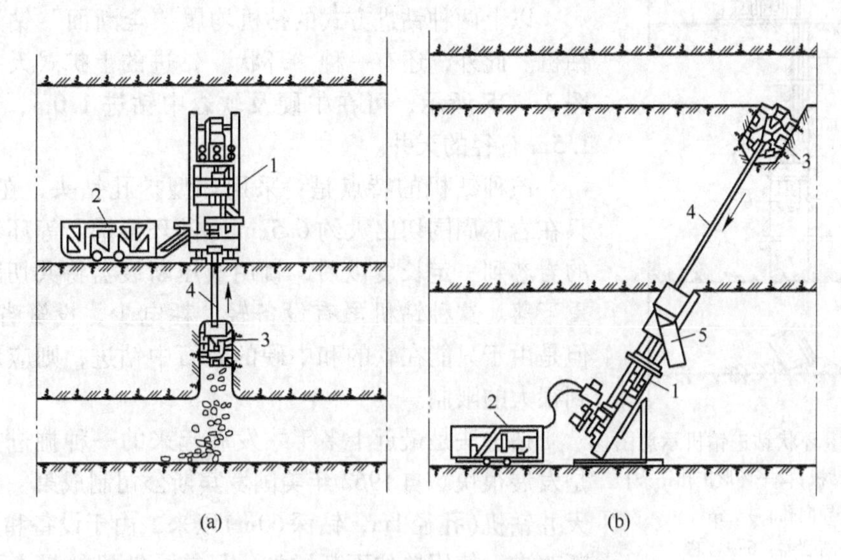

图 2-24 天井钻进法的两种钻进方式

（a）上扩法；（b）下扩法

1—天井钻机；2—动力组件；3—扩孔钻头；4—导向孔；5—漏斗

（1）上扩法的岩屑可基本上不受二次研磨，靠自重直接落下，而下扩法扩孔钻头边刀的岩屑进入导向孔之前，需经多次重复磨损，因而前一种方法的扩孔速度较后者为高，同时刀具磨损也较小。

（2）下扩法的导向孔除通过钻杆外，尚作排除岩屑之用，而上扩法导向孔仅作上下钻杆之用，因此，其导向孔直径较小。

（3）上扩法人员在天井上部硐室操作钻机，因而劳动条件较下扩法为好，设备也便于保护、维修，同时，也不需要设置溜放岩屑的漏斗。因此，无特殊原因（例如，不允许在天井上部开凿钻机硐室和搬运钻机；或在不稳固岩石中钻进，要求紧跟扩孔钻头支护井壁），一般不采用下扩的工作方式。天井钻进中最常用的是上扩法。下面介绍这种方法的钻进过程。

在钻进之前，首先在上中段开凿钻机硐室，在下中段开凿用于安装扩孔钻头的小硐室。然后在钻机硐室中定好点，并铺设混凝土垫层，将钻机置于其上，用地脚螺栓与基础固定好。用斜撑油缸和定位螺杆把钻机机架调节到必要的钻进角度。钻机安好之后，接好动力设备，即可开始钻凿导向孔。在导向孔钻进中，为了防止偏斜，要根据天井长度，在钻杆组中，安装适当的稳定器，并根据岩石性质控制好转速与钻压。钻进中的岩屑利用高压风、水排出孔外。当导向孔与下水平打通后，卸下导向孔钻头与底部稳定器，换上扩孔钻头，然后开始自下往上扩孔，孔中的岩屑借自重与高压水排离钻进工作面。当扩孔钻头钻通钻架底下的混凝土垫层后，用钢丝绳暂时将其吊在井口，待钻机撤离后再把扩孔钻头拔出，或是将扩孔钻头下放到天井底部，但是这需要重新接长钻杆，比较费事。

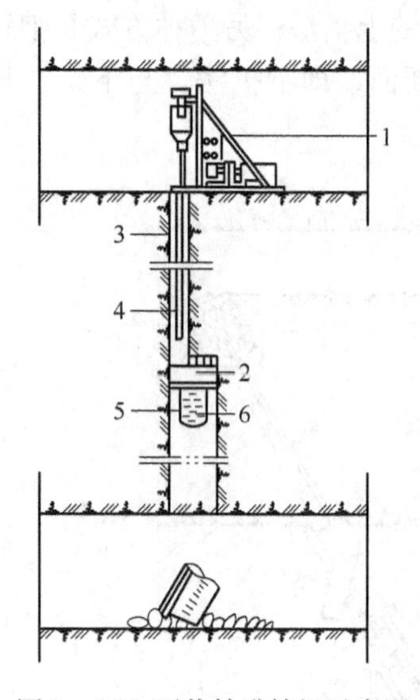

图 2－25 环状钻进钻机示意图
1—天井钻机；2—环形扩孔钻头；
3—导向孔；4—钻杆；
5—断裂器；6—岩芯

包括以上全部作业时间在内，钻进法掘进天井的月平均速度为 150～300m，最高达 600m。工班工效平均 1m 左右，有的超过 3m。

以上两种钻进方式的钻机均属“全断面”钻进的天井钻机。此外，还有一种“环状”钻进的上扩式天井钻机如图 2－25 所示，可在中硬及软岩中钻进 1.0m、1.25m 和 1.5m 直径的天井。

该种钻机的特点是：采用环型扩孔钻头，在扩孔时，只在岩芯周围切出大约 6.5cm 宽的环形槽。等环形槽内面的岩芯到一定长度以后，就用液压断裂器将共切断，借自重下落。这种钻机虽有设备轻、耗电少、投资省的优点，但是由于只能在软的和中硬的岩石中钻进，则应用范围受到很大的限制。

钻进法是最近十多年才发展起来的一种掘进方法，但是发展很快。自 1962 年美国罗宾斯公司制成第一台 31R 型天井钻机(孔径 1m，钻深 60m)以来，由于设备和刀具的不断改进，使用单位不断增加。目前，钻机的最大孔径已达 3.6m，钻深 600m 以上（81R 型）。国外钻进法掘进天井的技术指标如表 2－8 所示。

表 2－8 国外钻进法掘进天井的技术指标

使 用 地 点	天井数/个	天井直径/m	钻进总长度/m	岩石种类	使用工班总数	钻进工效/m·(工·班)$^{-1}$
麦格马铜业公司（美国）	9	1.52	631	石灰岩、石英岩、辉绿岩	925	0.68
霍姆斯特克采矿公司（美国）	10	1.38 1.82	756	石英岩、片岩	681	1.10
卢卡那有限公司（赞比亚）	1	1.82	177	砂岩、石英岩	105	1.68
西方采矿公司（澳大利亚）	1	1.82	66	玄武岩、蛇纹岩	56	1.18
魁北克铜业有限公司（加拿大）	13	1.22	1016	流纹岩、安山岩	772	1.32

续表 2-8

使用地点	天井数/个	天井直径/m	钻进总长度/m	岩石种类	使用工班总数	钻进工效/m·(工·班)$^{-1}$
不沦瑞克采冶公司（加拿大）	7	1.52	1117	硫化岩、流纹岩、凝灰岩	370	3.02
田纳西铜业公司（美国）	9	1.22 1.52	1076	磁黄铁矿	1008	1.07

注：工班工效的计算中包括安装天井钻机、钻凿导向孔、扩孔成井、搬运设备以及所有辅助作业和一切耽误时间在内。

近几年来，我国一些单位也很重视天井钻机的研制工作。曾试制出直径 1.5m、直径 1.2m 的天井钻机和直径 500mm 的天井牙轮钻机。

2.2.5.2 *钻进法掘天井的适用条件*

钻进法掘进天井之所以发展快，是因为有如下一些优点：

(1) 采用钻进法掘进天井时，不需要凿岩爆破，工人不进入工作面，故作业安全，劳动条件好。

(2) 掘进天井的作业全部机械化，故掘进速度快、工效高。

(3) 天井是机械钻进，成井质量好，井壁规整稳定，通风阻力小。

(4) 不受天井倾角的限制，可以钻进高天井；在地温高、漏水较大的情况下，其他方法更无法与之相比。

钻进法掘进天井还存在着如下缺点：

(1) 刀具的磨损大，成本较高。

(2) 设备投资和动力消耗大。

(3) 钻机的重量大，不便于搬运，安装工作量也大。

(4) 需要开凿专门的硐室，天井上下都必须有通道。

天井钻进法在我国已经有了十几年的发展历史，钻井技术日趋完善，为我国天井施工法开辟了一条新的途径。实践证明，在中硬以下的岩石，钻井直径小于 2m，钻井深度在 60m 左右的天井钻进中，不论在工效、成本和月成井速度等技术指标方面都取得了令人满意的效果。

但是这种方法的设备投资大，维修费用高，辅助工程量大，刀具费用高，设备运转率不高，使用范围受到了一定的限制。

2.3 天井施工现状与发展

近年来，随着采矿向深部的发展，阶段高度有继续加大的趋势，特别是一些工业比较发达的国家，如瑞典的基富纳铁矿在无底柱分段崩落法中，新的主要运输水平的阶段高度已增至 235m。国外采用充填采矿法的许多矿山，也把阶段高度提高到 100m 以上。我国某些金属矿山也采用了较大的阶段高度。随着天井高度的增加，要求的施工技术越来越高，因此施工方法的改进势在必行。

我国对天井掘进方法进行了大量的试验研究工作。1958 年华铜铜矿试制成功了华 -1 型直吊罐和配套的游动绞车；1966 年河北铜矿又在华 -1 型基础上，试制成功华 -2 型斜吊罐；1966 年国家组织专门工厂成批生产这两种吊罐和配套设备——游动绞车，使吊罐法在我国冶金矿山天井掘进中普遍推广。我国使用的吊罐设备与国外同类型相比，其特点是造价低、体积小、重量轻、使用灵活、结构简单、便于加工制造和辅助工程量小等优点。因此，采用吊罐法掘进天井的矿山日益增多，使之成为我国天井掘进机械化的主体，国内纪录不断刷新，使我国天井掘进入世界先进行列。

爬罐法是当前国外应用较多的一种天井掘进法，它能解决其他施工天井不能解决的沿矿体倾斜方向掘进弯曲天井的问题。1964 年我国从瑞典引进 STH－5L 风动爬罐，在某钢铁公司一矿、凤凰山铜矿、程潮铁矿均进行了试验，取得了一定效果。近年来，已在另一些矿山得到应用。在此基础上，我国试制了 PG－Ⅰ型风动爬罐。酒泉钢铁公司镜铁山铁矿从 1968 年以来，一直使用爬罐，既实现了安全生产，又收到了较好的经济效益，到 1982 年底，已掘进天井 7200m。但由于种种原因，爬罐法掘进天井在国内尚未得到推广。在国外近年来却不断更新，已从风动、电动发展到内燃机驱动，适用范围越来越广。

深孔爆破法掘进天井，我国早在 1958 年开始试验，由于钻孔技术的不断改进，近年已在不少矿山得到了应用，至今有 40 多个矿山采用此种方法掘进天井，成井约 10000m。但天井高度不大，一般在 30m 左右，且主要作为通风、充填天井。

我国天井掘进机的研制工作近年来也获得了一定的成效。1967 年，长沙矿山研究院率先开始国内的天井钻机研究，现在已经有 14 种型号、近 110 台天井钻机，分别在冶金、煤炭、黄金、建材和化工等矿山使用，经济效益和社会效益十分显著。

钻进法在天井掘进中的应用，虽然迟于平巷和竖井，但使用这种方法有较多的有利条件，因此发展很快。自 1962 年美国罗宾斯公司生产天井钻机以后，国外许多矿山相继引进与仿制。近年来，由于设备与刀具的不断改进，国外使用的矿山更日益增多。据统计，1970 年以前，世界各国拥有的钻机总数仅 50 台，累计进尺只有 27000～30000m。而现在，仅在西方国家天井钻机就已增至数百台，累计进尺约几十万米，并在生产实践中取得了良好的效果。

天井掘进方法较多，每种方法都有一定的适用条件和优缺点，施工时应根据具体情况按表 2－9 选择。

表 2－9　天井各种掘进方法的适用范围

方法名称	适用范围						特点
	断面规格	形状	倾斜	高度	岩性	其他	
吊罐法	1.5m×1.5m～2m×2m	圆形 方形	＞85°	30～100m，取决于绳孔的精确度	必要时可支护，中硬以上岩石均可，个别软岩中也可以应用	天井上下中段都要有通道	1. 天井中心孔有助于提高爆破效率，有利于通风； 2. 速度快，工效高
爬罐法	1.2m×1.5m～2.3m×2.3m 或更大	圆形 方形	45°～90°及各种弯度	50～200m，电动爬罐和柴油机爬罐可用于小于 1000m 的天井	中硬以上的岩石，能使导轨可靠地固定于顶板边	可开凿盲天井及其他类型的天井	1. 适用于掘进高天井； 2. 可开凿盲天井； 3. 速度快； 4. 掘进前的准备工程量大； 5. 投资大

续表 2-9

方法名称	适用范围						特点
	断面规格	形状	倾斜	高度	岩性	其他	
深孔爆破法	一般不受限制，最小断面为 $0.6m^2$	各种形状	60°以上为宜	一般以 30m 以内的天井为宜	各种岩石均可应用，裂隙水不宜大，岩石最好为均质的	天井上下部分都有通道	1. 所需设备较少； 2. 作业安全，成本低； 3. 要求深孔的精度高； 4. 人员一般不进入工作面作业
钻进法	一般为 0.9～$2.4m^2$，最大为 $3.6m^2$	圆形	0°～90°	30～50m	各种岩石均可	天井上下中段都要有通道	1. 井壁不超挖，光滑，井壁的通风阻力小； 2. 井壁较稳定； 3. 作业安全，劳动强度小； 4. 掘进速度快，工效高； 5. 投资和成本较高

复习思考题

2-1 常用天井的断面形状有哪些，如何确定天井的断面尺寸？

2-2 简述普通法掘进天井工艺及适用条件。

2-3 简述吊罐法掘进天井工艺及其优缺点。

2-4 吊罐法掘进天井常用设备有哪些？

2-5 简述深孔爆破法掘进天井工艺及适用条件。

2-6 简述爬罐法掘进天井工艺及适用条件。

2-7 简述钻进法掘进天井工艺及适用条件。

3　竖井断面设计与施工

3.1　竖井断面布置与尺寸确定

在设计竖井井筒前，应收集有关井筒所在位置的地面地下水文及地质资料，井筒内的设备配置情况，井筒的服务年限、生产能力和通过风量等资料。

3.1.1　井筒类型

竖井是整个地下矿山的核心，按用途可以分为提升井和通风井（风井）。提升矿石的为主井，提放人员、设备、废石和材料的为副井，二者兼顾的称混合井；提升设备为箕斗的为箕斗井（只能提升矿石和废石），提升设备为罐笼的为罐笼井（可以提升矿石、废石、人员、设备和材料）。

井筒断面形状一般为圆形，很少采用方形。圆形断面有利于维护，但断面利用率较低。各种井筒的用途及设备配置情况如表3－1和图3－1所示。

表3－1　井筒用途及设备配置

井筒类型	用　途	井内装设情况	图　例
主井（箕斗或笼井）	提升矿石	箕斗或罐笼，有时设管路间、梯子间	图3－1a
副井（罐笼井）	提升废石，上下人员、材料、设备	罐笼、梯子间、管路间	图3－1b、c
混合井	提升矿石、废石，上下人员、材料、设备	罐笼、梯子间、管路间	图3－1d
风　井	通风，兼作安全出口	井深小于300m时，设梯子间；井深大于300m时，设紧急提升设备	
盲　井	无直接通达地表的出口，一般作提升井用	根据生产需要装设	

3.1.2　井筒内部装备

井筒内部主要装备是罐笼或箕斗。罐道、罐道梁、井底支承结构、过卷装置、托罐梁等都是为罐笼或箕斗的稳定、安全、高速运行而设，梯子间则是为井内设备的安装和维修或辅助安全行人通道而设。由于竖井是整个矿山的主要通道，所以风、水、电等管缆也都通过竖井。

3.1.2.1　提升容器

首先按照竖井的用途选择提升容器，目前竖井提升容器有罐笼和箕斗。选择提升容器的主要依据是用途和生产能力。一般金属矿山，井深300m左右，日产量700t上下，多采用罐笼提升；日产量大于1000t，井深大于300m时，多采用箕斗提升。箕斗的容积和规格主要按矿井年产量、井筒深度及矿井年工作日来确定。

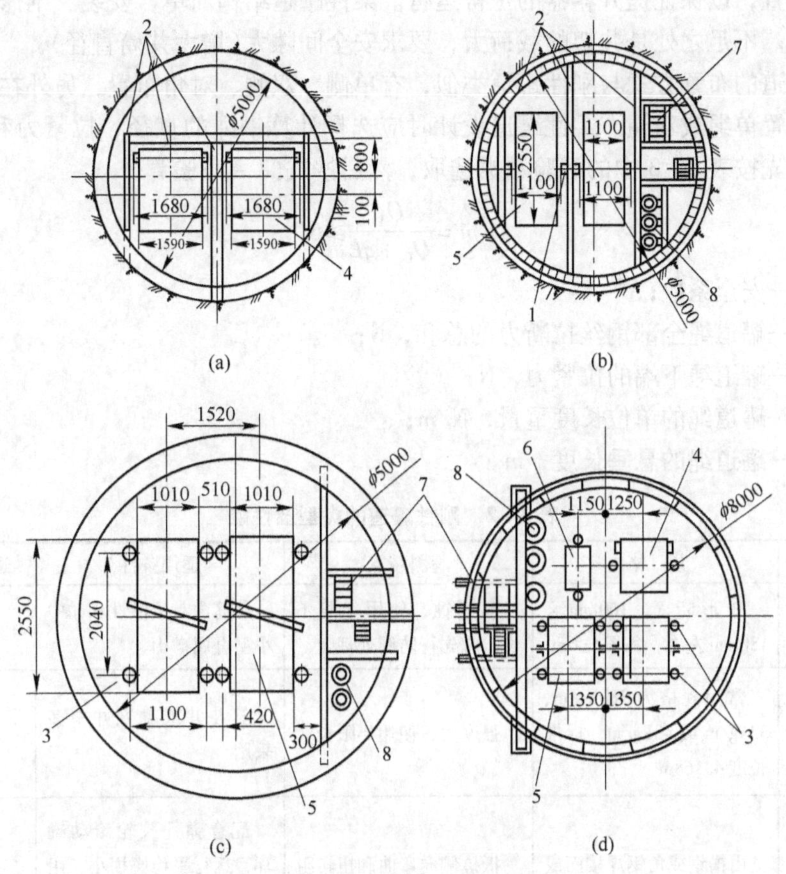

图 3－1 各种井筒内的装设情况

（a）箕斗井；（b），（c）罐笼井；（d）混合井

1—刚性罐道；2—罐道梁；3—柔性（钢丝绳）罐道；4—箕斗；

5—罐笼；6—平衡锤；7—梯子间；8—管路

罐笼可提升矸石、升降人员、运送材料及设备，也可以提升矿石，所以罐笼作主、副井提升均可。

罐笼的选择，首先应根据矿井所选定的矿车规格来初选，然后再根据设计规范要求，按最大班工人下井时间和最大班净作业时间来验算，并要考虑运送井下最大设备和最重部件的要求。

金属矿山用标准箕斗和罐笼技术数据可在有关产品规格中查取。

3.1.2.2 罐道

罐道分刚性罐道和柔性罐道两类。刚性罐道的类型及性能如表 3－2 所示。罐道和罐道梁与提升容器的相对位置有多种方式，罐道可以布置在提升容器的两侧、两端、单侧、对角或其他位置，原则是保证提升容器的稳定高速运行并尽量提高竖井断面的利用率。罐道和罐道梁的选择计算，可以按照静载荷乘以一定的倍数，或按动载应力计算。无论用哪种方式计算，选择的余地并不大，一般在常用的几种类型中选择即可。

柔性罐道实质上是用钢绳作罐道，不用罐道梁。在钢绳罐道的一端有固定装置，另一端有拉紧装置，以保证提升容器的正常运行。柔性罐道结构简单，安装、维修方便，运行性能也很好。不足之处是井架的载荷大，要求安全间隙大(增大井筒直径)。

柔性罐道的布置方式与刚性罐道类似，有单侧、双侧、对角布置，另外在提升容器每侧还可以布置单绳或双绳。柔性罐道设计时应选择计算钢绳的直径、拉紧力和拉紧方式。钢绳直径可先按表3-3中的经验数据选取，然后按式(3-1)验算。

$$m=\frac{Q_1}{Q_0+qL}\geqslant 6 \tag{3-1}$$

式中 m——安全系数；

Q_1——罐道绳全部钢丝拉断力的总和，N；

Q_0——罐道绳下端的拉紧力，N；

q——罐道绳的单位长度重量，N/m；

L——罐道绳的悬垂长度，m。

表3-2 刚性罐道的类型及性能

罐道类型	规 格	材料特点	适用条件	适用罐梁层距
木罐道	矩形断面，160mm×180mm左右，每根长6m	易腐蚀，使用年限不长，宜先行防腐处理	井筒内有侵蚀性水，中小型金属矿山	2m
钢轨罐道	常用规格为380kg/m、33kg/m或43kg/m，标准长度4.168m	强度大，使用年限长	箕斗井或罐笼井中多采用	4.168m
型钢组合罐道	由槽钢或角钢焊接而成的空心钢罐道	抵抗侧向弯曲和扭转阻力大，罐道刚性增加	配合弹性胶轮滚动罐耳，运行平稳磨损小，用于提升终端荷载和提升速度大的井中	
整体轧制罐道	方形钢管罐道	具有型钢组合罐道的优点，并优于其性能，自重小，寿命长	用于提升终端荷载和提升速度大的井中	

表3-3 罐道绳直径选取经验值

井深/m	终端荷载/kN	提升速度/m·s^{-1}	罐道绳直径/mm	钢丝绳类型
<150	<30	2~3	20.5~25	6×7+1普通钢丝绳
250~200	30~50	3~5	25~32	6×7+1普通钢丝绳，密封或半密封钢丝绳
200~300	50~80	5~6	30.5~35.5	密封或半密封钢丝绳
300~400	60~120	6~8	35.5~40.5	密封或半密封钢丝绳
>400	80~120或更大	>8	40.5~50	密封或半密封钢丝绳

罐道绳的拉紧方式按表3-4选取，拉紧力按式(3-2)计算：

$$Q_0=\frac{qL}{e^{\frac{4q}{K_{\min}}}-1} \tag{3-2}$$

式中 Q_0——每根罐道绳上的拉紧力，N；

L——罐道绳悬垂长度，m，L = 井深（H_0） + （20 ~ 50）m；

q——罐道绳单位长度重量，N/m；

K_{min}——罐道绳最小刚性系数，K_{min} = 450 ~ 650N/m，一般 K_{min} = 500N/m；对终端荷载和提升速度较大的大型井或深井，K_{min}应选取大些，反之取小些。

表 3-4 罐道绳拉紧方式

拉紧方式	罐道绳上端	罐道绳下端	特点及适用条件
螺杆拉紧	在井架上设螺杆拉紧装置，上端用此拉紧螺杆固定	用绳夹板固定在井底钢梁上	拧紧螺杆，罐道绳产生张力。拉紧力有限，一般用于浅井中
重锤拉紧	固定在井架上	在井底用重锤拉紧，拉紧力不变，无需调绳检修	因有重锤及井底固定装置，要求井筒底部较深以及排水清扫设施。拉力大，适用于中、深井中
液压螺杆拉紧	在井架上，此液压螺杆拉紧装置将罐道绳拉紧	用倒置的固定装置固定在井底专设的钢梁上	利用液压油缸调整罐道绳拉紧力，调绳方便省力，但安装和换绳较复杂。此方式使用范围较广

3.1.2.3 罐道梁

井筒内为固定罐道而设置的水平梁，称为罐道梁(简称罐梁)。最常用的为金属罐梁，也有用钢筋混凝土罐梁的；中小型金属矿山的方井中，个别也用木罐梁。

罐梁与井壁的固定方式有梁窝埋设、预埋件固定或锚杆固定三种。

3.1.2.4 梯子间

有安全出口作用的竖井必须设梯子间。梯子间除用作安全出口外，平时用于竖井内各种设备检修。梯子间一般布置在罐笼井中，箕斗井中可不设梯子间。梯子间通常布置在井筒的一侧，并用隔板与提升间、管缆间隔开。梯子间的布置，按上下两层梯子安设的相对位置可分为并列、交错、顺列三种形式，如图 3-2 所示。梯子倾角不大于 80°；相邻两梯子平台的距离不大于 8m，通常按罐梁层间距大小而定；梯子口尺寸不小于 0.6m × 0.7m；梯子上端应伸出平台 1m；梯子下端离开井壁不小于 0.6m；脚踏板间距不大于 0.4m；梯子宽度不小于 0.4m。梯子的材质可以是金属或木质。

3.1.2.5 管缆间布置

排水管、压风管、供水管、下料管等各种管路和动力、通讯、信号等各种电缆通常布置在副井中，并靠近梯子间。动力电缆和通信、信号电缆间要有大于 0.3m 的间距，以免相互干扰。

3.1.2.6 提升容器四周的间隙

提升容器是竖井中的运动装置，与其他装置间保持必要的间隙是提升容器安全运行的必然要求。绳罐道运行时的摆动量较大，所以间隙应大些。提升容器与刚性罐道的罐耳间的间隙不能太大，钢轨罐道的罐耳与罐道间的间隙不大于 5mm，木罐道的罐耳与罐道间隙不大于 10mm，组合罐道的附加罐耳每侧间隙为 10 ~ 15mm。钢绳罐道的滑套直径不大于钢丝绳直径 5mm。冶金矿山提升容器与井内装置间的间隙如表 3-5 所示。

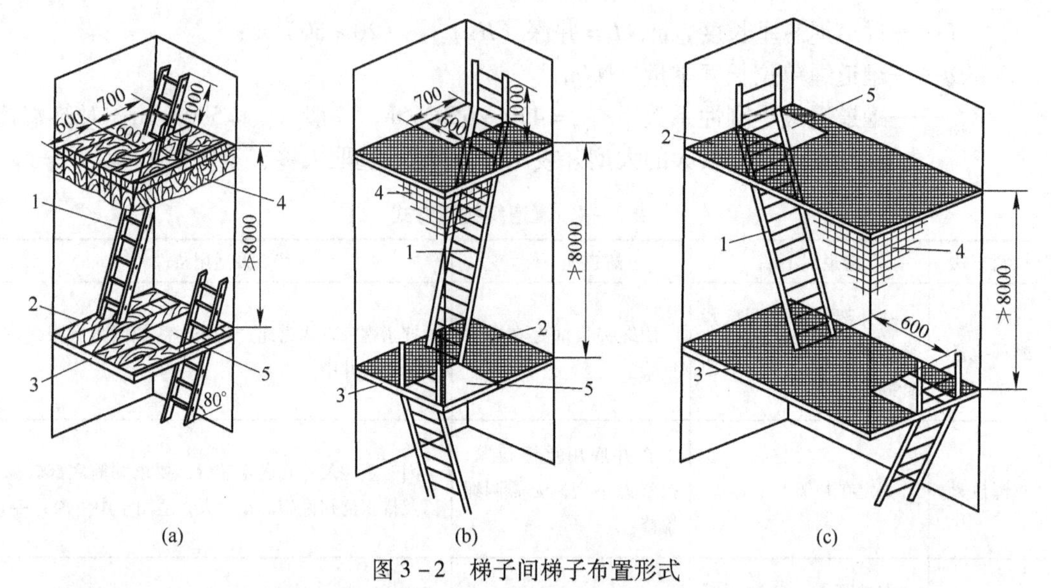

图 3-2 梯子间梯子布置形式

（a）并列布置，$S_{小}=1.3\text{m}\times1.2\text{m}$；（b）交错布置，$S_{小}=1.3\text{m}\times1.4\text{m}$；（c）顺列布置，$S_{小}=1\text{m}\times2\text{m}$

1—梯子；2—梯子平台；3—梯子梁；4—隔板（网）；5—梯子口

表 3-5 提升容器与井内装置间的最小间隙 （mm）

罐道和罐梁布置方式		容器和井壁间	容器和容器间	容器和罐梁间	容器和井梁间	备 注
罐道在容器一侧		150	200	40	150	罐耳和罐道卡之间为200
罐道在容器两侧	木罐道	200		50	200	有卸载滑轮的容器，滑轮和罐梁间隙增加25
	钢轨罐道	1500		40	150	
罐道在容器正面	木罐道	200	200	50	200	
	钢轨罐道	150	200	40	150	
钢绳罐道		350	450		350	设防撞绳时，容器之间的最小间隙为250，当提升高度和终端荷载很大时，提升容器之间的间隙可达700

3.1.3 竖井断面的布置形式

竖井断面布置形式指竖井内的提升容器、罐道、罐梁、梯子间、管缆间、延深间等设施在井筒断面的平面布置方式。决定竖井断面布置方式的因素很多，如竖井的用途、提升容器数量和类型以及井内其他设施的类型和数量，都对竖井断面的布置有很大影响。因此，竖井断面布置方式变化较大，也比较灵活。这里只列举一些典型的布置形式，如图 3-3 和表 3-6 所示。某些实例如图 3-4 和表 3-7 所示。

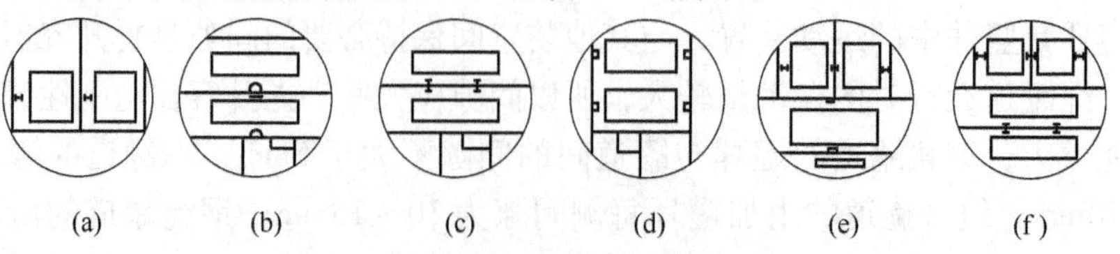

图 3-3 竖井断面布置形式示意图

表 3-6 竖井断面布置形式

竖井断面布置形式示意图	提升容器	竖井设备	备注
图 3-3a	一对箕斗	金属罐道，罐道梁双侧布置，设梯子间或延深间	箕斗主井最常用形式
图 3-3b	一对罐笼	金属罐道梁，双侧木罐道，设梯子间、管子间	罐笼副井常用形式
图 3-3c	一对罐笼	金属罐梁，单侧钢轨罐道，设梯子间	罐笼副井常用形式
图 3-3d	一对罐笼	金属罐道梁，木或金属罐道端面布置，设梯子间、管子间	
图 3-3e	一对箕斗和一个带平衡的罐笼	箕斗提升为双侧金属罐道，罐笼提升为双侧钢轨罐道或双侧木罐道，平衡锤可用钢丝绳罐道	
图 3-3f	一对箕斗和一对罐笼	箕斗提升为双侧金属罐道，罐笼提升为单侧钢轨罐道	

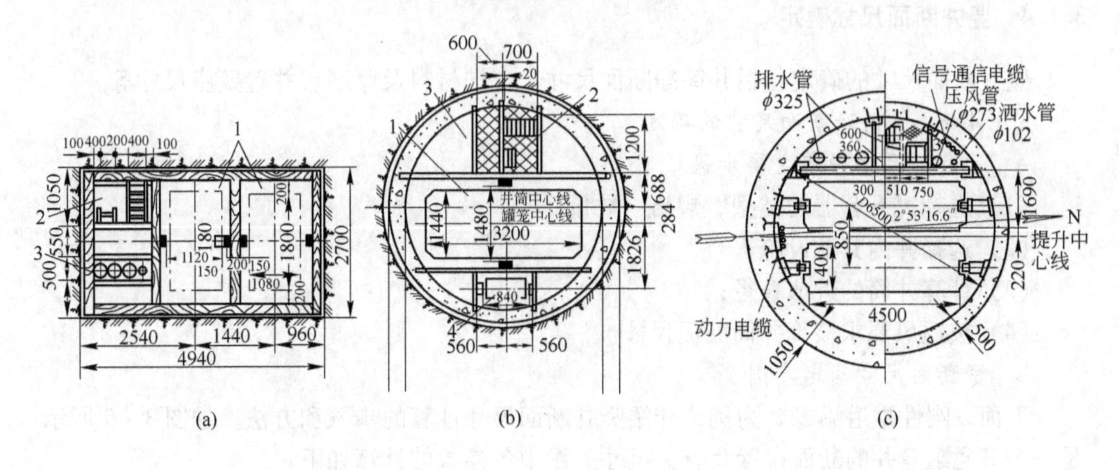

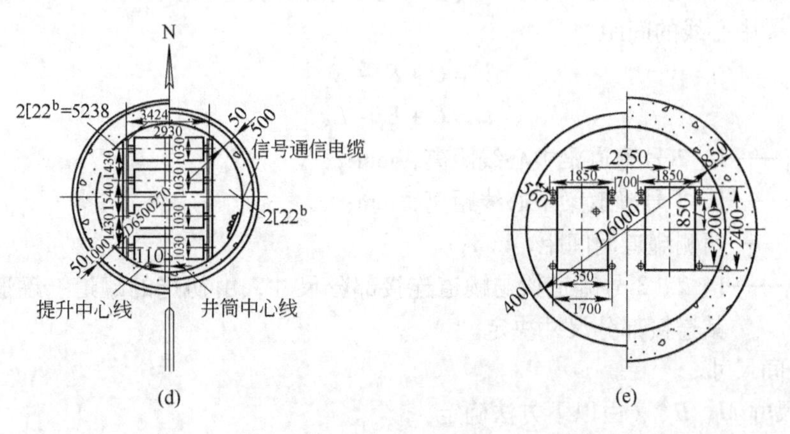

图 3-4 井筒断面布置实例

1—提升间；2—梯子间；3—管缆间；4—平衡锤间

表 3-7 竖井断面布置实例

实例图	竖井尺寸/m	布置内容		备注
		提升容器	井筒装备	
图 3-4a	4.94×2.7	单层单车双罐笼 1080mm×1800mm	木井框、木罐道、木罐梁	罐梁层间距 1.5m
图 3-4b	4.0	一个 5a 型罐笼配平衡锤 3200mm×1440mm×2385mm	双侧木罐道，27^a 槽钢罐梁 金属梯子间	罐梁层间距 2m
图 3-4c	6.5	一个 1t 矿车双层四车加宽罐笼	悬臂罐梁树脂锚杆固定，球扁钢罐道，端面布置，金属梯子间，设管缆间	用于井型 1.8Mt/a 的副井
图 3-4d	6.5	两对 12t 箕斗多绳提升	两根 22^b 组合罐梁，树脂锚杆固定，球扁钢罐道，端面布置	用于井型 3.0Mt/a 的主井
图 3-4e	6.0	一对 16t 箕斗多绳提升	钢丝绳罐道，四角布置	用于井型 1.8Mt/a 的主井

3.1.4 竖井断面尺寸确定

竖井断面尺寸的确定包括井筒净断面尺寸、支护材料及厚度、井壁壁座尺寸等。

3.1.4.1 井筒净断面尺寸的确定

A 净断面尺寸确定主要步骤

(1) 选择提升容器的类型、规格、数量；

(2) 选择井内其他设施；

(3) 计算井筒的近似直径；

(4) 按通风要求核算井筒断面尺寸。

B 净断面尺寸确定实例

下面以刚性罐道罐笼井为例，介绍竖井断面尺寸计算的步骤和方法。如图 3-5 所示，是一个普通罐笼井的断面布置及有关尺寸。图中各参数的计算如下：

a 罐道梁中心线的间距

$$l_1 = C + E_1 + E_2 \tag{3-3}$$

$$l_2 = C + E_1 + E_3 \tag{3-4}$$

式中 l_1——1、2 号罐道梁中心线距离，mm；

l_2——1、3 号罐道梁中心线距离，mm；

C——两侧罐道间间距，mm；

E_1，E_2，E_3——1、2、3 号罐道梁与罐道连接部分尺寸，由初选的罐道、罐道梁类型及其连接部分尺寸决定。

b 梯子间尺寸

梯子间尺寸 M、H、J 由以下方法确定：

$$M = 600 + 600 + s + a_2 \tag{3-5}$$

式中 600——一个梯子孔的宽度，mm；

s——梯子孔边至2号罐梁的板壁厚度，一般木梯子间 $s = 77\text{mm}$；

a_2——2号罐梁宽度之半。

$$H = 2 \times (700 + 100) = 1600\text{mm}$$

式中 700——梯子孔长度，mm；

100——梯子梁宽度，mm。

如图3－5所示，左侧布置梯子间，右侧布置管缆间，一般取 $J = 300 \sim 400\text{mm}$，因此

$$N = H - J = 1200 \sim 1300\text{mm}$$

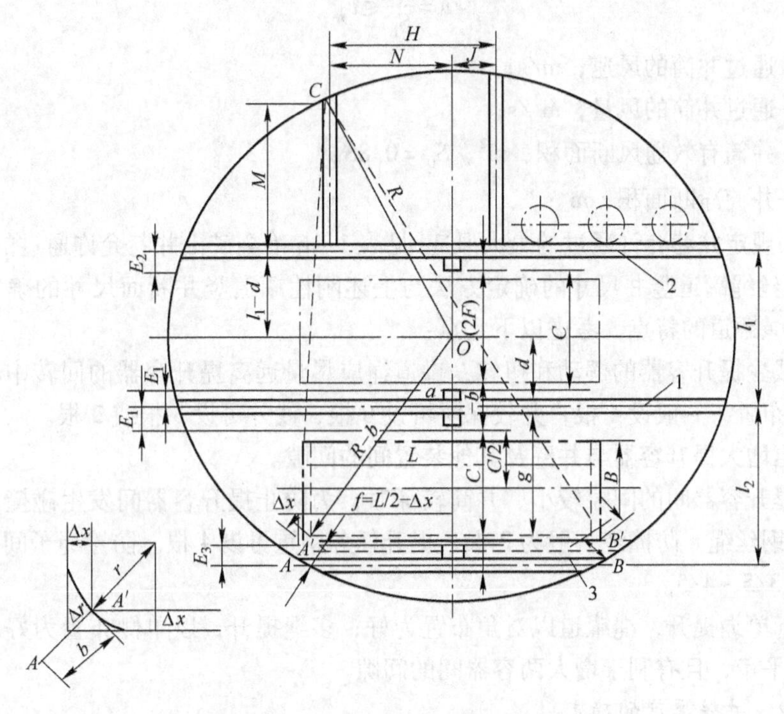

图3－5 作图法确定井筒直径

c 图解法求竖井近似直径

竖井断面的近似直径可用图解法或解析法求出。图解法比解析法简单，而且可以满足设计要求。其步骤如下：

（1）用已求出的参数绘制梯子间和罐笼提升间的断面布置图。

（2）由罐笼靠近井壁的两个拐角点 A' 和 B'，沿对角平分线方向即图中 R 方向，向外量距离 b（罐笼与井壁间的安全间隙），可得井壁上 A、B 两点。

（3）由 A、B、C 三点可求出井筒的圆心（O）和半径 $R = OA = OC$，同时量取井筒中心线和1号罐道梁中心线间的间距 d。求出 R 和 d 后，以0.2m为进级，即可确定井筒的近似净直径。

（4）验算安全间隙 b 及梯子间尺寸 M，直到满足设计要求为止。

$$b = R - \sqrt{\left(d + E_1 + \frac{C}{2} + \frac{B}{2} - \Delta X\right)^2 + f^2} \geqslant 150 \tag{3-6}$$

$$M = \sqrt{R^2 - N^2} - (l_1 - d) \geqslant 600 + 600 + s + a_2 \tag{3-7}$$

式中 b——安全间隙，mm；

M——梯子间尺寸，mm；

f——罐笼纵轴中心线至罐笼端部距离，$f = L/2 - \Delta x$；

Δx——罐笼拐角收缩尺寸，$\Delta r = 0$ 时为直角，mm。

（5）风速校核。按上述方法确定的井筒直径，还需要用风速验算，如不满足要求，可加大井筒直径，直至满足风速要求为止。

$$v = \frac{Q}{S_0} \leqslant v_y \tag{3-8}$$

式中 v——通过井筒的风速，m/s；

Q——通过井筒的风量，m^3/s；

S_0——井筒有效通风断面积，m^2，$S_0 = 0.8S$；

S——井筒净断面积，m^2；

v_y——规定井巷允许通过的最大风速，见表 1－6 冶金矿山井巷允许通过的最大风速。

（6）钢丝绳罐道竖井尺寸的确定方法与上述刚性罐道竖井断面尺寸的确定方法基本相同，由于绳罐道的特点，考虑以下几点：

1）为减少提升容器的摆动和扭转，罐道绳应尽量远离提升容器的回转中心，且对称于提升容器布置，一般设 4 根，井较深时可设 6 根，浅井可设 3 根或 2 根。

2）适当增大提升容器与井壁及其他装置间的间隙。

3）当提升容器间的间隙较小、井筒较深时，为防止提升容器间发生碰撞，应在两容器间设防撞钢丝绳。防撞绳一般为 2 根，提升任务繁重可设 4 根。防撞绳子间距约为提升容器长度的 3/5～4/5。

4）对于单绳提升，绳罐道以对角布置为好；多绳提升，以单侧布置为好。单侧布置时容器运转平稳，且有利于增大两容器间的间隙。

3.1.4.2 井壁厚度的确定

影响井壁厚度的主要因素是地压，还要考虑井的形状、大小及井内、井口各种设备或建筑物施加到井壁的压力。通常采用工程类比法确定井壁厚度。

A 整体混凝土井壁厚度

整体混凝土井壁厚度的计算当前还不完善，在实际选择时可参考表 3－8 选取。

表 3－8 井壁厚度参考数据

井筒净直径/m	井壁支护厚度/mm		
	混 凝 土	混凝土砖	料 石
3.0～4.0	250	300	300
4.5～5.0	300	350	300
5.5～6.0	350	400	350
6.5～7.0	400	450	400
7.5～8.0	500	550	500

注：1. 本表适用于 $f = 4 \sim 6$。

2. 混凝土砖、料石砌碹时，壁后充填为 100mm。

3. 混凝土标号采用 150 号。

B 喷射混凝土井壁支护厚度

岩层稳定时，厚度可取 50 ~ 100mm；地质条件稍差，岩层节理发育，但地压不大、岩层较稳定的地段，井壁厚度可取 100 ~ 150mm；地质条件较差，岩层较破碎地段，应采用喷、锚、网联合支护，支护厚度 100 ~ 150mm。在马头门处的喷射混凝土应适当加厚或加锚杆。

C 验算

初选井壁厚度后，还要对井壁圆环的横向稳定性进行验算，如不能满足稳定性要求，就要调整井壁厚度。为了保证井壁的横向稳定性，要求横向长细比不大于下列数值：

对混凝土井壁 $L_0/h \leqslant 24$

对钢筋混凝土井壁 $L_0/h \leqslant 30$

井壁在均匀载荷下，其横向稳定性可按下式验算：

$$K = \frac{Ebh^3}{4R_0^3 p(1-\mu)} \geqslant 2.5 \tag{3-9}$$

式中 L_0——井壁圆环的横向换算长度，$L_0 = 1.814R$；

h——井壁厚度，cm；

E——井壁材料受压时的弹性模量，MPa；

b——井壁圆环计算高度，通常取 100cm 来计算；

R_0——井壁截面中心至井筒中心的距离，cm；

p——井壁单位面积上所受侧压力值，MPa；

μ——井壁材料的泊松系数，对混凝土取 $\mu = 0.15$。

3.1.4.3 *井壁壁座*

井壁壁座是加强井壁强度的措施之一，在井壁的上部、厚表土层的下部、马头门上部等部位，一般都设有井壁壁座，以加强井壁的支承能力。壁座有两种形式，如图 3-6 所示，即单锥形壁座和双锥形壁座。双锥形壁座承载能力大，适用于井壁载荷较大的部位，单锥形壁座承载能力较小，适用于较坚硬的岩层中。壁座的尺寸可根据实践经验确定。一般壁座高度不小于壁厚的 2.5 倍，宽度不小于壁厚的 1.5 倍。通常壁座高度 $h = 1 \sim 1.5$m，宽度 $b = 0.4 \sim 1.2$m，圆锥角 $\alpha = 40°$左右。双锥形壁座的 β 角必须小于壁座与围岩间的静摩擦角 $\phi = 20° \sim 30°$，以保证壁座不至向井内滑动。

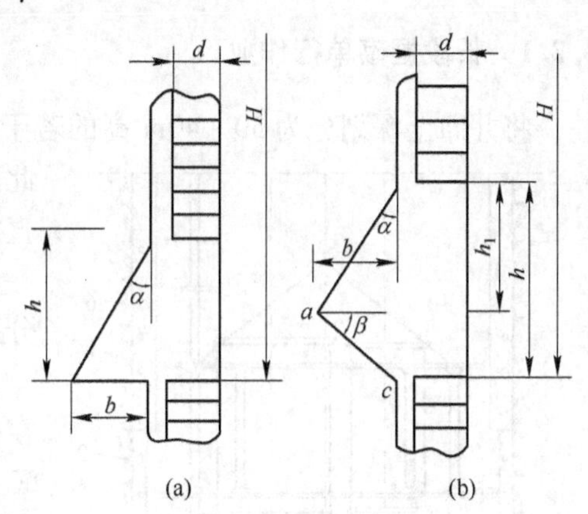

图 3-6 壁座形式

(a) 单锥形；(b) 双锥形

3.1.5 绘制井筒施工图并编制井筒工程量及材料消耗量表

井筒净直径、井壁结构和厚度确定后，即可计算井筒掘砌工程量和材料消耗量，并汇总成表。如表 3-9 所示。

表 3-9 井筒工程量及材料消耗量表

工程名称	断面/m		长度/m	掘进体积/m^3	材料消耗			
					混凝土/m^3	钢材/t		
	净	掘进				井壁结构	井筒装备	合 计
冻结层			108	6264.5	2689	97.2	66	163.2
壁座	33.2	58.1	2.0	159.3	93	1.35	1.14	2.49
基岩段			233.5	10321	2569		139.6	139.6
壁座	33.2	44.2	2.0	132.3	66	1.16	1.14	2.30
合 计			345.5	16877.1	5417	99.71	207.88	307.59

3.2 竖井施工方案

竖井施工时，通常是将井筒全深划为若干井段，由上向下逐段施工。每个井段高度的大小，取决于井筒所穿过的围岩性质及稳定程度、涌水量大小、施工设备等条件，通常分为2~4m（短段），30~40m（长段），最高时达一百多米。施工内容包括掘进、砌壁（井筒永久支护）和井筒安装（安装罐道梁、罐道、梯子间、管缆间或安装钢丝绳罐道）等工作。当井筒掘砌到底后，一般先自上向下安装罐道梁，然后自下而上安装罐道，最后安装梯子间及各种管缆。也有一些竖井在施工过程中，掘进、砌壁、井筒安装三项工作分段互相配合，同时进行，井筒到底时，掘、砌、安三项工作也都完成。根据掘进、砌壁、安装三项工作在时间上和空间上的施工顺序，以及所采用的井段高度大小，分成下列几种不同的竖井施工方案。

3.2.1 长段掘砌单行作业

将井筒全深划分为30~40m高的若干个井段，在各个井段内，先掘进后砌壁，完成此两项工作后，再开始下一井段的掘进和砌壁，直至井筒全深，最后进行井筒安装工作。

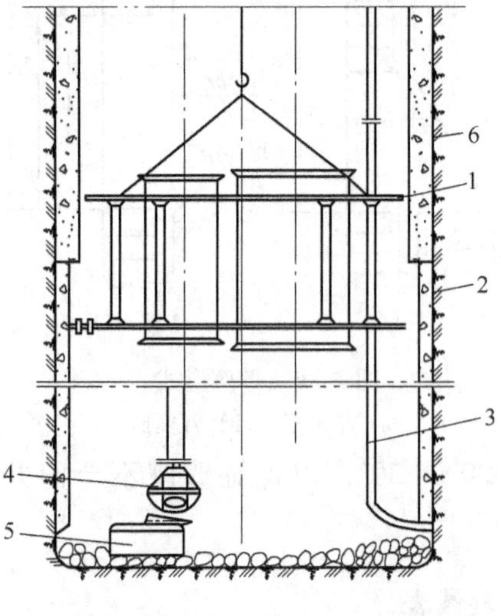

永久支护的砌筑，根据施工材料和方法不同，分别采用现浇混凝土、喷射混凝土等方式。

为了维护井帮的稳定，保证施工人员安全，在砌筑永久支护之前可采用井圈背板或厚度为50~100mm的喷射混凝土，破碎岩层须适当增加锚杆和金属网。砌壁时先将井圈背板拆除，或者在已喷的混凝土上再加喷混凝土至设计厚度，如图3-7所示。当围岩坚硬而且稳定时，可不用临时支护，即通常所说的光井壁施工。井段高度可根据围岩稳定程度而定，但对井帮必须经常严格检查，清理井帮浮碴、危石，以确保安全。长段单行作业在我国较为广泛使用，某煤矿主井和金山店铁矿西风井，曾先后创月成井160.96m的高速度。

图3-7 喷锚临时支护掘砌单行作业
1—吊盘；2—临时支护；3—喷射混凝土管；
4—抓岩机；5—吊桶；6—混凝土井壁

3.2.2 短段掘砌（喷）单行作业和短段掘砌混合作业

此施工方案的特点是，每次掘砌段高仅2~4m，掘进和砌壁工作按先后顺序完成，且砌壁工作是包括在掘进循环之中。由于掘砌段高小，无需临时支护，从而省去了长段单行作业时临时支护的挂圈、背板和砌壁后清理井底等工作。如果砌壁材料不是混凝土，而是采用喷射混凝土，就成为短段掘喷作业了。

掘进时由于采用的炮眼深度不同，井筒每遍炮的进度也不同。根据作业方式及劳动力组织不同而有一掘一砌(喷)或二掘一砌(喷)或三掘一砌（喷）等几种施工方法。

某新副井采用一掘一喷方法，曾创造月成井174.82m的高速度，如图3-8所示。

如果掘进与砌壁工作，在一定程度上互相混合进行，例如在装岩工作的后期，暂时停止抓岩工作，立混凝土模板后，再同时进行抓岩及浇灌永久支护，则称为混合作业。实质上它属于短段掘砌作业而又有所发展。

3.2.3 长段掘砌反向平行作业

将井筒同样划分为若干个井段，段高视岩层的稳定程度而为30~40m。在同一时间内，下一井段由上而下进行掘进工作，而在上一井段中由下向上进行砌壁工作。这样，在相邻的不同井段内，掘进和砌壁工作都是同时而反向进行的。当整个井筒掘砌到底后，再进行井筒安装。

某煤矿主井净直径6m，井深653.4m，永久井壁为混凝土整体浇灌，壁厚400mm，用井圈、背板作临时支护(见图3-9)，曾创月成井134.28m。

图3-8 短掘短喷单行作业示意图

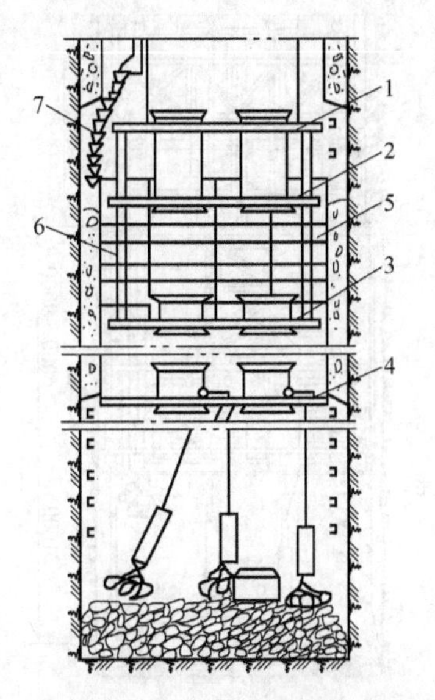

图3-9 长段掘砌反向平行作业示意图

1—第一层盘；2—第二层盘；3—第三层盘；4—稳绳盘；5—普通模板；6—悬吊第三层盘的钢丝绳；7—活节溜子

3.2.4 短段掘砌同向平行作业

随着井筒掘进工作面的向下推进，浇灌混凝土井壁的工作也由上向下在多层吊盘上同时进行，每次砌壁的段高与掘进的每循环进度相适应。此时吊盘下层盘与掘进工作面始终保持一定距离，由挂在吊盘下层盘下面的柔性掩护筒或刚性掩护筒作临时支护，它随吊盘的下降而紧随掘进工作面前进，从而节省了临时支护时间。

某矿副井采用钢丝绳柔性掩护筒作临时支护，整体门扉式活动模板砌壁，连续两个月达到成井 94.17m 和 105.46m，如图 3－10 所示。

3.2.5 掘、砌、安一次成井

此施工方案的特点是：在每一个井段内，不但完成掘进和砌壁工作，同时也完成井筒的安装工作，井筒到底后，此三项工作也全部完成。根据掘、砌、安施工顺序的不同而有下列三种方式。

3.2.5.1 掘、砌、安顺序作业一次成井

在每个井段内，先掘进，后砌壁，再安装。此三项工作顺序完成后，再进行下一井段的掘进、砌壁、安装工作，以此循环不已，直至建成整个井筒。某矿风井采用这种方法，曾达月进 49.8m 的成井速度。某铜陵铜矿采用此种方法使月成井速度曾达 30～35m 之间。

3.2.5.2 掘砌和掘安平行作业一次成井

此种作业方式的特点是：考虑到砌壁速度快于掘进速度，当下一井段进行掘进工作时，上一井段先砌壁，砌完壁后再安装，亦即使掘进先与砌壁平行，后与安装平行，砌、安所需工时与掘进工时大致相等。鹤壁梁峪矿在净径为 6m，深为 291m 的副井中，采用此种施工方案，掘、砌、安一次成井最高月进度达 97.3m，如图 3－11 所示。

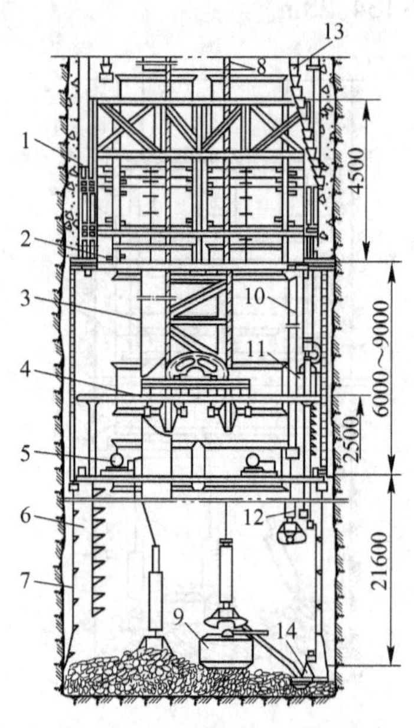

图 3－10 某矿竖井短段掘砌同向平行作业

1—门扉式模板；2—砌壁托盘；3—风筒；4—挂掩护支架盘；5—风动绞车；6—安全梯；7—柔性掩护网；8—吊盘悬吊钢丝绳；9—吊桶；10—压风管；11—吊泵；12—分风器；13—混凝土输送管；14—压气泵

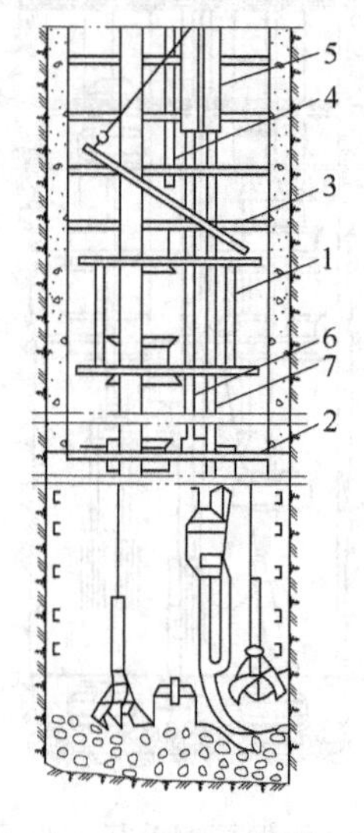

图 3－11 掘砌、掘安平行作业一次成井

1—吊盘；2—稳绳盘；3—罐梁；4—罐道；5—永久排水管；6—临时压风管；7—临时排水管

3.2.5.3 掘、砌、安三平行作业一次成井

在深井施工中，掘、砌工作采取短段平行作业，而安装工作在吊盘上同时进行，因此，要求安装与掘、砌工作相互密切配合，且劳动组织与施工管理更应严密。国外某矿主井用此法曾达掘、砌、安三平行月一次成井 321.9m 的高速度。

3.2.6 反井刷大与分段多头掘进

以上各种施工方案都是由上向下进行开凿的。当有条件能把巷道送到新建井筒的下部时，可以从下向上开凿井筒。通常是先掘反井，然后刷大，这就是反井刷大法。刷大时，可以利用天井溜放岩石，不需抓岩和排水设备，爆破、通风也较容易。此法具有设备少、速度快、工时短、成本低的优点。易门风山竖井采用此种方法，8 天时间由上向下刷大了 103m 井筒。

如井筒深度较大，在施工中有几个中段巷道都可以送到井筒位置，这时可将井筒分成若干段，由各段向上或向下掘进井筒，这就形成了井筒的分段多头掘进法，如图 3-12 所示。

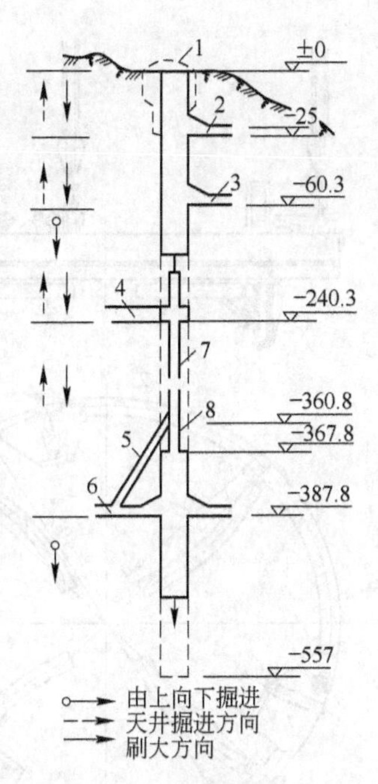

图 3-12 井筒分段多头掘进
1—提升机室；2—-25m 处平硐；3—-60.3m 处平硐；4—水平巷道通总排风井；5—斜溜井；6—井底车场；7—天井；8—中间岩柱

3.3 凿岩爆破工作

凿岩爆破是井筒基岩掘进中的主要工序之一，其工时一般占掘进循环时间的 20% ~30%，它直接影响到井筒掘进速度和井筒规格质量。良好的凿岩工作是：凿岩速度快，打出的炮眼在眼径、深度、方向和布眼均匀上符合设计要求，孔内岩粉清理干净等；而良好的爆破工作应能保证炮眼利用率高，岩块均匀适度，底部岩面平整，井筒成型规整，不超挖，不欠挖，爆破时不崩坏井内设备，并使工时、劳力、材料消耗最少。

为了满足上述要求，须正确选取凿岩机具和爆破器材，确定合理的爆破参数，采取行之有效的劳动组织和熟练的操作技术等。

3.3.1 凿岩工作

根据井筒工作面大小、炮眼数目、深度等选择凿岩机具，布置供风、供水管路系统，以及采取供水降压措施等。

3.3.1.1 凿岩机具

2m 以下的浅眼，可采用手持凿岩机打眼，如改进的 01-30、YT-24、YT-23、YTP-26 等型号。一般工作面每 2 ~3m^2 配备一台。钎头可用一字形、十字形或柱齿型钎头，钎头直径一般为 38 ~42mm。如用大直径药卷，则凿出的炮眼直径应比药卷直径大 6 ~8mm。

手持凿岩机打眼劳动强度大，凿速慢，不能打深眼，多用在井筒深度浅、断面小的竖井中打浅眼。

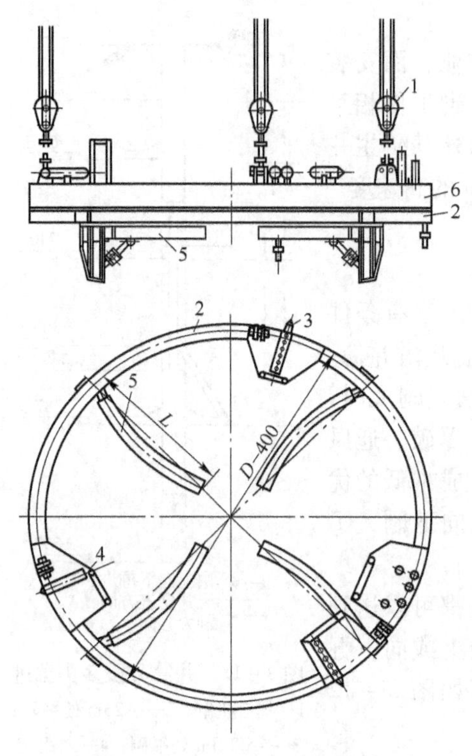

图3-13 FJH型环形钻架

1—悬吊装置；2—环形滑道；3—套筒千斤顶；4—撑紧气缸；5—外伸滑道；6—分风、分水环管

3.3.1.2 钻架

为改变人工抱机打眼方式，实现打深眼、大眼，加快凿岩速度，提高竖井施工机械化水平，国内已在推广使用环形和伞形两种钻架，配合高效率的中型或重型凿岩机，可以钻凿4～5m以下的深眼。

A 环形钻架

FJH型环形钻架（见图3-13）由环形滑道、外伸滑道、撑紧装置（千斤顶及撑紧气缸）和悬吊装置、分风、分水环管等主要部件组成。外伸滑道具有与环形滑道相同的弧度，可绕各自的支点伸出或收拢于环形滑道之下。滑道由工字钢或两个槽钢对扣焊在一起而成。凿岩机通过气腿子吊挂在能沿环形滑道翼缘滚动移位的双轮小车上。每一环形钻架，根据其外径大小，可挂装12～24台凿岩机打眼。

环形钻架外径比井筒净径小300～400mm，用三台2t气动绞车通过悬吊装置悬吊在吊盘上。打眼时环架下放到距工作面约3m处，放炮前提到吊盘下。打眼时为了固定环架，用套筒千斤顶及撑紧气缸固定于井帮上。环形滑道上方装有环形风管与水管，以便向凿岩机供风供水。

环形钻架结构简单，制作容易，维修方便，造价低廉。不足之处是它仍使用气腿推进的轻型凿岩机，其钻速和眼深都受到一定限制。此种钻架的技术性能如表3-10所示。

表3-10 FJH型环形钻架技术性能

项　目	钻架型号				
	FJH5	FJH5.5	FJH6	FJH6.5	FJH7
适用井筒净直径/m	5.0	5.5	6	6.5	7
环形跑道外径/mm	4600	5100	5600	6100	6600
外伸跑道数目/个	4	4	5	6	6
外伸跑道长度/mm	1350	1600	1850	2100	2350
使用凿岩机台数	12	12～16	16～20	20～24	20～24
质量（不包括凿岩机和风腿）/kg	2740	3000	3470	3980	4170
跑道宽度/mm			180		
推荐用凿岩机型号			YTP-26		
推荐用风腿型号			FT-170		
打眼深度/mm			3～4		
悬吊钢丝绳直径/mm			15.5		

B 伞形钻架

伞形钻架是一种风、液联动并配备有重型高频凿岩机的设备，它由下列主要部件组成（见图3-14）：

（1）中央立柱，由钢管制成，是伞钻躯干，3个支撑臂、6个或9个动臂和液压系统都安装在立柱上面。立柱钢管兼作液压系统的油箱，其上有顶盘及吊环，其下有底座，分别是伞钻提运和停放支撑的部件。

（2）支撑臂有3个，当伞钻工作时，用它支撑固紧在井帮上。

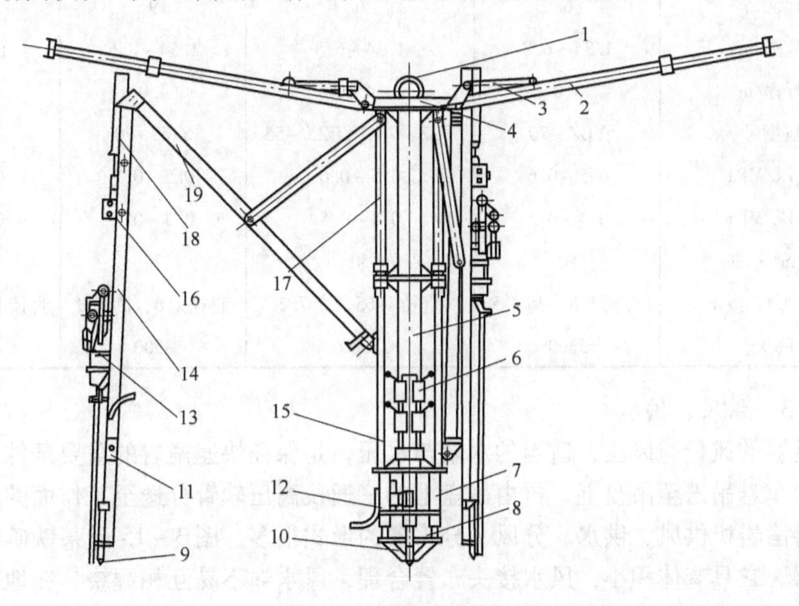

图3-14 FJD型伞形钻架

1—吊环；2—支撑臂油缸；3—升降油缸；4—顶盘；5—立柱钢管；6—液压阀；7—调高器；8—调高器油缸；9—活顶尖；10—底座；11—操纵阀组；12—风马达和丝杠；13—YGZ-70型凿岩机；14—滑轨；15—滑道；16—推进风马达；17—动臂油缸；18—升降油缸；19—动臂

（3）动臂有6个或9个，均匀地布置在中央立柱周围。每个动臂上都安装一台YGZ-70型高频凿岩机。动臂借助曲柄连杆机构可在井筒中作径向运动，从而使凿岩机能钻任何部位的炮眼；

（4）推进器，位于动臂之上，由滑轨、风马达、丝杠、升降气缸、活顶尖、托钎器等部件组成，可完成凿岩机工作时的推进、后退、换钎、给水、排粉等全部凿岩工作。

还有集中控制的操纵阀组及液压与风动系统。

伞形钻架工作时，应始终吊挂在提升钩头上或吊盘的气动绞车上，以防止支撑臂偶然失灵时钻架倾倒。

打眼结束后，先后收拢动臂，支撑臂和调高器油缸，关闭总风水阀，拆下风水管，用绳子将伞钻捆好，用提升钩头提至地面翻矸台下方，再改挂到翻矸台下方沿工字钢轨道上运行的小滑车上，然后由提升位置移至井口一边，以备检修后再用。

用伞形钻架打眼机械化程度高，钻速快，在坚硬岩层中打深眼尤为适宜。其不足之处是使用中提升、下放、撑开、收拢等工序占用工时，井架翻矸台的高度须满足伞钻提放的要求，井口还须另设伞钻改挂移位装置等。伞形钻架技术性能如表3－11所示。

表3－11 伞形钻架技术性能

名　称	FJD－6	FJD－6A	FJD－9	FJD－9A
适用井筒直径/m	5.0～6.0	5.5～8.0	5.0～8.0	5.5～8.0
支撑臂个数/个	3	3	3	3
支撑范围(直径)/m	5.0～6.8	5.1～9.6	5.0～9.6	5.5～9.6
动壁个数/个	6	6	9	9
钻眼范围/m	1.34～6.8	1.34～6.8	1.54～8.6	1.54～8.6
推进行程/m	3.0	4.2	4.0	4.2
凿岩机型号	YGZ－70	YGZ－70、YGZX－55	YGZ－70	YGZ－70
使用风压/MPa	0.5～0.6	0.5～0.6	0.5～0.7	0.5～0.7
使用水压/MPa	0.4～0.5	0.4～0.5	0.3～0.5	0.3～0.5
总耗风量/$m^3 \cdot min^{-1}$	50	50	90	100
收拢后外形尺寸/m	直径1.5，高4.5	直径1.65，高7.2	直径1.6，高5.0	直径1.75，高7.63
总质量/kg	5300	7500	8500	10500

3.3.1.3 供风、供水

供应足够的风量与风压，适当的水量与水压，是保证快速凿岩的重要条件。通常风水管由地面稳车悬吊送至吊盘上，再由吊盘上的三通及高压软管分送至工作面的分风、分水器，向手持凿岩机供风、供水。分风、分水器的形式很多，图3－15是某铁矿主井用的分风、分水器。它具有体积小，风水接头布置合理，风水绳不易互相缠绕，在地面用绞车悬吊，升降迅速，方便、省力等优点。

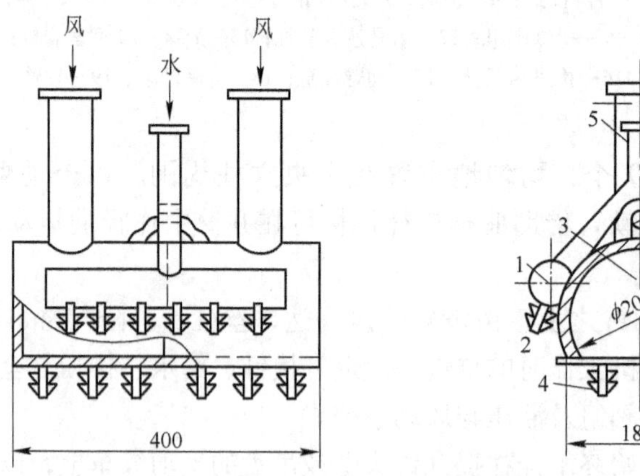

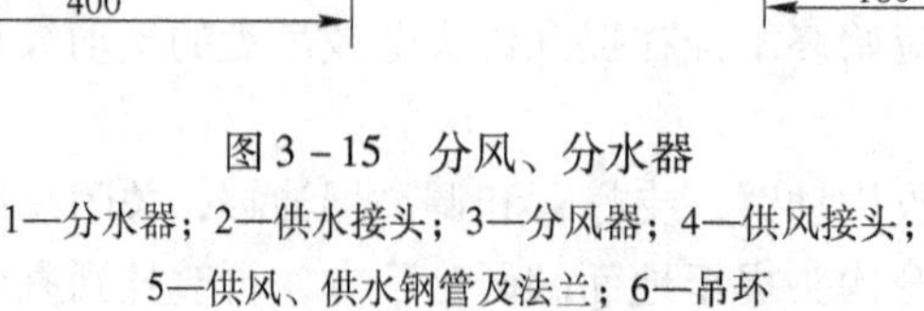
图3－15 分风、分水器

1—分水器；2—供水接头；3—分风器；4—供风接头；

5—供风、供水钢管及法兰；6—吊环

至于伞钻与环钻的供风、供水，只需将风水干管与钻架上的风水干管接通后，即可供各凿岩机使用。

3.3.2 爆破工作

爆破工作主要包括正确选择爆破器材，确定合理的爆破参数，编制爆破图表，设计合理的电爆网路等。

3.3.2.1 爆破器材的选择

A 炸药与选择

(1) 炸药：

1) 硝铵炸药主要有2号和4号抗水岩石硝铵炸药，以及在硝铵炸药的基础上加入一定量的梯恩梯、黑索金或铝粉而制成的高威力炸药，矿山用得较多。

2) 硝化甘油炸药具有爆轰稳定性高、防水性能好、密度大和可塑性等优点，但它的机械感度高，不安全，因而使用不广泛。

3) 乳化炸药是20世纪70年代发展起来的新产品。实践表明，乳化炸药比现用的2号岩石炸药、浆状炸药以及水胶炸药都具有更大的优越性。

(2) 炸药的选择。根据岩石的坚固性、防水性、眼深等条件选择炸药，并以达到较高的爆破效率和较好的经济效益为原则。根据我国近年来竖井爆破作业的经验，可参考以下几点：

1) 在中硬以下的岩石，涌水量不大和眼深小于2m的情况下，可选用2号或4号抗水硝铵炸药；涌水量稍大时，可采取涂蜡或加防水套等措施。

2) 在2.5~5.0m的中深孔爆破作业中，不论岩石条件和涌水量大小，均应选用高威力炸药（包括胶质炸药）。硝铵类高威力炸药由于抗水性质欠佳，因此，要视岩石条件和涌水量大小，采取与胶质炸药混合装药，或有严格的防水措施。

3) 乳化炸药是竖井爆破作业的理想炸药。但炸药的威力尚不能适应中硬以上岩石中的深眼爆破作业的需要，应进一步研究解决。

药卷直径有32mm标准型的，也有35mm、45mm的。光爆用炸药可将岩石铵梯炸药根据炮眼密集系数大小而改装成直径为22mm、25mm、28mm的药卷，或者采用ϕ32mm的药卷和导爆索，用竹片绑扎在一起，使各药卷之间留有较大的距离，以实现空气间隔装药。但此种办法只适用于2m以下的浅眼，深眼则不宜。最近我国已研制成功专用光爆炸药。

B 起爆器材与选择

(1) 适用于金属矿山竖井爆破作业的起爆材料主要有以下几种：秒延期电雷管、毫秒延期电雷管、毫秒（或半秒）非电塑料导爆系统、抗杂散电流电雷管（简称抗杂电雷管）及导爆索等。

(2) 在竖井掘进中，选择毫秒雷管起爆，其优点为：

1) 爆破效率高；

2) 破碎后的岩块小而均匀，从而能提高装岩效率；

3) 拒爆事故大大减少；

4) 有利于推广光面爆破技术。

非电半秒导爆管是竖井中深眼爆破的理想起爆器材，它除有抗水性能好、成本低、操作简单安全等优点外，还可以用较少的电雷管进行起爆，从而使爆破网路有足够的起爆电流，保证起爆的可靠性。

3.3.2.2 爆破参数及炮孔布置

正确选择凿岩爆破参数，对提高爆破效率减少超挖、保证井筒掘进质量和工作安全、提高掘进速度、降低成本等有着重要意义。部分快速掘进井筒的凿岩爆破参数见表3－12。

表3－12 部分快速掘进井筒的凿岩爆破参数

项目	万年矿主风井	金山店铁矿西风井	凡口矿新副井	红阳二矿主井	凤凰山新副井	铜山新大井
掘进断面/m^3	26.4	24.6	27.33	36.3	26.4	29.22
岩石坚固性系数f	4～6	10～14	8～10	4～8	6～10	4～6
炮眼数目/个	56	64	80	60	104	62
单位炮眼数目/个·m^{-2}	2.12	2.6	2.93	1.65	3.93	2.12
掏槽方式	垂直漏斗	锥形	锥形、角柱	垂直	复式锥形	垂直
炮眼深度/m	4.2～4.4	1.5	2.7	1.5	3.76	3～4.0
爆破进尺/m	3.86	1.11	2.18	1.3	2.9	3.14
炮眼利用率/%	0.89	0.85	0.81	0.87	0.77	0.94
联线方式	并联	并联	并联	并联	并联	并联
炸药种类	硝黑	硝铵	甘油、硝铵	40%的甘油	铵黑梯	铵梯
药包直径/mm	45	32	32	35	32	32
雷管种类	毫秒	秒差	毫秒	毫秒	毫秒、秒差	毫秒
单位炸药消耗量/kg·m^{-3}	2.28	1.75	1.96		3.14	1.67
凿岩设备	伞钻	01－30	环钻 YT－30	01－30	环钻 YT－30	环钻 YT－30
最高月成井速度/m	82.9	93.6	120.1	134.3	115.25	113

A 炸药消耗量

单位炸药消耗量是衡量爆破效果的重要参数。装药量过少，岩石块度大，爆破效率低，井筒成型差；装药量过大，既浪费炸药，又破坏了围岩的稳定性，造成井筒大量超挖，还可能飞石过高，打坏井内设备。

炸药消耗量的确定一是可参考某些经验公式进行计算，但这些公式常因工程条件变化，其计算结果与实际消耗量往往有出入；二是可按炸药消耗量定额（见表3－13）或实际统计数据确定。

表3－13 竖井掘进(原岩)炸药消耗定额 （kg/m^3）

岩石硬度系数f	井筒直径/m								
	4.0	4.5	5.0	5.5	6.0	6.5	7.0	7.5	8.0
>3	0.75	0.71	0.68	0.64	0.62	0.61	0.60	0.58	0.57
4～6	1.25	1.71	1.11	1.07	1.05	0.99	0.95	0.92	0.91
6～8	1.63	1.53	1.46	1.41	1.39	1.32	1.28	1.24	1.23
8～10	2.01	1.89	1.8	1.74	1.72	1.65	1.61	1.56	1.55
10～12	2.31	2.2	2.13	2.04	2.0	1.92	1.88	1.81	1.78

续表 3-13

岩石硬度系数 f	井筒直径/m								
	4.0	4.5	5.0	5.5	6.0	6.5	7.0	7.5	8.0
12~14	2.6	2.5	2.46	2.34	2.27	2.18	2.14	2.05	2.0
15~20	2.8	2.76	2.78	2.67	2.61	2.53	2.5	2.38	2.3

注：1. 表中数据系指62%硝化甘油炸药消耗量。若用一号岩石抗水硝铵炸药，需乘以1.03；若用二号岩石抗水硝铵炸药，则乘以1.13；采用三号岩石抗水炸硝铵炸药，需乘以1.29。

2. 涌水量调整系数，涌水量 Q 小于 $5m^3/h$ 时为1；小于 $10m^3/h$ 时为1.05；小于 $20m^3/h$ 时为1.12；小于 $30m^3/h$ 时为1.15；小于 $50m^3/h$ 时为1.18；小于 $70m^3/h$ 时为1.21。

光面爆破炮眼装药量一般以单位长度装药量计。陶二矿用2号岩石硝铵炸药，在中硬以下岩石中，眼深2.5~3.0m，每米炮眼的装药量为150~200g。铜陵新大井眼深3.5~4.6m，每米炮眼装药量为300~400g。

B 炮眼直径

药卷直径和其相应的炮眼直径，是凿岩爆破中另一个重要参数。最佳的药卷直径应以获得较优的爆破效果，同时又不增加总的凿岩时间作为衡量标准。许多实例说明，使用直径为45mm的药卷比使用直径为32mm的药卷，其眼数可减少30%~50%，炸药消耗量可减少20%~25%，且岩石的破碎块度小，装岩生产率得以提高。但炮眼直径加大后，尤其是采用较深的炮眼后，凿岩效率会降低。因此，在当前技术装备条件下，综合竖井掘进的特点，掏槽眼与辅助眼的药卷直径宜采用40~45mm，相应的炮眼直径相应增加到48~52mm，而周边眼仍可采用标准直径药卷，这样既可减少炮眼数目和提高爆破效率，也便于采用光面爆破，保证井筒的规格。

C 炮眼深度

炮眼深度不仅是影响凿岩爆破效果的基本参数，也是研制钻具和爆破器材，决定循环工作组织和凿井速度的重要参数。最佳的炮眼深度应使每米井筒的耗时、耗工量减少，并能提高设备作业效率，从而取得较高的凿井速度。根据近年来的凿井实践，确定合理的炮眼深度要考虑下面一些主要问题：

（1）采用凿岩钻架凿岩，每循环辅助作业时间比手持式凿岩增加一倍。为了使钻架凿岩掘凿1m井筒所耗的辅助工时低于手持式凿岩，必须将炮眼深度也提高一倍，即，提高到2.5~4.0m以上。

（2）为了发挥大抓岩机的生产能力，一次爆破的岩石量应为抓岩机小时生产能力的3~5倍，否则，清底时间所占比重太大。在爆破效果良好的前提下，炮眼深度愈深，总的抓岩时间愈少。

（3）每昼夜完成的循环数应为整数，否则，要增加辅助作业时间并不便于组织安排，在现有的技术水平条件下炮眼深度不宜太深。

（4）从我国现有的爆破器材的性能来看，要取得良好的爆破效果，炮眼深度也不能过深；从当前的凿岩机具性能来看，钻凿5m以上的深眼时，钻速降低甚多。必须进一步改进现有的凿岩机具，否则，凿岩时间便要拖长。

综合上述分析与现场实际经验，目前在竖井掘进中，采用手持式凿岩和 $NZQ_2-0.11$ 型小抓岩机配套时，炮眼深度为1.5~2.0m；采用钻架和大抓岩机配套时，炮眼深度以

2.5～4.5m 为宜。

D 炮眼数目

炮眼数目取决于岩石性质、炸药性能、井筒断面大小以及药卷直径等。炮眼数目可用计算方法初算，或用经验类比的方法初步确定炮眼数目，作为布置炮眼的依据，然后再按炮眼排列布置情况，适当加以调整，最后确定。

E 炮眼布置

在圆形竖井中，炮眼通常采用同心圆布置。布置的方法是，首先确定掏槽眼形式及其数目，其次布置周边眼，再次确定辅助眼的圈数、圈径及眼距。

a 掏槽眼布置

掏槽眼的布置是决定爆破效果、控制飞石的关键，一般布置在最易爆破和最易钻凿炮眼的井筒中心。掏槽形式根据岩石性质、井筒断面大小、炮眼深度不同而分为下列两种：

(1) 斜眼掏槽。眼数 4～6 个，呈圆锥形布置，倾角一般为 70°～80°。掏槽眼比其他眼深 200～300mm，各眼底间距不得小于 200mm。采用这种掏槽形式，打斜眼不易掌握角度，且受井筒断面的限制，但可使岩石破碎和抛掷较易。为防止爆破时岩石飞扬打坏井内设施。常加打一个井筒中心空眼，眼深为掏槽眼的 1/3～1/2，借以增加岩石碎胀的补偿空间。此种掏槽形式多适用于岩石坚硬的浅眼爆破的井筒中，如图 3-16a 所示。

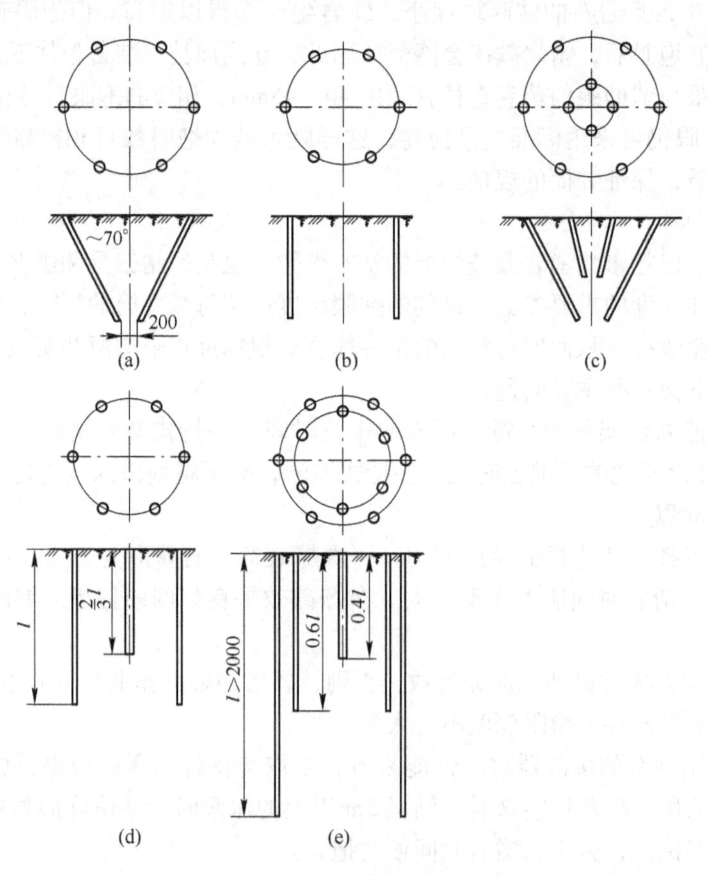

图 3-16 竖井掏槽方式

(a) 斜眼掏槽；(b) 直眼掏槽；(c) 复锥掏槽；(d) 带中心空眼的直眼掏槽；(e) 二阶直眼掏槽

如果岩石韧性很大，炮眼较深，单锥掏槽效果不好，则可用复锥掏槽（见图3-16c），分次爆破。

（2）直眼掏槽。圈径1.2~1.8m，眼数6~8个。由于打直眼，方向易掌握，也便于机械化施工。但直眼，特别是较深炮眼时，往往受岩石的夹制作用而使爆破效果不佳。为此，可采用多阶（2~3阶）复式掏槽，如图3-16e所示。后一阶的槽眼，依次比前一阶的槽眼要深。各掏槽眼圈间距也较小。一般为250~360mm，分次顺序起爆。但后爆眼装药顶端不宜高出先爆眼底位置。眼内未装药部分，宜用炮泥填塞密实。为改善掏槽效果，要求提高炮泥的堵塞质量以增加封口阻力，而且必须使用高威力炸药。

b 周边眼布置

一般距井壁100~200mm，眼距500~700mm，最小抵抗线为700mm左右。如采用光面爆破，须考虑炮眼密集系数 $a=\frac{E}{W}=0.8\sim1.0$，其中，E 为周边眼间距，W 为光爆层的最小抵抗线。

竖井光爆的标准，要视具体情况而定，如井筒采用浇灌混凝土支护，且用短段掘砌的作业方式，支护可紧跟掘进工作面，则竖井光面爆破的标准可以降低。在此种情况下，过于追求井帮上眼痕的多少，势必增加炮眼的数目，使装药结构复杂化，从而降低技术经济效果。只有在采用喷锚支护，或光井壁单行作业的情况下才应提高光面爆破的标准。

c 辅助眼布置

辅助眼圈数视岩石性质和掏槽眼至周边眼间距而定，一般控制各圈圈距为600~1000mm，硬岩取小值，软岩取大值，眼距约为800~1000mm。

各炮眼圈直径与井筒直径之比，见表3-14。各圈炮眼数与掏槽眼数之比，见表3-15。

表3-14 眼圈直径与井筒直径比值

井筒掘进直径/m	圈别 / 圈数	第一圈	第二圈	第三圈	第四圈	第五圈
4.5~5.0	3	0.33~0.36	0.65~0.72	0.92~0.95		
5.5~7.0	4	0.23~0.28	0.5~0.55	0.65~0.72	0.94~0.96	
7.0~8.5	5	0.2~0.25	0.4~0.45	0.6~0.65	0.65~0.72	0.96~0.98

表3-15 各圈炮眼数与掏槽眼数之比

井筒掘进直径/m	圈别 / 圈数	第一圈	第二圈	第三圈	第四圈
0.5~5.0	3	1	2	—	—
5.5~7.0	4	1	1.5~2.0	2.5~3.0	—
7.0~8.5	5	1	1.5~2.0	2.5~3.0	3.5~4.0

3.3.2.3 爆破图表的编制

爆破图表是竖井基岩掘进时指导和检查凿岩爆破工作的技术文件，它包括炮眼深度、炮眼数目、掏槽形式。炮眼布置、每眼装药量、电爆网路联线方式、起爆顺序等，然后归纳成爆破原始条件表、炮眼布置图及其说明表、预期爆破效果三部分。岩石性质及井筒断面尺寸不同，就有不同的爆破图表。

编制爆破图表前，应取得下列原始资料：井筒所穿过岩层的地质柱状图、井筒掘进规格尺寸、炸药种类、药卷直径、雷管种类。所编制的爆破图表实例见表3－16～表3－18和图3－17所示。

表3－16 爆破原始条件

1	井筒掘进直径/m	5.8	5	炸药种类	高威力硝铵炸药
2	井筒掘进断面积/m²	27.34	6	药包规格	32mm×200mm×150g
3	岩石种类	石英岩	7	雷管种类	毫秒电雷管
4	岩石坚固性系数	8～10			

表3－17 爆破参数

炮眼序号	圈径/m	圈距/m	眼数/个	眼距/m	炮眼角度/(°)	眼深/m	眼径/mm	装药量/kg		充填长度	起爆顺序	联线方式
								每孔	每圈			
1～4	0.75	0.375	4	0.6	90	3.0	42	1.8	7.2	0.6	Ⅰ	分两组并联
5～12	1.8	0.53	8	0.7	85	2.8	42	1.8	14.4	0.6	Ⅱ	
13～26	3.0	0.60	14	0.67	90	2.8	42	1.5	21.0	0.8	Ⅲ	
27～46	4.4	0.70	20	0.68	90	2.8	42	1.5	30.0	0.8	Ⅳ	
47～76	5.7	0.65	29	0.60	92	2.8	42	1.35	40.5	1.0	Ⅴ	
合计			75						113.1			

表3－18 预期爆破效果

序 号	指 标 名 称	单 位	数 量
1	炮眼利用率	%	85
2	每一循环进尺	m	2.38
3	每一循环实体岩石量	m³	62.83
4	每立方米实体岩石炸药消耗量	kg/m³	1.8
5	每米进尺炸药消耗量	kg/m	47.52
6	每立方米实体岩石雷管消耗量	个/m³	1.21
7	每米进尺雷管消耗量	个/m	31.93

3.3.2.4 装药、联线、放炮

炮眼装药前，应用压风将眼内岩粉吹净。药卷可逐个装入，或者事先在地面将几个药卷装入长塑料套中或防水蜡纸筒中，一次装入眼内。这样可加快装药速度，也可避免药卷间因掉入岩石碎块而拒爆。装药结束后炮眼上部须用黄泥或沙子充填密实。

为了防止工作面爆破网路被水淹没，可将联结雷管脚线的放炮母线(16～18号铁丝)，架在插入炮眼中的木橛上，放炮母线可与吊盘以下放炮干线(断面4～6mm²）相连。吊盘以上则为爆破电缆(断面10～16mm²)。在地面由专用的放炮开关与220V或380V交流电源接通放炮。

竖井爆破通常采用并联、串并联网路，如图3－18所示。无论采用哪种联线，均应使

每个雷管至少获得准爆电流。采用串并联时，还应使分组串联的雷管数要大致相等。

3.3.2.5 爆破安全问题

竖井施工中进行爆破作业应严格遵守《爆破安全规程》的有关规定，同时必须注意以下几点：

（1）加工起爆药卷，必须在离井筒50m以外的室内进行，且只许由放炮工送到井下；禁止同时携带其他炸药，也不得有其他人员同行。

（2）装药前所有井内设备均须提至安全高度，非装药联线人员一律撤出井外。

（3）装药、联线完毕后，由爆破工进行严格检查。检查合格后爆破工将放炮母线与干线相连，此时井内人员应全部撤出。

（4）井口爆破开关应专门设箱上锁，专人看管。联线前，必须打开爆破开关，并切断通往井内的一切电源。信号箱，照明线等均须提到安全高度。

（5）放炮前，要将井盖门打开，确认井筒全部人员撤出后，才由专责放炮工合闸放炮。

（6）放炮后，立即拉开放炮开关，开动通风机，待工作面炮烟吹净后，方可允许班组长及少数有经

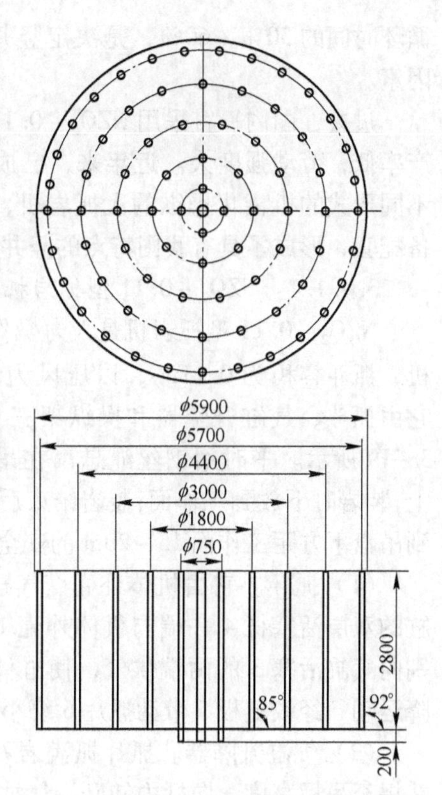

图3-17 炮眼布置图

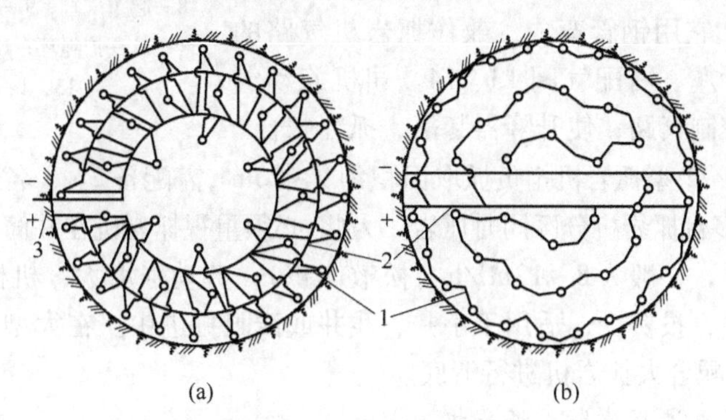

图3-18 竖井爆破网路

（a）并联；（b）串并联

1—雷管脚线；2—爆破母线；3—爆破干线

验人员进入井内作安全情况检查，清扫吊盘上及井帮浮石；待工作面已呈现安全状态后，才允许其他人员下井工作。

3.4 装岩、翻矸、排矸

3.4.1 装岩设备

竖井装岩工作是井筒掘进循环中最重要的一项工作，它消耗工时最长，通常约占掘进

循环时间的50%～60%，是决定竖井施工速度的主要因素。

过去，国内一直采用NZQ_2－0.11型抓岩机。其生产率低，劳动强度大。近年来，已成功地研制出几种不同形式的机械化操纵的大抓岩机，并与其他凿井设备配套，形成了具有我国特点的竖井机械化作业线。

3.4.1.1 NZQ_2－0.11型抓岩机

NZQ_2－0.11型抓岩机是人力操作的一种小型抓岩机，抓斗容积为$0.11m^3$，以压风为动力，人工操作。它由抓斗、气缸升降器和操纵架三大部件组成，如图3－19所示。平时用钢丝绳悬吊在吊盘上的气动绞车上，装岩时下放到工作面；装岩结束后，用气动绞车提升到吊盘下方距工作面15～20m的安全高度，以免炮崩。

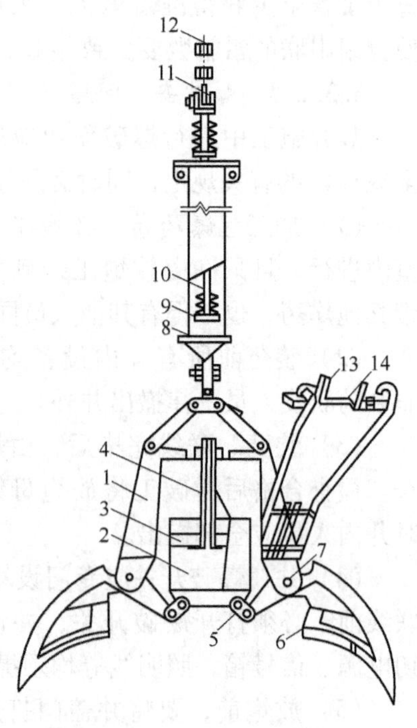

图3－19 NZQ_2－0.11型抓岩机

1—机体；2—抓斗气缸；3—活塞；4—双层活塞杆；5—铰链板；6—抓片；7—小轴；8—起重气缸；9—活塞；10—活塞杆；11—护绳环；12—悬吊钢丝绳；13，14—配气阀

（1）抓斗。它由机体外壳、气缸和抓片组成。气缸的双层活塞杆4一端与机体外壳1固定在一起，分别向气缸活塞3的两端供气，使缸体2相对机壳作升降运动，经铰链板5带动抓片6绕小轴7转动而张合。

（2）气缸升降器。抓片抓满岩石后，升降器将抓斗提至吊桶高度，向桶内卸矸。气缸活塞杆10的上端经护绳环11与悬吊钢丝绳连接。

（3）操纵架。它用钢管弯成，兼作抓岩机气路的一部分。手把上设左、右配气阀13、14。司机旋动气阀，摆动机体，控制气路，使升降器起落，抓片张合。

一台NZQ_2－0.11型抓岩机担负抓取面积约$9～20m^2$，需配备2～3名工人。为了缩短装岩时间，普遍采用多台抓岩机分区同时抓岩。为此，必须重视抓岩机在井筒中的合理布置。

该机生产率低，一般为$8～12m^3/h$（松散体积），劳动强度大，机械化程度低。但结构简单，使用方便，投资少，适用于小井、浅井或浅眼掘进中。在大型井中，可配备3～4台同时工作，或配合大抓岩机进行清底。

3.4.1.2 HK型液压靠壁式抓岩机

我国自20世纪60年代初期开始研制大型抓岩机。现有国产大型抓岩机按斗容有$0.4m^3$和$0.6m^3$两种；按驱动动力分有气动、电动、液压（包括气动液压和电动液压）三种；按机器结构特点和安装方式有靠壁式、环形轨道式和中心回转式三种。

各种抓岩机的技术性能见表3－19。

表3－19 抓岩机的主要技术性能

抓岩机类型		抓斗容积/m^3	抓斗直径/mm		技术生产率/$m^3 \cdot h^{-1}$	适用井筒直径/m	外形尺寸(长×宽×高)/mm	质量/kg
			闭合	张开				
人工操作	NZQ_2－0.11	0.11	1000	1305	12	不限	6780×1305×1305	655
	HS－6	0.6	1770	2230	50	5～8	3240×2907×1740	10290

续表 3－19

抓岩机类型		抓斗容积/m³	抓斗直径/mm		技术生产率/$m^3\cdot h^{-1}$	适用井筒直径/m	外形尺寸（长×宽×高）/mm	质量/kg
			闭合	张开				
中心回转	HZ－4	0.4	1296	1965	30	4～6	900×800×6350	7577
	HZ－6	0.6	1600		50	4～6	900×800×7100	8077
环形轨道	HH－6	0.6	1600	2130	50	5～8		8580
	2HH－6	2×0.6	1600	2130	80～100	6.5～8		13636
靠壁式	HK－4	0.4	1296	1965	30	4～5.5	1190×930×5840	5450
	HK－6	0.6	1600	2130	50	5～6.5	1300×1100×6325	7340

这里介绍一种使用较多的靠壁式抓岩机。

靠壁式抓岩机有 HK－4 型和 HK－6 型两种。分别用 10t 和 16t 稳车，由地面单独悬吊。抓岩时，将抓岩机下放到距工作面约 6m 高度处，用锚杆紧固在井壁上，然后将抓斗下放到工作面进行抓岩。抓岩结束后，松开固定装置，将机器提到吊盘下面适当的安全高度，然后进行凿岩爆破或支护工作。

HK 型抓岩机由风动抓斗、提升机构、回转变幅机构、液压系统、风压系统、机架、固定装置及悬吊装置等部件组成，如图 3－20 所示。

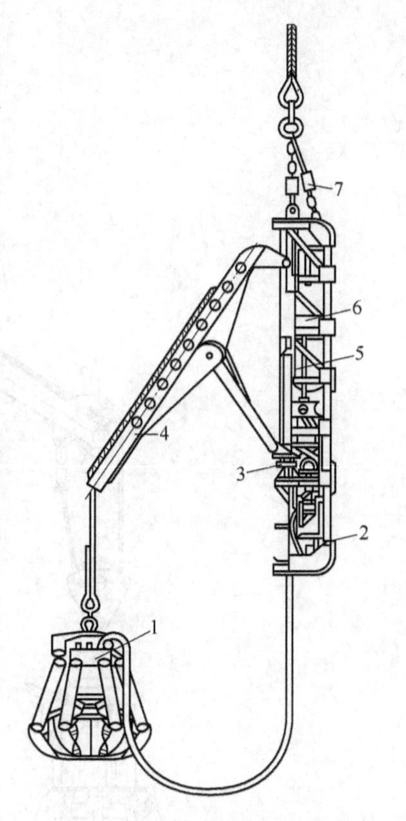

图 3－20 HK 型靠壁式抓岩机
1—风动抓斗；2—液压系统；
3—回转变幅机构；4—提升机构；
5—风动提升系统；6—机架；
7—悬吊装置

（1）提升机构。由提升机架、升降油缸、滑轮组和储绳筒组成。提升机架由两根 20 号槽钢焊成一个框架。升降油缸用球铰装在提升机架内。提升绳一端固定在提升机架下端的储绳筒上，然后绕过动滑轮和定滑轮，另一端与抓斗连接。油缸活塞运动带动滑轮组运动实现抓斗的提升。抓斗的下落靠本身自重实现。

（2）回转变幅机构。包括回转和变幅两套机构，它的作用是使抓斗在井筒中作圆周运动和径向位移运动，主要由回转立柱、变幅油缸、回转油缸及其导向装置、齿轮、齿条、支座等组成。变幅油缸安装在由两条 18 号槽钢组成的立柱中。当高压油推动回转油缸移动时，镶在缸体上的齿条也随之移动，齿条再推动连于立柱上的齿轮，带动立柱及提升斜架回转，实现抓斗的圆周运动。提升斜架上端的连接座与变幅油缸活塞杆铰接，斜架中间有拉杆相连。当变幅油缸活塞杆伸缩时，提升斜架收拢和张开，实现抓斗的径向运动，从而使抓斗能抓取井筒内任意位置上的矸石。

（3）操作机构。设于机器下方司机室内，分风动系统和油压系统，配有各种风、油控制阀以及操纵机构。

此种抓岩机具有生产效率高，操作方便，结构紧凑，体积小，机器悬挂不与吊盘发生关系，故不受吊盘升降影响等优点。但为了往井壁固定机器，须事先打好锚杆眼，安装锚杆，还要求井壁围岩坚固，以保证锚杆固定机器牢固可靠。

3.4.1.3 中心回转式抓岩机

HZ 型中心回转式抓岩机的结构如图 3－21 所示。它是一种新型大斗容竖井抓岩机，直接固定在凿井吊盘上，以压气作动力，机组由一名司机操纵。全机由抓斗、提升机构、回转机构、固定装置和机架等部件组成。

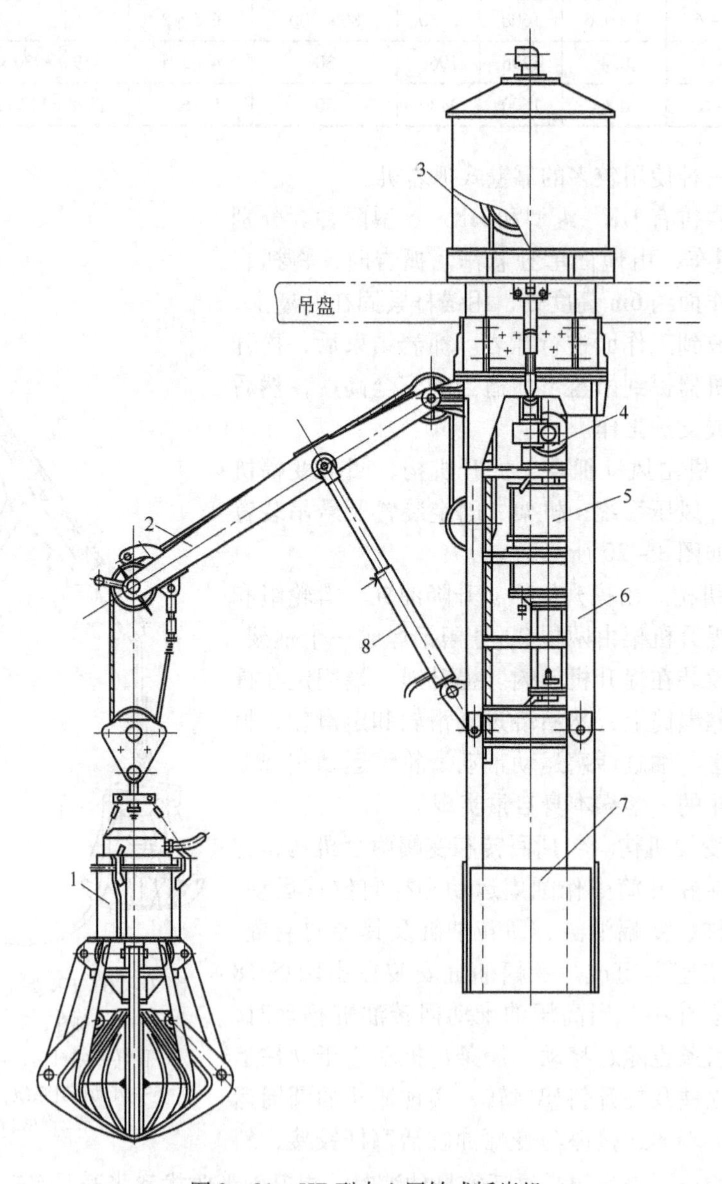

图 3－21 HZ 型中心回转式抓岩机

1—抓斗；2—臂杆；3—提升机构；4—回转机构；5—变幅机构；6—机架；7—司机室；8—变幅推力油缸

(1) 抓斗。由抓片、拉杆、耳盘、气缸和配气阀等部件组成。抓片的一端与活塞杆下端铰接，腰部孔通过拉杆与耳盘铰接。司机控制气缸顶端的配气阀，使活塞上下往复运动，致使活塞杆下端牵动8块抓片张合抓取岩石。

（2）提升机构。由气动机、减速器、卷筒、制动器和绳轮机构组成。悬吊抓斗的钢丝绳一端固定在臂杆上，另一端经动滑轮引入臂杆两端的定滑轮，并通过机架导向轮缠至卷筒。司机控制气阀，气动机带卷筒正转或反转以升降抓斗。制动器与气动机同步动作，当气动机经操纵阀引入压气时，同时接通制动阀气缸松开制动带，卷筒开始转动。反之，当气动机停止工作时，制动带借弹簧张力张紧而制动。除绳轮机构外，整个提升机构安装在回转盘以上的机架上，并设有防水护罩。

（3）回转机构。由气动机、蜗轮蜗杆减速器、万向接头、小齿轮、回转座(内装与小齿轮相啮合的内齿圈)组成。当气动机经操纵阀给气转动时，驱动减速器，通过万向接头带动小齿轮，使其在大齿圈内既自转又公转，以实现整机作360°回转，可使抓斗在工作面任意角度工作。回转座底盘固定在吊盘的钢梁上，回转座防水罩顶端设有回转接头，保证抓岩机回转时不间断地供应压气。

（4）变幅机构。由于气缸、增压油缸、两个推力油缸和臂杆组成。大气缸和增压油缸通过一根共用的活塞杆联成一体，活塞杆两端分别装有配气阀和控制阀，由于活塞杆两端的活塞面积大小不同，使增压油缸内的油压增至6.4MPa。增压油缸通过控制阀向铰接在机架与臂杆之间的两个推力油缸供油，推动活塞向上顶起臂杆变幅。打开配气阀，增压油缸内液压随之递减，油液自推力油缸返回增压油缸，臂杆靠自重下降收拢臂杆。

（5）固定装置。由液压千斤顶、手动螺旋千斤顶和液压泵站组成。此装置用以固定吊盘，保证机器运转时盘体不致晃动。使用时，先用螺旋千斤顶调整吊盘中心，然后用液压千斤顶撑紧井帮。螺旋与液压千斤顶要对称布置。

（6）机架。机架为焊接箱形结构，下部设司机室。司机室的四根立柱为空腔管柱，兼作压气管路，室内装有操纵阀和气压表，用于控制整机运转。

HZ型中心回转抓岩机一般适用于井径4~6m，井深400~600m的井筒，它与FJD-6型伞钻和2~3m^{3}吊桶配套使用较为适宜。为了保证抓岩机有效的工作，除一台吊泵外，其他管路不得伸至吊盘以下。由于该机安拆方便，当采用长段掘砌单行作业，在掘砌交替时吊盘的改装工作量小，时间短。

3.4.1.4 环行轨道抓岩机

HH型环行轨道抓岩机结构如图3-22所示。它是一种斗容为0.6m^{3}的大抓岩机，有单抓斗和双抓斗两种。抓岩机直接固定在凿井吊盘上，在掘进过程中随吊盘一起升降。机器由一名（双抓斗两名）司机操作，以压气作动力，抓斗能作径向和环行运动。全机由抓斗、提升机构、径向移动机构、环行机构、中心回转装置、撑紧装置和司机室组成。

（1）抓斗。动作原理与中心回转抓岩机相同。

（2）提升机构。由气动机、卷筒、减速器、吊架、制动装置和绳轮组成。提升钢丝绳的一端固定在吊架上，另一端与抓斗连接的绳轮缠绕并固定在卷筒上。绳轮侧板上端设有挂链，以备机组停用时，将抓斗挂于提升绞车底部的保险钩上。绳轮由封闭罩保护，防止岩块掉入绳槽。整个提升绞车经吊架挂在行走小车上。绞车制动是以弹簧推动一个内圆锥刹车座，使其直接压紧气动机齿轮花键轴一侧的圆锥面刹车座，当向气动机供风时，首先收回制动弹簧打开刹车，卷筒转动。停风时，弹簧自动顶出刹住绞车。

（3）径向移动机构。由悬梁、行走小车、气动绞车和绳轮组成。悬梁是由两根槽钢

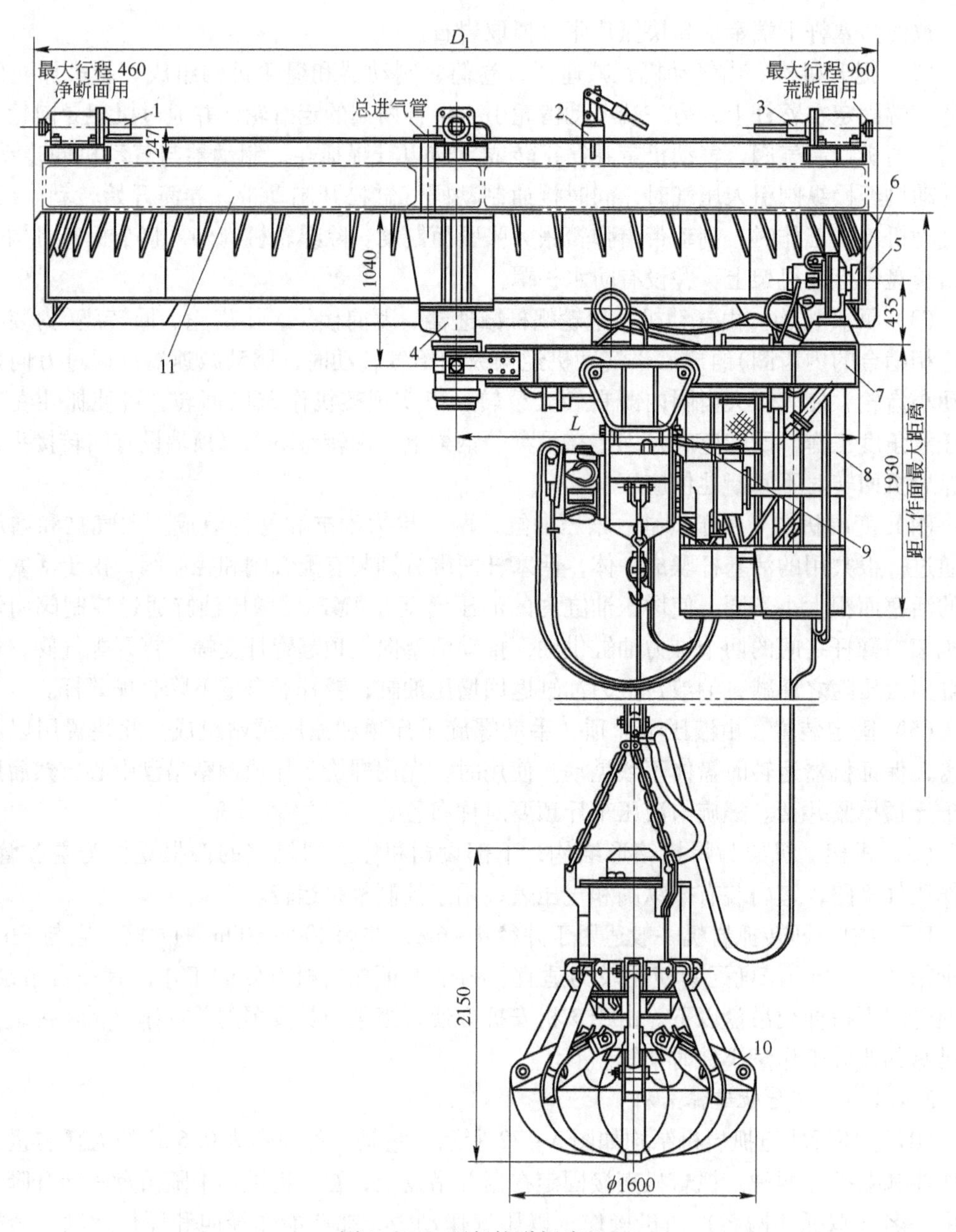

图 3-22 环行轨道抓岩机

1—液压千斤顶；2—手压泵及泵站；3—手动螺旋千斤顶；4—中心轴；5—环行轨道；6—环行小车；7—悬梁；8—司机室；9—行走小车；10—抓斗；11—凿井吊盘的下层盘

为主体的结构件，一端连中心轴，另一端通过环行小车支撑在环行轨道上，行走小车的牵引气动绞车置于悬梁中间。引绳经卷筒缠绕 6~7 圈后，其两端分别绕越悬梁两端的绳轮，并固定在行走小车两侧。启动气动机、卷筒回转，借摩擦牵动引绳，驱动行走小车以悬梁下翼为轨道作径向移动。

（4）环行机构。由环行轨道和环行小车组成。环行轨道是钢板焊接的 4 块弧形结构件，其直径因井筒净径而异，用螺栓固定在凿井吊盘下层盘的圈梁上，供环行小车带动悬梁作圆周运动。环行小车由功率为4.4kW的气动机驱动，使小车沿环行轨道行驶。

（5）中心回转装置。由中心座支架和进气管组成。中心回转轴固定在通过吊盘中心的主梁上，用于连接抓岩机和吊盘。回转轴下端嵌挂悬梁，为悬梁的回转中心。回转中心留有直径为160mm的空腔作为测量孔。此外，回转轴上设供气回转接头，压气自吊盘上的压风管经中心轴支架的通道、回转接头进入抓岩机总进风管，保证机器转动时，压气始终畅通。

（6）吊盘固定装置。与中心回转抓岩机相同，如图3－21所示。

（7）司机室。由型钢和钢板焊接而成。通过顶板上的支架和连接架分别与悬梁和环行小车的从动轮箱相连，并随悬梁回转。司机室内装有总进气阀、压力表、操纵阀等。由司机集中操纵机器的运转。

2HH－6型双抓斗环行轨道抓岩机在中心轴装有上下回转体，中间用单向推力轴承隔开，提升机构和抓斗分别随上下两个悬梁回转。两个环行小车分别由高底座和低底座连接在悬梁上，通过底座的高差，使两台环行小车车轮落在同一环行轨面上。

环行轨道抓岩机一般适用于大型井筒，当井筒净直径为5～6.5m时，可选用单斗HH－6型抓岩机；井筒净直径大于7m时，宜选用双斗2HH－6型抓岩机，适用的井筒深度一般大于500m，可与FJD－9型伞形钻架和3～4m^{3}大吊桶配套，采用短段平行作业或短段单行作业较为适宜。

中心回转抓岩机和环行轨道抓岩机，都具有机械化程度高、生产能力大、动力单一、操作灵便、结构合理、运转可靠等优点。另外，机组都是一次安装使用，无需每个循环上下起落和重新固定。因此，辅助作业时间短。但是它们都不能与凿岩工序平行作业，清底效果较差，出矸时悬梁（或臂杆）旋转与提升吊桶运行易互相干扰。另外，环行轨道抓岩机均安装在吊盘下面，检查维护及掘砌交替时，吊盘的改装不如中心回转抓岩机方便。

3.4.2 翻矸方式

岩石经吊桶提到翻矸台上后，须翻卸在溜矸槽内或卸在井口矸石仓内，以便用自卸汽车或矿车运走。

自动翻矸有翻笼式、链球式和座钩式等几种翻矸方式，其中以座钩式使用效果最好。

座钩式自动翻矸装置，如图3－23所示，是由底部带中心圆孔的吊桶1、座钩2、托梁4及支架6等组成。翻矸装置通过支架固定在翻矸门7上。

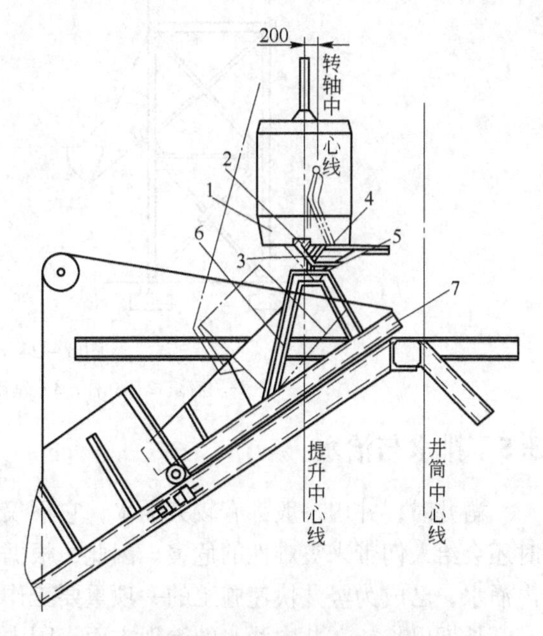

图3－23 座钩式自动翻矸装置

1—吊桶；2—座钩；3—轴承；4—托梁；5—平衡尾架；6—支架；7—翻矸门

装满岩石的吊桶提到翻矸台上方后，关上翻矸门，吊桶下落，使钩尖进入桶底中心孔内。钩尖处于提升中心线上，而托梁的转轴中心偏离提升中心线200mm。吊桶借偏心作用开始向前倾倒，直到钩头钩住桶底中心孔边缘钢圈为止。翻矸后，上提吊桶，座钩自行脱离，并借自重恢复到原来位置。

此种翻矸装置具有结构简单、加工安装容易、翻矸动作可靠、翻矸时间较短等优点，现在已在不少矿井使用。

3.4.3 排矸方式

排矸能力要满足适当大于装岩和提升能力之和的要求，以不影响装岩和提升工作不间断进行为原则。通常用自卸汽车排矸。汽车排矸机动灵活，排矸能力大，可将矸石用来垫平工业场地，或附近山谷、洼地，方便迅速，故被多数施工现场采用。

在平原地区建井可设矸石山。井口矸石装入矿车后，运至矸石山卸载；在山区建井，矸石装入矿车，利用自滑坡道线路，将矸石卸入山谷中。

3.4.4 矸石仓

为了调剂井下装矸、提升及地面排矸能力，应设立矸石仓，如图3-24所示，其目的是贮存适当数量的矸石量，以保证即使中间某一环节暂时中断时排矸工作仍照常继续进行。矸石仓容量可按一次爆破矸石量的1/10~1/5进行设计，约为20~30m^3。矸石仓设于井架一侧或两侧。为卸矸方便，溜槽口下缘至汽车车厢上缘的净空距为300~500mm，溜矸口的宽度不小于2.5~3倍矸石最大块径，高度不小于矸石最大块径1.7~2倍；溜槽底板坡度不小于40°。

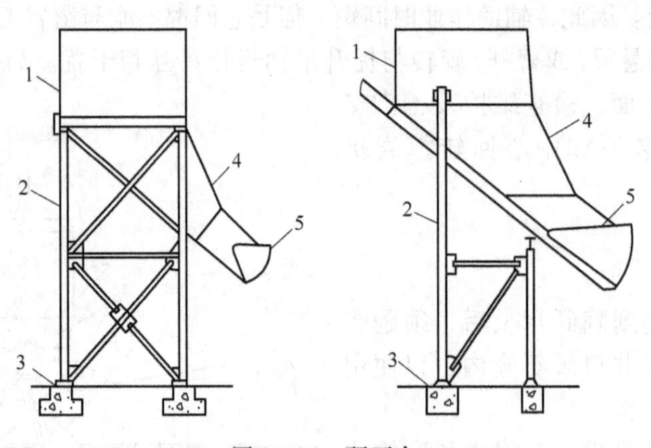

图3-24 矸石仓

1—仓体；2—立柱；3—基础；4—溜槽；5—溜槽口

3.5 排水与治水

凿井时，井内一般都有较大涌水，它不仅影响工程速度、工程质量、劳动效率，严重时还会给人们带来灾难性的危害。因此，根据不同的条件，应采取有效措施。妥善处理井内涌水，已成为竖井快速施工的一项重要工作。

长期以来，在井内涌水的治理方面，国内外积累了很多丰富经验，并创造了不少行之有效的治水方法，例如：注浆堵水、钻空泄水、井内截水和机械排水等。

以往，我国多单独采用吊泵排水。由于这种方法不能从根本上消除涌水对井筒施工造成的影响，更不适应目前机械化凿井的新条件，所以采用注浆堵水凿井的积极方法在我国日益增多。随着注浆技术的发展，注浆材料和注浆设备的改进，注浆堵水将成为我国凿井的主要治水方法。

治水方法必须根据含水层的位置、厚度、涌水大小、岩层裂隙及方向、凿井工程条件等因素来决定。合理的井内治水方法应满足治水效果好、费用低，对井筒施工工期影响小，设备少，技术简单，安全可靠等要求。

3.5.1 排水工作

3.5.1.1 吊桶排水

当井筒深度不大且涌水量小时，可用吊桶排水，随同矸石一起提到地面。

吊桶排水能力取决于吊桶容积及每小时吊桶提升次数。吊桶小时排水能力可用下式计算：

$$Q = nVK_1K_2 \tag{3-10}$$

式中 V——吊桶容积，m^3；

n——吊桶每小时提升次数；

K_1——吊桶装满系数，$K_1=0.9$；

K_2——松散岩石中的孔隙率，$K_2=0.4\sim0.5$。

吊桶容积及每小时提升次数是有限的，而且随井筒加深，提升次数减少，故吊桶排水能力受限制，一般只限井筒涌水量小于 $8\sim10m^3/h$ 条件下使用。吊桶排水时，须用压气小水泵置于井筒工作面水窝中，将水排至吊桶中提出，如图 3－25 所示。压气小水泵的构造如图 3－26 所示，其技术性能见表 3－20。

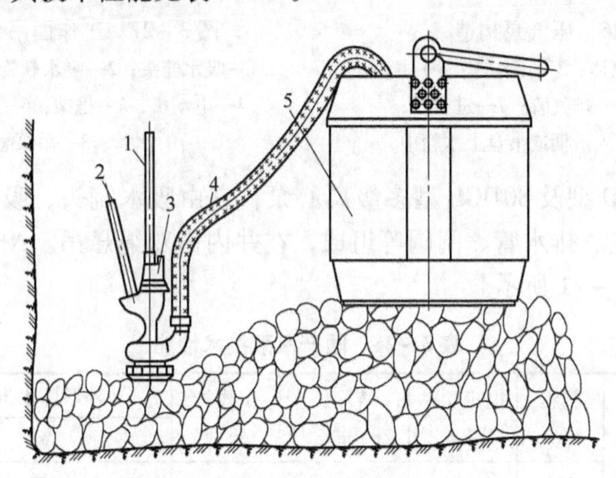

图 3－25 压气泵吊桶排水

1—进气管；2—排气管；3—压气泵；4—排水软管；5—吊桶

表 3－20 压气泵技术性能

型　号	流量 /m³·h⁻¹	扬程 /m	工作风压 /MPa	耗风量 /m³·min⁻¹	进气管内径 /mm	排气管内径 /mm	排水管内径 /mm	质量 /kg
F－15－10	15	10	>0.4	2.5	16	—	40	15
1－17－70	17	70	≥0.5	4.5	25	50	40	25

3.5.1.2 吊泵排水

当井筒涌水量超过吊桶的排水能力时，须设吊泵排水。吊泵为立式泵，泵体较长，但所占井筒的水平断面积较小，有利于井内设备布置。吊泵在井内的工作状况如图 3-27 所示。

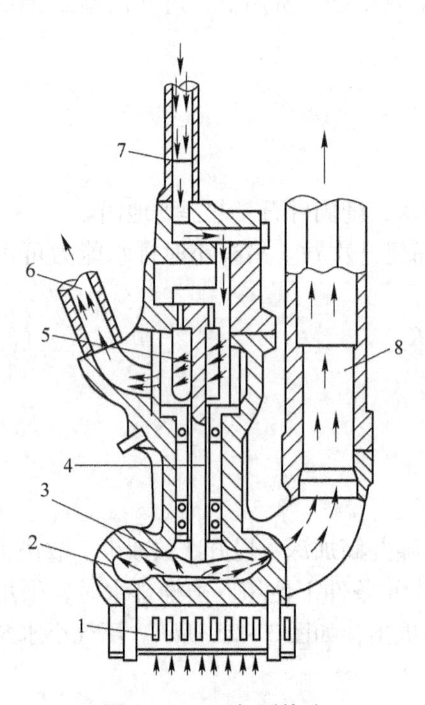

图 3-26 压气泵构造

1—滤水器；2—泵体；3—工作轮；4—主轴；5—风动机；6—排气管；7—进气管；8—排水管（排入吊桶或吊盘上水箱中）

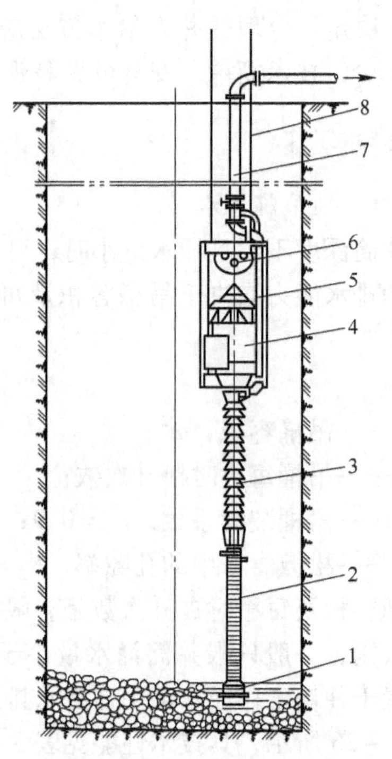

图 3-27 工作面吊泵排水示意

1—吸水笼头；2—吸水软管；3—水泵机体；4—电动机；5—框架；6—滑轮；7—排水管；8—吊泵悬吊绳

常用吊泵为 NBD 型及 80DGL 型多级离心泵，它由吸水笼头、吸水软管、水泵机体、电动机、框架、滑轮、排水管、闸阀等组成，在井内由双绳悬吊。NBD 型及 80DGL 型吊泵的技术性能如表 3-21 所示。

表 3-21 国产吊泵技术性能

型号	排水量 /$m^3 \cdot h^{-1}$	扬程 /m	电机功率 /kW	转速 /$r \cdot min^{-1}$	工作轮级别	外形尺寸/mm			质量 /kg	吸程 /m
						长	宽	高		
NBD30/250	30	250	45	1450	15	990	950	7250	3100	5
NBD50/250	50	250	75	1450	11	1020	950	6940	3000	5
NBD50/500	50	500	150	2950		1010	868	6695	2500	4
80DGL50×10	50	500	150	2950	10	840	925	5503	2400	
80DGL50×15	50	750	250	2950	15	890	985	6421	4000	

当井筒排水深度超过一台吊泵的扬程时，须采用接力排水方式。当排水深度超过扬程不大时，可用压气泵将工作面的水排至吊盘上或临时平台的水箱中，再用吊泵或卧泵将水

排出地面，如图3－28所示。当排水深度超过扬程很大时，须在井筒的适当深度上设转水站（腰泵房）或转水盘，工作面的吊泵将水排至转水站，再由转水站用卧泵排出地表，如图3－29所示。如果主、副井相距不远，可以共用一个转水站，即在两井筒间钻一稍为倾斜的钻孔，连通两井，将一个井筒的水通过钻孔流至另一井筒的转水站水仓中，再集中排出地面。

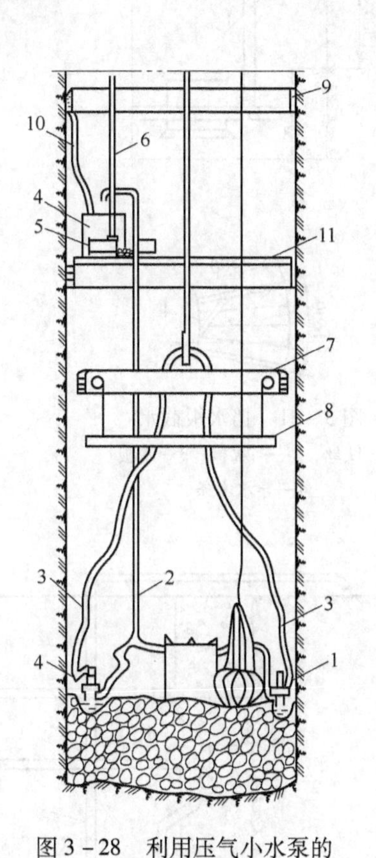

图3－28　利用压气小水泵的多段排水系统

1—高压风动小水泵；2，6—排水管；3—压风管；4—水箱；5—卧泵；7—吊盘；8—凿岩环；9—集水槽；10—导水管；11—临时平台

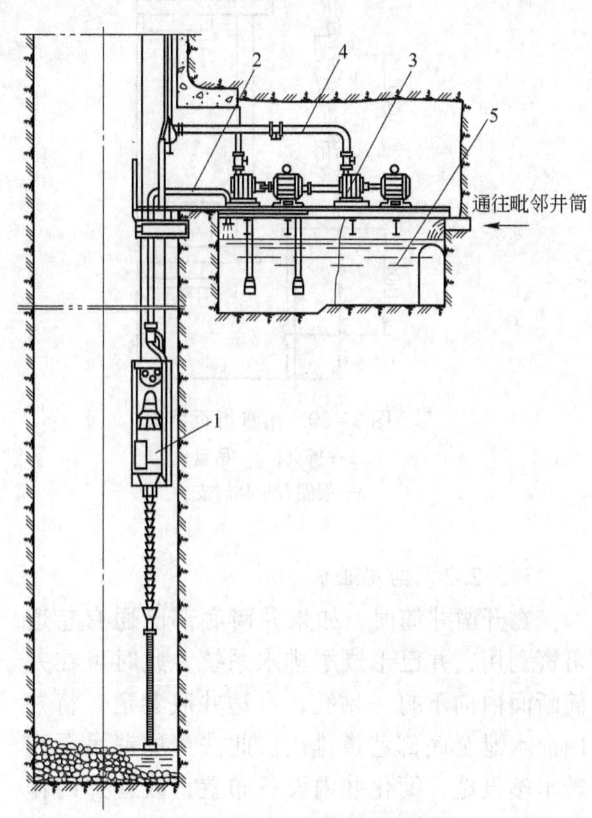

图3－29　转水站接力排水

1—吊泵；2—吊泵排水管；3—卧泵；4—卧泵排水管；5—水仓

3.5.2　治水方式

3.5.2.1　截水

为消除淋帮水对井壁质量的影响和对施工条件的恶化，在永久井壁上或永久支护前应采用截水和导水的方法。

井筒掘进时，沿临时支护段的淋水，可采用吊盘折页（见图3－30）或用挡水板（见图3－31）截住导至井底后排出。

在永久井壁漏水严重的地方应用壁后或壁内注浆予以封闭；剩余的水也要用固定的截水槽将水截住，导入腰泵房或水箱中就地排出地面，如图3－32所示。截水槽常设在透水层的下边。在腰泵房上方有淋水时也应设截水槽。

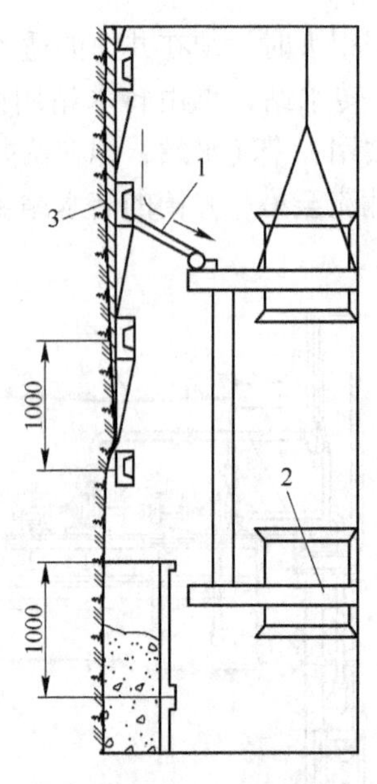

图 3－30 吊盘折页挡水

1—折页；2—吊盘；

3—架圈背板临时支护

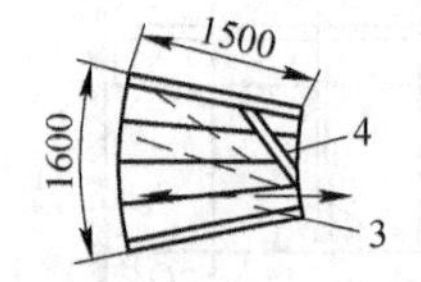

图 3－31 挡水板截水

1—铁丝；2—挡水板；3—木板；

4—导水木条

3.5.2.2 钻孔泄水

在开凿井筒时，如果井筒底部已通有巷道可资利用，并已形成了排水系统，此时可在井筒断面内向下打一钻孔，直达井底巷道，将井内涌水泄至底部巷道排出。此法可取消吊泵或转水站设施，简化井内设备布置，改善井内作业条件，加快施工速度，在矿井改建、扩建有条件时应多利用。

泄水钻孔必须保证垂直，钻孔的偏斜值一定要控制在井筒轮廓线以内。其次，要保护钻孔，防止矸石堵塞泄水孔或因泄水孔孔壁坍塌堵孔。为此孔内可下一带筛孔的套管，随工作面的推进，逐段切除套管。放炮前，须用木塞将泄水孔堵住，以免爆破矸石掉入泄水孔将孔堵住。有的矿井使用这一方法，取得了较好的效果。

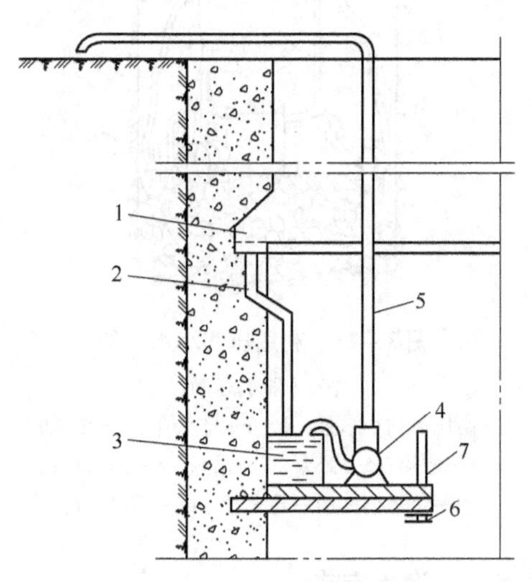

图 3－32 固定截水槽截水

1—混凝土截水槽；2—导水管；3—盛水小桶；

4—卧泵；5—排水管；6—钢梁；7—月牙形固定盘

3.6 竖井井筒支护

井筒向下掘进一定深度后，便应进行永久支护工作，起支承地压、固定井筒装备、封堵涌水以及防止岩石风化破坏等作用。

根据岩层条件、井壁材料、掘砌作业方式以及施工机械化程度的不同，可先掘进 1 或

2 个循环，然后再掘进工作面砌筑永久井壁。有时为了减少掘砌两大工序的转换次数和增强井壁的整体性，往往向下掘进一长段后，再行砌壁。这样，应在掘进过程中，及时进行临时支护，维护岩帮，确保工作面的安全。

3.6.1 临时支护

这是当井筒进行施工时，为了保证施工安全，对围岩进行的一种临时防护措施。根据围岩性质、井段高度及涌水量等的不同，临时支护分下列几种形式。

3.6.1.1 锚杆金属网

这种支护是用锚杆来加固围岩，并挂金属网以阻挡岩帮碎块下落。金属网通常由 16 号镀锌铁丝编织而成，用锚杆固定在井壁上。锚杆直径通常为 12 ~ 25mm，长度视围岩情况而为 1.5 ~2.0m，间距 0.7 ~1.5m。

锚杆金属网的架设是紧跟掘进工作面，与井筒的打眼工作同时进行。支护段高一般为 10 ~ 30m。

锚杆金属网支护，一般适用于 f 大于 5、仅有少量裂隙的岩层条件，并常与喷射混凝土支护相结合，既是临时支护又是永久支护的一部分。它是一种较轻便的支护形式。

3.6.1.2 喷射混凝土

喷射混凝土作临时支护，其所用机具及施工工艺均与喷射混凝土永久支护相同，唯其喷层厚度稍薄，一般为 50 ~ 100mm。它具有封闭围岩、充填裂隙、增加围岩完整性、防止风化的作用。

喷射混凝土临时支护，只有在采用整体式混凝土永久井壁时，其优越性才较明显(便于采用移动式模板或液压滑模实现较大段高的施工，以减少模板的装卸及井壁的接茬)。当永久支护为喷射混凝土井壁时，从施工角度看，宜在同一喷射段高内按设计厚度一次分层喷够，以免以后再用作业盘等设施进行重复喷射。其次，从适应性角度看，采用喷射混凝土永久井壁的井筒，其围岩应该是坚硬、稳定、完整的，开挖后不产生大的位移。

3.6.1.3 挂圈背板

挂圈背板临时支护由槽钢井圈、挂钩、背板、立柱和楔子组成，如图 3 - 33 所示。它随着掘进工作面的下掘而自上向下吊挂。

以前，竖井临时支护多使用挂圈背板。这种临时支护对通过表土层及其他不稳定岩层，仍不失为一种行之有效的方式。然而，它存在着严重的缺点。随着掘砌工序的转换，井圈、背板，立柱等需反复装拆、提放，干扰其他工序，材料损耗也大。因此，随着新型临时支护的出现，挂圈背板逐渐被取代。

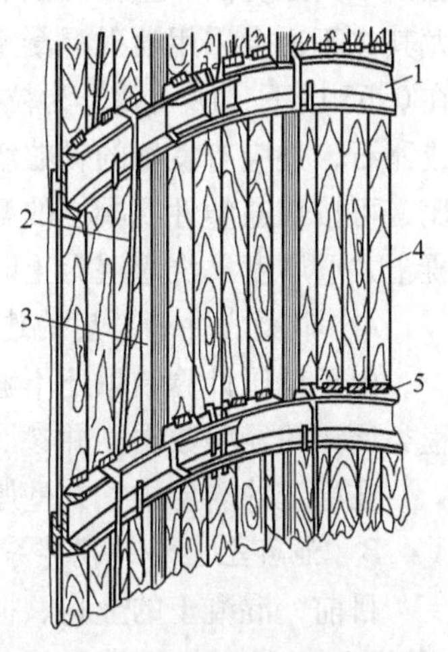

图 3 - 33 挂圈背板临时支护
1—井圈；2—挂钩；3—立柱；4—背板；5—木楔

3.6.1.4 掩护筒

掩护筒是随着井筒掘进工作面的推进而下移的一种刚性或柔性的筒形金属结构。在其保护下，进行井筒的掘砌工作。掩护筒仅起“掩护”作用，而不起支护作用。

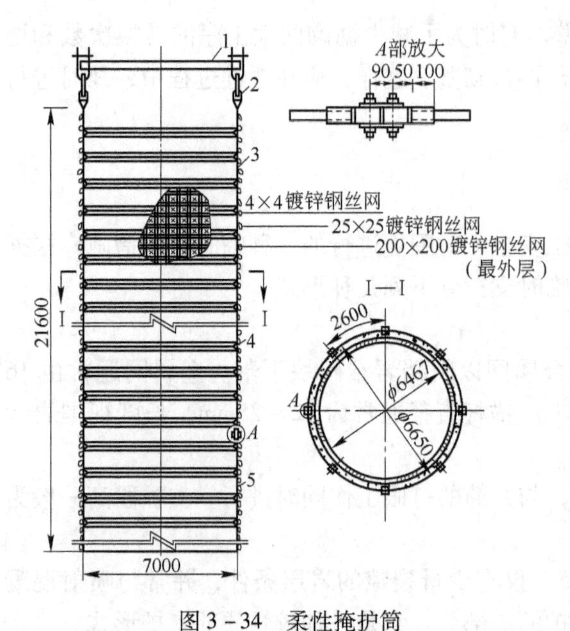

图3-34 柔性掩护筒

1—悬吊掩护筒的吊盘下盘；2—拉线绝缘子96个；3—ϕ9mm的钢丝绳；4—100mm×100mm×10mm角钢；5—12.5mm钢丝绳

国内一些竖井施工中，曾用过各种类型的掩护筒。如弓长岭铁矿竖井，曾用过刚性和柔性掩护筒；贵州水城老鹰山副井和平顶山矿竖井，也使用了柔性掩护筒，如图3-34所示。在国外掩护筒的应用较多。

该掩护筒以100mm×100mm×10mm的角钢为骨架，角钢间距为1m。在角钢架外敷设三层柔性网：第一层为直径2mm的镀锌钢丝网，网孔为4mm×4mm，第二层为直径2mm的镀锌钢丝网，网孔为25mm×25mm，第三层为经线直径9mm，纬线直径6.2mm的钢丝绳网，经线兼作悬挂钢绳。

掩护筒外径6650mm，距井帮300mm。掩护筒下部距工作面4m处扩大成喇叭形，底部与井帮间距为150mm。掩护筒总高21.6m，总质量为9.9t，用96根经线钢丝绳悬挂在吊盘下层盘外沿的槽钢圈上。吊盘用25t稳车回绳悬吊。

各种掩护筒一般用于岩层较为稳定、平行作业的快速建井施工中。

3.6.2 永久支护

3.6.2.1 混凝土支护

混凝土（或称现浇混凝土）与喷射混凝土同为目前竖井支护中两种主要形式。混凝土由于其强度高、整体性强、封水性能好、便于实现机械化施工等优点，使用相当普遍，尤其在不适合采用喷射混凝土的地层中，常用混凝土作永久支护。混凝土的水灰比应控制在0.65以下，所用砂子为粒径0.15~5mm的天然砂，所用石子为粒径30~40mm的碎石或卵石，并应有良好的颗粒级配。井壁常用的混凝土标号为150~200号。混凝土的配合比，可按普通塑性混凝土的配合比设计方法进行设计，或者按有关参考资料选用。现将混凝土井壁厚度、浇灌混凝土时所用的机具及工艺特点分别介绍如下。

A 混凝土井壁厚度的选择

由于地压计算结果还不够准确，因而井壁厚度计算也只能起参考作用。设计时多按工程类比法的经验数据，并参照计算结果确定壁厚。

在稳定的岩层中，井壁厚度可参照表3-8的经验数据选取。

B 混凝土上料、搅拌系统

目前，混凝土的上料、搅拌已实现了机械化，可以满足井下大量使用混凝土的需要（见图3-35）。地面设1~2台铲运机1，将砂、石装入漏斗2中，然后用胶带机3送至储料仓中。在料仓内通过可转动的隔板4将砂、石分开，分别导入砂仓或石子仓中。料仓、计量器、搅拌机呈阶梯形布置，料仓下部设有砂、石漏斗闸门7及计量器8。每次计量好

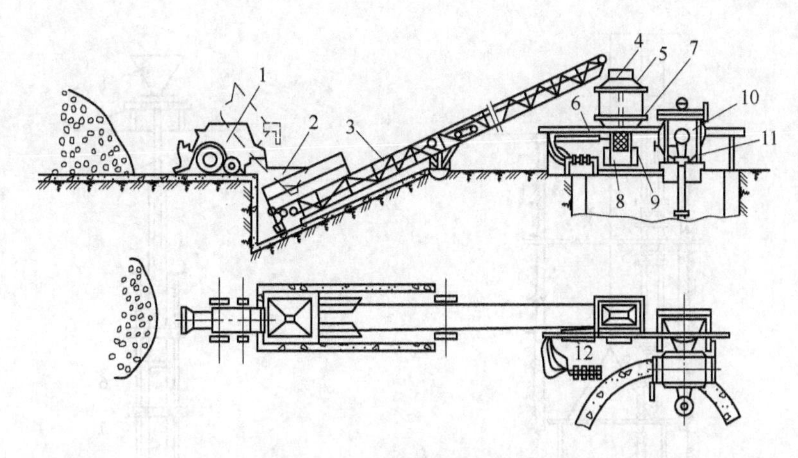

图 3－35 混凝土上料系统

1—气动铲运机（ZYQ－12G）；2—0.9m^3 漏斗；3—胶带机；4—储料仓间隔挡板；5—储料仓；6—工字钢滑轨；7—砂石漏斗闸门；8—底卸式计量器；9—计量器底卸气缸；10—搅拌机；11—输料管漏斗；12—计量器行程气缸

的砂、石可直接溜入搅拌机 10 中。水泥及水在搅拌机处按比例直接加入。搅拌好的混凝土经溜槽溜入输料管的漏斗 11 送至井下使用。此上料系统结构紧凑，上料及时，使用方便。

C 混凝土的下料系统

为使混凝土的浇灌连续进行，目前多采用溜灰管路将在井口搅拌好的混凝土输送到井筒支护工作面。使用溜灰管下料的优点是：工序简单，劳动强度小，能连续浇灌混凝土，可加快施工速度。

溜灰管下料系统如图 3－36 所示。混凝土经漏斗 1、伸缩管 2、溜灰管 3 至缓冲器 6，经减速、缓冲后再经活节管进入模板中。浇灌工作均在吊盘上进行。

（1）漏斗。由薄钢板制成，其断面可为圆形或矩形，下端与伸缩管连接。

（2）伸缩管，如图 3－37 所示。在混凝土浇灌过程中，为避免溜灰管拆卸频繁，可采用伸缩管。

伸缩管的直径一般为 125mm，长为 5～6m。上端用法兰盘和漏斗联结，法兰盘下用特设在支架座上的管卡卡住，下端插入 ϕ150mm 的溜灰管中。浇灌时随着模板的加高，伸缩管固定不动，溜灰管上提，直到输料管上端快接近漏斗时，才拆下一节溜灰管，使伸缩管下端仍刚好插入下面溜灰管中继续浇灌。为使伸缩管的通过能力不致因管径变小而降低，尚有采用与溜灰管等管径的伸缩管，溜灰管上端加一段直径较大的变径管，接管时拆下变径管即可，如图 3－38 所示。

（3）溜灰管。一般用 ϕ150mm 的厚壁耐磨钢管，每节管路之间用法兰盘联结。一条 ϕ150mm 的溜灰管，可供三台 400L 搅拌机使用。因此，在一般情况下，只需设一条溜灰管。

（4）活节管。其是为了将混凝土送到模板内的任何地点而采用的一种可以自由摆动的柔性管。一般由 15～25 个锥形短管（见图 3－39）组成。总长度为 8～20m。锥形短管的长度为 360～660mm，宜用厚度不小于 2mm 的薄钢板制成。挂钩的圆钢直径不小于 12mm。

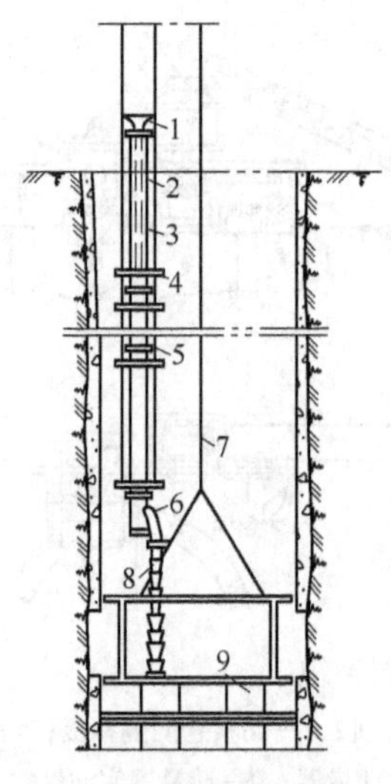

图3-36 混凝土输送管路
1—漏斗；2—伸缩管；3—溜灰管；4—管卡；
5—悬吊钢丝绳；6—缓冲器；7—吊盘
钢丝绳；8—活节管；9—金属模板

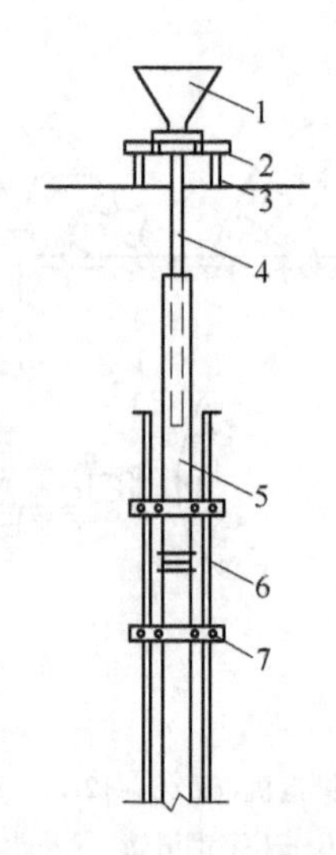

图3-37 伸缩管
1—漏斗；2，7—管卡；3—支架座；
4—伸缩管；5—溜灰管；
6—悬吊钢丝绳

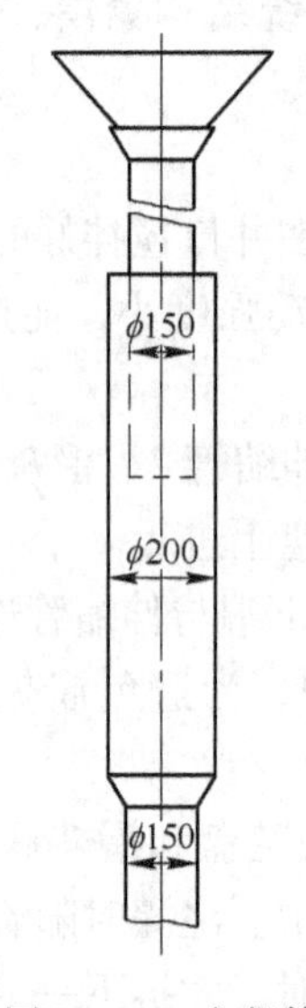

图3-38 变径管

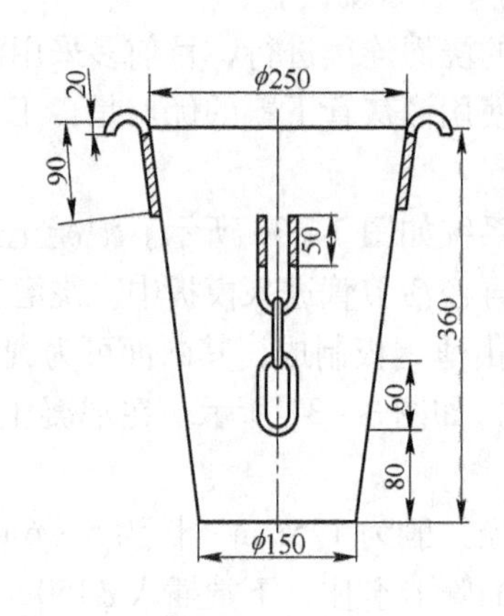

图3-39 锥形短管

（5）缓冲器。缓冲器用法兰盘联结在溜灰管的下部，借以减缓混凝土的流速和出口时的冲击力，其下端和活节管相联。常用的缓冲器有单叉式(盲肠式)、双叉式和圆筒形几种。

1）单叉式缓冲器，如图3-40所示，由 ϕ150mm 的钢管制成。分岔角（又称缓冲角，即侧管与直管的夹角）一般取13°~15°，以14°为佳；太大则易堵管，太小则缓冲作用不大。此种缓冲器易磨损。

2）双叉式缓冲器，如图3-41所示，中间短段直管（即所谓溢流管）直径与上部直管相同，其长度以能安上堵盘为准，一般取200mm。混凝土通过时，此段短管全部被混凝土充实，从而减轻了混凝土对转折处的冲击和磨损。

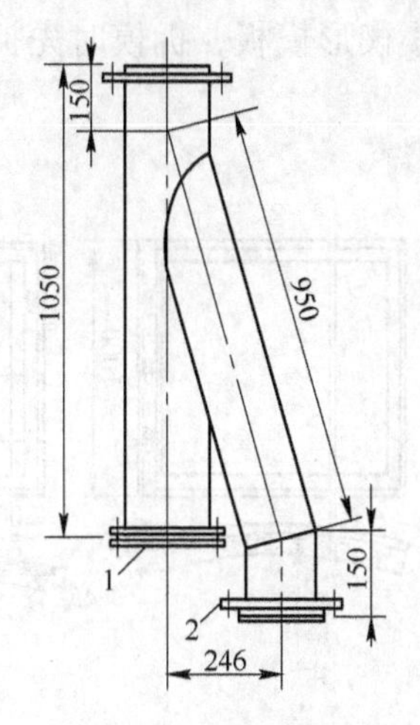

图 3-40 单叉式缓冲器
1—堵盘；2—松套法兰盘

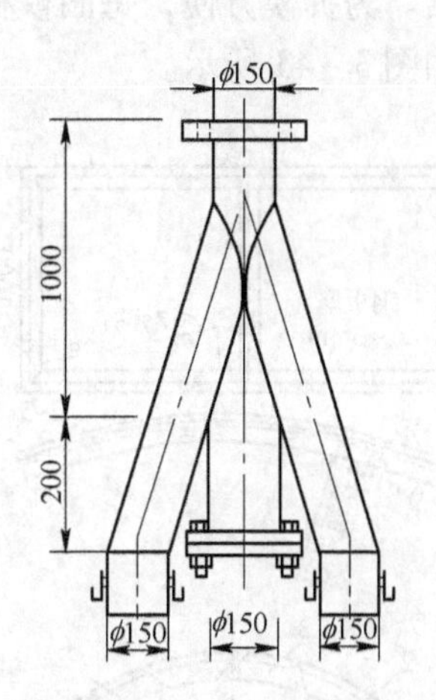

图 3-41 双叉式缓冲器

双叉式缓冲器的优点在于能使溜灰管受力均匀，不易磨损和堵塞，而且混凝土经缓冲器后分成两路对称地流入模板，模板受力均衡，不易变形。

3）圆筒形缓冲器，如图 3-42 所示，其中央为一实心圆柱，承受混凝土的冲击，端部磨损后可以烧焊填补。四片肋板将环形空间等分为四部分。每一扇形大致和 ϕ150mm 管断面相等。

这种缓冲器结构简单，不易堵塞、磨损。某矿东风井井深 300 多米，在建井过程中只用一个圆筒形缓冲器，成井后尚未磨损。

溜灰管输送混凝土的深度不受限制。为减速而设置的缓冲器，也无需随井深而增加(用一个即够)。缓冲器的缓冲角可取定值，无需随井深而增大。

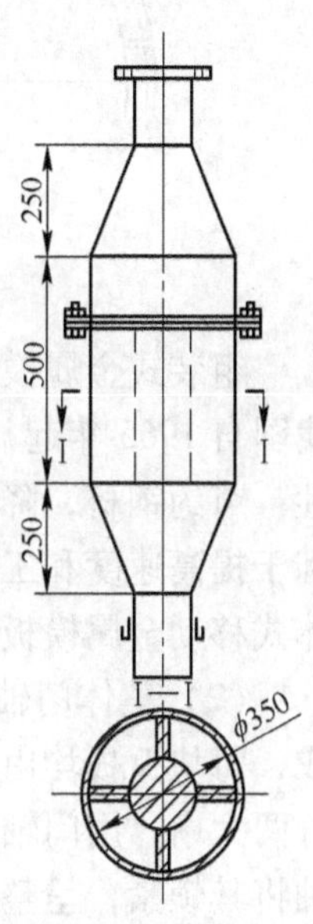

图 3-42 圆筒形缓冲器

D 模板

a 概述

在浇灌混凝土井壁时，必须使用模板。模板的作用是使混凝土按井筒断面成型，并承受新浇混凝土的冲击力和侧压力等。模板从材料上分有木模板、金属模板；从结构形式上分有普通组装模板、整体式移动模板等；从施工工艺上分，有在砌壁全段高内分节立模、分节浇灌的普通模板，一次组装、全段高使用的滑升模板等。木模板重复利用率低，木材消耗量大，使用得不多；金属模板强度大，重复利用率高，故使用广泛。大段高浇灌时多用普通组装模板或滑升模板，短段掘砌时多用整体式移动金属模板。

b 金属模板

(1) 组装式金属模板。这种模板是在地面先做成小块弧形板，然后送到井下组装。每圈约由 10～16 块组成；块数视井筒净径大小而定，每块高度 1～1.2m。弧长按井筒净周长的 1/16～1/8，以两人能抬起为准。模板用 4～6mm 钢板围成，模板间的联结处和筋板用 60mm×60mm×4mm 或 80mm×80mm×5mm 角钢制成，每圈模板和上下圈模板之间均用螺栓联结。为拆模方便，每圈模板内有一块小楔形模板，拆模时先拆这块楔形模板。模板及组装如图 3－43 所示。

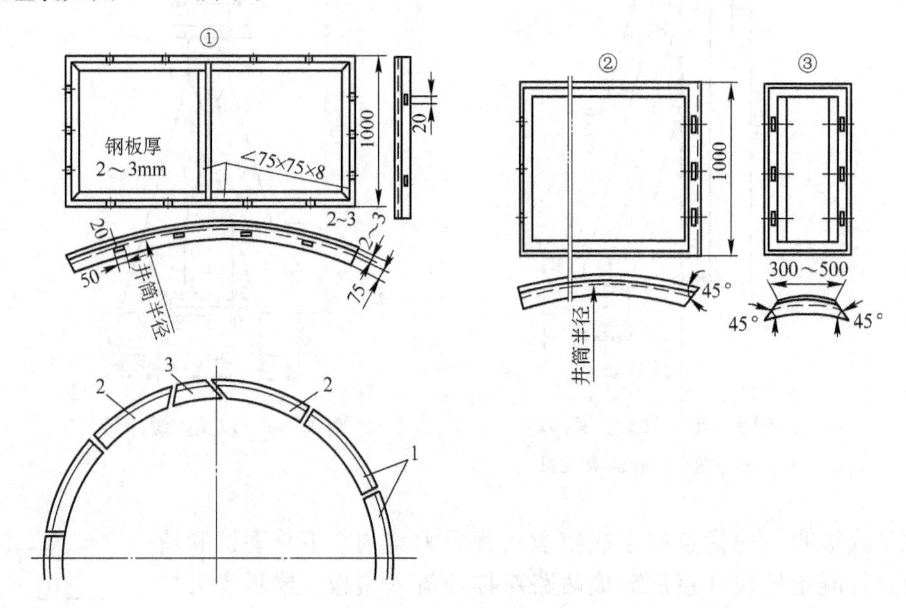

图 3－43 组装式金属模板

1—弧形模板；2—单斜面弧形模板；3—楔形小块弧形模板

组装式金属模板使用时需要反复组装及提放，既笨重，又费时。为了解决这一矛盾，我国自 1965 年起，成功地设计、制造、使用了整体式移动金属模板。它具有明显的优越性：节约钢材，降低施工成本，简化施工工序，提高施工机械化水平，减轻劳动强度，有利于提高速度和工效。如今，它已在全国各矿山得到推广使用，并在实践中不断改进。整体式移动金属模板有多种，各有优缺点，下面介绍门轴式移动模板的结构和使用。

（2）整体门轴式移动模板。此种模板如图 3－44 所示，由上下两节共 12 块弧板组成，每块弧板均由六道槽钢作骨架，其上围以 4mm 厚钢板，各弧板间用螺栓连接。模板分两大扇，用门轴 2、8 联成整体。其中一扇设脱模门，与另一扇模板斜口接合，借助销轴将其锁紧，呈整体圆筒状结构。模板的脱模是通过单斜口活动门 1、绕门轴 2 转动来完成的，故称门轴式。在斜口的对侧与门轴 2 非对称地布置另一门轴 8，以利于脱模收缩。模板下部为高 200mm 的刃角，用以形成接茬斜面。上部设 250mm×300mm 的浇灌门，共 12 个，均布于模板四周。模板全高 2680mm，有效高度为 2500mm；为便于混凝土浇灌，在模板高 1/2 处设有可拆卸的临时工作平台。模板用 4 根钢丝绳通过四个手动葫芦悬挂在双层吊盘的上层盘上。模板与吊盘间距为 21m。它与组装式金属模板的区别在于，每当浇灌完模板全高，经适当养护，待混凝土达到能支承自身重量的强度时，即可打开脱模门，同步松动模板的四根悬吊钢丝绳，依靠自重，整体向下移放。使用一套模板即可由上而下浇灌整个井筒，既简化了模板拆装工序，也节省了钢材。

采用这种模板的施工情况（见图 3－45）。当井筒掘进 2.5m 后，再放一次炮，留下虚碴整平，人员乘吊桶到上段模板处，取下插销，打开斜口活动门，使模板收缩呈不闭合状。然后，下放吊盘，模板即靠自重下滑至井底。用手拉葫芦调整模板，找平、对中、安装活动脚手架后即可进行浇灌。

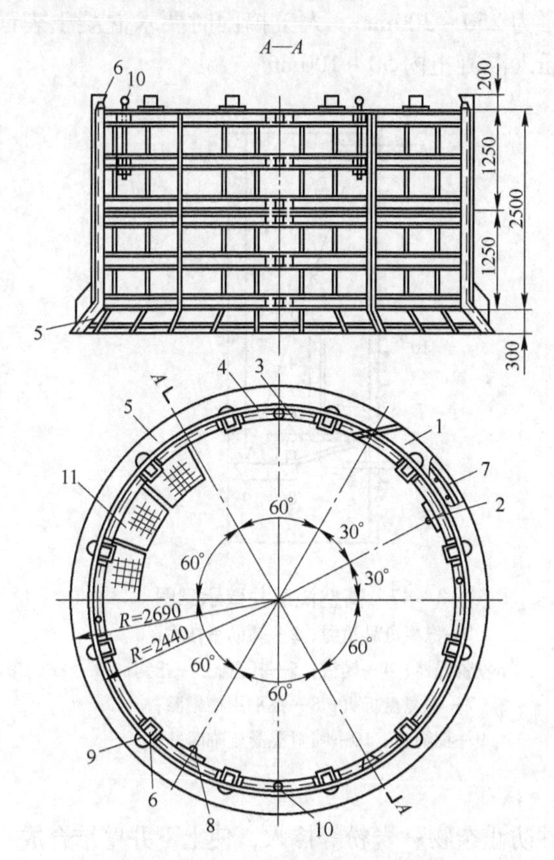

图 3-44 整体门轴式移动模板

1—斜口活动门；2，8—门轴；3—槽钢骨架；4—围板；5—模板刃角；6—浇灌门；7—刃角加强筋；9—浇灌孔盒（预留下井段浇灌孔）；10—模板悬吊装置；11—临时工作台

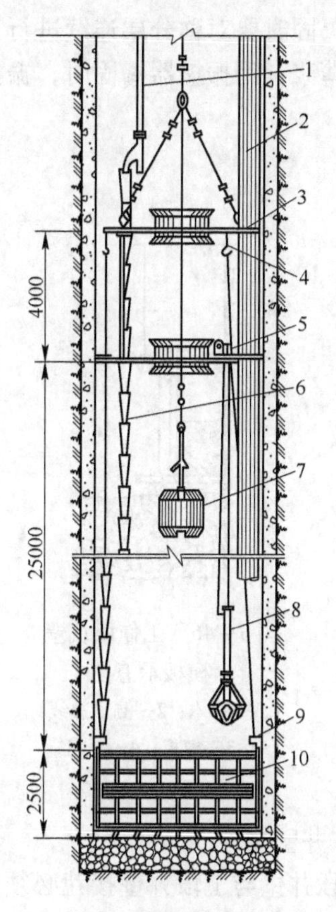

图 3-45 短段掘砌时混凝土井壁的施工

1—下料管；2—胶皮风管；3—吊盘；4—手拉葫芦；5—抓岩机风动绞车；6—金属活节下料管；7—吊桶；8—抓岩机；9—浇灌孔门；10—整体移动式金属模板

这种模板是直接稳放在掘进工作面的岩碴上浇灌井壁，因此只适用于短段掘砌的施工方法。模板高度应配合掘进循环进尺并考虑浇灌方便而定。

此种模板拆装和调整均较方便，因此应用较多，效果也好。但变形较大，井壁封水性较差。

E 混凝土井壁的施工

a 立模与浇灌

在整个砌壁过程中，以下部第一段井壁质量（与设计井筒同心程度、壁体垂直度及壁厚）最为关键，因此，立模工作必须给予足够的重视。根据掘砌施工程序的不同，分掘进工作面砌壁和高空砌壁两种。

（1）在掘进工作面砌壁时，先将矸石大致平整并用砂子操平，铺上托盘，立好模板，然后用撑木将模板固定于井帮，如图 3-46 所示。立模时要严格按中、边线操平找正，确保井筒设计的规格尺寸。

（2）当采用长段掘砌反向平行作业施工须高空浇灌井壁时，则可在稳绳盘上或砌壁工作盘上安设砌壁底模及模板的承托结构，如图 3-47 所示。以承担混凝土尚未具有强度时的重量。待具有自支强度后，即可在其上继续浇灌混凝土，直到与上段井壁接茬为止。浇灌和捣固时要对称分层连续进行，每层厚为 250~300mm。人工捣固时要求混凝土表面要出现薄浆；用振捣器捣固时，振捣器要插入混凝土内 50~100mm。

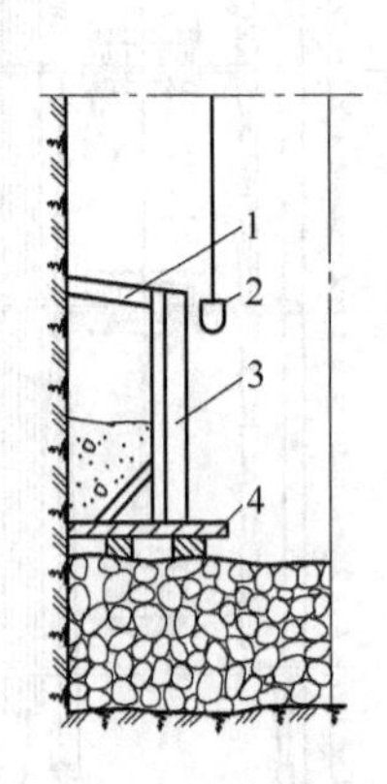

图 3-46 工作面筑壁立模板示意图

1—撑木；2—测量边线；3—模板；4—托盘

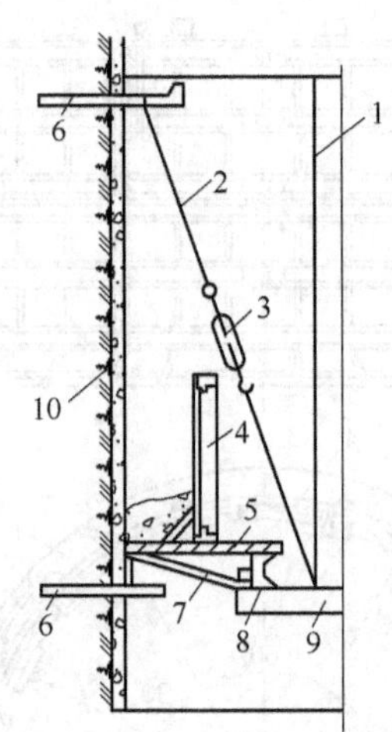

图 3-47 高空浇灌井壁示意图

1—稳绳盘悬吊绳；2—辅助吊挂绳；3—紧绳器；4—模板；5—托盘；6—托钩；7—稳绳盘折页；8—找平用槽钢圈；9—稳绳盘；10—喷射混凝土临时井壁

b 井壁接茬

下段井壁与上段井壁接茬必须严密，并防止杂物、岩粉等掺入，使上下井壁结合成一整体，无开裂及漏水现象。井壁接茬方法主要有：

（1）全面斜口接茬法。如图 3-48 所示，适用于上段井壁底部沿井筒全周预留有刃角状斜口，斜口高为 200mm。当下段井壁最后一节模板浇灌至距斜口下端 100mm 时，插上接茬模板，边插边灌混凝土，边向井壁挤紧，完成接茬工作。

（2）窗口接茬法。如图 3-49 所示，适用于上段井壁底部沿周长上每隔一定距离（不大于 2m）预留有 300mm×300mm 的接茬窗口。混凝土从此窗口灌入，分别推至窗口两侧捣实，最后用小块木模板封堵即可。也可用混凝土预制块砌严，或以后用砂浆或混凝土抹平。

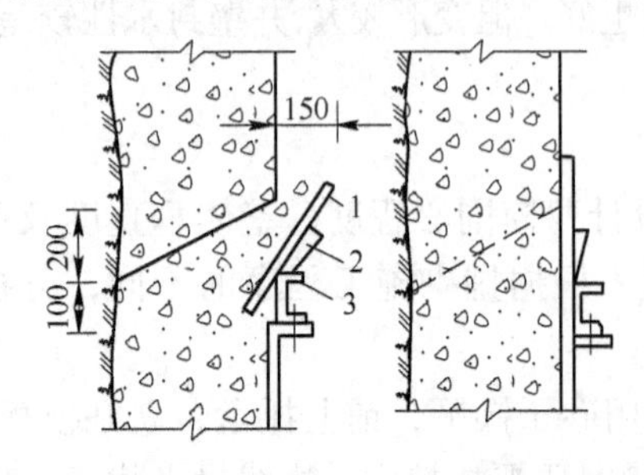

图 3-48 全面斜口接茬法

1—接茬模板；2—木楔；3—槽钢碹骨圈

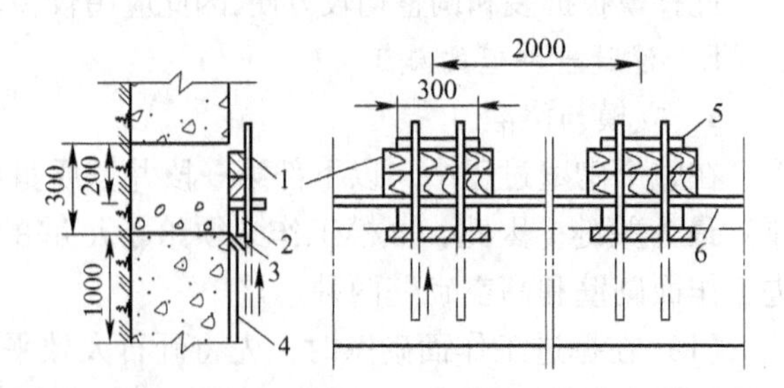

图 3-49 窗口接茬法

1—小模板；2—长 400mm 插销；3—木垫板；4—模板；5—窗口；6—上段井壁下沿

（3）倒角接茬法。如图3－50所示，将最后一节模板缩小成圆锥形，在纵剖面看似一倒角。通过倒角和井壁之间的环形空间将混凝土灌入模板，直至全部灌满，并和上段井壁重合一部分形成环形鼓包。脱模后，立即将鼓包刷掉。

这种方法能保证接茬处的混凝土充填饱满，从而保证接茬处的质量，施工方便，在使用移动式金属模板时更为有利，但增加了一道刷掉鼓包的工序。

采用刚性罐道时，可以预留罐道梁梁窝，即在浇灌过程中，在设计的梁窝位置上预先埋好梁窝木盒子，盒子尺寸视罐道梁的要求而定。以后井筒安装时，即可拆除梁窝盒子，插入罐道梁，用混凝土浇灌固死，如图3－51所示。但目前有的矿山已推广使用树脂锚杆在井壁上固定罐道梁方法，收到良好效果。至于现凿梁窝，因费工费时，现已使用不多。

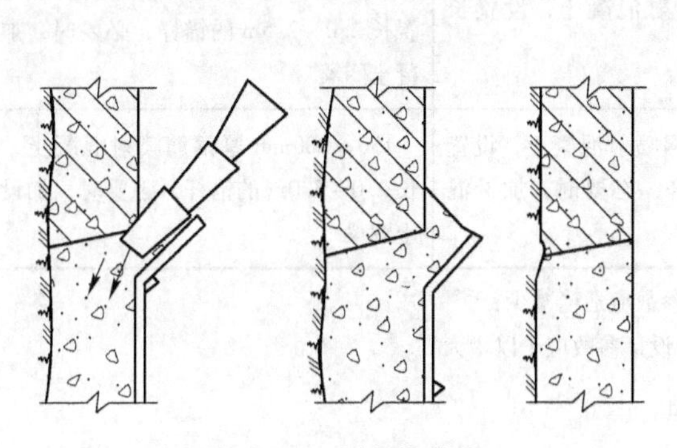

图3－50 倒角接茬法

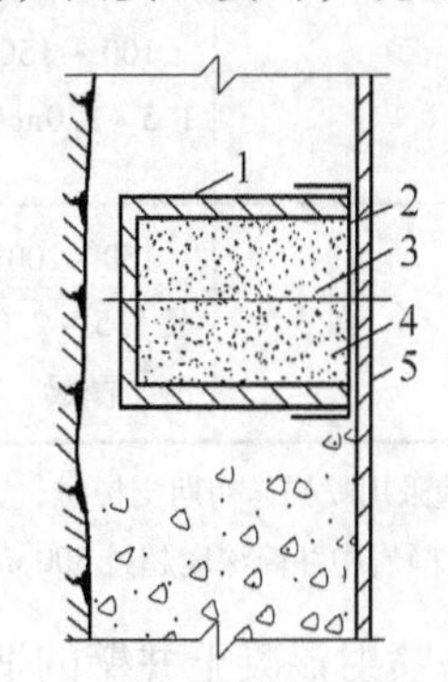

图3－51 木梁窝盒及其固定

1—木梁窝盒；2—油毡纸；3—铁丝；4—木屑；5—钢模板

3.6.2.2 喷射混凝土支护

采用喷射混凝土井壁，可减少掘进量和混凝土量，简化施工工序，提高成井速度。

喷射混凝土支护虽有着明显的优越性，但因其支护机理等尚有待进一步探讨，故在设计和施工中均存在着一些具体问题。喷射混凝土支护存在着适应性问题，对竖井工程更是如此。金属矿山井筒的围岩一般均较坚硬、稳定，因此，采用喷射混凝土井壁的条件稍好些。

A 喷射混凝土井壁的结构类型、参数及适用范围。

a 喷射混凝土井壁结构类型

（1）喷射混凝土支护；

（2）喷射混凝土与锚杆联合支护；

（3）喷射混凝土和锚杆、金属网联合支护；

（4）喷射混凝土加混凝土圈梁。

喷锚和喷锚网联合支护，用在局部围岩破碎、稳定性稍差的地段。混凝土圈梁除起加强支护的作用外，尚用于固定钢梁及起截水作用。圈梁间距一般为5～12m。

b 喷射混凝土井壁厚度的确定

目前一般均采用类比法，视现场具体条件而定。如地质条件好，岩层稳定，喷射混凝土厚度可取50～100mm；在马头门处的井壁应适当加厚或加锚杆。如果地质条件稍差，岩层的节理裂隙发育，但地压不大岩层较稳定的地段，可取100～150mm；地质条件较差，风化严重破碎面大的地段，喷射混凝土应加锚杆，金属网或钢筋等，喷射厚度一般为100~150mm。表3-22可作为设计参考。

表3-22 竖井锚喷支护类型和设计参数

围岩类别 \ 竖井毛径 D/m	D>5	5≤D<7
Ⅰ	100mm厚喷射混凝土，必要时，局部设置长1.5~2.0m的锚杆	100mm厚喷射混凝土，设置长2.0~2.5m的锚杆，或150mm厚喷射混凝土
Ⅱ	100~150mm厚喷射混凝土，设置长1.5~2.0m锚杆	100~150mm厚钢筋网喷射混凝土，设置长2.0~2.5m的锚杆，必要时，加设混凝土圈梁
Ⅲ	150~200mm钢筋网喷射混凝土，设置长1.5~2.0m的锚杆，必要时，加设混凝土圈梁	150~200mm厚钢筋喷射混凝土，设置长2.0~3.0m的锚杆，必要时，加设混凝土圈梁

注：1. 井壁采用喷锚作初期支护时，支护设计参数应适当减少；
2. Ⅲ类围岩中井筒深度超过500m时，支护设计参数应予以增大。

c 竖井喷射混凝土井壁的适用范围

对竖井喷射混凝土井壁的适用范围可作如下考虑：

(1) 一般在围岩稳定、节理裂隙不甚发育、岩石坚硬完整的竖井中，可考虑采用喷射混凝土井壁。

(2) 当井筒涌水量较大、淋水严重时，不宜采用喷射混凝土井壁；但局部渗水、滴水或小量集中流水，在采取适当的封、导水措施后，仍可考虑采用喷射混凝土井壁。

(3) 当井筒围岩破碎、节理裂隙发育、稳定性差、f值小于5，则不宜采用喷射混凝土井壁；但可采用喷锚或喷锚网作临时支护。

(4) 松软、泥质、膨胀性围岩及含有蛋白石、活性二氧化硅的围岩，均不宜采用喷射混凝土井壁。

(5) 就竖井的用途而论，风井、服务年限短的竖井，可采用喷射混凝土井壁；主井、副井，特别是服务年限长的大型竖井，不宜采用喷射混凝土井壁。

B 喷射混凝土机械化作业线

喷射混凝土工艺流程主要包括：计量、搅拌、上料、输料、喷射等几个工序。机械化作业线的配套及其布置，也是根据工艺流程、结合工程对象、地形条件，以及所用机械设备的性能、数量而做出的。图3-52所示为平地的机械化作业线设备的布置方法；图3-53所示为某矿喷射混凝土机械化作业线实例，它较好地利用了当地地形，节省了部分输送设备。

上述两条作业线的机械化程度均较高，能满足两台喷枪同时作业。

C 喷射混凝土作业方式

(1) 长段掘喷单行作业。所取段高一般为10~30m。混凝土喷射作业在段高范围内自下而上在操作盘上进行。当设计有混凝土圈梁时，可在井底岩堆上浇灌，也可采用高空

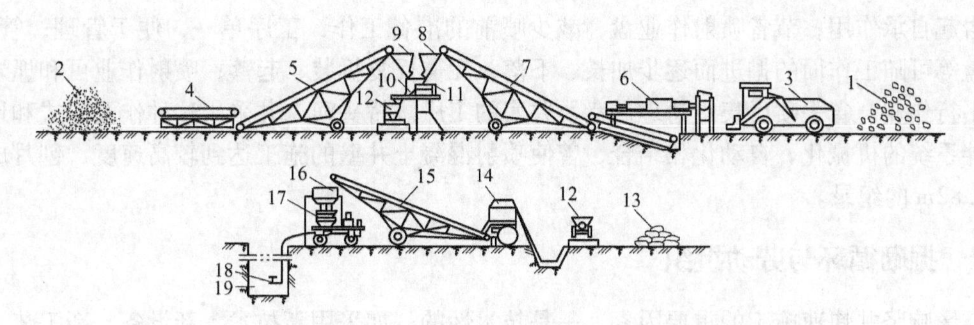

图 3-52 喷射混凝土机械化作业线设备布置

1—碎石堆；2—砂堆；3—碎石铲运机；4，5—胶带输送机（运砂子）；6—石子筛洗机；7—胶带输送机（运石子）；8—碎石仓；9—砂仓；10—砂石混合仓；11—计量秤；12—侧卸矿车；13—水泥；14—搅拌机；15—胶带输送机（运混凝土拌和料）；16—混凝土储料罐；17—喷射机；18—喷枪；19—井筒

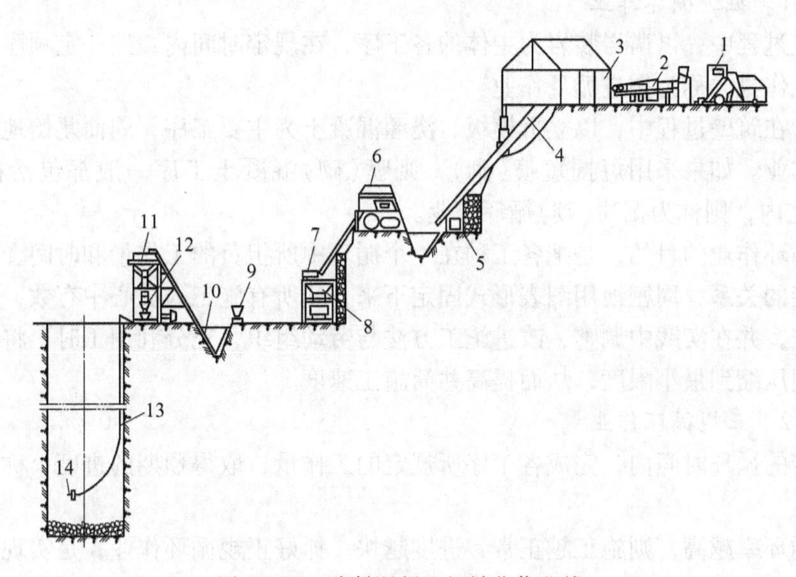

图 3-53 喷射混凝土机械化作业线

1—铲运机；2—石子筛洗机；3—砂石料棚；4—砂石漏槽；5—水泥平板车；6，7—振动筛；8—小料仓；9—0.55m^3 矿车；10—提升斗车；11—储料仓；12—喷射机；13—输料管；14—喷头

打混凝土壁圈的方法施工。

这种作业方式，在喷射混凝土用于竖井前期使用较多。

（2）短段掘喷作业。所采的段高一般在2m左右，掘喷的转换视炮眼的深度、装岩能力的不同，可采用“一掘一喷”或“二掘一喷”。桥头河二井采用每小班完成“一掘一喷”成井1.6m的组织方式；某矿新副井使用大容积抓岩机及环形凿岩钻架等机械化配备设备，采用两小班完成“一掘一喷”的组织方式，平均循环进尺达2.18m。

为减少爆破对喷射混凝土井壁的影响，喷射前井底应留一茬炮的松碴，喷射作业一般于每次爆破后在碴堆上进行。

这种作业方式的主要优点是：充分发挥喷射混凝土支护的作用，能及时封闭围岩，使围岩起自承作用；节省喷射作业盘，减少喷前的准备工作，工序单一，便于管理；管路、吊盘等可随工作面的掘进而逐步加长、下落，无需反复拆装、起落；喷射作业可和抓岩准备平行作业；省去喷后集中清理吊盘及井底的工序。桥头河二井采用这种作业方式和地面搅拌系统的机械化、自动化相结合，曾使喷射混凝土井壁的施工达到较高速度，创月成井174.82m的纪录。

3.7 掘砌循环与劳动组织

影响竖井快速施工的重要因素，一是技术性的，如采用新技术、新设备、新工艺、新方法等；二是实行科学的施工组织与管理，如编制合理的循环图表确保正规循环作业以及严密的劳动组织等。

3.7.1 掘砌循环

3.7.1.1 掘进循环作业

在掘进过程中，以凿岩装岩为主体的各工序，在规定时间内，按一定顺序周而复始地完成规定工作量，称为掘进循环作业。

同样，在筑壁过程中，以立拆模板、浇灌混凝土为主要工序，周而复始地进行的称为砌壁循环作业。如果采用短掘短喷(砌)，则喷(砌)混凝土工序一般都包括在一个掘喷(砌)循环之内，则称为掘喷(砌)循环作业。

组织循环作业的目的，是把各工种在一个循环中所担负的工作量和时间、先后顺序以及相互衔接的关系，周密地用图表形式固定下来，使所有施工人员心中有数，一环扣一环地进行操作，并在实践中调整，改进施工方法与劳动组织，充分利用工时，将每个循环所耗用的时间压缩到最小限度，从而提高井筒施工速度。

3.7.1.2 正规循环作业

在规定的循环时间内，完成各工序所规定的工作量，取得预期的进度，称为正规循环作业。

正规循环率越高，则施工越正常，进度越快。抓好正规循环作业，是实现持续快速施正和保证安全的重要方法。

3.7.1.3 月循环率

一个月中实际完成的循环数与计划的循环数之比值，称为月循环率。

一般月循环率为80%～85%，施工组织管理得好的可达90%以上。

循环作业一般以循环图表的形式表示出来。竖井施工中，有三八制、四六制两种。在每昼夜中，完成一个循环的称单循环作业，完成两个以上循环的称多循环作业。每昼夜的循环次数，应是工作小班的整倍数，即以小班为基础来组织循环，如一个班、二个班、三个班、四个班(一昼夜)组织一个循环。

每个循环的时间和进度，是由岩石性质、涌水量大小、技术装备、作业方式和施工方法、工人技术水平、劳动组织形式以及各工序的工作量等因素来决定的。

3.7.1.4 编制循环图表的方法和步骤

(1) 根据建井计划要求和矿井具体条件，确定月进度；

(2) 根据所选定的井筒作业方式，确定每月用于掘进的天数。平行作业时，掘进天

数占掘砌总时间的60%~80%;采用平行作业或短段单行作业时,每月掘进天数为30天;

(3)根据月进度要求,确定炮眼深度;

(4)根据施工设备配备、机械效率和工人技术水平,确定每循环中各工序的时间。

3.7.2 劳动组织

竖井施工中的劳动组织形式主要有两种:一种是综合组织;另一种是专业组织。其中都包括掘进工、砌壁工、机电工、辅助工,以及技术、组织管理干部等。

竖井工作面狭小,工序多而又密切联系,循环时间也固定。如何调动各工种的最大积极性,统一指挥,统一行动,互相配合,彼此支援,使之在规定时间内完成各项任务,是个非常复杂的任务。

3.7.2.1 综合掘进队

综合掘进队是一种好的组织形式,它便于发挥一专多能,可灵活调配劳动力,能更好地实行多工序平行交叉作业,使工时得到充分利用,工作效率不断提高。但是由于各工序所需人数不同,有的差异很大,如果组织不当,易造成劳动力使用上的不合理。一般此种组织形式在具有轻型装备的井筒中使用是比较适宜的。

3.7.2.2 专业掘进队

近些年来,井筒施工中已推广使用各种类型的大抓斗抓岩机、环形及伞形钻架。混凝土喷射机等。这些设备要求有较高的操作技术水平,若要一名工人同时兼会这几类设备的操作会有困难,因此,常按专业内容分成凿岩组、装岩组、锚喷组等。这种组织形式专业单一,分工明确,任务具体,有利于提高作业人员的操作技术水平和劳动生产率,有利于加快施工速度,缩短循环时间;还可按专业工种设备,配备合理的劳动人员,可使操作技术特长的发挥和工时利用都比较好。但这种组织形式在各工种工作量和工作时间上存在不平衡现象,如果不能保证按循环时间进行工作,某些工序拖延时间会长,会给施工组织带来不少困难。因此,在施工机械化水平较高的井筒,如能保证正规循环作业,采用专业组织形式还是比较合适的。但是施工人员应尽最大可能向一专多能、全面发展方向前进。

劳动组织中各工种工人数量,取决于井筒断面大小、工作量多少、施工方法和工人技术水平等多种因素。各矿井具体条件不一,所配备人员数量也不一致,表3-23所示为几个井筒劳动力配备情况。

表3-23 几个竖井井筒施工所需劳动力配备情况

竖井类别	净径/m	井深/m	施工方法	最高月成井/m	凿岩	装岩	清底	喷混凝土	直接工人数合计
铜山新大井	5.5	313	一掘一喷		36	22	22	24	104
凤凰山新副井	5.5	610	一掘一喷	115.25	40	18	24	30	112
凡口新副井	5.5	591	一掘一喷	120.1	39	23		24	86
邯邢万年风井	5.5	231.2	一掘一喷	92	16	14	20	29	79

3.8 凿井设备

竖井施工时,须提升大量的矸石,升降人员、材料、设备,这些任务要用吊桶提升来完成。此外,还需要在井筒中布置和悬吊其他辅助设备,如吊盘、安全梯、吊泵、各种管路和电缆等。为此，必须选用相应的悬吊设备，以满足施工需要。

竖井提升设备包括提升容器、提升钢丝绳、提升机及提升天轮等。悬吊设备包括凿井绞车（又称稳车）、钢丝绳及悬吊天轮等。

在竖井施工准备工作中，合理地选择提升和悬吊设备是一项很重要的工作，选择得合理与否将影响施工速度及经济效果。本节重点讨论提升设备及悬吊设备的选择。

3.8.1 提升方式

竖井提升方式包括：

（1）一套单钩提升；

（2）一套双钩提升；

（3）两套单钩提升；

（4）一套单钩和一套双钩提升。

影响选择提升方式的因素甚多，其中主要的是井筒断面、井筒深度、施工作业方式、设备供应等。

我国建井中，采用单行作业时，大多使用一套单钩提升；采用平行作业时，有时使用一套双钩，或一套单钩为掘进服务，一套单钩为砌壁服务；只有当井径很大，井筒很深时，才采用三套提升设备。

当井筒转入平巷施工后，在主、副两井中须有一个井筒改为临时罐笼提升，以满足平巷施工出矸、上下材料设备及人员需要，此时需用一套双钩提升。为此，在选择凿井提升方式时，还应考虑此种需要。

3.8.2 竖井提升设备

3.8.2.1 吊桶及其附属装置

A 吊桶

按用途分矸石吊桶和材料吊桶两种。一种是矸石吊桶，主要用于提升矸石、上下人员、物料；另一种是材料吊桶，分底卸式或翻转式，主要用于向井下运送砌壁材料，如混凝土、灰浆等。两种吊桶已标准化、系列化，如表 3－24 所示，外形如图 3－54 所示。

表 3－24 吊桶主要技术特征

吊桶形式		吊桶容积/m^3	桶体外径/mm	桶口直径/mm	桶体高度/mm	全高/mm	质量/kg
挂钩式	TGG－1.0	1.0	1150	1000	1150	2005	348
	TGG－1.5	1.5	1280	1150	1280	2270	478
	TGG－2.0	2.0	1450	1320	1300	2430	601
座钩式	TZG－2.0	2.0	1450	1320	1350	2480	728
	TZG－3.0	3.0	1650	1450	1650	2890	1049
	TZG－4.0	4.0	1850	1630	1700	3080	1530
	TZG－5.0	5.0	1850	1630	2100	3480	1690
底卸式	TDX－1.2	1.2	1450	1320	1485	2757	815
	TDX－1.6	1.6	1450	1320	1730	3004	882
	TDX－2.0	2.0	1650	1450	1965	3200	1066

为了充分发挥抓岩机的生产能力，必须使提升一次的循环时间 T_1 小于或等于装满一桶岩石的时间 T_2，即：

$$T_1 \leqslant T_2 \tag{3-11}$$

提升一次循环时间 T_1(s) 用下式进行估算：

单钩提升 $$T_1 = 54 + 2\left(\frac{H-h}{v_{max}}\right) + \theta_1 \tag{3-12}$$

双钩提升 $$T_1 = 54 + \frac{H-2h}{v_{max}} + \theta_2 \tag{3-13}$$

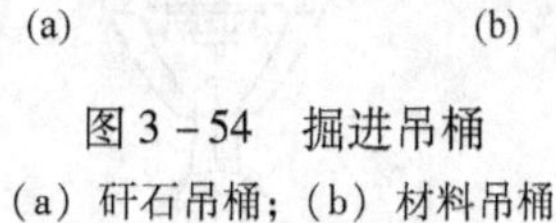

图 3-54 掘进吊桶

(a) 矸石吊桶；(b) 材料吊桶

式中 H——提升最大高度，m；

h——吊桶在无稳绳段运行的距离，一般不超过 40m；

54——吊桶在无稳绳段运行的时间，s；

θ_1——单钩提升时吊桶摘挂钩和地面卸载时间，$\theta_1 = 60 \sim 90$s；

θ_2——双钩提升时吊桶摘挂钩和地面卸载时间，$\theta_2 = 90 \sim 140$s；

v_{max}——提升最大速度，m/s，按《安全规程》规定：升降物料时，$v_{max} = 0.4\sqrt{H}$；升降人员时，$v_{max} = 0.25\sqrt{H}$。

装满一桶矸石的时间 T_2（s）按下式计算。

$$T_2 = \frac{3600KV}{n\rho P} \tag{3-14}$$

式中 V——矸石吊桶容积，m^3；

K——吊桶装满系数，取 0.9；

P——每台抓岩机的生产率（松散体积），m^3/h；

n——同时装桶的抓岩机台数；

ρ——多台抓岩机同时扒岩的影响系数；如用 2 台 0.4m^3 靠壁式抓岩机时，$\rho = 0.75 \sim 0.8$；如用 NZQ_2-0.11 型抓岩机，2 台时取 ρ 为 0.9 ~ 0.95，3 台时取 ρ 为 0.8 ~ 0.85，4 台时取 ρ 为 0.75 ~ 0.8。

由式(3-11)和式(3-14)得：

$$V \geqslant \frac{n\rho PT_1}{3600K} \tag{3-15}$$

根据计算结果，在吊桶规格表中选择一个与计算值相近而稍大的标准吊桶。

在凿井提升中，现在常用容积为 1.5m^3、2.0m^3 和 3.0m^3。国外吊桶容积已达 4.5 ~ 5.0m^3，有的甚至达 7.0 ~ 8.0m^3。

B 吊桶附属装置

包括钩头及连接装置、滑架、缓冲器等。

(1) 钩头。位于提升钢丝绳的下端，用来吊挂吊桶。钩头应有足够的强度，摘挂钩应方便，其连接装置中应设缓转器，以减轻吊桶在运行中的旋转。其构造如图 3-55 所示。

(2) 滑架。位于吊桶上方，当吊桶沿稳绳运行时用以防止其摆动。滑架上设保护伞，防止落物伤人，以保护乘桶人员安全。滑架的构造如图 3-56 所示。

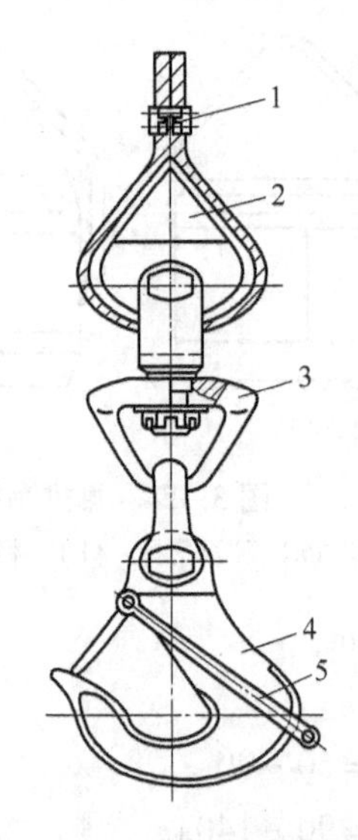

图 3－55 钩头和连接装置
1—绳卡；2—护绳环；3—缓转器；4—钩头；5—保险卡

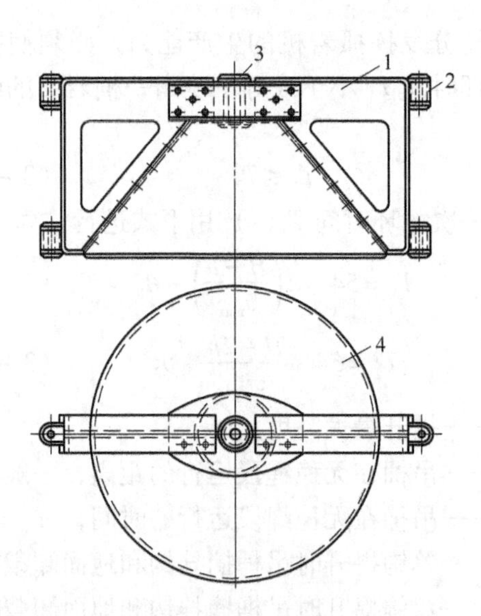

图 3－56 滑架
1—架体；2—稳绳定向滑套；3—提升钢丝绳定向滑套；4—保护伞

（3）缓冲器。位于提升绳连接装置上端和稳绳的下端两处，是为了缓冲钢丝绳连接装置与滑架之间、滑架与稳绳下端之间的冲击力量而设的。缓冲器构造如图 3－57 所示。

3.8.2.2 钢丝绳的选择

（1）提升钢丝绳。对此种钢丝绳要求强度大，耐冲击。最好选用多层股不旋转钢丝绳，但通常选用 6×19 或 6×37 交互捻钢丝绳。

（2）悬吊凿井设备用的钢丝绳。要求强度大，但对耐磨无很高要求，可选用 6×19 或 6×37 交互捻钢丝绳。但双绳悬吊时应选左捻和右捻各一条。单绳悬吊，最好选用多层股不旋转钢丝绳。

（3）稳绳。除受一定拉力外，对耐磨要求高，可选用 6×7 同向捻或密封股钢丝绳。

选好钢丝绳类型后，随即要选钢丝绳直径。其方法是先根据所悬吊重物的荷载和《安全规程》规定的钢丝绳安全系数，算出每米钢丝绳的重量，然后根据此重量在钢丝绳规格表中查出其直径和技术特征。

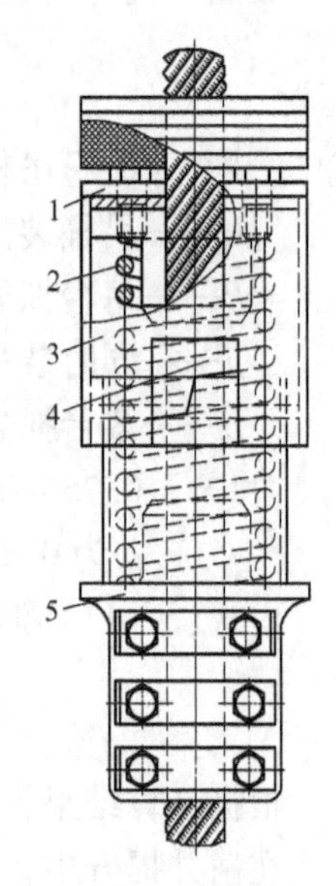

图 3－57 提升钢绳缓冲器
1—压盖；2—弹簧；3，4—外壳；5—弹簧座

3.8.2.3 提升机

建井用的提升机，除少数利用永久提升机外，一般多为临时提升机，井建成后，又搬至他处建井继续使用。因此，对临时提升机的要求是：机器尺寸不能太大，装、拆卸、运输均较方便，一般不带地下室，可减少基建工程量及基建投资。

多年来，建井一直使用 JK 系列提升机。该提升机是按生产矿井技术参数设计的，作为建井临时提升尚不完善。为了满足建井的要求，已研制出了 2JKZ－3/15.5（双筒

3.0m）和 JKZ－2.8/15.5（卷筒 2.8m）新型专用凿井提升机，其技术性能，如表 3－25 所示。这两种提升机安装、运输、拆卸方便，适于凿井工作频繁迁移要求，同时，机器操作方便，调绳快，使用安全可靠。

表 3－25 凿井专用提升机技术性能

提升机型号	2JKZ－3.6/13.4	2JKZ－3.0/15.5	JKZ－2.8/15.5
滚筒数量×直径×宽度/个×mm×mm	2×3600×1850	2×3000×1800	1×2800×2200
钢丝绳最大净张力/kN	200	170	150
钢丝绳最大净张力差/kN	180	140	
钢丝绳最大直径/mm	46	40	40
最大提升高度/m	1000	1000	1230
钢丝绳的速度/$m \cdot s^{-1}$	7.00	4.68，5.88	4.54，5.48
电动机最大功率/kW	2×800	800，1000	1000
两滚筒中心距/mm	1986	1936	
滚筒中心高/mm	1000	1000	1000

选择建井用的提升机，不但要考虑凿井时的需要，还要考虑到巷道开拓期间有无改装成临时罐笼提升的需要。若有此必要，须选用双卷筒提升机。因使用临时罐笼时，一般都是双钩提升，需要双卷筒提升机。如果凿井期间只需单卷筒提升机即可满足要求时，则双卷筒提升机在凿井期间可作单卷筒提升机之用。

确定了提升机的类型后，接着就要确定提升机的卷筒直径与宽度。

（1）卷筒直径。为了避免钢丝绳在卷筒上缠绕时产生过大的弯曲应力，卷筒直径与钢丝绳直径之间应有一定的比值。即凿井提升机的卷筒直径 D_s，不应小于钢丝绳直径 d_k 的 60 倍，或不应小于绳内钢丝最大直径 δ 的 900 倍，即：

$$D_s \geqslant 60d_k \qquad (3-16)$$

或

$$D_s \geqslant 900\delta \qquad (3-17)$$

从上两式中取一个较大值，然后到提升机产品目录中选用标准卷筒的提升机。所选的标准直径应等于或稍大于计算值。

（2）卷筒宽度。卷筒直径确定后，根据所选定的提升机，卷筒的宽度也就确定了，但还要验算一下宽度是否满足提升要求，即当井筒凿到最终深度后，所需提升钢丝绳全长是否都能缠绕得下。缠绕在卷筒上的钢丝绳全长，由以下几部分组成：

1）长度等于提升高度 H 的钢丝绳；

2）供试验用的钢丝绳，长度一般为 30m；

3）为减轻钢丝绳与卷筒固定处的张力，卷筒上应留三圈绳；

4）在多绳缠绕时，为避免钢丝绳由下层转到上层而受折损，每季应将钢丝绳移动约 1/4 绳圈的位置，根据钢丝绳使用年限而增加的错绳圈数 m，可取 2～4 圈。

由此可知，提升机应有的卷筒宽度 B(mm) 为：

$$B = \left(\frac{H+30}{\pi D_s} + 3 + m\right)(d_k + \varepsilon) \qquad (3-18)$$

式中 d_k——钢丝绳直径，mm；

ε——绳圈间距，取 2 ~ 3mm；

D_s——所选标准提升机卷筒直径，mm。

若计算值 B 小于或等于所选标准提升机的卷筒宽度 B_a，则所选提升机合格；若 $B > B_a$，可考虑钢丝绳在卷筒上作多层缠绕，缠绕的层数 n 为建井期间，升降人员或物料的提升机，即：

$$n = \frac{B}{B_a} \tag{3-19}$$

按规定准许缠两层；深度超过 400m 时，准许缠绕三层。

此外，还需验算提升机强度和对提升机功率的估算。如果提升机卷筒直径、宽度、强度、电机功率等方面都满足要求，那么，所选提升机就是合适的。

3.8.2.4 提升天轮

提升天轮按材质分为铸铁和铸钢两种。铸钢天轮强度大，适于悬吊较重的提升容器。选择提升天轮时应考虑直径与提升机卷筒直径等值。提升天轮的外形如图 3-58 所示。

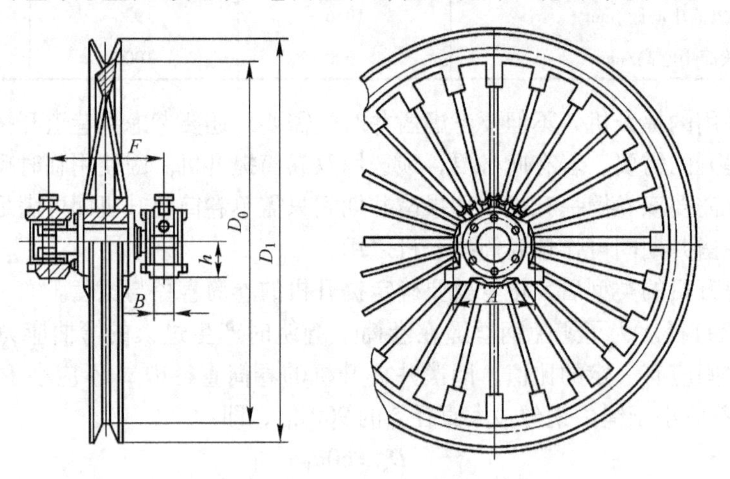

图 3-58 提升天轮

3.8.3 竖井悬吊设备

3.8.3.1 稳车（凿井绞车）

稳车是用来悬吊吊盘、稳绳、吊泵、各种管路及电缆等用的，其提升速度较慢，故又称为慢速凿井绞车。稳车分单筒和双筒两种。

稳车主要根据所悬吊设备的重量和悬吊方法来选定。一般单绳悬吊用单卷筒稳车，双绳悬吊用一台双卷筒稳车；如无条件亦可用两台单卷筒稳车。

稳车的能力是根据钢丝绳的最大静张力来标定的，因此，所选用的稳车最大静张力应大于或等于钢丝绳悬吊的终端荷重与钢丝绳自重之和。选用的稳车卷筒容绳量应大于或等于稳车的悬吊深度。

3.8.3.2 悬吊天轮

按结构可分为单槽天轮和双槽天轮。单绳悬吊（稳绳、安全梯等）用单槽天轮，双绳悬吊采用双槽天轮或两个单槽天轮。若悬吊的两根钢丝绳距离较近，如吊泵、压风管、混凝土输送管等，可用双槽天轮；而吊盘的两根悬吊钢丝绳间距较大，只能用两个单槽天轮。选择时应考虑悬吊天轮直径与卷筒直径相同。悬吊天轮的外形如图3－59所示。

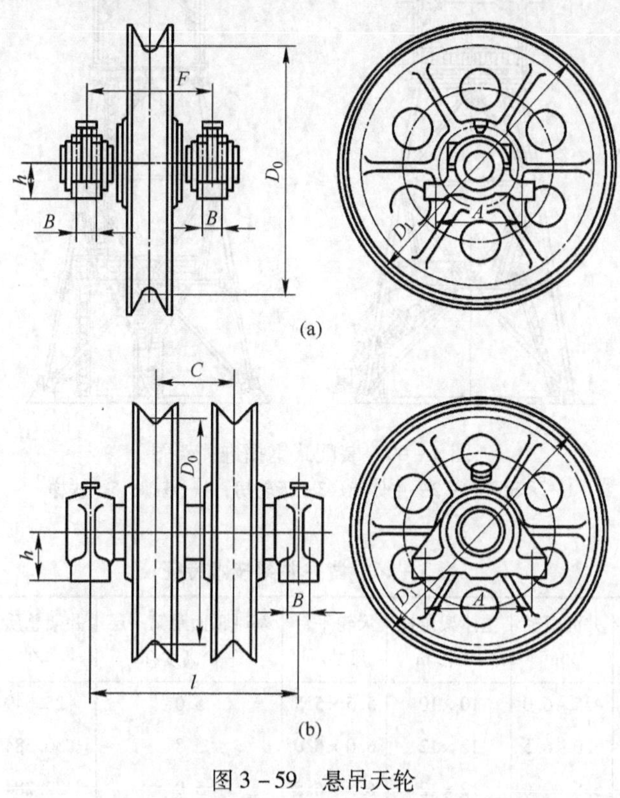

图3－59 悬吊天轮
(a) 单槽天轮；(b) 双槽天轮

3.8.4 建井结构物

为了满足竖井井筒施工的需要，必须设置掘进井架、封口盘、固定盘等一系列建井结构物。下面分别介绍其作用及结构特点，以便选择和布置吊盘和稳绳盘。

3.8.4.1 凿井井架

凿井井架亦称掘进井架，主要是供矿山开凿竖井井筒时，提升矸石，运送人员和材料以及悬吊掘进设备用的。因此，它是建井工程设施中重要的结构物之一。

目前，国内在矿山竖井掘进中，由于井架上悬吊设备较多，通常要求四面出绳，因大多数都采用装配帐篷式钢管掘进井架。这种钢井架主要由天轮房、天轮平台、主体架、基础和扶梯等部分组成，其概貌如图3－60所示。

这种井架形式的优点是：井架在四个方向上具有相同的稳定性；井架的结构是装配式的，可重复使用；天轮平台可四面出绳，悬吊天轮布置灵活；每个构件重量不大，便于安装、拆卸和运输；防火性能好；井架坚固耐用，应用范围广，大、中、小型矿井都可采用。

装配式钢掘进井架有Ⅰ、Ⅱ、Ⅲ、Ⅳ型及新Ⅳ型、Ⅴ型井架，其适用条件及主要技术特征，如表3－26所示。可以根据不同的井深、井径、悬吊设备的规格和数量，参照表选用。

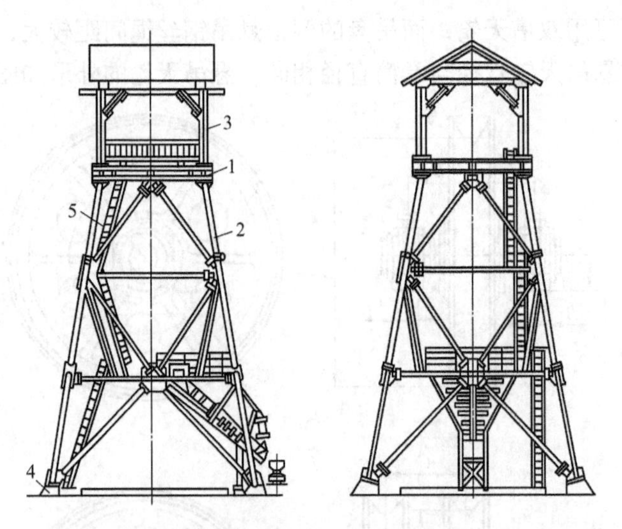

图3-60 装配式钢掘进井架图

1—天轮平台；2—主体架；3—天轮房；4—基础；5—扶梯

表3-26 凿井井架技术特征

井架型号	井筒深度/m	井筒直径/m	主体架角柱跨距/m	天轮平台尺寸/m	基础顶面距第一层平台高度/m	井架总质量/t	悬吊总荷重/kN	
							工作时	断绳时
Ⅰ	200	4.5~6.0	10×10	5.5×5.5	5.0	25.649	666.4	901.6
Ⅱ	400	5.0~6.5	12×12	6.0×6.0	5.8	30.584	1127.0	1470.0
Ⅲ	600	5.5~7.0	12×12	6.5×6.5	5.9	32.284	1577.8	1960.0
Ⅳ	800	6.0~8.0	14×14	7.0×7.0	6.6	48.215	2793.0	3469.2
新Ⅳ	800	6.0~8.0	16×16	7.25×7.25	10.4	83.020	3243.8	3978.8
Ⅴ	1000	6.5~8.0	16×16	7.5×7.5	10.3	98.000	4184.6	10456.6

3.8.4.2 施工用盘

在竖井施工时，特别是在井筒掘砌阶段，由于井下施工的特殊要求和施工条件的限制，必须在井口地面和井筒内设置某些施工用盘，以保证施工的顺利进行。这些施工用盘包括封口盘、固定盘、吊盘和稳绳盘。

（1）封口盘。封口盘也称井盖，是防止从井口向下掉落工具杂物，保护井口上下工作人员安全的结构物，同时又可作为升降人员、上下物料、设备和装拆管路、电缆的工作台。

封口盘外形一般呈正方形，其大小应能封盖全部井口。封口盘一般采用钢木混合结构，它是由梁架、盘面、井盖门及管线通过孔的盖板组成，如图3-61所示。封口盘的梁架孔格及各项凿井设施（包括吊桶及管路）通过孔口的位置，必须与井上下凿井设备布置相对应。

（2）固定盘。设置在井筒内而邻近井口的第二个工作平台，一般位于封口盘下4~8m处。固定盘主要用来保护井下安全施工，同时还用来作为设置测量仪器，进行测量及管路装拆工作的工作台。固定盘的结构与封口盘相类似，但无井盖门，而设置喇叭口。由于固定盘承受荷载较小，所以梁和盘面板材的规格均较封口盘为小。

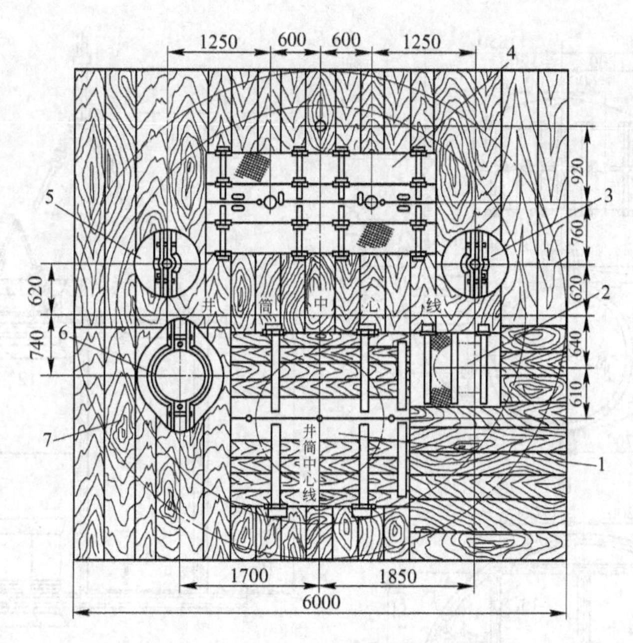

图3-61 封口盘

1—井盖门；2—安全梯门；3—混凝土输送管盖门；4—吊泵门；5—压风管盖门；6—风筒盖门；7—盖板

有些矿井将井口各项工作经过妥善安排后，取消了固定盘，从而节省了人力、物力，亦减少了它对井内吊桶提升的影响。

（3）吊盘。吊盘是竖井施工时井内的重要结构物，是用钢丝绳悬吊在井筒内，主要用作砌筑井壁工作盘，在单行作业时可兼作稳绳盘，用于设置与悬吊掘进设备，拉紧稳绳，保护工作面施工安全，还可作为安装罐梁的工作盘。

吊盘呈圆形，有单层、双层及多层之分，其层数取决于井筒施工工艺和安全施工的需要。如工艺无特殊要求，一般采用双层吊盘。

吊盘的结构多采用钢结构或钢木结构，如图3-62所示，由上层盘、下层盘和中间立柱组成。双层吊盘的上层盘与下层盘之间用立柱连接成为一个整体。上下层之间的距离，要满足砌壁工艺的要求，与永久罐道梁的层间距相适应，一般为4~6m。

上下盘均由梁格、盘面铺板、吊桶通过的喇叭口、管道通孔口和扇形折页等组成。上下盘的盘面布置和梁格布置，必须与井筒断面布置相适应。所留孔口的大小，必须符合《安全规程》和《矿山井巷工程施工及验收规范》的规定。

吊桶通过的喇叭口，多采用钢板围成的喇叭状，其高度一般在盘面以上为1~1.2m，盘面以下为0.5m。其他管道的通过口也可采用喇叭口，其高度不应小于0.2m。吊泵、安全梯、测量孔口等应用盖门封闭。

各层盘周围设有扇形折页，用来遮挡吊盘与井壁之间的空隙，防止向下坠物。吊盘起落时，应将折页翻置盘面。折页数量根据直径而定，一般采用24~28块，折页宽度一般为200~500mm。

上下盘还应设置可伸缩的固定插销或液压千斤顶。当吊盘每次起落到所需位置时，这些装置用来撑紧在井帮上稳住吊盘，以防止吊盘摆动。撑紧装置的数量不应小于4个，均

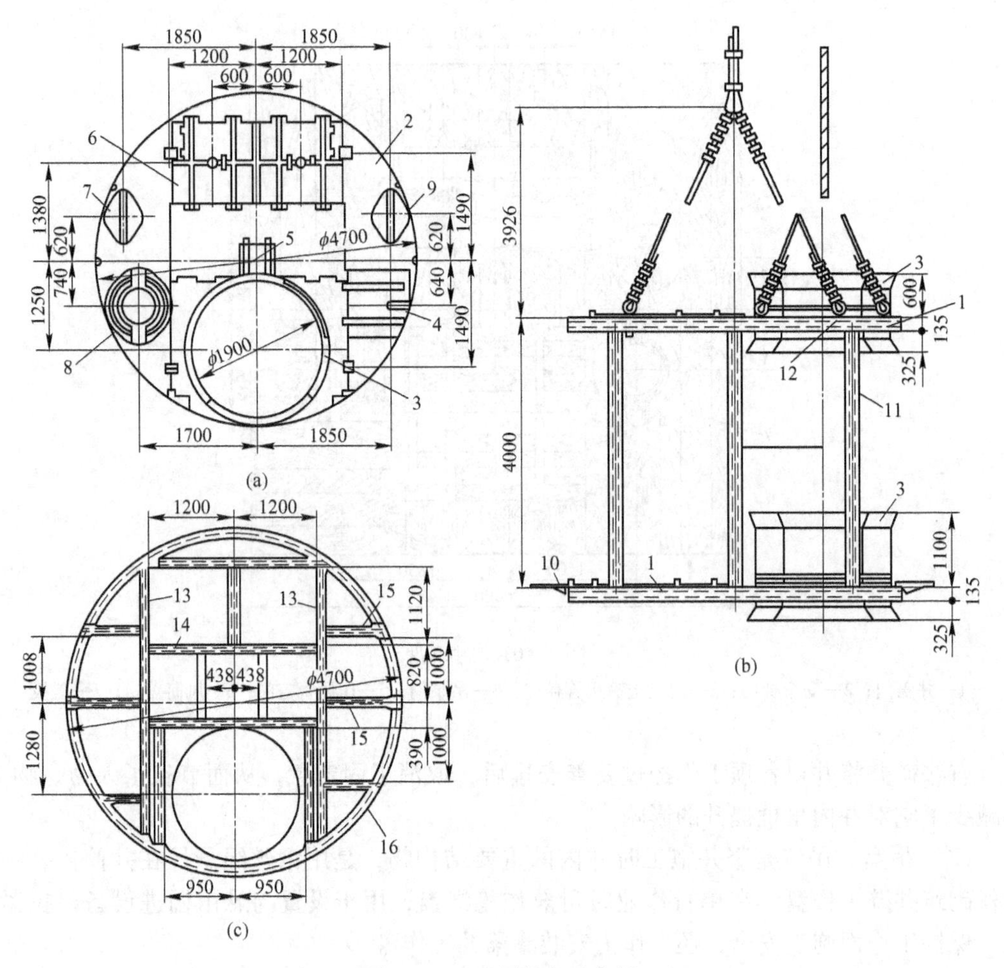

图3-62 双层吊盘示意图

(a) 双层吊盘盘面；(b) 双层吊盘立面；(c) 吊盘盘架钢梁结构

1—盘架钢结构；2—盘面；3—吊桶喇叭口；4—安全梯盖门；5—中心测锤孔盖门；6—吊泵门；7—压风管盖板；8—风筒盖板；9—混凝土输送管盖板；10—活页；11—立柱；12—悬吊装置；13—主梁；14—承载副梁；15—构造副梁；16—圈梁

匀地布于吊盘四周。

连接上下层盘的立柱，一般用钢管或槽钢。立柱的数量根据下层盘的荷载和吊盘结构的整体刚度而定，一般采用4~6根，其布置力求受力合理均称。

吊盘的悬吊方式，一般采用双绳双叉悬吊。这种悬吊方式，要求两根悬吊钢丝绳分别通过护绳环与两组分叉绳相连接。每组分叉绳的两端与上层盘的两个吊卡相连接，因此上层盘需要设置四个吊卡。两根悬吊钢丝绳的上端将绕过天轮而固定在稳车上。由于吊盘采用双绳悬吊，两台稳车必须同步运转，方能保证吊盘起落时盘面不斜。

吊盘上除联结悬吊钢丝绳外，根据提升需要，还必须装设稳绳(掘砌单行作业时)。每个提升吊桶需设两根稳绳，它们应与提升钢丝绳处在同一垂直平面内，并与吊桶的卸矸方向相垂直。稳绳用作吊桶提升的导向，保证吊桶运行时的平稳。

(4) 稳绳盘。当竖井采用掘砌平行作业时，在吊盘之下，掘进工作面上方，还应专设一个稳绳盘，用于拉紧稳绳、设置与悬吊掘进设备，保护工作面施工安全。稳绳盘的结构和吊盘相似，比吊盘简单，为一单层盘。

3.9 竖井井筒延深

3.9.1 概述

金属矿山大多为多水平开采，竖井通常不是一次掘进到底即掘进到最终开采深度，而是先掘到上部某一水平，进行采区准备，并达到投产标准后，矿山即可投产使用。在上水平开采的后期，就要延深原有井筒，及时准备出新的生产水平，以保证矿井持续均衡生产。这种向下延长正在生产井筒的工作，称为井筒延深。

3.9.2 竖井延深要注意的几个问题

(1) 必须切实保障井筒工作面上工人的安全，即设保护岩柱。

在延深井筒时，生产段和延深段之间，都必须有保护措施，即万一上面发生提升容器坠落或其他落物时，仍能确保下段延深工作人员的安全。

保护设施有两种形式：

1) 自然岩柱。即在延深井段与生产井段之间留有 6～10m 高的保护岩柱。岩柱的岩石应是坚硬、不透水、无节理裂缝等。保护岩柱可能只占井筒部分断面，如图 3－63a 所示。也可以全断面预留，如图 3－63b 所示。前者适用于利用延深间或梯子间由上向下延深井筒时，后者适用于由下向上延深井筒及利用辅助水平延深井筒时。

为增强岩柱的稳定性，在紧贴岩柱的下方应安设护顶盘。护顶盘由两端插入井壁的数根钢托梁和密背木板构成。

2) 人工构筑的水平保护盘。水平保护盘由盘梁、隔水层和缓冲层构成，如图 3－64 所示。盘梁承受保护盘的自重和坠落物的冲击力。盘梁由型钢构成，两端插入井壁 200mm，钢梁之上铺设木梁、钢板、混凝土、黏土等作隔水层，防止水及淤泥等流入延深工作面。

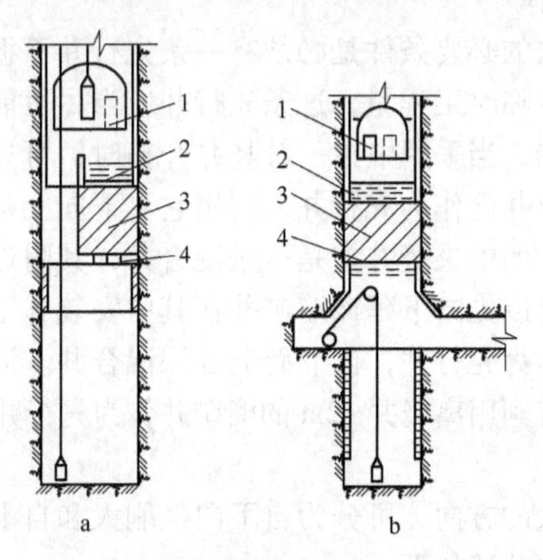

图 3－63 保护岩柱

(a) 部分断面岩柱；(b) 全断面岩柱

1—生产水平；2—井底水窝；3—保护岩柱；4—护顶盘

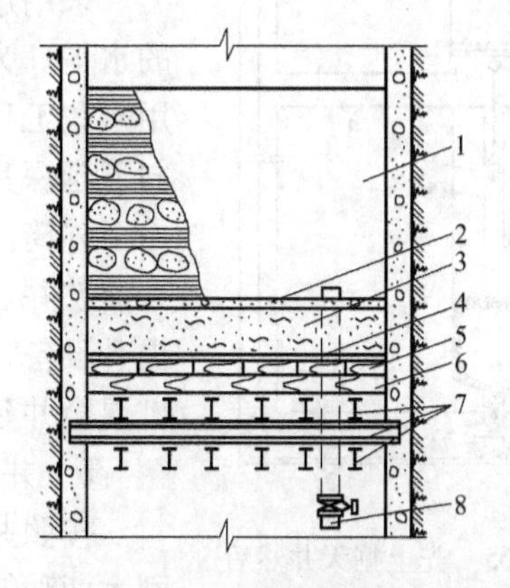

图 3－64 水平保护盘

1—缓冲层；2—混凝土隔水层；3—黄泥隔水层；4—钢板；5—木板；6—方木；7—工字钢梁；8—泄水管

缓冲层是用纵横交错的木垛、柴束和锯末组成，其作用在于吸收坠落物的部分冲击能量，减缓作用于盘梁上的冲击力。泄水管直径 50 ~ 75mm，上端穿过隔水层，下端设有阀门。

不论保护岩柱或人工保护盘，均必须承担得起满载的提升容器万一从井口坠落下来时的冲击力，以确保延深工作面工人的安全。

（2）尽量减少延深工作对矿井生产的干扰。

（3）由于井下和地面没有足够的空间用来布置掘进设备，必须掘进一些专用的巷道和硐室，但此种工程量应当减至最低的限度。

（4）由于井筒内和井筒附近地下的空间特别窄小，使用的掘进设备体积要小，效率要高。

（5）要保证延深井筒的中心垂线与生产井筒的中心垂线相吻合，或者误差在允许的规定范围内。为此，必须加强延深井筒的施工测量工作。

3.9.3 常用竖井延深方案

常用的延深方式分两大类，而每一类又有不同的延深方案。

3.9.3.1 自下而上小断面反掘之后刷大井筒

A 利用反井自下而上延深

这种延深方案在金属矿山使用最为广泛。其施工程序如图 3 - 65 所示。在需要延深的井筒附近，先下掘一条井筒 1（称为先行井）到新的水平。自该井掘进联络道 2 通到延深井筒的下部，再掘联络道 3，留出保护岩柱 4，做好延深的准备工作。在井筒范围内自下而上掘进小断面的反井 5，用以贯通上下联络道，为通风、行人和供料创造有利条件。反井掘进的方法，依据条件有吊罐法、爬罐法、深孔爆破法、钻进法和普通法。然后刷大反井至设计断面，砌筑永久井壁，进行井筒安装，最后清除保护岩柱，在此段井筒完成砌壁和安装，井筒延深即告结束。

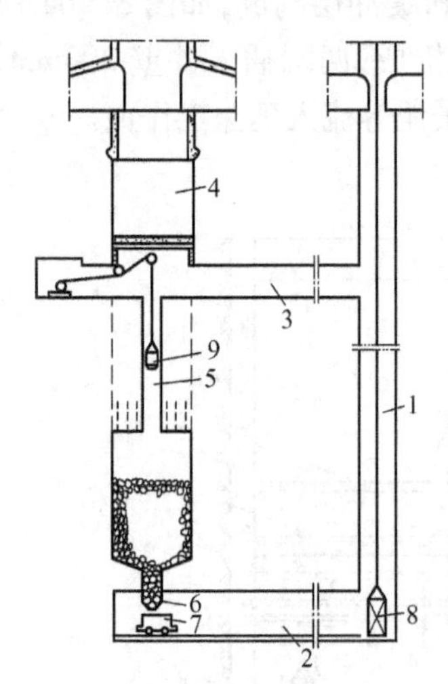

图 3 - 65 先上掘天井然后上行刷延深方法示意图

1—盲井；2，3—联络道；4—保护岩柱；5—反井；6—漏斗；7—矿车；8—临时罐笼；9—吊桶

a 先行井选择

采用这种方法的必要条件是必须有一条先行井下掘到新的水平。为了减少临时工程量，这条先行井应当尽可能地利用永久工程。例如，当采用中央一对竖井开拓时，可先自上向下延深其中一个井筒作为先行井，利用它自下向上延深另一个井筒。金属矿的中央竖井常是一条混合井，其附近通常有溜矿井。这时可以先向下延深溜矿井在其中安装施工用的提升设备，用它作为先行井，自下而上延深混合井。河北铜矿混合井延深，就利用离竖井 12m 的溜矿井作为先行井。

b 井筒刷大

按照井筒刷大的方向，可分为自下向上刷大和自上向下刷大两种情况，现分述如下：

（1）自下向上刷大。自下向上刷大与浅眼留矿法颇为相似，如图 3 - 65 所示。在反井 5 掘成以后，即可自下向上刷大井筒。为此，在井筒的底部拉底，留出底柱，扩出井筒反掘的开凿空间，安好漏斗6。向上打垂直眼，爆下的岩石一部分从漏斗6放出，装入矿车7，用临时罐笼8提到生产水平。其余的岩石暂时留在井筒内，便于在碴面上进行凿岩爆破工作，同时存留的岩碴还可维护井帮的稳定。人员、材料，设备的升降用吊桶9来完成。待整个井筒刷大到辅助水平3后，逐步放出井筒内的岩石，同时砌筑永久井壁。

此种井筒刷大方法的优点是：井筒不用临时支护；下溜矸石很方便；用上向式凿岩机打眼，速度快而省力。缺点是工人在顶板下作业，当岩石不十分坚固完整时，不够安全；每遍炮后，要平整场地，费时费力；井筒刷大前，要做出临时底柱；凿岩工作不能与出碴装车平行作业等。

（2）自上向下刷大。自上向下刷大如图3-66所示。开始刷大时，先自辅助水平向下刷砌4~5m井筒，安设封口盘，然后继续向下刷大井筒。刷大过程中爆破下来的岩石，均由反井下溜到新水平4，用装岩机装车运走。刷大后的井帮，由于暴露的面积较大，须用临时支护，如用锚杆、喷射混凝土或挂圈背板等维护。为了防止刷大工作面上工人和工具坠入反井，反井口上应加一个安全格筛2。放炮前将格筛提起，放炮后再盖上。刷大井筒和砌壁工作常用短段掘砌方式，砌壁同刷大交替进行。

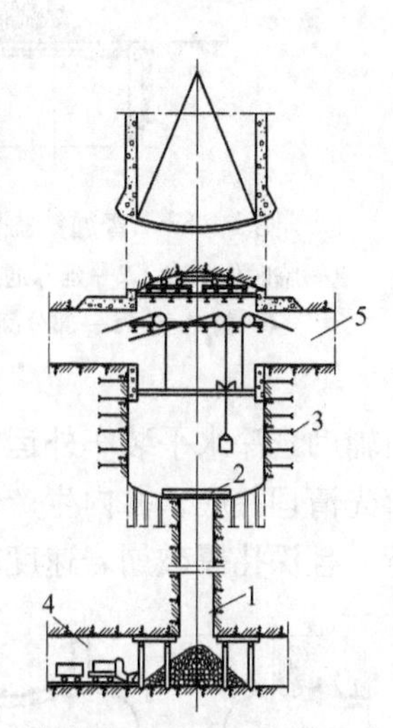

图3-66 先上掘小井然后下行刷大的延深方法示意图

1—天井；2—安全格筛；3—钢丝绳砂浆锚杆；4—下部新水平；5—上部辅助水平

此种井筒刷大方法能使井筒刷大的凿岩工作与井筒下部的装岩工作同时进行，这样可加快井筒的施工速度，缩短井筒工期。

c 拆除保护岩柱

延深井筒装备结束，井筒与井底车场连接处掘砌完成后，即可拆除保护岩柱（或人工保护盘），贯通井筒。此时为了保证掘进工人的安全，井内生产提升必须停止。因此事先要做好充分准备，制定严密的措施，确保安全而又如期地完成此项工作。

（1）拆除岩柱的准备工作。准备工作如下：

1）清理井底水窝的积水淤泥。可以从生产水平用小吊桶或矿车清理，也可通过岩柱向下打钻孔泄水、排泥；

2）在生产水平以下1~1.5m处搭设临时保护盘，在辅助延深水平处设封口盘；

3）拆除岩柱下提升间的天轮托梁及其他设施。

（2）拆除岩柱的方法分普通法和深孔爆破法两种。如果所留岩柱很厚，也可考虑使用吊罐法小井掘透然后刷砌。

1）普通法。利用延深间或梯子间延深时，可利用原有的延深通道自上向下进行刷砌，如图3-67所示。当使用其他延深方法掘除全断面岩柱时，应先打钻孔或以不大于$4m^2$的小断面反井，从下向上与大井凿通，然后再按井筒设计断面自上向下刷砌，如图3-68所示。

2）深孔爆破法。先在岩柱中打钻孔，确定岩柱的实际厚度，泄除井底积水。在岩柱中反掘小断面天井，形成爆破补偿空间。然后自下向上按井筒全断面打深孔，爆破后碴石

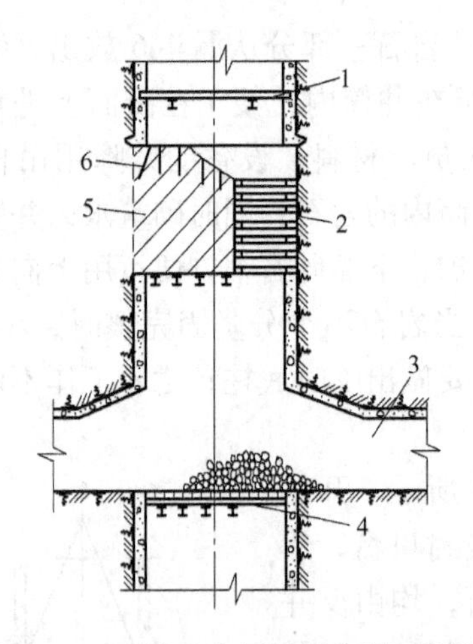

图 3-67 普通法掘除部分断面岩柱

1—临时保护盘；2—延深通道；3—延深辅助水平；4—封口盘；5—部分断面岩柱；6—炮眼

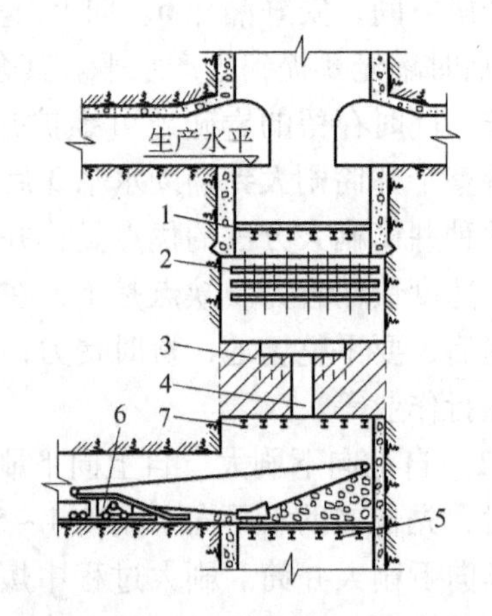

图 3-68 普通法掘除全断面岩柱

1—临时保护盘；2—临时井圈；3—掘岩柱的台阶工作面；4—小断面反井；5—封口盘；6—耙斗机；7—护顶盘

由辅助延深水平装车外运，如图 3-69 所示。这种施工方法可免除繁重的体力劳动，无需事先清理井底，井内生产停产时间较短，因打深孔和装岩的大部分时间，生产仍可照常进行，且深孔爆破崩岩速度较快。

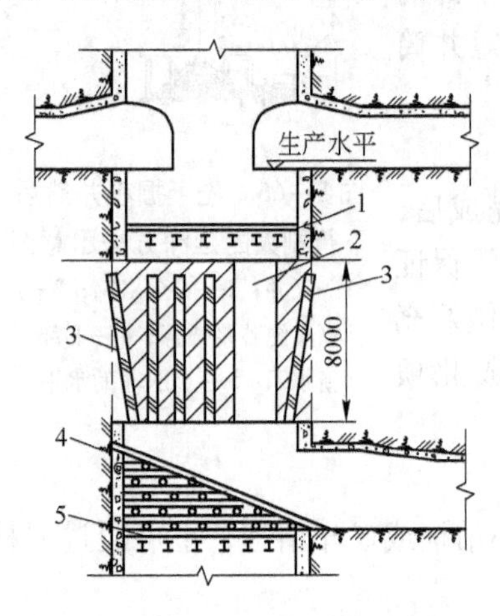

图 3-69 深孔爆破法拆除岩柱

1—临时保护盘；2—小断面反井；3—深孔；4—倾斜木垛溜矸台；5—封口盘

利用反井自下向上延深的优点较多。如碴石靠自重下溜装车，因而省去了竖井延深中最费时费力的装岩和提升工作；整个延深过程中无需排水；采用一般的设备即可获得较高的延深速度；延深成本低。因此，凡岩层稳定，没有瓦斯，涌水不大，有可利用的先行井时，均可使用这种延深方式。其不足之处是，准备时间较长，必须首先掘进先行井和联络道通至延深井筒的下部；如果先行井断面小，用人工装岩，小吊桶提升，则掘进速度往往受到限制。

B 自下向上多中段延深

金属矿山尤其是中、小型有色金属矿山，通常为多中段开采，由几个中段形成一个集中出矿系统。因此，竖井每延深一次需要一次延深几个中段，准备出一个新的出矿系统。例如，红透山铜矿、河北铜矿的混合井都是一次下延三个中段，共 180m。在此情况下，如果各中段依次延深，采用通常的施工方法，势必拖长施工工期。为了加快井筒延深速度，在条件许可时，应组织多中段延深平行作业。此种平行作业包括两个内容：一是先行井下掘和各中段联络道掘进平行作业；二是竖井延深时采用反掘多中段平行作业。

a 先行井下掘和联络道掘进平行作业

要确保两者平行作业的关键，是解决先行井和联络道两个工作面同时出碴的问题。如图 3-70 所示为某铜矿第三系统延深时，先行井（盲副井）下掘和联络道平行作业的情况。

在先行井下掘过程中，采用两段提升系统。一段用吊桶将先行井下掘的岩石提升至上一联络道水平，经溜槽卸入矿车，再由先行井内设置的另一套临时罐笼，提升至上一联络道水平后运出。因此，须将先行井井筒断面分为两个格间，其中一个布置有0.5m^3 的吊桶提升，另一个布置有双层临时罐笼，罐笼内可装0.7m^3 的固定矿车。在下掘盲副井的同时，在中间水平掘进通向延深井底的联络道，掘进的岩石装入矿车，也直接由临时罐笼提到上水平。这样就保证了盲副井与联络道的掘进作业同时进行。

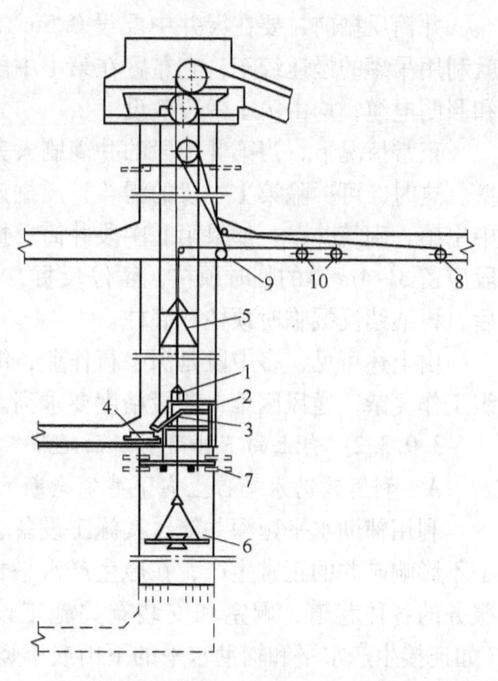

图3－70　某矿盲副井两段提升系统出矸图
1—吊桶；2—翻矸台；3—漏斗；4—矿车；5—双层罐笼；6—掘进吊盘；7—罐底棚；8—22kW 单筒提升机；9—1t 手动稳车；10—8t 稳车

b　竖井反掘多中段平行作业

竖井采用反井延深的程序是：钻凿挂吊罐的中心大孔，用吊罐法掘进反井，然后反井刷大，刷大后的井筒砌壁等。多中段同时延深井筒的实质，就是在不同的中段内，由下往上按上述顺序各进行一项延深程序，以达到各中段平行作业，缩短井筒施工工期的目的。某铜矿混合井第二系统延深时，采用此种方式的施工情况，如图3－71所示。该井净直径5.5m，延深前井深220m，竖井一次需延深四个中段共217m。井筒穿过黑云母片麻岩，岩石致密稳定，无涌水。利用混合井旁一条溜矿井作为先行井下掘，同时依次掘进各中段联络道，到达混合井井底后，即可组织竖井反掘多中段平行作业。由图可见，第Ⅰ中段集中出碴，喷射混凝土井壁，第Ⅱ中段自下向上刷大井筒；第Ⅲ中段用吊罐法掘进天井；第Ⅳ中段钻进挂吊罐的中心大孔。在每一段井筒准备反掘和进行反井刷大时，都要照顾到上下邻近中段的施工进度，搞好工序的衔接和配合。现以第Ⅱ中段为例来说明。首先，在井筒中心用吊罐法掘进断面为2m×2m的天井；待与第Ⅰ中段贯通后，在第Ⅱ中段下部水平巷道顶板以上2.5～3.0m处，进行井筒拉底，留出临时底柱，再扩出井筒反掘的开凿空间。在天井下端安设漏斗，以便放碴装车外运。为了防止第Ⅲ中段的天井贯通爆破时崩坏漏斗，在安漏斗以前，先在天井预计贯通的地方，按其规格下掘2m。第Ⅲ中段打上来的吊罐孔，用钢管引出，使其高出中段联络道底板标高200mm。钢管同岩石接触处采用封闭防水措施，以免大孔漏水，妨碍第Ⅲ中段天井掘进。预先下掘的2m天井，用碴石填平，将来贯通爆破时，可起缓冲作用，使漏斗不致崩坏。

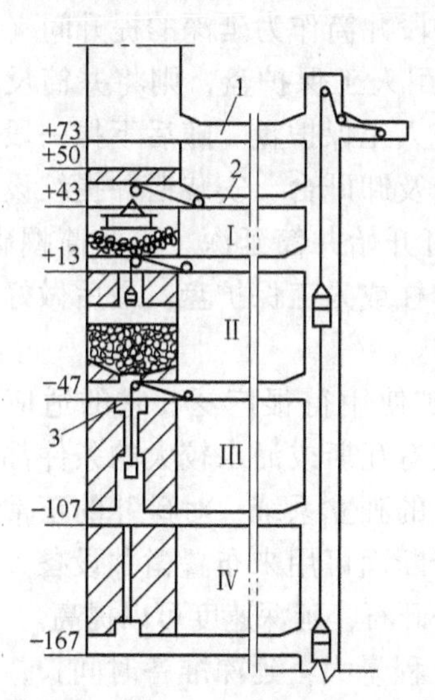

图3－71　某铜矿混合井延深多中段平行施工
1—生产水平；2—延深辅助水平联络道；3—预掘2m天井段；Ⅰ～Ⅳ—各延深中段

井筒反掘前，要在天井中配设 0.5m^3 的吊桶提升，用以升降人员和材料。提升绞车就利用吊罐的慢速绞车，它布置在第Ⅰ中段联络道内。井筒反掘用的风水管，爆破、信号和照明电缆，均由第Ⅰ中段敷设。

正常情况下，当第Ⅱ中段的井筒刷大完成之时，第Ⅰ中段井筒也已放完岩石，砌好井壁。这时，可拆除第Ⅰ中段的漏斗，反掘该中段的临时底柱。此后，第Ⅱ中段即可投入集中出碴，砌筑井壁。如果第Ⅱ中段井筒反掘上来，而第Ⅰ中段的岩石尚未放完，则第Ⅱ中段应留 3～4m 厚的临时顶柱，暂停反掘，保护第Ⅰ中段平巷，待其出完岩石，拆除漏斗后，再继续反掘临时顶柱和底柱。

由上述可见，多中段延深平行作业，能加快井筒延深速度，缩短总的施工期限。但组织工作复杂，通风困难，测量精度要求高。

3.9.3.2 自上向下井筒全断面延深

A 利用辅助水平自上向下井筒全断面延深

利用辅助水平延深井筒，其施工设备、施工工艺与开凿新井基本相同，所差别的是为了不影响矿井的正常生产，在原生产水平之下需布置一个延深辅助水平，以便开凿为延深服务的各种巷道、硐室和安装有关施工设备。所掘砌的巷道和硐室，包括辅助提升井（如连接生产水平和辅助水平的下山或小竖井）及其绞车房、上部和下部车场、延深凿井绞车房、各种稳车硐室、风道、料场及其他机电设备硐室。这些辅助工程量较大，又属临时性质，因此，要周密考虑，合理地布置施工设备，以尽量减少临时巷道及硐室的开凿工程量，是利用辅助水平延深井筒实现快速、安全、低耗的关键。

利用辅助水平自上向下延深井筒的施工准备及工艺过程，如图 3－72 所示。预先开掘下山、巷道和硐室，形成一个延深辅助水平，以便安装各种施工设备和管线工程，还要从延深辅助水平向上反掘一段井筒作为延深的提升间（井帽），留出保护岩柱。如用人工保护盘，则将井筒反掘到与井底水窝贯通后构筑人工保护盘。随后下掘一段井筒、安好封口盘、天轮台及卸矸台，安装凿井提绞设备及各种管线，完成后即可开始井筒延深。当井筒掘砌、安装完后，再拆除保护岩柱或人工保护盘。最后做好此段井筒的砌壁和安装工作。

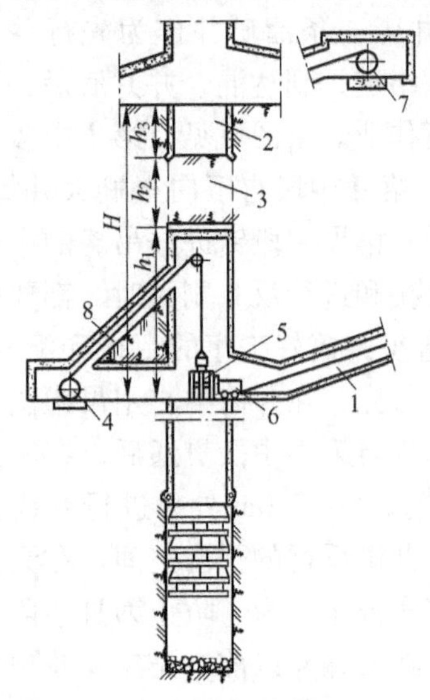

图 3－72 利用辅助水平延深井筒
1—辅助下山；2—井底水窝；3—保护岩柱；4—延深用提升机；5—卸矸台；6—矿车；7—下山出矸提升机；8—提升绳道

这种延深方法在煤矿使用得很广泛。它的适应性强，对围岩稳定性较差或有瓦斯或涌水较大的条件都可使用；延深工作形成自己的独立系统，对矿井的正常生产影响较小；井筒的整个断面可用来布置凿井设备，可使用容积较大的吊桶提升矸石，延深速度可以提高。

其缺点是临时井巷工程量大，延深准备时间长，成本较高，矸石多段提升，需用设备多。

B 利用延深间或梯子间自上向下延深井筒

此种延深方法的特点，是利用井筒原有的延深间和梯子间，用来布置和吊挂延深施工用设备，从而使井筒延深工作，在不影响矿井正常生产的情况下得以独立地、顺利地进行。

根据延深用的提升机和卸矸台的布置地点的不同可分为：

（1）提升机和卸矸台均布置在地面。采用这种布置方式（图3-73），其优点是延深提矸和下料均从地面独立地进行，管理工作集中，井下开凿的临时工程量减到最少，利用一套提升设备先后延深几个水平。其缺点是随延深深度的增加，吊桶提升能力降低，会影响延深速度，特别是深井延深时尤甚；不能利用地面永久井架作延深用，须另行安设临时井架；工程比较复杂，如要利用梯子间延深时，梯子间的改装工程量大。其适用条件是地面及井口生产系统改装工程量不大，便可布置延深施工设备和堆放材料，且不影响矿井生产，但提升高度不应大于300~500m。

（2）提升机和卸矸台都布置在井下生产水平。此种布置的优点是提升高度小，吊桶提升时间短，梯子间改装工程量小。缺点是井下临时掘砌工程量较大，延深工作独立性小，提升出矸、下料等都受矿井生产环节的影响。其适用条件是，井筒延深深度大于300~500m，且地面缺少布置延深设备场地。

提升机和卸矸台都布置在井下的井筒延深施工程序，如图3-74所示。延深前在生产

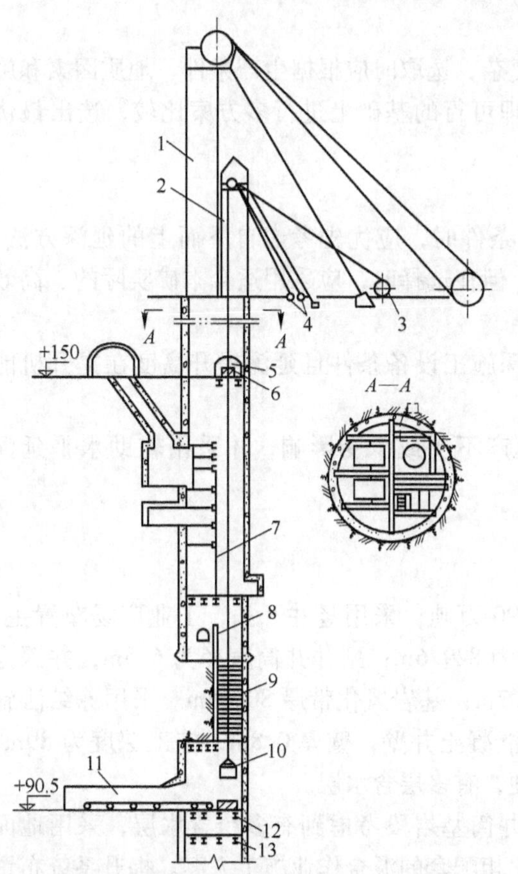

图3-73　某矿利用延深间延深井筒示意图

1—永久井架；2—掘进井架；3—延深提升绞车；4—稳绳稳车；5—第一生产水平通道；6—安全门；7—隔板；8—隔墙；9—延深孔架；10—吊桶；11—稳车硐室；12—封口盘；13—固定盘

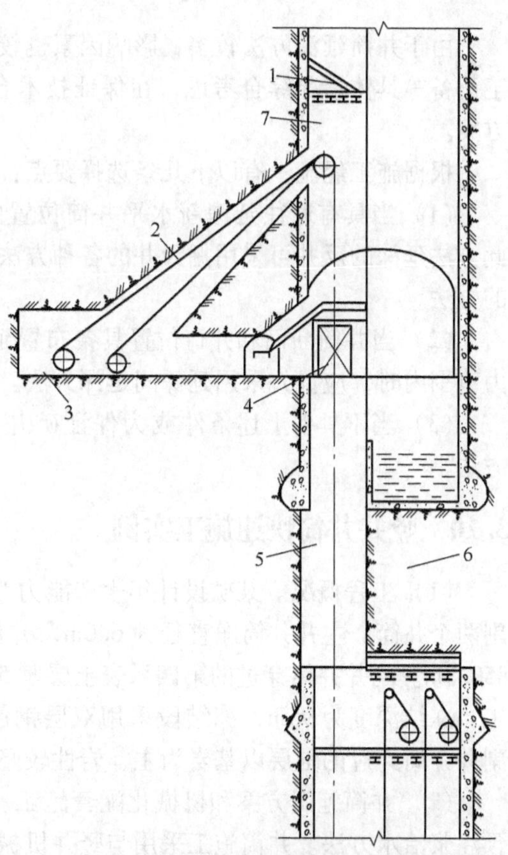

图3-74　某矿利用梯子间延深井筒示意图

1—斜挡板；2—绳道；3—绞车硐室；4—卸矸台；5—延深通道；6—保护岩柱；7—原梯子间

水平要开凿各种为延深服务的巷道和硐室，安装延深提绞设备，将生产水平以上7～20m的梯子间拆除，改装成为吊桶提升间，其中设天轮台，在天轮台上方设斜挡板以资保护。排除井底水窝内的积水，清除杂物，构筑临时水窝，开凿延深通道。待延深通道掘完后，开始沿井筒全断面下掘6～8m，砌筑此段井壁，架设保护岩柱底部钢梁，在钢梁下4～6m处安设固定盘以布置小型提绞设备。在生产水平设封口盘和卸矸台。这些准备工作完成后，即可开始延深工作，达到延深深度后即拆除岩柱，方法同前。

利用延深间和梯子间延深井筒，虽具有延深辅助工程量少，准备工期短，施工总投资少等优点，但此方案在金属矿山很少使用，而且只限于利用梯子间的一种形式。其原因是现有井筒设计一般不预留延深间，梯子间断面小，只能容纳小于0.4m^{3}的小吊桶，提升能力小，井筒延深速度慢。

由于井筒延深是在矿井进行正常生产的情况下进行的，所以施工条件差，施工技术管理工作比较复杂。选择延深方案时，必须经过仔细的方案比较，才能选出在技术上和经济上都是最优的方案。

3.9.4 竖井延深方案的选择

由于井筒延深方法较多，影响因素也较复杂，选取时应根据生产条件、地质因素和施工设备等具体情况综合考虑，在保证技术合理可行的基础上进行多方案比较，选出最优方案。

根据施工经验，有以下几条选择要点：

（1）当具有通往延深新水平井筒位置的条件时，应优先考虑自下而上的延深方法。此方法延深的反井可采用掘天井的各种方法，但在选择时，应采用适合本矿实际的、高效的方法。

（2）当井筒断面和井口位置具备布置延深施工设备条件且延深提升高度在提升机能力范围内时，应优先采用延深间延深方法。

（3）当不具备上述条件或为保证矿井生产不受或少受影响，才采用辅助水平延深方法。

3.10 竖井井筒快速施工实例

（1）工程概况。某矿设计年生产能力为90万吨，采用竖井开拓，工业广场布置主、副两个井筒。主井井筒净直径为6.0m，井深为829.6m；副井井筒直径为6.5m，井深为850.3m。副井井筒穿过的第四系表土层厚56.7m，基岩风化带厚80.65m。采用冻结法施工，冻结深度为95m，冻结段采用双层钢筋混凝土井壁，壁厚0.8m，施工深度为89m，副井井筒穿过的地层以基岩为主，岩性较坚硬，有多层含水层。

（2）井筒施工方案和机械化配套施工。井筒基岩段考虑到有多个含水层，采用地面预注浆治水方法。井筒施工采用与竖井机械化相配套的混合作业施工方案。提升系统布置两套单钩，采用“大绞车”配“大吊桶”，出矸选用“大抓岩机”，两台中心回转式抓岩机同时抓岩，砌壁采用“大模板”，采用伞钻深孔凿岩和光面爆破技术。副井井筒施工断面布置和机械化配套分别如图3－75和图3－76所示。

1）提升系统。主提升选用JKZ－2.8/15.5型凿井专用绞车，配备4.0m^{3}矸石吊桶；

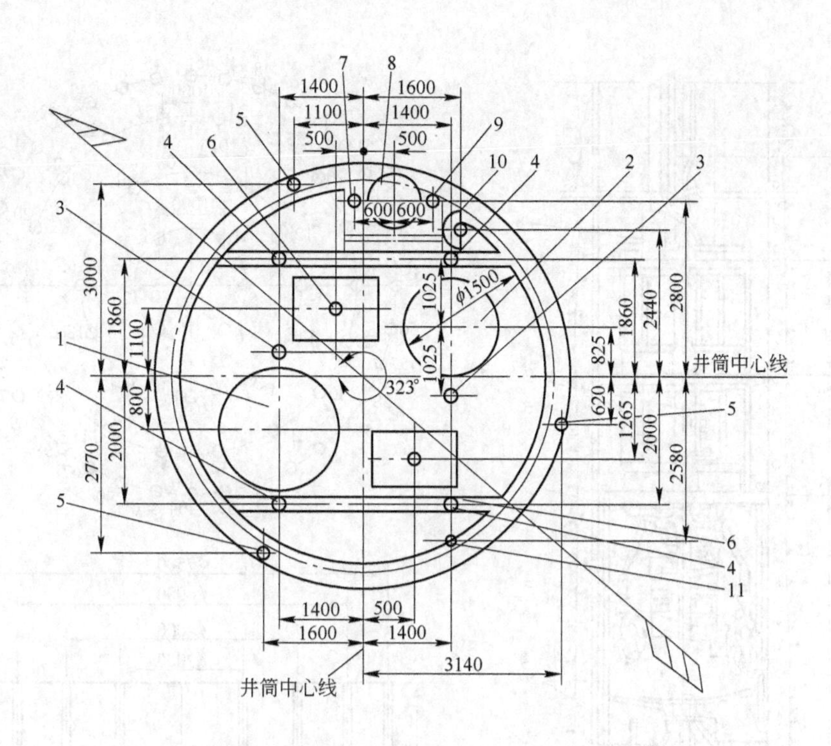

图 3-75 某矿副井井筒施工井内设备平面布置图

1—主提吊桶（$4m^3$）；2—副提吊桶（$2.5m^3$）；3—稳绳；4—吊盘绳；5—模板绳；6—中心回转抓岩机；7—供水管；8—风筒；9—压风管；10—安全梯；11—放炮电缆

副提升选用 JKZ-2.5/20 型绞车，配 $2.5m^3$ 矸石吊桶，以确保提升能力，增强施工安全和灵活性。

2）伞钻凿岩、深孔光爆。凿岩选用 FJD-9A 型伞钻，配 YGZ-70 型高频凿岩机，用 4.5m 长钎杆，经对导轨改进后打眼深度可达 4.2m，打眼速度比传统方法提高 3 倍以上。爆破选用 T220 型高威力水胶炸药、百毫秒延期电雷管，采用深孔光面爆破技术，并根据工作面岩石软硬程度及时调整爆破参数，爆破效率达 90%。基岩段炮眼布置如图 3-77 所示。

3）多台抓岩机快速出矸。井筒施工时，采用井壁固定新工艺，将凿井压风管、供水管、风筒等全部布置在井壁上，合理利用井筒内的有效空间。在三层吊盘下层盘采取对称背靠背形式布置两台中心回转式抓岩机，实行分区抓岩。当井底矸石厚、进行大量排矸时，以 $0.6m^3$ 抓斗为主，负责向 $4.0m^3$ 吊桶装矸；而 $0.4m^3$ 抓斗为辅，负责向 $2.5m^3$ 吊桶装矸。当排矸收尾清底时，以 $0.4m^3$ 抓斗为主抓取。两台中心回转抓岩机同时装岩，使抓岩速度提高近一倍，每循环出矸时间可缩短 4h，劳动强度降低 30% 以上，同时提高了清底质量，为后续工作创造良好条件。

4）大模板高效砌壁。砌壁利用 MJY 型整体金属移动模板，有效高度为 3.6m。混凝土由地面两台 JQ-1000 型强制式搅拌机提供，由大型皮带机上料，由电磁式自动计量和 DX-2 型底卸式吊桶下料。

5）凿井绞车集中控制。井筒施工采用 13 台凿井绞车，采取集中控制技术，既可提高

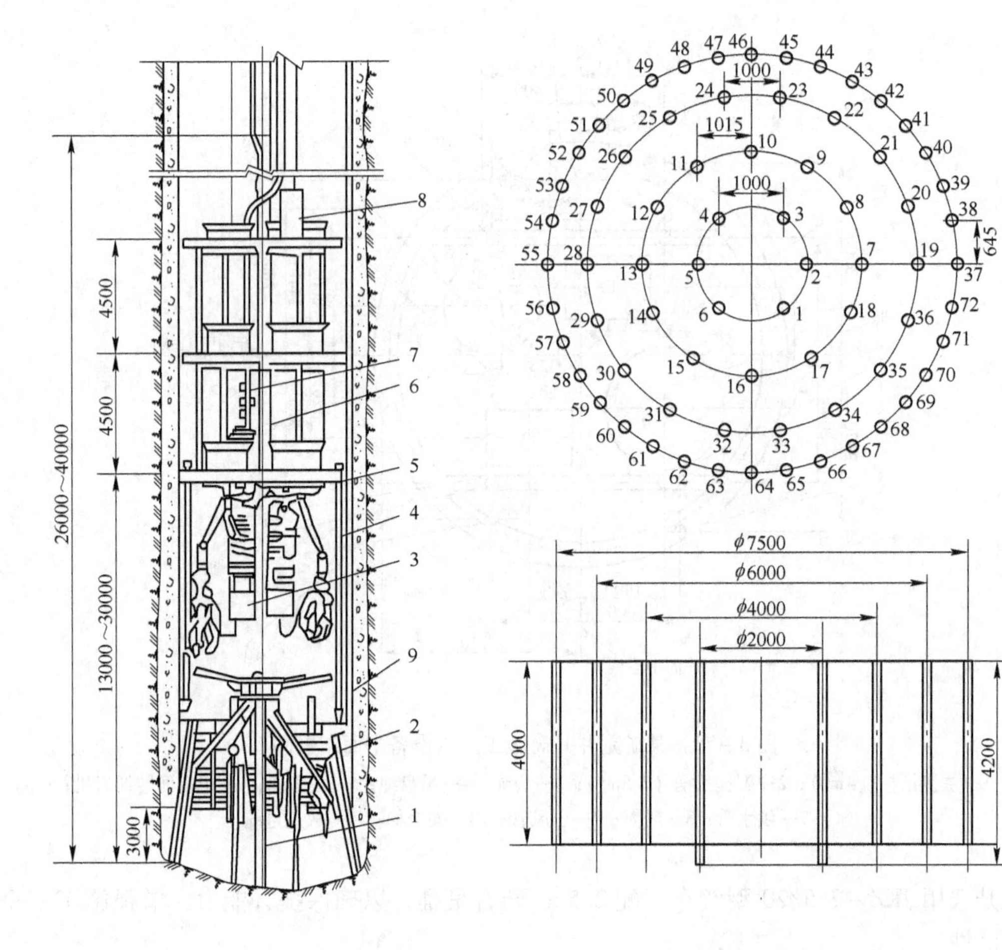

图 3-76 某矿副井井筒施工设备布置
1—伞钻；2—金属活动模板；3—中心回转式抓岩机；4—混凝土下料管；5—三层吊盘；6—风筒；7—分风器；8—供水水箱；9—模板悬吊绳

图 3-77 某矿副井井筒基岩段炮眼布置图

吊盘、模板等起落速度，又可大大增强平稳程度和安全性。

6）落地矸石仓连续排矸。翻矸系统使用坐钩式翻矸装置，采用落地式矸石仓，井筒每循环矸石集中排放于地面矸石仓，待井筒砌壁、凿岩时用 ZL-40 型装载机，配合 8t 自卸汽车连续排矸。

上述机械化配套方案，充分利用了井筒断面有效空间，使井筒内各种施工设备和设施互不干扰，形成了一条从打眼、排矸、砌壁到辅助工序紧密相连的机械化作业生产线，充分协调各生产环节之间的矛盾，为实现竖井井筒施工月成井连续 6 个月超过百米打下了基础。

(3) 劳动组织管理。该矿副井井筒施工严格按照工程项目管理要求，成立了项目部，制定了一整套切实可行的施工方案和制度，在施工生产的各个环节开展了科学质量管理活动。

1）劳动组织。该矿副井井筒施工项目部下设经营管理组、工程技术组、物资设备组和生活保障组，管理和服务人员共 23 人，施工人员共 110 人。基岩段采用混合作业法，将作业人员按打眼放炮、出矸找平、立模砌壁、出矸清底四道工序实行滚班制作业，改变按工时交接班为按工序之间的交接班，按循环图表要求控制作业时间。基岩段循环图表如表 3－27 所示。

表 3－27　某矿副井井筒基岩段正规循环作业图表

班别	工序名称	工作量	工时/min	时间 60	120	180	240	300	360
凿岩班	交接班		15						
	下钻及钻眼准备		40						
	凿岩		200						
	伞钻升井		20						
	装药、联线、放炮		85						
出矸班	交接班		15						
	通风、安检		25						
	接管子、风管		35						
	出矸、找平		285						
砌底班	交接班		15						
	脱模、立模		90						
	浇灌混凝土		255						
清底班	交接班		15						
	出矸班		230						
	清底		115						

说明：炮眼深度 4.0 m，循环进尺 3.6 m。

2）工序衔接紧凑，增加平行作业时间。根据快速施工经验，将滚班制四大作业交接均放在迎头完成，从而大大缩短了各工序之间的交接时间，为竖井快速施工争分夺秒。同时利用各工序特点穿插进行一些工作，如在钻眼时穿插提升吊挂系统的维修保养；抓岩机的维修保养安排在出矸清底后的下钻、支钻时间进行等。

3）奖罚措施得力。在加强职工思想教育的同时，制定相关奖罚措施，使劳动成果与经济收入直接挂钩，大大提高了职工生产积极性，使循环作业时间由规定的 24h 缩短到 18h 左右，最短一个循环的时间仅有 15h。

4）质量管理严格。井筒施工中，物资设备组对工程所用材料进行严格检查；技术组专人负责立模，严格控制立模质量，严格掌握混凝土的配合比和水灰比，按规定要求每 10m 做一组混凝土试块。砌壁混凝土井下用振动棒加强振捣，冬季施工用热水拌制混凝土，确保入模温度不低于 20℃。

复习思考题

3-1 竖井井筒装备有哪些？

3-2 如何确定竖井净断面尺寸？

3-3 某竖井系双罐提升，罐笼规格为4500mm×1760mm，两罐笼长边中心线的间距为2260mm，梯子间尺寸为2300mm×1060mm，罐笼突出部分至井壁间隙为200mm，用作图法绘制井筒断面图，比例1：20。

3-4 竖井施工方案有哪些？叙述其施工过程。

3-5 竖井凿岩机有哪些？

3-6 竖井爆破参数如何选择？

3-7 爆破图表如何编制？

3-8 装岩机有哪些？

3-9 翻矸方式有哪些？

3-10 简述竖井掘进排水与治水方法。

3-11 凿井设备有哪些？

3-12 竖井延深方案有哪些？叙述其施工过程。

4 斜井断面设计与施工

斜井是矿山的主要井巷之一。斜井与竖井一样，按用途分为：主斜井，专门提升矿石；副斜井，提升矸石、升降人员和器材；混合井，兼主、副井功能；风井，通风和兼作安全出口。

斜井按提升容器又可分为胶带运输机斜井、箕斗提升斜井和串车提升斜井。各种提升方式所能适应的斜井倾角按表4－1选取。

表4－1 斜井井筒适用范围

提升方式	井筒倾角
串车	最好15°～20°，最大不超过25°
箕斗	一般取20°～30°，个别情况可大于35°
胶带运输机	一般不大于17°，个别情况可达到18°

斜井倾角是斜井的一个主要参数，在斜井全长范围内应保持不变，否则会给提升或运输带来不利影响。不但设计时应如此，施工时尤应力求做到坡度基本不变。

斜井上接地面工业广场，下连各开拓水平巷道，是矿井生产的“咽喉”。斜井可分为井口结构、井身结构和井底结构三部分。

4.1 斜井井筒断面布置

斜井井筒断面形状和支护形式的选择与平巷基本相同，但斜井是矿井的主要出口，服务年限长，因此斜井断面形状多采用拱形断面，用混凝土支护或喷锚支护。

斜井井筒断面布置系指轨道（运输机）、人行道、水沟和管线等的相对位置而言。井筒断面的布置原则，除与平巷相同之外，还应考虑以下各点：

（1）井筒内提升设备之间及设备与管路、电缆、侧壁之间的间隙，必须保证提升的安全，同时还应考虑到升降最大设备的可能性。

（2）有利于生产期间井筒的维护、检修、清扫及人员通行的安全与方便。

（3）在提升容器发生掉道或跑车时，对井内的各种管线或其他设备的破坏应降到最低限度。

（4）串车斜井一般为进风井（个别也有作回风井的），井筒断面要满足通风要求。

4.1.1 串车斜井井筒断面布置

通常断面内有轨道、人行道、管路和水沟等。无论单线或双线，人行道、管路和水沟的相对位置分为以下四种方式：

（1）管路和水沟布置在人行道一侧。此种布置方式，管路距轨道稍远些，万一发生跑车或掉道事故，管路不易砸坏，而且管路架在水沟上，断面利用较好。缺点是出入躲避硐因管路妨碍，不够安全和方便，如图4－1a所示。

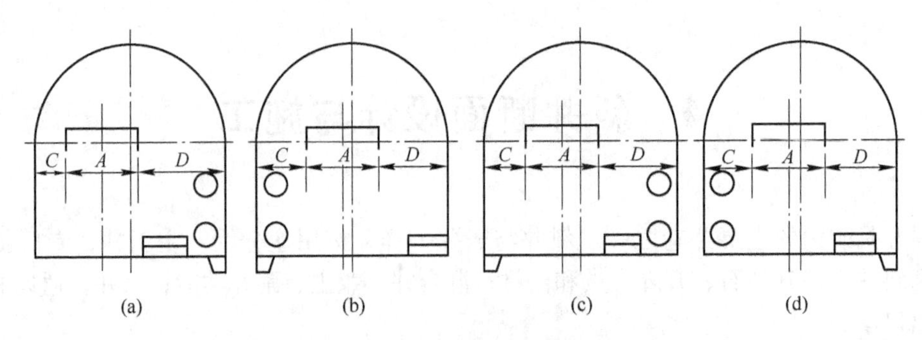

图4－1 串车斜井井筒断面布置方式
A—矿车宽度；C—非人行道侧宽度；D—人行道侧宽度

（2）管路和水沟布置在非人行道一侧。这种情况下管路靠近轨道，容易被跑车或掉道车所砸坏，但出入躲避硐安全方便，如图4－1b所示。

（3）管路和水沟分开布置，管路设在人行道一侧。这种布置方式与图4－1a相似，需加大非人行道侧宽度用以布置水沟，如图4－1c所示。

（4）管路和水沟分开布置，管路设在非人行道一侧。这种布置方式与图4－1b相似，但人行道侧宽度应适当加宽，如图4－1d所示。

考虑到可能需要扩大生产和输送大型设备，现场常采用后两种布置方式，其缺点是工程量有所增大。

串车斜井难免可能发生掉道或跑车事故，故设计时应尽量不将管路和电缆设在串车提升的井筒中，尤其是提升频繁的主井，更应避免。近年来，有些矿山利用钻孔将管路和电缆直接引到井下。

当斜井内不设管路时，断面布置与上述基本相似，水沟可布置在任何一侧，但多数设在非人行道侧。

4.1.2 箕斗斜井井筒断面布置

箕斗斜井为出矿通道，一般不设管路(洒水管除外)和电缆，因而断面布置很简单，通常将人行道与水沟设于同侧。《安全规程》规定箕斗斜井井筒禁止进风，故其断面尺寸主要以箕斗的合理布置(尺寸)为主要依据。斜井箕斗规格如表4－2所示。

表4－2 金属矿斜井箕斗主要尺寸

箕斗容积 /m^3	最大载重 /kg	外形尺寸/mm			适用倾角 /(°)	最大牵引力 /kN	轨距 /mm	卸载方式	质量 /kg
		长	宽	高					
1.5	3190	4525	1714	1280	20		900	前卸	1840
2.5		3968	1406	1280	30～35	65.7	1100	后卸	2900
3.5	6000	3870	1040	1400	20～40	73.5	1200	后卸	4050
3.74	7050	6130	1550	1740			1200	前卸	3200

4.1.3 胶带机斜井井筒断面布置

在胶带机斜井中，为便于检修胶带机及井内其他设施，井筒内除设胶带机外，还设有人行道和检修道。按照胶带机、人行道和检修道的相对位置，其断面布置有三种方式，见图4－2。

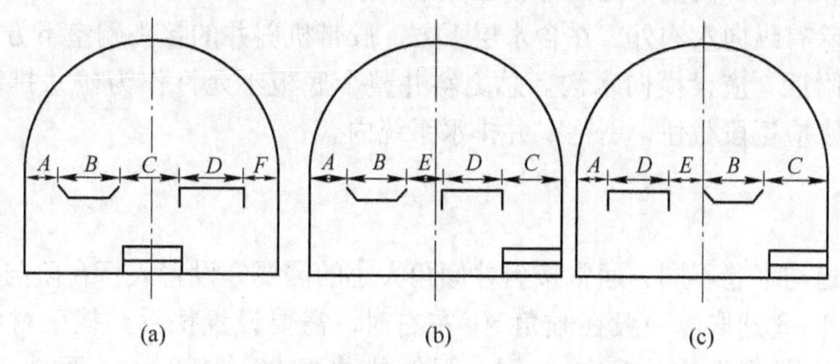

图4－2 胶带机斜井井筒断面布置形式

（a）人行道在中部；（b）检修道在中部；（c）胶带机在中部

A，*F*—提升设备至井帮的距离；*B*—胶带机宽度；*C*—人行道宽度；

D—矿车宽度；*E*—人行道在边侧时两提升设备的间距

我国当前多采用如图4－2a所示的形式，它的优点是检修胶带机和轨道、装卸设备以及清扫撒矿都较方便。

4.1.4 斜井断面尺寸确定

斜井断面尺寸主要根据井筒提升设备、管路和水沟的布置，以及通风等需要来确定。

（1）非人行道侧提升设备与支架之间的间隙应不小于300mm，如将水沟和管路设在非人行道侧，其宽度还要相应增加。

（2）双钩串车提升时，两设备之间的间隙不应小于300mm。

（3）人行道的宽度不小于700mm，同时应修筑躲避硐。如果管路设在人行道侧，要相应增大其宽度。

（4）运输物料的斜井兼主要行人时，人行道的有效宽度不小于1.2m，人行道的垂直高度不小于1.8m，车道与人行道之间应设置坚固的隔墙。

（5）提人车的斜井井筒中，在上下人车停车处应设置站台。站台宽度不小于1.0m，长度不小于一组人车总长的1.5～2.5倍。

（6）提升设备的宽度，应按设备最大宽度考虑，故设人车的井筒，应按人车宽度决定。

在斜井井筒断面布置形式及上述尺寸确定后，就可以按平巷断面尺寸确定的方法来确定斜井断面尺寸。

4.2 斜井井筒内部设施

根据斜井井筒用途和生产的要求，通常在井筒内设有轨道、水沟、人行道、躲避硐、管路和电缆等。由于斜井具有一定的倾角，因而无论轨道、人行道、水沟等的敷设均与平巷有别。

4.2.1 水沟

斜井水沟坡度与斜井倾角相同，断面尺寸参照平巷水沟断面尺寸选取。通常它比平巷水沟断面小得多，但水沟内水流速度很大，因此斜井水沟一般都用混凝土浇灌。若服务年限很短，围岩较好，井筒基本无涌水，也可不设水沟。

斜井水沟除有纵向水沟外，在含水层下方、胶带机斜井的接头硐室下方以及井底车场与井筒连接处附近，应设横向水沟。总之斜井整个底板不允许作为矿井排水的通道，相反，斜井中的水应逐段截住，引往矿井排水系统内。

4.2.2 人行道

斜井人行道与平巷不同，通常按斜井倾角大小的需要，设置人行台阶与扶手。台阶踏步尺寸可按表4-3选取。一般在倾角30°左右时，需要设置扶手。扶手材料常用钢管或塑料管制作，位置应选在人行道一侧，距斜井井帮80~100mm，距轨道道碴面垂高900mm左右处。

有的斜井井筒利用水沟盖板作为人行台阶，既可使井筒断面布置紧凑，减少井筒工程量，又节省材料。利用水沟盖板作台阶有两种方式，如图4-3所示。图4-3a施工简单，台阶稳定，效果较好，但混凝土消耗量多；图4-3b混凝土消耗量较少，但施工较复杂，预制盖板易活动。

表4-3 斜井台阶尺寸 (mm)

台阶尺寸/mm	斜井坡度/(°)			
	16	20	25	30
台阶高度	120	140	160	180
台阶宽度	420	385	340	310
台阶横向长度	600	600	600	600

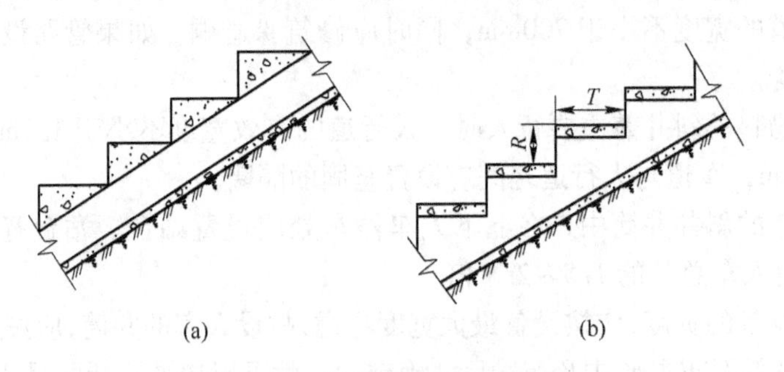

图4-3 斜井行人台阶示意图

(a) 预制台阶斜盖板；(b) 预制台阶平盖板

4.2.3 躲避硐

在串车或箕斗提升时，按规定井内不准行人。但在生产实践中，又必须有检修人员插空（提升间隙）检查、维修。为保证检修人员安全，又不影响生产，只好在斜井井筒内每隔一段距离设置躲避硐。

一般躲避硐间隔距离为30~50m，硐室的规格可采用宽1.0~1.5m，高1.6~1.8m，深1.0~1.2m，位置设于人行道一侧，以便人员出入方便。

4.2.4 管路和电缆敷设

电缆和管路通常设计在副斜井井筒内，主要原因是检修方便；副井比主井提升频率低，安全因素相对要高，对生产影响要小。电缆和管路的铺设要求与平巷相同。

当斜井倾角小、长度大时，为节省电缆和管路，有的矿井采用垂直钻孔直接送至井下。这时应对地面厂房、管线等相应地做出全面规划。

4.2.5 轨道铺设

斜井轨道铺设的突出特点是要考虑防滑措施。这是因为矿车或箕斗运行时，迫使轨道沿倾斜方向产生很大的下滑力，其大小与提升速度、提升量、道床结构、线路质量、底板岩石性质、井内涌水和斜井倾角等密切相关，其中主要因素是斜井倾角。通常当倾角大于20°时，轨道必须采取防滑措施，其实质是设法将钢轨固定在斜井底板上。最常见的是每隔30~50m，在井筒底板上设一混凝土防滑底梁，或用其他方式的固定装置将轨道固定，以达到防滑目的，如图4-4~图4-7所示。

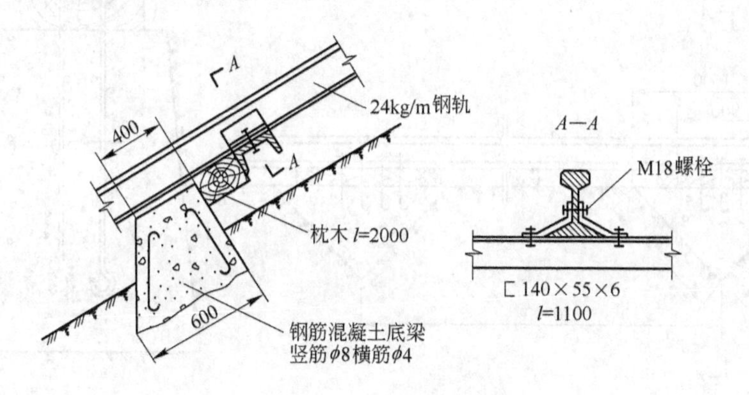

图4-4 底梁固定枕木法

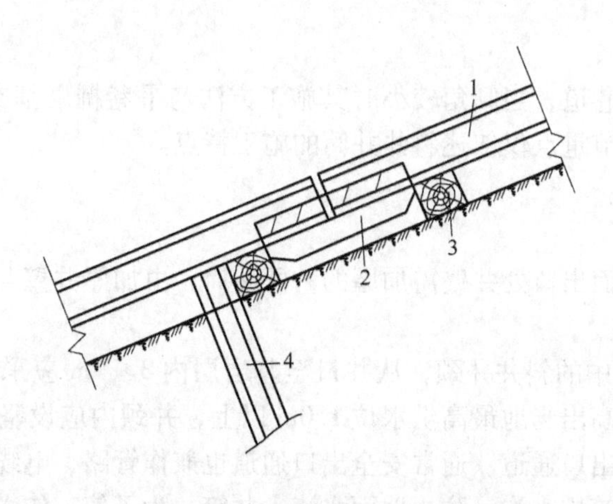

图4-5 钢轨固定枕木法

1，4—钢轨；2—特制鱼尾板；3—枕木

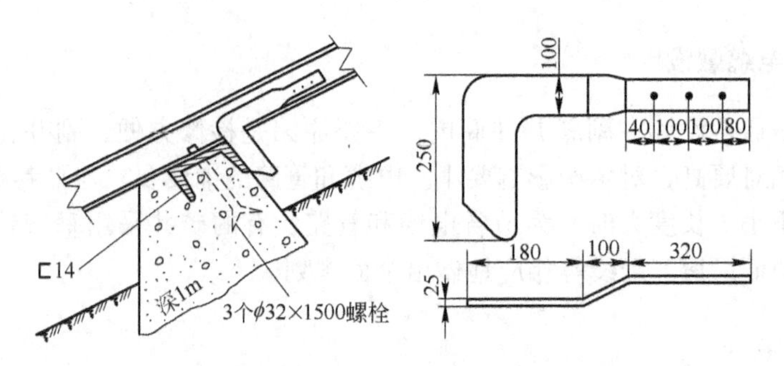

图4-6 底梁固定轨道法

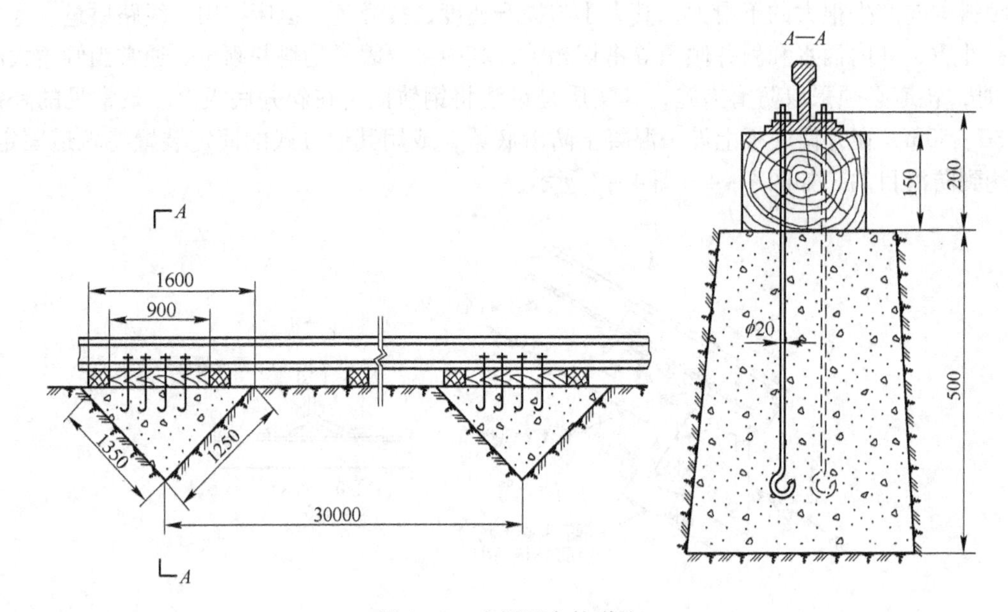

图4-7 底梁固定轨道法

4.3 斜井掘砌

斜井井筒是倾斜巷道，当倾角较小时其施工方法与平巷掘砌基本相同，45°以上时与竖井掘砌相类似。本节重点仅叙述斜井井筒的施工特点。

4.3.1 斜井井颈施工

斜井井颈是指地面出口处井壁需加厚的一段井筒，由加厚井壁与壁座组成，如图4-8所示。

在表土(冲积层)中的斜井井颈，从井口至基岩层内3~5m应采用耐火材料支护并露出地面，井口标高应高出当地最高洪水位1.0m以上，井颈内应设坚固的金属防火门或防爆门以及人员的安全出口通道。通常安全出口通道也兼作管路、电缆、通风道或暖风道。

在井口周围应修筑排水沟，防止地面水流入井筒。为了使工作人员、机械设备不受气候影响，在井颈上可建井棚、走廊和井楼。通常井口建筑物与构筑物的基础不要与井颈相连。

井颈的施工方法根据斜井井筒的倾角、地形和岩层的赋存情况而定。

4.3.1.1 在山岳地带施工

当斜井井口位于山岳地带的坚硬岩层中，有天然的山冈及崖头可以利用时，此时只需进行一些简单的场地整理后即可进行井颈的掘进。在这种情况下，井颈施工比较简单，井口前的露天工程最小。

在山岳地带开凿斜井，如图4-9所示。斜井的门脸必须用混凝土或坚硬石材砌筑，并需在门脸顶部修筑排水沟，以防雨季和汛期山洪水涌入井筒内，影响施工，危害安全。

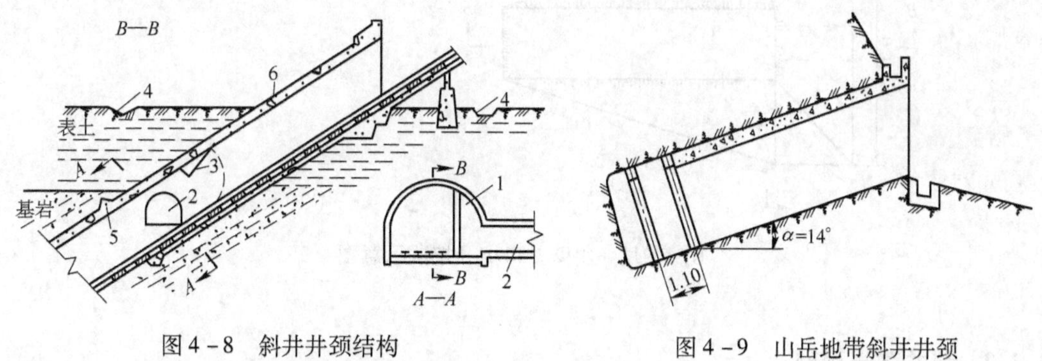

图4-8 斜井井颈结构

1—人行间；2—安全通道；3—防火门；

4—排水沟；5—壁座；6—井壁

图4-9 山岳地带斜井井颈

4.3.1.2 在平坦地带施工

当斜井井口位于较平坦地带时，此时表土层较厚，稳定性较差，顶板不易维护。为了安全施工和保证掘砌质量，井颈施工时需要挖井口坑，待永久支护砌筑完成后再将表土回填夯实。井口坑形状和尺寸的选择合理与否，对保证施工安全及减少土方工程量有着直接的影响。

井口坑几何形状及尺寸主要取决于表土的稳定程度及斜井倾角。斜井倾角越小，井筒穿过表土段距离越大，则所需井口坑土方量越多；反之越小。同时还要根据表土层的涌水量和地下水位及施工速度等因素综合确定。直壁井口坑(见图4-10)，用于表土层薄或表土层虽厚但土层稳定的情况；斜壁井口坑(见图4-11)用于表土不稳定的情况。

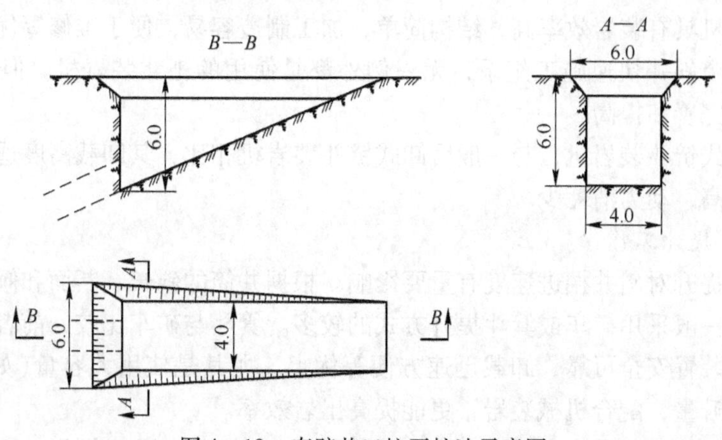

图4-10 直壁井口坑开挖法示意图

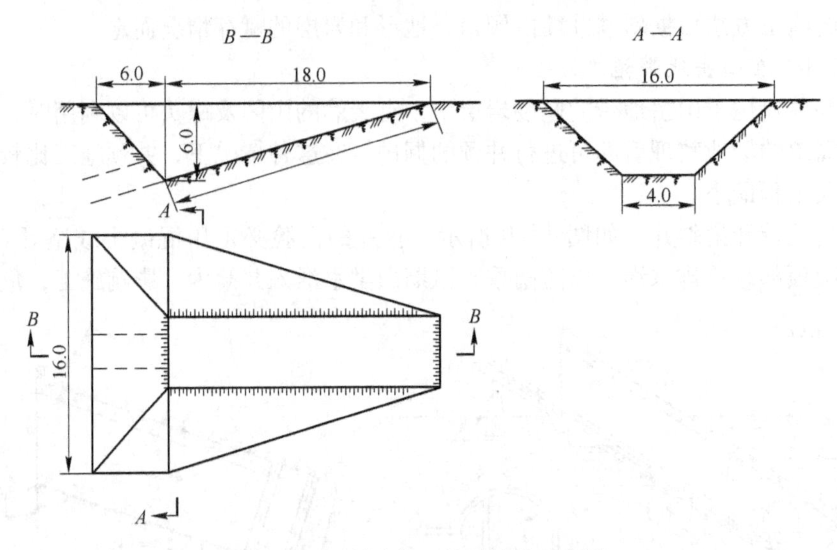

图4-11 斜壁井口坑开挖法示意图

4.3.2 斜井基岩掘砌

斜井基岩施工方式、方法及施工工艺流程基本与平巷相同，但由于斜井具有一定的倾角，因此具有某些特点，如选择装岩机时，必须适应斜井的倾角；采用轨道运输，必须设有提升设备，以及提升设备运行过程中的防止跑车安全设施；因向下掘进，工作面常常积水，必须设有排水设备等。此外，当斜井(或下山)的倾角大于45°时，其施工特点与竖井施工方法相近似。

4.3.2.1 装岩工作

斜井施工中装岩工序占掘进循环时间的60%~70%。如要提高斜井掘进速度，装载机械化势在必行。推广使用耙斗装岩机，是迅速实现斜井施工机械化的有效途径。耙斗装岩机在工作面的布置，如图4-12所示。

我国斜井施工，通常只布置一台耙斗机。当井筒断面很大，掘进宽度超过4m时，可采用两台耙斗机，其簸箕口应前后错开布置。

耙斗装岩机具有装岩效率高，结构简单，加工制造容易，便于维修等优点。近几年来我国创造的几个斜井快速施工纪录，无一例外都是使用的耙斗装岩机。但它仍有许多缺点，需进一步完善和提高。

正装侧卸式铲斗装岩机，与一般后卸式铲斗装岩机相比，其卸载高度适中，卸载距离短，装岩效率高，动力消耗少。

4.3.2.2 提升工作

斜井掘进提升对斜井掘进速度有重要影响。根据井筒的斜长、断面和倾角大小选择提升容器。我国一般采用矿车或箕斗提升方式的较多。箕斗与矿车比较，前者具有装载高度低，提升连接装置安全可靠，卸载迅速方便等优点。尤其是使用大容量(如4t)箕斗，可有效地增加提升量，配合机械装岩，更能提高出岩效率。

当井筒浅，提升距离在200m以内时，可采用矿车提升，以简化井口的临时设施。斜

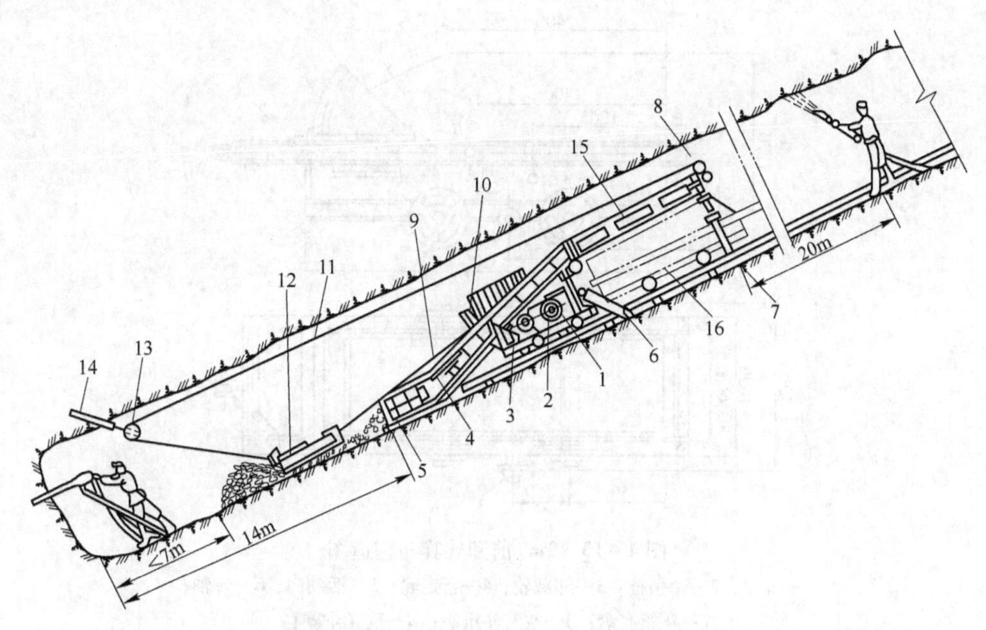

图 4-12 耙斗机在斜井工作面布置示意图

1—绞车绳筒；2—大轴轴承；3—操纵连杆；4—升降丝杆；5—进矸导向门；6—大卡道器；7—托梁支撑；8—后导绳轮；9—主绳（重载）；10—照明灯；11—副绳（轻载）；12—耙斗；13—导向轮；14—铁楔；15—溜槽；16—箕斗

井掘进时的矿车提升，常为单车或双车提升。

我国在斜井施工中常把耙斗机与箕斗提升配套使用。箕斗有三种类型：前卸式、无卸载轮前卸式、后卸式等。

A 前卸式箕斗及其卸载方式

前卸式箕斗的构造，如图 4-13 所示，由无上盖的斗箱 1、位于斗箱两侧的长方形牵引框 2、卸载轮 3、行走轮 4、活动门 5 和转轴 6 组成。牵引框 2 通过转轴与斗箱相连，活动门 5 与牵引框铆接成一个整体。

卸载时，箕斗前轮沿轨道 1 行走，如图 4-14 所示，而卸载轮进入向上翘起的宽轨 2，箕斗后轮被抬起脱离原运行轨面，使箕斗箱前倾而卸载。

前卸式箕斗构造简单，卸载距离短，箕斗容积大，并可提升泥水。但标准箕斗的牵引框较大，斗箱易变形，卸载时容易卡住和不稳定。

B 无卸载轮前卸式箕斗及其卸载

无卸载轮前卸式箕斗是在前卸式箕斗的基础上制成的新型箕斗，其特点是将前卸式箕斗两侧突出的卸载轮去掉，在卸载口处配置了箕斗翻转架，其卸载方式，如图 4-15 所示。当箕斗提至翻转架时，箕斗与翻转架一起绕回转轴旋转，向前倾斜约 51°卸载。箕斗卸载后，与翻转架一起靠自重复位，然后箕斗离开翻转架，退入正常运行轨道。两者相比，由于去掉了卸载轮，可以避免运行中发生碰撞管线、设备和人员事故，扩大了箕斗的有效装载宽度，提高了断面利用率，提高了卸载速度（每次仅 7~11s）。缺点是，箕斗提升过卷距离较短，仅 500mm 左右，所以除要求司机有熟练的操作技术外，绞车要有可靠的行程指示装置，或者在导轨上设置过卷开关。

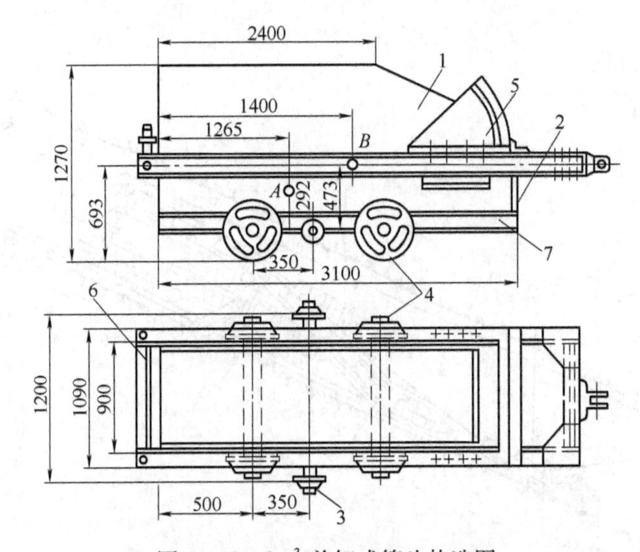

图 4-13 $2m^3$ 前卸式箕斗构造图

1—斗箱；2—牵引框；3—卸载轮；4—行走轮；5—活动门；6—转轴；7—斗箱底盘；A—空箕斗重心；B—重箕斗重心

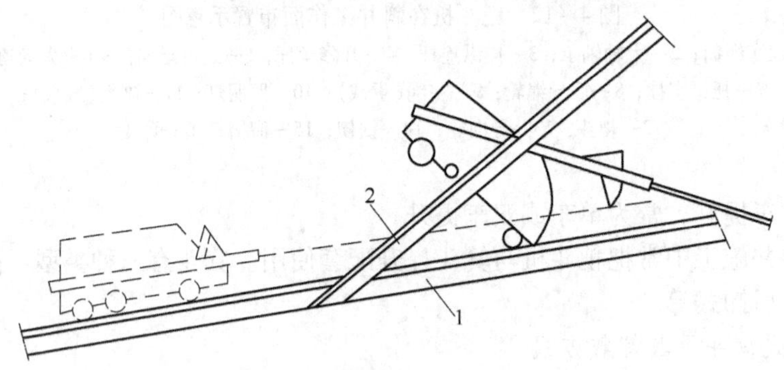

图 4-14 前卸式箕斗卸载示意图

1—标准轨；2—宽轨

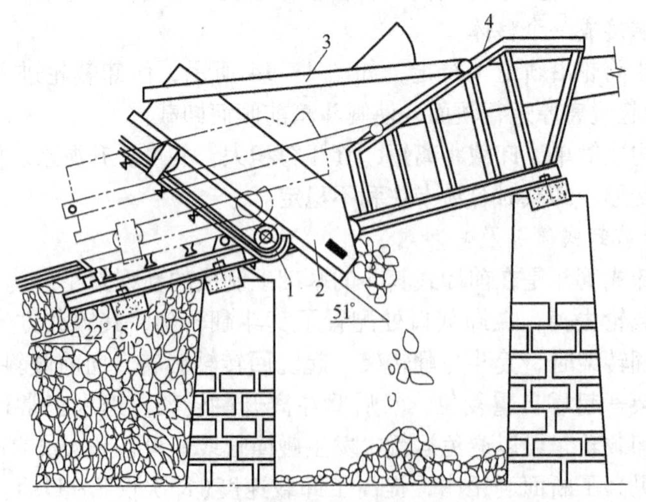

图 4-15 无卸载轮前卸式箕斗卸载示意图

1—翻转架；2—箕斗；3—牵引框架；4—导向架

斜井提升容器、钢丝绳、绞车的选择基本上与竖井相同，所区别的是多一个提升倾角，这里不再叙述。

4.3.2.3 斜井中安全设施

斜井施工时，提升容器上下频繁运行，一旦发生跑车事故，不仅会损坏设备，影响正常施工，而且会造成人身安全事故。为此必须针对造成跑车的原因，采取行之有效的措施，以便确保安全施工。

A 井口预防跑车安全措施

（1）由于提升钢丝绳不断磨损、锈蚀，使钢丝绳断面面积减少，在长期变荷载作用下，会产生疲劳破坏；由于操作或急刹车造成冲击荷载，可能酿成断绳跑车事故。为此要严格按规定使用钢丝绳，经常上油防锈，地滚安设齐全，建立定期检查制度。

（2）钢丝绳连接卡滑脱或轨道铺设质量差，串车之间插销不合格，运行中因车辆颠簸等都可能造成脱钩跑车事故。为此，应该使用符合要求的插销，提高铺轨质量，采用绳套连接。

（3）由于井口挂钩工疏忽，忘记挂钩或挂钩不合格而发生跑车事故。为此，斜井井口应设逆止阻车器或安全挡车板等挡车装置。逆止阻车器加工简单，使用可靠，但需人工操作。逆止阻车器工作情况，如图 4－16 所示。这种阻车器设于井口，矿车只能单方向上提，只有用脚踩下踏板后才可向下行驶。

B 井内阻挡已跑车的安全措施

（1）钢丝绳挡车帘。在斜井工作面上方 20～40m 处设可移动式挡车器，它是以两根 150mm 的钢管为立柱，用钢丝绳与直径为 25mm 的圆钢编成帘形，手拉悬吊钢丝绳将帘上提，矿车可以通过；放松悬吊绳，帘子下落而起挡车作用，如图 4－17 所示。

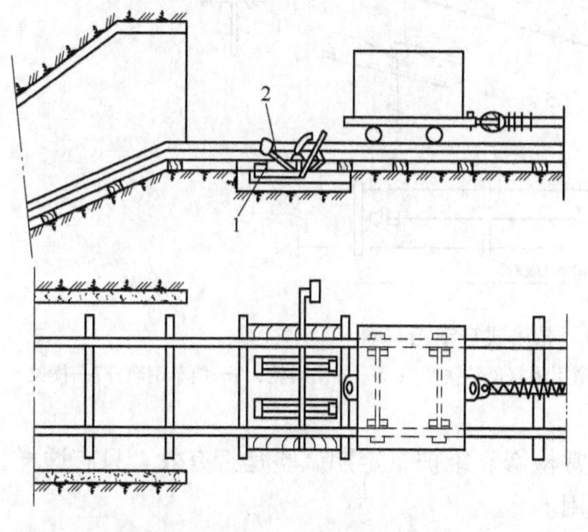

图 4－16 井口逆止阻车器

1—阻车位置；2—通车位置

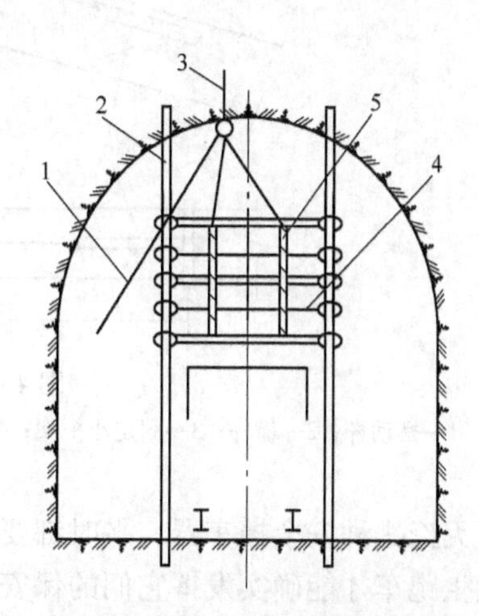

图 4－17 钢丝绳挡车帘

1—悬吊绳；2—立柱；3—锚杆式吊环；4—钢丝绳编网；5—圆钢

（2）常闭式型钢阻车器。该阻车器是由重型钢轨焊接而成，如图 4－18 所示，它的一端有配重，另一端通过钢绳经滑轮上提。当提升矿车需要通过此阻车器时，用人工拉起阻车器，让矿车通过，之后借自重落下；当矿车发生跑车时，即可阻止矿车一直冲到工作面，防止撞伤工作人员。这种阻车器多安在距工作面5m处，当工作面推进10~15m时又移动一次。

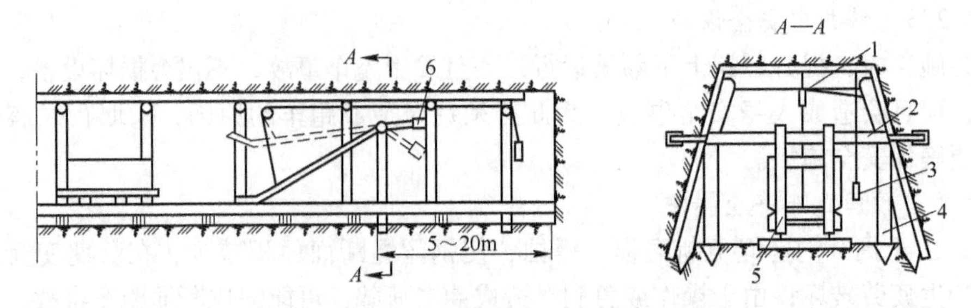

图4-18 常闭式型钢阻车器

1—滑轮；2—可伸缩横梁；3—平衡锤；4—立柱；5—挡车器；6—配重

（3）悬吊式自动挡车器。常设置在斜井井筒中部，如图4-19所示。它是在斜井断面上部安装一根横梁7，其上固定一个小框架3，框架上设有摆动杆1。摆动杆平时下垂到轨道中心位置上，距巷道底板约900mm，提升容器通过时能与摆杆相碰，碰撞长度约100~200mm。当提升容器正常运行时，碰撞摆动杆1后，摆动幅度不大，触不到框架上横杆2；一旦发生跑车事故，脱钩的提升容器碰撞摆动杆后，可将通过牵引绳4和挡车钢轨6相连的横杆2打开，8号铁丝失去拉力，挡车钢轨一端迅速落下，起到防止跑车的作用。

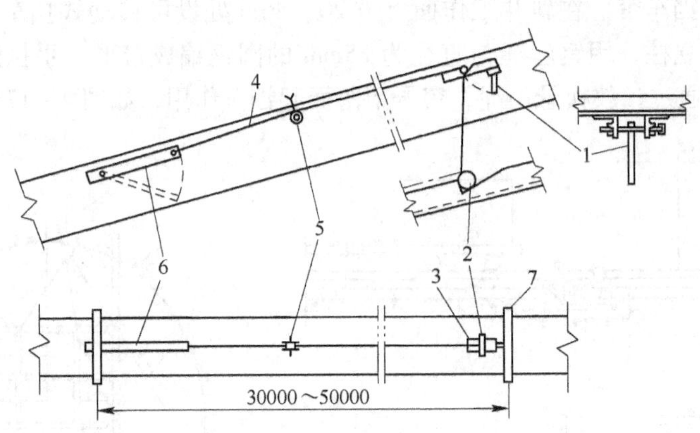

图4-19 悬吊式自动挡车器

1—摆动杆；2—横杆；3—固定小框架；4—牵引绳（8号铁丝）；5—导向滑轮；6—挡车钢轨；7—横梁

无论哪种安全挡车器，平时都要经常检修、维护，定期试验是否有效。只有这样，一旦发生跑车才能确实发挥它们的保安作用。

上述几种安全挡车装置，按其作用来说，或为预防提升容器跑入井内，或为阻挡已跑入井内的提升容器继续闯入工作面，故它们都是必需的，防患于万一的，但更主要的是应该千方百计不使矿车或箕斗发生跑车事故。因此，在组织斜井施工时，首先要严格操作规程，严禁违章作业，提高安全责任感，加强对设备、钢丝绳及挂钩等连接装置的维护检修，避免跑车事故的发生，以确保斜井的安全施工。

4.3.2.4 斜井排水

斜井掘进时，工作面在下方，当井筒中有涌水时，多集中到工作面。工作面有了水就会严重地影响凿岩爆破和装岩工作，使井筒的掘进速度显著下降。因此，必须针对水的来源和大小，采取不同的治理措施：

（1）避。井筒位置的选择要尽可能避开含水层。

（2）防。为了防止地表水流入或渗入井筒，设计时必须使井口标高高于最大洪水位，并在井口周围挖掘环形排水沟，及时排水。

（3）堵。在过含水层时，可以采取工作面预注浆；如发现已砌壁渗水时，可以采用壁后注浆封堵涌水。

（4）截。当剩余水量沿顶板或两帮流下时，应在底板每隔 10～15m 挖一道横向水沟，将水截住，引入纵向水沟中，汇集井底排出。

（5）排。工作面的积水需要根据水量的大小采取不同的排水方式。

1）提升容器配合潜水泵排水。当工作面水量小于 $5m^3/h$ 时，利用风动潜水泵将水排到提升容器内，随岩石一起排出井外。

2）水力喷射泵排水。当工作面水量超过 $5m^3/h$ 时，可以采用喷射泵作中间转水工具，减少卧泵移动次数。图 4-20 为喷射泵排水时的工作面布置图。

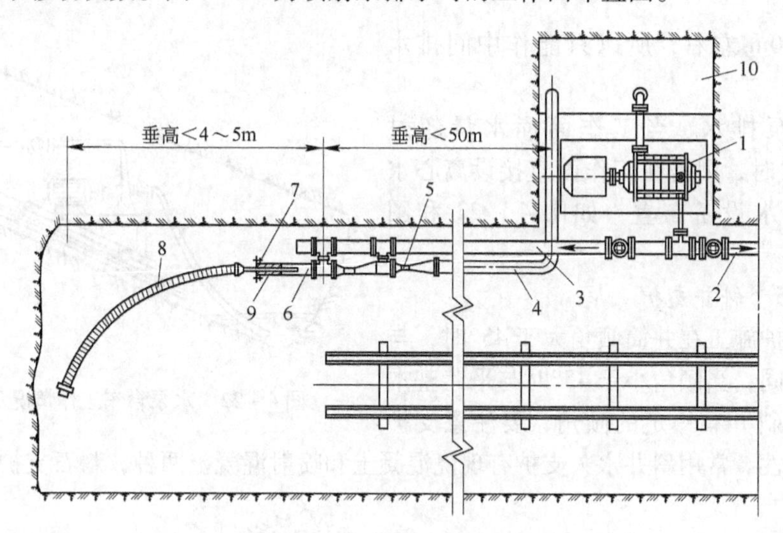

图 4-20 喷射泵排水工作面布置图

1—原动泵兼水仓排水泵；2—主排水管；3—高压排水管；4—喷射泵排水管；5—双喷嘴喷射泵；6—伸缩管；7—伸缩管法兰盘；8—吸水软管；9—填料；10—水仓

喷射泵由喷嘴、混合室、吸入室、扩散室、高压供水管和排水管组成。

喷射泵的工作原理是：由原动泵供给的高压水（喷射泵的能量来源）进入喷射泵的喷嘴，形成高速射流进入混合室，带走空气形成真空，工作面积水即可借助压力差沿吸水管流入混合室中。于是吸入水和高压水流充分混合进行能量交换，经扩散器使动能变为驱动力，混合水便可经排水管排到一定高度的水仓中，如图 4-21 所示。

喷射泵本身无运转部件，工作可靠，构造简单，体积小，制作安装及更换方便，又可以排泥砂积水，所以现场采用较多。它的缺点是需要高扬程、大流量的原动泵，并且由于吸排一部分循环水，所以效率低，电耗大，一般一台喷射泵的扬程仅有 20～25m，两台联

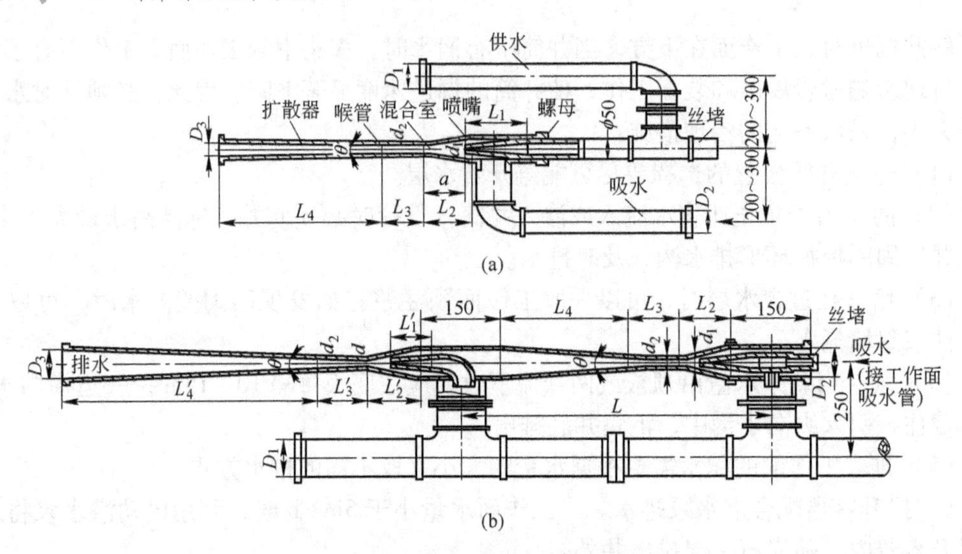

图 4-21 喷射泵构造图

（a）单嘴喷射泵；（b）双嘴喷射泵

用也只有 50m 左右，所以只能作中间排水之用。

3）卧泵排水。当工作面涌水量超过 $20\sim30m^3/h$ 时，则需在工作面直接设离心水泵排水。排水设备布置，如图 4-22 和图 4-23 所示。

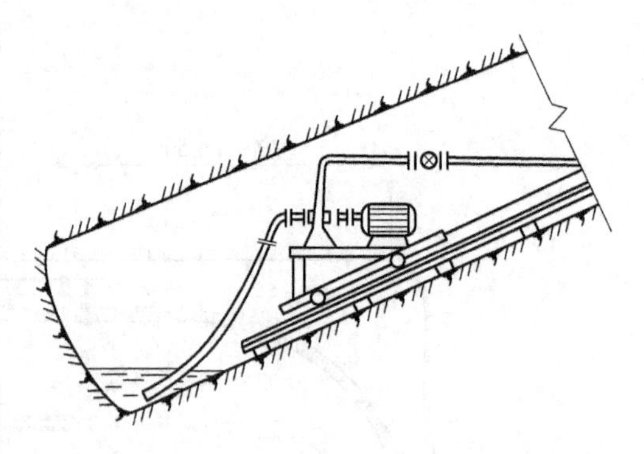

图 4-22 水泵台车工作情况示意图

4.3.2.5 斜井支护

斜井支护施工在井筒倾角大于45°时，与竖井基本相同；当倾角小于45°时与平巷基本相同。但因斜井有一定的倾角，要注意支护结构的稳定性。常用斜井永久支护有现浇混凝土和喷射混凝土两种，料石支护已不多见。

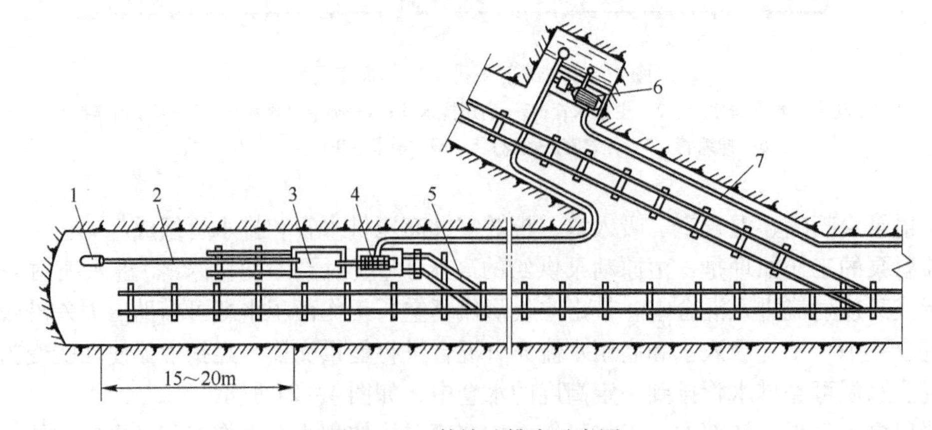

图 4-23 某铁矿排水示意图

1—JBQ-2-10 潜水泵；2—排水管；3—矿车代用水箱；4—80D12×9 卧泵及台车；5—浮放道岔；6—+165 中段固定泵站；7—排水管

4.3.3 斜井快速施工实例

（1）工程概况。某矿主斜井为胶带输送机斜井，设计断面为半圆拱形，锚喷支护，净断面为12.34m^2，掘进断面为15.05m^2，坡度16°，斜长960m。围岩以粗砂岩、中细砂岩为主，$f=6\sim10$，涌水量5～10m^3/h。

（2）机械化作业线及配套设备。采用多台气腿式凿岩机凿岩，8m^3箕斗提矸，40m^3装配式斗形矸石仓排矸。实现了喷射混凝土远距离管路输料，1991年6月创月成井376.2m、连续三个月成井825.5m的纪录。纪脊梁矿新高山主斜井施工机械化作业线和设备布置，如图4-24所示。

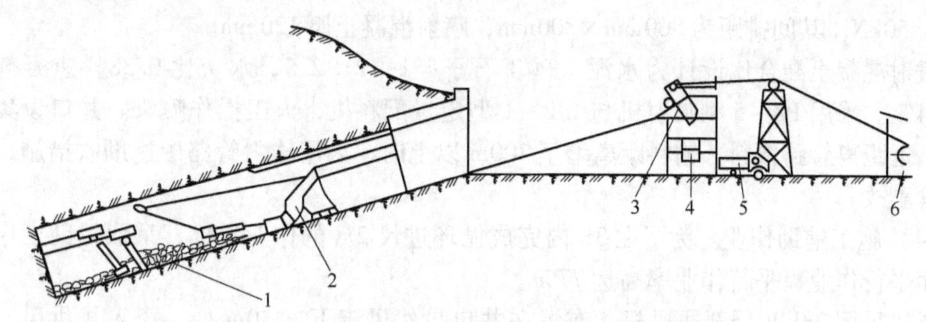

图4-24　某矿主斜井掘进机械化设备配套示意图
1—YT-28型凿岩机；2—P120B型耙斗机；3—XQJ-8型箕斗；4—ZG-40型矸石仓；
5—KB212-8型自卸式汽车；6—ZJK-3/20型提升机

（3）施工工艺：

1）钻眼爆破。钻眼采用YT-28型气腿式风动凿岩机4～6台同时作业，每台约占工作宽度700～800mm。操作人员执行五定（人、钻、位、眼、时）、两专（安眼、修钻）负责制。

炮眼布置根据岩石性质变化及时调整数量、深度、角度等有关参数。一般炮眼深度取2m，掏槽方式为楔形另加中心眼。

采用3台JK-3型激光指向，中、顶部两台交替前移，互相校正，用以划定眼位；帮侧部1台控制腰线，便于水沟砌筑。

工作面凿岩与6m以外耙斗机装岩、接轨、移机同时进行。每茬炮后先顶板正中部分打锚杆眼20个左右，采用6台凿岩机，3台用短钎、3台用长钎相互交替打锚杆眼、边打边安装锚杆，而后在打炮眼时将拱部两侧锚杆补齐。

采用多组同时装药，约20～25min完成。放炮后通风约10min左右吹散炮烟。

2）装岩、提升、排矸。装岩采用P120B型耙斗装岩机。该机斗容1.2m^3，其生产率平巷为120～180m^3/h，小于25°斜井为70～120m^3/h，轨距600mm，与箕斗轨距一致。工作时，将尾轮挂于距工作面6m以外，以便与凿岩平行作业。耙岩最佳距离为25m以内，耙斗插入角为70°。当箕斗运行时，利用间隙时间集中堆矸，工作面平均生产率可达97m^3/h。前移耙斗机时，采用滑轮组将两边死角矸石倒至中部，清底时间仅需20～30min。尾轮的固定楔距矸石面800mm左右，楔孔深度不小于350mm。

提升采用XQJ-8型容积为8m^3箕斗，轨距600mm，使用24kg/m钢轨，每15～20m

设一地滚。箕斗体积、长度较大但装满率较低，因此要求装岩司机、信号工、提升机司机紧密配合，4~6min 可装 1 箕斗。井深 500m 时，装提综合能力为 44.5m^3/h；井深 900m 时，装提综合能力可达 39.9m^3/h。

排矸采用 ZG－40 型矸石仓，其容积为 40m^3，与 30m 栈桥为整体结构，设计为钢结构装配式。矸石仓两侧有溜槽和气动闸门，备有 2 台 8t 自卸式汽车排矸石。汽车排矸运距 0.5~1km，能满足箕斗卸载最高能力 8 次/h 的排运要求。

为了满足箕斗卸载快速安全要求，在矸石仓一侧距卸载平台 30m 处，设有 PIH－1200 工业电视，每次卸载仅需 10~20s。

3）锚喷支护作业。永久支护设计为端锚式树脂锚杆，直径 18mm，长 1800mm，锚固力大于 50kN。其间排距为 800mm×800mm，喷射混凝土厚 120mm。

喷射混凝土配合比设计为水泥：砂：石子＝1：2：2.5，水灰比 0.38，速凝剂掺量 3%~4%。采用 PZ－5 型喷射机与 LJP－1 型定量配料机，人工操作喷头。井口设集中搅拌站，远距离管路输料。输料距离增至 700m 以上时，采用输料管路中途助吹措施，减少了堵管事故。

（4）施工辅助作业。为了在 3h 内完成循环进尺 2m 的作业目标，采取辅助工序与主要工序平行作业，平行作业率高达 77%。

通风采用 28kW 局部通风机，布置在井口自然风流下方 30m 处，压入式供风，采用 ϕ800mm 胶质风筒。每隔 100m 设一道水幕，工作面设风水喷雾器，作业中粉尘含量控制在 20mg/m^3 左右。

斜井工作面采用 QOB－15N 型隔膜泵排水，井筒内每 200m 设一临时水仓。

新高山主斜井井内辅助装备的布置，如图 4－25 所示。

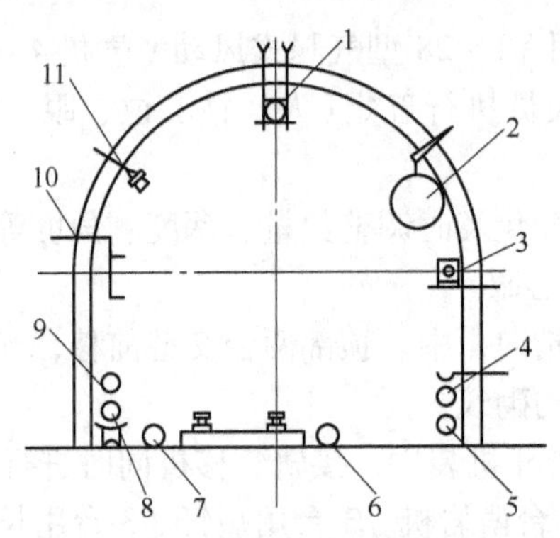

图 4－25 某矿主斜井掘井辅助装备配套示意图

1—中线激光仪；2—风筒；3—拱基线激光仪；4—压风管；5—静压打眼水管；6，7—喷射混凝土输料管；8—排水管；9—洒水管；10—缆线吊钩；11—信号、照明灯

（5）施工组织。采用一专多能技术层次高的人员机制，全井核定岗位员 139 人。实行掘进“四六”制、喷混凝土“三八”制多工序平行交叉施工的劳动组织。每天完成掘锚 7.5 个循环，平均日进尺 12.8m 喷混凝土两班作业，一个班负责耙斗机前初喷，另一个班负责复喷成井。其循环作业图表如表 4－4 所示。

（6）建立健全生产安全质量保证体系，实行跟班班干部、技术人员、班长三结合，严

表 4-4　某矿主斜井施工循环作业图表

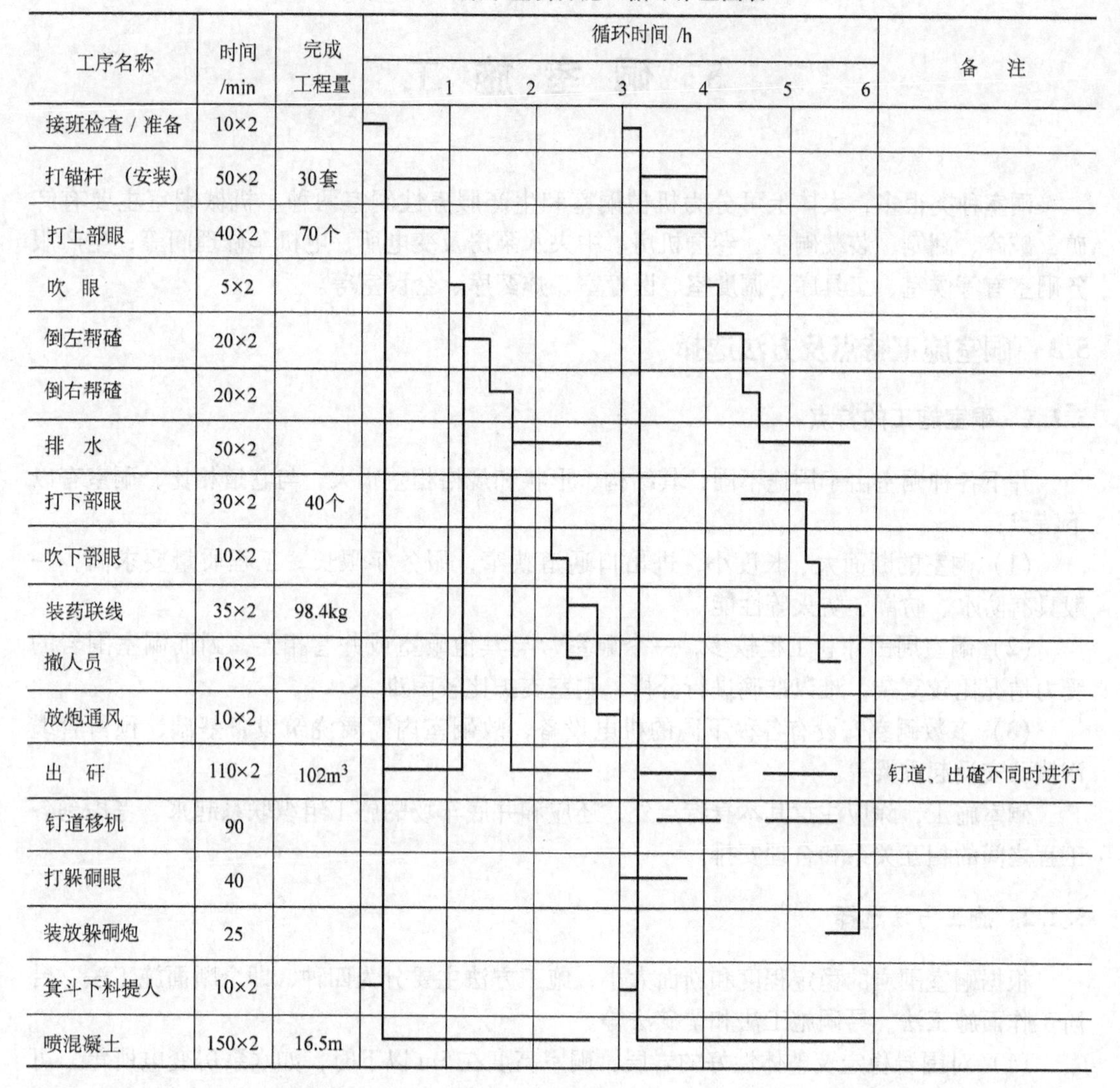

工序名称	时间 /min	完成工程量	循环时间 /h 1　2　3　4　5　6	备　注
接班检查 / 准备	10×2			
打锚杆 （安装）	50×2	30套		
打上部眼	40×2	70个		
吹　眼	5×2			
倒左帮碴	20×2			
倒右帮碴	20×2			
排　水	50×2			
打下部眼	30×2	40个		
吹下部眼	10×2			
装药联线	35×2	98.4kg		
撤人员	10×2			
放炮通风	10×2			
出　矸	110×2	102m³		钉道、出碴不同时进行
钉道移机	90			
打躲硐眼	40			
装放躲硐炮	25			
箕斗下料提人	10×2			
喷混凝土	150×2	16.5m		

格岗位责任制，加强设备维护管理，井口成立施工临时指挥系统，全面协调和及时解决施工、安全、质量等全面问题。

在斜井施工中应用工业电视，栈桥卸载由提升机房监视，井下耙矸由调度室监视，保证施工作业情况及时反馈井口指挥组人员。

复 习 思 考 题

4-1　斜井掘进的提升设备有几种，井筒断面如何布置？
4-2　斜井中设的“躲避硐”的作用是什么，如何设置？
4-3　斜井轨道为什么出现下滑动，并采取何种防滑措施？绘图说明。
4-4　在斜井提升中易发生跑车事故，绘图说明有哪几种防止跑车措施。
4-5　由于岩层含水，斜井掘进中工作面总有积水，应采取什么排水措施？
4-6　简述斜井井颈的施工方法。

5 硐 室 施 工

硐室种类很多，大体上可分为机械硐室和生产服务性硐室两种。机械硐室主要有卸矿、破碎、翻笼、装载硐室、卷扬机房、中央水泵房及变电所、电机车修理间等；生产服务硐室有等候室、工具库、调度室、医疗室、炸药库、会议室等。

5.1 硐室施工特点及方法选择

5.1.1 硐室施工的特点

井下各种硐室由于用途不同，其结构、形状和规格相差很大，与巷道相比，硐室有以下特点：

（1）硐室的断面大、长度小，进出口通道狭窄，服务年限长，工程质量要求高，一般具有防水、防潮、防火等性能。

（2）硐室周围井巷工程较多，一个硐室常与其他硐室或井巷相连，因而硐室围岩的受力情况比较复杂，难以准确进行分析，硐室支护比较困难。

（3）多数硐室安设有各种不同的机电设备，故硐室内需要浇筑设备基础，预留管缆沟槽及安设起重梁等。

硐室施工，除应注意其本身特点外，还应和井底车场的施工组织联系起来，考虑到各工程之间的相互关系和合理安排。

5.1.2 施工方法选择

根据硐室围岩的稳定程度和断面大小，施工方法主要分为四种，即全断面施工法、台阶工作面施工法、导硐施工法和留矿法等。

（1）对围岩稳定及整体性好的岩层，硐室高度在5m以下时，如水泵房变电所等，可以采用全断面施工法施工。

（2）在稳定和比较稳定的岩层中，当用全断面一次掘进围岩难以维护，或硐室高度很大，施工不方便时，可选择台阶工作面法施工。

（3）地质条件复杂，岩层软弱或断面过大的硐室，为了保证施工安全，或解决出矸问题往往采用导硐法施工。

（4）围岩整体性好，无较大裂隙和断层的大型硐室，可以选择留矿法施工。

5.2 硐室的施工方法

5.2.1 全断面法

全断面施工法和普通巷道施工法基本相同。由于硐室的长度一般不大，进出口通道狭窄。不易采用大型设备，基本上用巷道掘进常用的施工设备。如果硐室较高，钻上部炮眼就必须登碴作业，装药连线必须用梯子，因此全断面一次掘进高度一般不超过4~5m。这种方法的优点是利于一次成硐，工序简单，劳动效率高，施工速度快；缺点是顶板围岩暴露面积大，维护较难，浮石处理及装药不方便等。

5.2.2 分层施工法

由于硐室的高度较大不便于操作，可将硐室分成两层分层施工，形成台阶工作面。上分层工作面超前施工的，称为正台阶施工法；下分层工作面超前施工的，称为倒台阶施工法。

5.2.2.1 正台阶工作面施工法

一般可将整个断面分为两个分层，每个分层都是一个工作面，分层高度以1.8～2.5m为宜，最大不超过3m，上分层的超前距离一般为2～3m。

先掘上部工作面，使工作面超前而出现正台阶。爆破后先进行上分层工作面的出碴工作，然后上下分层同时打眼，如图5－1所示。

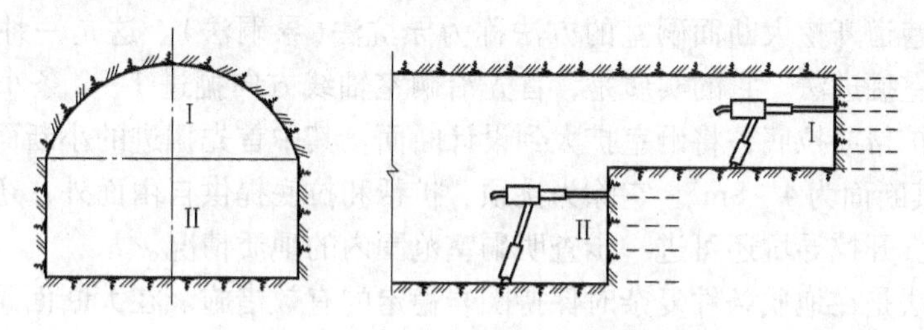

图5－1 正台阶工作面开挖示意图

下分层开挖时，由于工作面具有两个自由面，因此炮眼布置成水平或垂直方向均可。拱部锚杆可随上分层的开挖及时安设，喷射混凝土可视具体情况，分段或一次按照先拱后墙的顺序完成。砌碹工作可以有两种方法：一种是在距下分层工作面1.5～2.5m处用先墙后拱法砌筑；另一种方法是先拱后墙，即随上分层掘进把拱帽先砌好。下分层随掘随砌墙，使墙紧跟迎头。

这种方法的优点是断面呈台阶形布置，施工方便，有利于顶板维护，下台阶爆破效率高。缺点是使用铲斗装岩机时，上台阶要人工扒碴，劳动强度大，且上下台阶工序配合要好，不然易产生干扰。

5.2.2.2 倒台阶工作面施工法

采用这种方法时，下部工作面超前于上部工作面，如图5－2所示。施工时先开挖下分层，上分层的凿岩、装药、连线工作借助于临时台架。为了减少搭设台架的麻烦，一般采取先拉底后挑顶的方法进行。

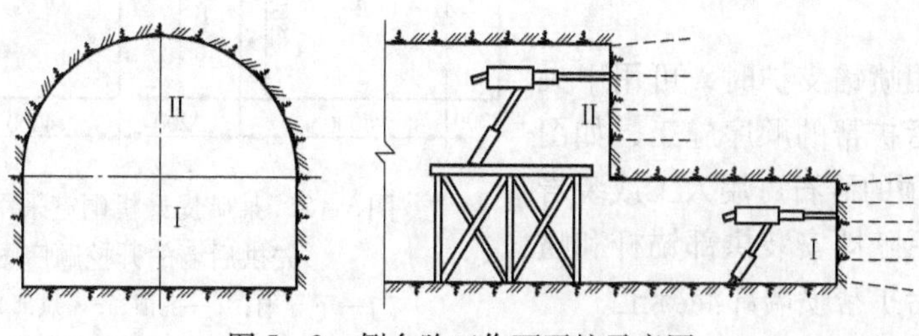

图5－2 倒台阶工作面开挖示意图

采用喷锚支护时，支护工作可以与上分层的开挖同时进行，随后再进行墙部的喷锚支护。采用砌筑混凝土支护时，下分层工作面超前4~6m，高度为设计的墙高，随着下分层的掘进先砌墙，上分层随挑顶随砌筑拱顶。下分层掘后的临时支护，视岩石情况可用锚喷、木材或金属棚式支架等。

这种方法的优点是：不必人工扒岩，爆破条件好，施工效率高，砌碹时拱和墙接茬质量好。缺点是挑顶工作较困难。

这两种方法应用广泛，其中先拱后墙的正台阶施工法在较松软的岩层中也能安全施工。

一般地，在稳定和比较稳定的岩层中，当用全断面一次掘进围岩难以维护，或硐室高度很大，施工不方便时，可选择台阶工作面法施工。

5.2.3 导坑施工法

借助辅助巷道开挖大断面硐室的方法称为导坑法(导硐法)。这是一种不受岩石条件限制的通用硐室掘进法。它的实质是，首先沿硐室轴线方向掘进1~2条小断面巷道，然后再行挑顶，扩帮或拉底，将硐室扩大到设计断面。其中首先掘进的小断面巷道，称为导坑（导硐），其断面为4~8m^2。它除为挑顶、扩帮和拉底提供自由面外，还兼作通风、行人和运输之用。开挖导坑还可进一步查明硐室范围内的地质情况。

导坑施工法是在地质条件复杂时保持围岩稳定的有效措施。在大断面硐室施工时，为了保持围岩稳定，通常可采用两项措施：一是尽可能缩小围岩暴露面积；二是硐室暴露出的断面要及时进行支护。导坑施工法有利于保持硐室围岩的稳定性，这在硐室稳定性较差的情况下尤为重要。

采用导坑施工法，可以根据地质条件、硐室断面大小和支护形式变换导坑的布置方式和开挖顺序，灵活性大，适用性广，因此应用甚广。

导坑法施工的缺点是由于分部施工，故与全断面法、台阶工作面施工法相比，施工效率低。

根据导坑的位置不同，导坑施工法有下列几种方法。

5.2.3.1 中央下导坑施工法

导坑位于硐室的中部并沿底板掘进。通常导坑沿硐室的全长一次掘出。导坑断面的规格按单线巷道考虑并以满足机械装岩为准。当导坑掘至预定位置后，再行扩帮、挑顶，并完成永久支护工作。

当硐室采用喷锚支护时，可用中央下导坑先挑顶后扩帮的顺序施工，如图5-3所示。挑顶的矸石可用人工或装岩机装出；挑顶后随即安装拱部锚杆和喷射混凝土，然后扩帮喷墙部混凝土。

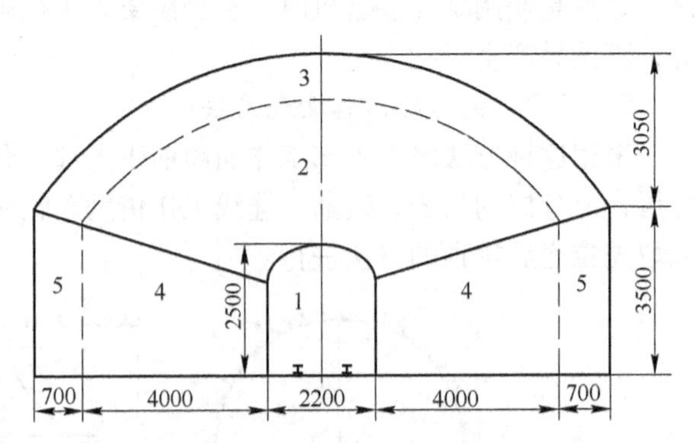

图5-3 某矿提升机硐室采用下导硐先拱后墙的开挖顺序图

1—下导硐；2—挑顶；3—拱部光面层；4—扩帮；5—墙部光面层

为了获得平整的轮廓面，挑顶、扩

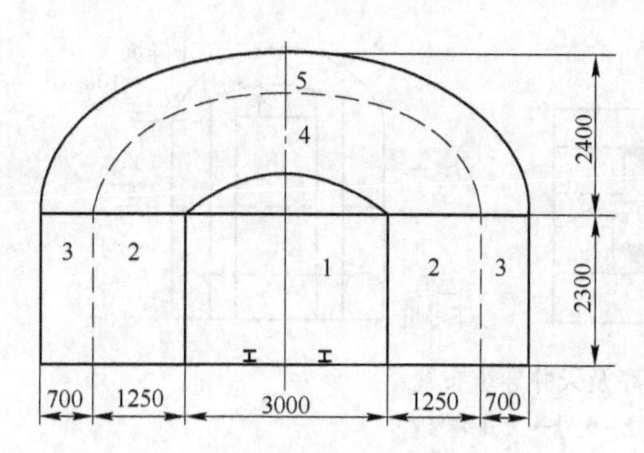

图5-4 下导坑先墙后拱的开挖顺序图
1—下导坑；2—扩帮；3—墙面光面层；
4—拱部；5—拱部光面层

帮刷大断面时，拱部和墙部均需预留光面层。根据围岩情况，扩帮工作可以在拱顶支护全部完成后一次进行，亦可错开一定距离平行进行。

砌筑混凝土支护的硐室，适用中央下导坑先扩帮后挑顶的顺序施工，如图5-4所示。在扩帮的同时完成砌墙工作，挑顶后砌拱。

中央下导坑施工方法一般适用于跨度为4~5m、围岩稳定性较差的硐室，但如果采用先拱后墙施工时，适用范围可以适当加大。这种方法的主要优点是顶板易于维护，工作比较安全，易于保持围岩的稳定性，但施工速度慢，效率低。

5.2.3.2 两侧导坑施工法

在松软、不稳定岩层中，当硐室跨度较大时，为了保证施工安全，一般都采用这种方法。在硐室两侧紧靠墙的位置沿底板开凿两条小导坑，一般宽为1.8~2.0m，高为2m左右。导坑随掘随砌墙，然后再掘上一层导坑并接墙，直至拱基线为止。第一次导坑将矸石出净，第二次导坑的矸石崩落在下层导坑里代替脚手架。当墙全部砌完后就开始挑顶砌拱。挑顶由两侧向中央前进，拱部爆破时可将大部分矸石直接崩落到两侧导坑中，有利于采用机械出岩，如图5-5所示。

拱部可用喷锚支护或砌混凝土，喷锚的顺序视顶板情况而定。拱部施工完后，再掘中间岩柱。这种施工方法在软岩中应用较广。

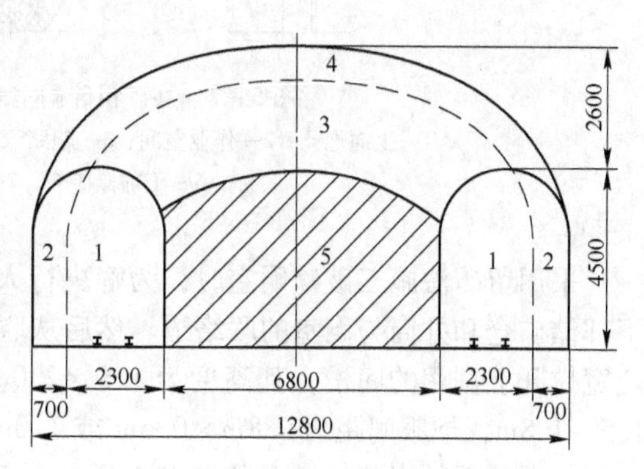

图5-5 侧壁下导坑施工法
1—两侧下导坑；2—墙部光面层；3—挑顶；
4—拱部光面层；5—中心岩柱

5.2.3.3 上下导坑施工法

上下导坑法原是开挖大断面隧道的施工方法，近年来随着光爆喷锚技术的应用，扩大了它的使用范围，在金属矿山高大硐室的施工中得到推广使用。

某铁矿地下粗破碎硐室掘进断面尺寸为31.4m×14.15m×11.8m(长×宽×高)，断面积为154.9m。该硐室在施工中采用了上下导坑施工法，如图5-6所示。

这种施工方法适用于中等稳定和稳定性较差的岩层，围岩不允许暴露时间过长或暴露面积过大的开挖跨度大、墙很高的大硐室，如地下破碎机硐室、大型提升机硐室等。

总之，如地质条件复杂，岩层软弱或断面过大的硐室，为了保证施工安全，或解决出矸问题往往采用导硐法施工。

5.2.4 留矿法

留矿法是金属矿山采矿方法的一种。用留矿法采矿时，在采场中将矿石放出后，剩下

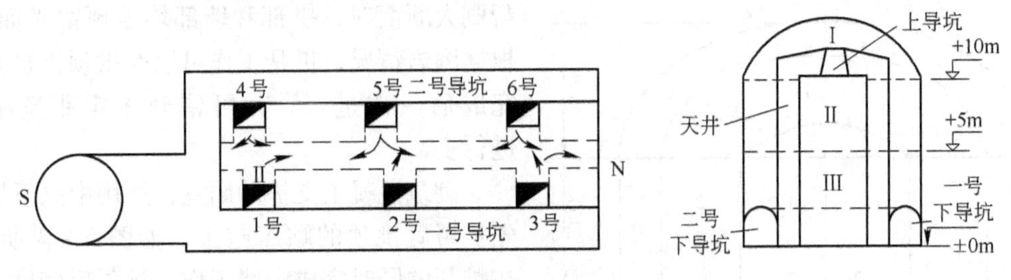

图 5-6 硐室开挖顺序及天井导坑布置

Ⅰ~Ⅲ—开挖顺序；1 号~6 号—天井编号

的矿房就相当于一个大硐室。因此，在金属矿山，当岩体稳定，硬度在中等以上（$f>8$），整体性好，无较大裂隙、断层的大断面硐室，可以采用浅眼留矿法施工，其施工方法如图 5-7 所示。

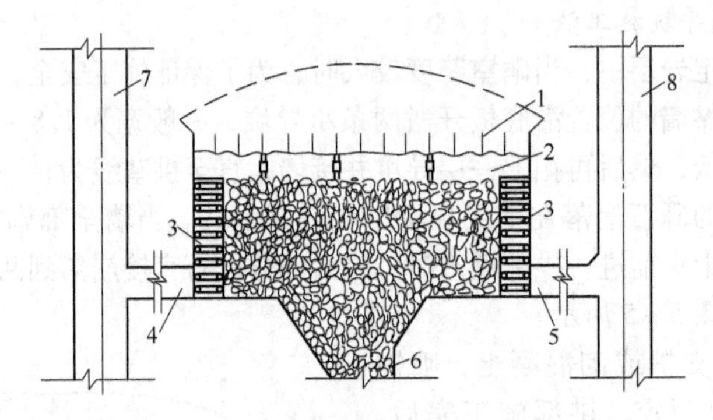

图 5-7 某矿粗碎硐室采用留矿法施工示意图

1—上向炮孔；2—作业空间；3—顺路天井；4—主井联络道；5—副井联络道；6—下部储矿仓；7—主井；8—副井

采用留矿法施工破碎硐室时，为解决行人、运输、通风等问题，应先掘出装载硐室、下部储矿仓和井筒与硐室的联络道。然后从联络道进入硐室，并以拉底方式沿硐室底板按全宽拉开上掘用的底槽，其高度为 1.8×2.0m。以后用上向凿岩机分层向上开凿，眼深 1.5~1.8m，炮眼间距为 0.8m×0.6m 或 1.0m×0.8m，掏槽以楔形长条状布置在每层的中间。爆破后的岩碴，经下部储矿仓通过漏斗放出一部分，但仍保持碴面与顶板间距为 1.8~2.0m，以利继续凿岩，爆破作业，直至掘至硐室顶板为止。为了避免漏斗的堵塞，应控制爆破块度，大块应及时处理。顺路天井与联络道用于上下人员、材料并用于通风。使用留矿法开挖硐室的掘进顺序是自下而上，但进行喷锚支护的顺序则是自上而下先拱后墙，凿岩和喷射工作均以碴堆为工作台。当硐室上掘到设计高度，符合设计规格后，用碴堆作工作台进行拱部的喷锚支护。在拱顶支护后，利用分层降低碴堆面的形式，自上而下逐层进行边墙的喷锚支护。这样随着边墙支护的完成，硐室中的岩碴也就通过漏斗放完。如果边墙不需要支护，硐室中的岩碴便可一次放出，但在放碴过程中需将四周边墙的松石处理干净，以保证安全。

留矿法开挖硐室的主要优点是，工艺简单，辅助工程量小，作业面宽敞，可布置多台凿岩机同时作业，工效高。我国金属矿山利用此法施工大型硐室已取得了成功的经验，但该法受到地质条件的限制，岩层不稳定时不宜使用。同时，要求底部最好有漏斗装车的条件，比如粗碎硐室的下部贮矿仓。因此此法应用不如导坑法广泛。但在围岩整体性好，无较大裂隙和断层的大型硐室，可以选择留矿法施工。

5.3 光爆、喷锚技术在硐室施工中的应用实例

富家矿位于吉林省磐石市红旗岭镇富家屯，与磐桦公路相通，隶属于吉林吉恩镍业股份有限公司，是吉林吉恩镍业股份有限公司的原料基地。1963 年建矿露天开采，1990 年转入井下开采。由于露天保安矿柱、露天两翼、边坡矿的回采，破坏了露天坑假底的防水层，雨季雨水直接流入井下。为保证在雨季正常生产、出矿、供矿，使富家矿稳渡汛期，增大井下排水系统能力是非常重要的。为了增大井下排水能力，在 130m 中段水仓安装了两台 200D43 ×6 型水泵。但井下主配电变压器容量不够，需要增容。而原有主配电硐室的规格远远不能满足安全技术规程要求空间，需要重新开凿一个新的大型配电硐室。

（1）地质概况。硐室选择在岩体下盘主运输巷道的下盘侧，岩体为黑云母片麻岩夹薄层状或扁豆状花岗质片麻岩、角闪岩及大理岩。按基性、超基性岩体类型划分，岩体属于斜方辉岩型。主要岩相为斜方辉岩（局部强烈次闪石化为蚀变辉岩）和少量苏长岩，斜方辉岩为岩体总体积的 96%，苏长岩多分布在岩体边部与围岩呈构造破碎接触，岩石硬度 $f=4\sim6$，这样的岩石极易风化潮解，稳定性差，暴露时间稍长，容易发生冒顶片帮。

（2）硐室施工方案：

1）硐室开凿设计要求。根据机电设备的选型和安全技术要求，《井巷掘进手册》的安全技术、设备设施安装的技术要求，以及现场生产实际要求，设计施工硐室断面为 12m ×6.4m ×6.2m 的大型配电硐室。

2）施工方案选取。硐室的开凿方案有三种：①采用常规的大断面硐室的开凿方法：下导硐掘进，电耙子出碴，Z30 装岩机装碴，混凝土支护。②采用常规的大断面硐室的开凿方法：上导硐掘进，电耙子出碴，Z30 装岩机装碴，混凝土支护。③采用特殊的大断面硐室的开凿方法：上中心导硐掘进，超前锚喷支护，电耙子出碴，Z30 装岩机装碴。根据地质条件和实际情况，最后采用第三种方案。

（3）硐室施工。硐室施工采用光面爆破，尽量减少爆破对围岩的影响，有利于提高围岩的稳定性；先在顶部中心，上掘规格为 2.2m ×3.2m（高 ×宽）的导硐，爆破后立即喷拱，其厚度不小于 50mm，喷好拱再出碴，完成临时支护。为了不使爆破震坏临时支护，喷完临时支护后到下次放炮的时间不小于 4h，此期间进行打超前锚杆。然后进行第二次循环，在进行第二次循环时，打眼爆破之后喷拱、出碴；在前一循环的临时支护处，在顶板打锚杆挂网进行喷锚网联合永久支护，厚度不能小于 150mm；之后，进行第三次循环。如此下去，中心到位后再进行一侧施工，喷拱、出碴、喷墙、在顶板及一侧墙打锚杆挂网进行喷锚网联合永久支护；一侧到位后，另一侧从头按此方案再施工。拱部及墙部全部施工完毕后，再进行抬底(一次抬底高不超过 2m)、出碴、帮素喷，然后帮打锚杆挂网喷浆成型，如图 5 -8 所示。

掘进时每炮打眼深度及每炮进尺不能超过 1.2m，掘进素喷后，打超前锚杆。锚杆向前倾斜 65° ~70°，锚杆间距为 600mm ×600mm，锚杆长 2000mm，超前支架，以防止顶板冒落。锚杆由 $\phi16$ 螺纹钢制作，水泥卷固定，钢筋网格为 200mm ×200mm，筋直径为

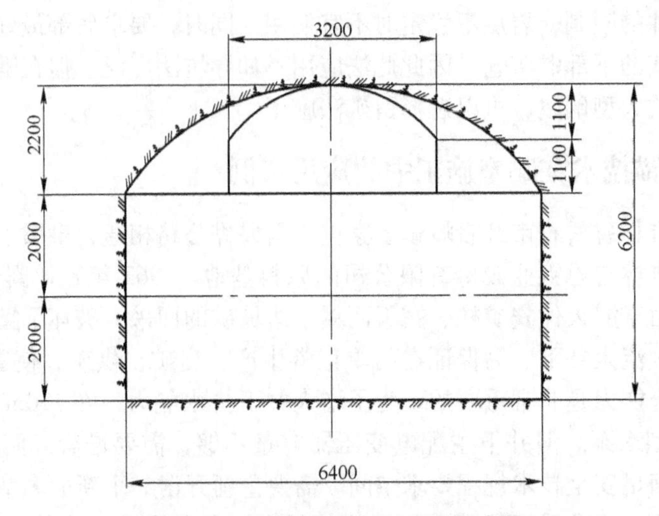

图5-8 采用上导硐开挖硐室示意图

8mm。安全地通过了破碎带，圆满地完成了施工任务。

（4）技术、经济分析。优点：与常规施工方法比较，安全可靠，施工速度快；缺点：与常规施工方法比较，工作组织复杂，成本较高。

5.4 碹岔施工

井下巷道相交或分岔部分，称为巷道交岔点，如图5-9所示。

按支护方式不同，交岔点可分为简易交岔点和砌碹交岔点。前者长度短，跨度小，可直接用木棚或料石墙配合钢梁支护，多用于围岩条件好、服务年限短的采区巷道或小型矿井中。井底车场、主要运输巷道和石门的交岔点，多用喷锚支护或混凝土、料石支护。碹

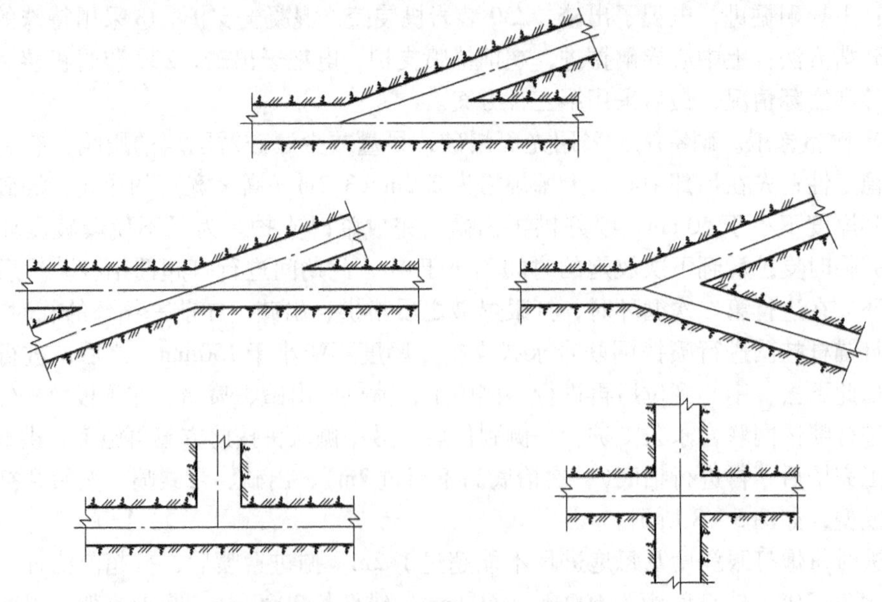

图5-9 巷道分岔或交岔的类型

岔是指井下巷道相交或分岔点的整体支护部分。

5.4.1 碹岔类型

碹岔按其结构分为穿尖碹岔和牛鼻子碹岔，其结构如图5－10所示。

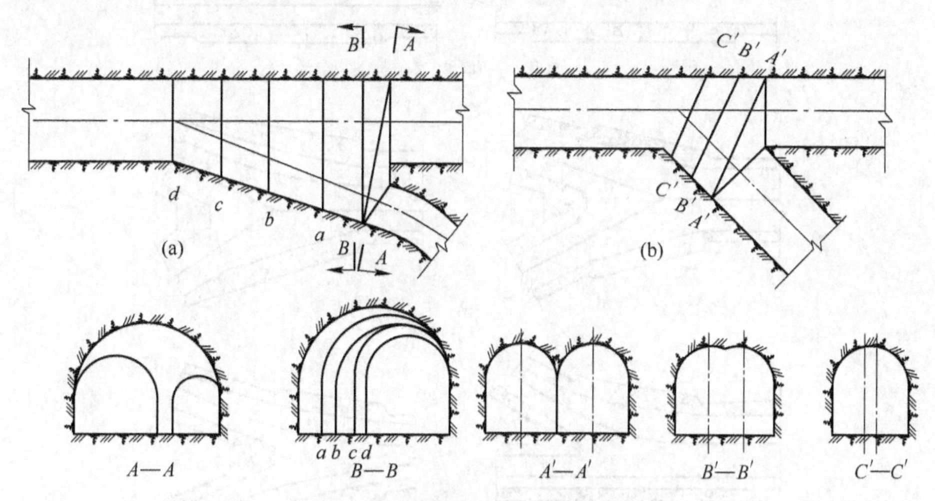

图5－10 牛鼻子碹岔和穿尖碹岔

（a）牛鼻子碹岔；（b）穿尖碹岔

5.4.1.1 穿尖碹岔

穿尖碹岔的特点是长度短、拱部低，故工程量小，施工简单，通风阻力小，但其承载能力低，多适用于坚硬稳定的岩层，其最大宽度不大于5m。

5.4.1.2 牛鼻子碹岔

该碹岔应用最广，可适用于各类岩层和各种规模的巷道，特别是在井底车场和主要运输巷道中，多数是用此类碹岔。牛鼻子碹岔按照碹岔内线路数目、运输方向及选用道岔类型不同，可归纳为三类，如图5－11所示。

（1）单开碹岔，如图5－11a所示，其中有单线单开和双线单开碹岔。

（2）对称碹岔，如图5－11b所示，有单线对称和双线对称两种碹岔。

（3）分支碹岔，如图5－11c所示，有单侧分支和双侧分支两种碹岔。

上述三种类型，其共同点是从分岔起，断面逐渐扩大，在最大断面上，即两条分岔巷道的中间常要砌筑碹垛（也称牛鼻子）以增强支护能力。而不同点是单开碹岔和对称碹岔的轨道线路用道岔连接，但分支碹岔内则没有道岔，故确定平面尺寸的方法也不相同。

5.4.2 碹岔尺寸确定

碹岔尺寸的确定包括平面尺寸和中间尺寸的确定，其断面设计原则与平巷相同，区别之处在于碹岔中间断面是变化的。

5.4.2.1 碹岔平面尺寸确定

常用的三类六种碹岔形式的计算方法，都是按照几何关系推导的。现以单线单开碹岔尺寸计算为例来说明，如图5－12所示。

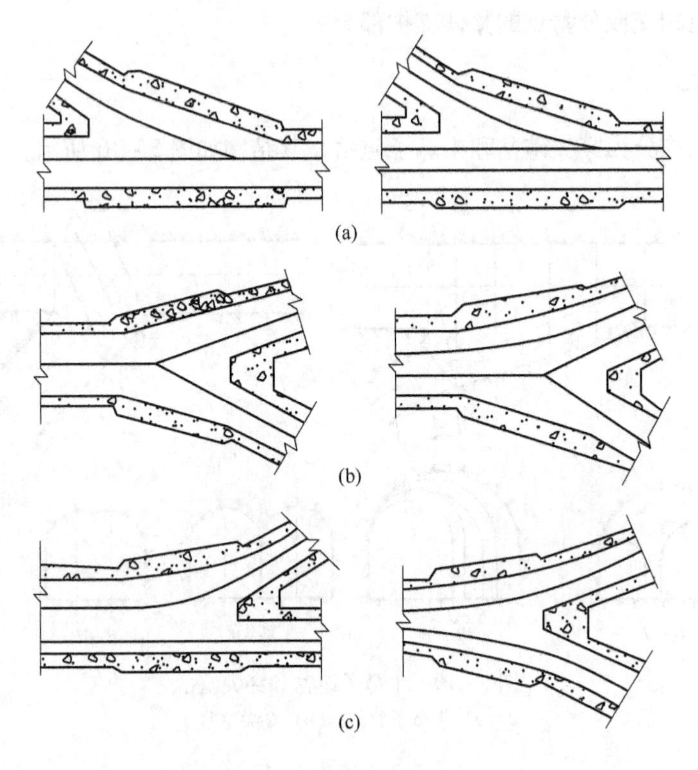

图 5-11 碹岔形式
(a) 单开碹岔；(b) 对称碹岔；(c) 分支碹岔

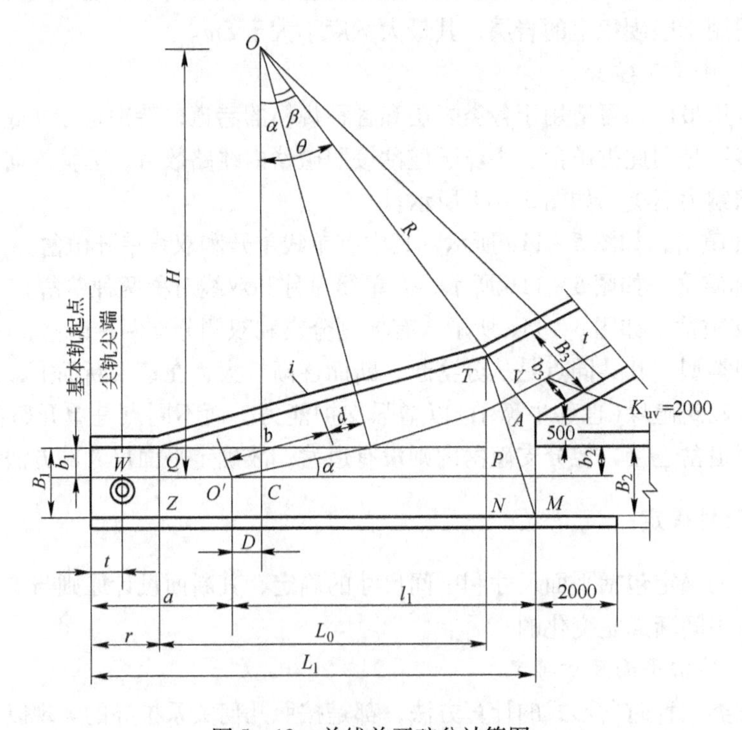

图 5-12 单线单开碹岔计算图

作图前先将碹岔处的轨道连线图绘出。已知数据有道岔参数 a、b、α，巷道断面宽度 B_1、B_2、B_3，线路中心线距碹垛一侧边墙的距离 b_2、b_3，弯道曲率半径 R。碹岔的起点就是线路基本轨起点；碹岔的终点就是从碹垛尖端 A 作垂线垂直于线路中心线所得的交点，再沿线路中心线方向延长 2m 处。图中 TN 为碹岔最大断面宽度(最大碹胎尺寸)，TM 为碹岔最大断面跨度(计算支护等)。图中 QZ 断面为中间断面的起点，其尺寸大小就等于 B_1 断面。

下面可按图来推算出其主要尺寸的计算式。

(1) 确定弯道曲线半径中心 O 的位置。

只有先决定 O 的位置，然后才能以 O 为圆心，以 R 为半径画出曲线线路。O 点的位置，距离道岔中心的横轴长度为 D，纵轴长度为 H：

$$\left.\begin{aligned} D &= (b+d)\cos\alpha - R\sin\alpha \\ H &= R\cos\alpha + (b+d)\sin\alpha \end{aligned}\right\} \tag{5-1}$$

若 D 为正值，则 O 点在道岔中心右侧；若 D 为负值，则位于左侧。

(2) 求碹岔角 θ。从碹垛尖端 A 点和曲线半径圆心 O 的连线与垂线 OC 的夹角，即碹岔角 θ：

$$\theta = \arccos\frac{H - b_2 - 500}{R + b_3} \tag{5-2}$$

(3) 从碹垛面到岔心的距离 l_1。

$$l_1 = (R + b_3)\sin\theta \pm D \tag{5-3}$$

(4) 求碹岔最大断面处宽度。图中最大断面宽度 TN 及长度 NM，以及最大断面跨度 TM 的计算方法如下：

$$TN = B_2 + 500 + B_3\cos\theta \tag{5-4}$$

$$NM = B_3\sin\theta \tag{5-5}$$

$$TM = \sqrt{TN^2 + NM^2}$$

(5) 从碹垛面至基本轨起点的跨度 L_1。

$$L_1 = l_1 + a \tag{5-6}$$

(6) 求碹岔断面变化部分长度 L_0。为了计算碹岔断面的变化，在 NT 线上截取 $NP = B_1$。作出 TPQ 三角形，得 TQ 线的斜率如下：

$$i = TP/PQ \tag{5-7}$$

根据所选定的斜率，便可求得 L_0。

$$L_0 = PQ = TP/i = (TN - B_1)/i \tag{5-8}$$

(7) 碹岔扩大断面起点 Q 至基本轨起点的距离。

$$r = L_1 - NM - L_0 \tag{5-9}$$

上述计算的目的在于求得参数 L_1、L_0、r、TN 和 TM，以便按设计进行施工。至于参数 H、D、θ、l_1、NM，则是为求得上述参数服务的。

应当指出，上式中斜墙的斜率 i，在标准设计中常用固定斜率。当轨距为 600mm 时，斜率常取 0.25 或 0.30；当轨距为 900mm 时，常取 0.20 或 0.25。斜墙斜率一旦选定，斜墙起点位置也就确定了。采用固定斜率的优点，在于碹岔内每米长度递增宽度一定，有利于砌碹时碹骨可重复使用。但随着广泛使用喷锚支护交岔点，固定斜率也就不是很必要了。

除了采用固定斜率外，也可采用任意斜率，其方法有两种：

（1）以基本轨为起点作为斜墙起点，于是斜墙的水平长度 L_0 为：

$$L_0 = l_1 + a - NM \tag{5-10}$$

（2）以道岔尖轨尖端位置作为斜墙起点，即 $r = t$（t 为道岔悬距）。这时斜墙的水平长度最短，碹岔工程量最小，其值为：

$$L_0 = l_1 + a - NM - t \tag{5-11}$$

设计时，除上述计算外，还可用作图法求碹岔平面尺寸；只要严格按比例作图，其精度也能满足施工要求。

5.4.2.2 碹岔中间尺寸确定

计算碹岔中间断面尺寸，是为了求出各碹胎断面变化的宽度、拱高和墙高的数值，以满足施工时制造碹胎的需要，如图 5-13 所示。

（1）中间断面净宽度。在确定中间断面净宽度时，需作如下简化：将起点 A 断面至终点 T 断面在考虑了曲线巷道的加宽要求后，连为直线 AT，使中间断面变成单侧或双侧逐渐扩大的喇叭状结构。这样可避免弯道部分碹墙做成曲线形，从而简化了施工。根据斜墙斜率 i 求出断面变化的长度 L_0，然后从变化断面起点 A 起，在 L_0 内每隔 1.0m 作一个断面，终点 TN 断面间隔不受 1.0m 限制，剩多少算多少。若将中间断面分为从 1 ~ n 个，则其净宽度 B_n 按下式确定：

$$B_n = B_1 + (n-1)i \tag{5-12}$$

（2）中间断面拱高。随着中间断面宽度的逐渐增大，巷道断面宽度与拱高的相应比例关系不变，中间断面的拱高也逐渐增高，如图 5-14 所示。

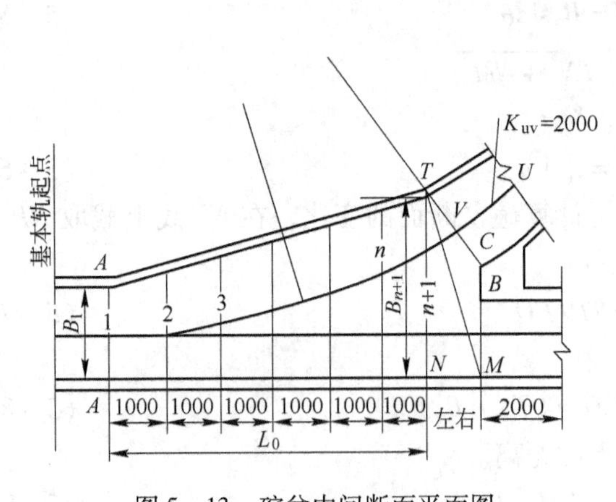

图 5-13 碹岔中间断面平面图

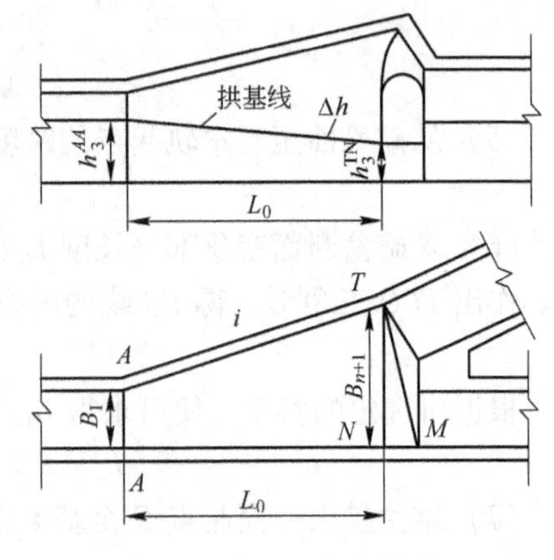

图 5-14 中间断面拱高、墙高和宽度示意图

对于半圆拱碹岔，1 ~ n 中间各断面的拱高值按式(5-13)计算；对于圆弧拱和三心拱碹岔，1 ~ n 中间各断面的拱高值均可按式(5-14)计算：

$$f_0^n = \frac{B_n}{2} = \frac{B_1 + (n-1)i}{2} \tag{5-13}$$

$$f_0^n = \frac{B_n}{3} = \frac{B_1 + (n-1)i}{3} \tag{5-14}$$

（3）中间断面墙高。设计硐岔时，通常中间断面的墙高除满足生产要求外，尽量让墙高按一定斜率 i 降低，使中间断面不致因断面加宽导致拱高加高后形成过大的无用空间。这不仅可以减少开拓工程量，而且有利于安全施工。一般墙高的降低值，按每米巷道下降的平均值（即斜率）Δh 计算，如图 5 - 14 所示。

$$\Delta h = (h_3^{AA} - h_3^{TN})/L_0 \tag{5-15}$$

式中 h_3^{AA}——AA 断面处墙高，mm；

h_3^{TN}——TN 或 TM 断面处墙高，mm，一般 T、M、N 三点的墙高均等；

L_0——硐岔断面变化段的巷道长度，mm。

实际设计时，h_3^{TN} 或 h_3^{TM} 与相邻两条巷道墙高差距取 200 ~ 500mm。若差距取得过大，对施工和安全均不利。按断面变化的斜率 Δh 来求算，1 ~ n 中间各断面墙高值的通用式为：

$$h_3^n = h_3^{AA} - (n-1)\Delta h \tag{5-16}$$

在生产中，为了生产方便，也有不降低墙高的做法。

5.4.3 硐岔支护厚度的确定

硐岔处巷道宽度是由小到大渐变的，为了便于施工和保证质量，按最大宽度 TM 选取支护厚度，拱墙同厚。分支巷道按各自的宽度选取。

两巷道中间的硐垛，是硐岔支护中的关键部位，应认真维护好。硐垛面的宽度一般取 500mm，硐垛长度应根据岩石性质，支护方式及巷道转角而定，一般取 1 ~ 3m，通常取 2m。光面爆破完整地保留了原岩体的硐垛，可按支护厚度考虑，不另加长度。

5.4.4 硐岔工程量及材料消耗量计算

主要是计算硐岔的掘进工程量及支护材料消耗量。计算范围，一般是从基本轨起点算起，到硐垛面后的主、支巷各延长 2m 处计，如图 5 - 15 所示。从基本轨起点至中间变化断面起点 S_1 止，为第Ⅰ部分；从 S_1 至 TN 断面为中间变化断面，为第Ⅱ部分；从 TN 断面至硐垛为止，为第Ⅲ部分；从 M 处沿边墙延长 2m 至 S_4 止，为第Ⅳ部分；从 T 处断面沿分岔巷道中心线延长 2m 至 S_5 止，为第Ⅴ部分；最后硐垛为第Ⅵ部分。

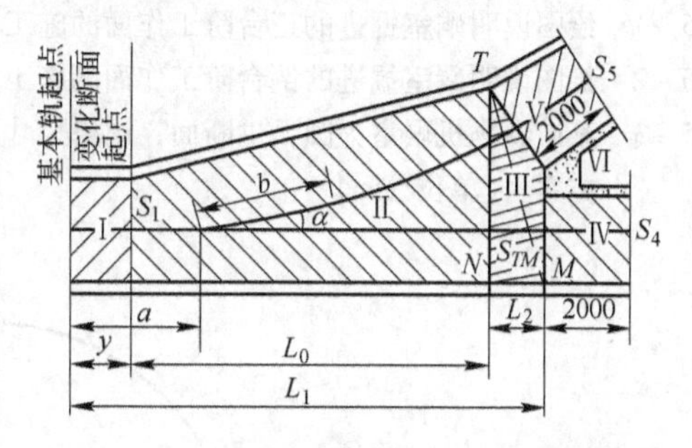

图 5 - 15 硐岔工程量及材料消耗量计算图

计算方法有两种，一种是将硐岔分成便于计算的简单几何图形，如图 5 - 15 所示，而后分别算出其掘进体积和支护体积，最后汇总得出整个硐岔的工程量及材料消耗量。这样分块计算虽然详尽，但太繁琐。第二种是近似计算，其精度能满足工程要求，计算公式如下：

$$V_{掘} \approx \left[\frac{1}{2}(L_0 + L_2)(S_1 + S_3) + 2(S_4 + S_5) + S_1 y\right]K \tag{5-17}$$

式中 K——富余系数，三心拱断面取 $K=1.04$，半圆拱断面，$K=1.0$；

L_2——即 NM 长度；

S_1，$S_3 \sim S_5$——相应各断面处的掘进面积；S_3 即 S_{TM}，其余符号如图 5－15 所示。

变换使用上式中一些符号意义，也可估算出材料消耗量。

按上述近似计算，碹垛可不用另行计算掘进工程量，碹垛材料消耗量加 $3m^3$ 即可，也有定为 $4m^3$ 的。

5.4.5 碹岔施工图

碹岔施工图应包括下列内容：

（1）平面图。平面图常用 1∶100 的比例绘制。图中应表示水沟位置、断面号及有关计算尺寸，开岔方向应与阶段平面图交岔所处位置的开岔方向一致。

（2）断面图。按 1∶50 的比例绘出主巷、支巷及 TM 断面图。在 TM 断面图（见图 5－16）上，大断面是实际尺寸，两个连接巷道断面和碹垛面的宽度是投影尺寸，但高度又是真实的。投影的拱弧按习惯画法。作图时所需尺寸可以直接在平面图上量取，无需计算。

（3）作出碹岔断面变化特征表、工程量及主要材料消耗量表。

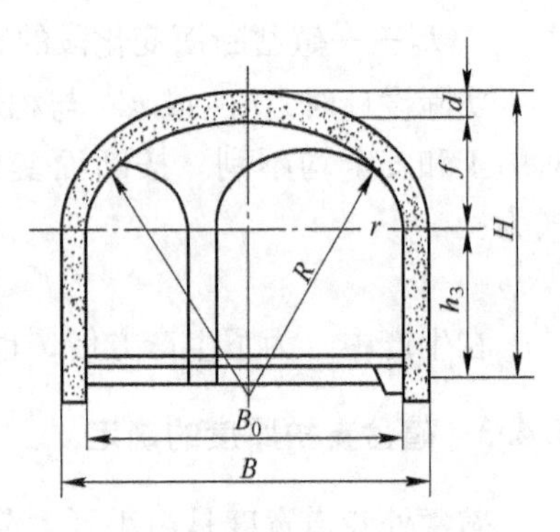

图 5－16 碹岔 TM 断面

复 习 思 考 题

5－1 绘图说明硐室掘进的正台阶工作面的施工方法。

5－2 绘图说明硐室掘进的倒台阶工作面的施工方法。

5－3 某矿卷扬机硐室为圆弧拱断面，规格尺寸如下图，采用下导坑先拱后墙的施工顺序，试设计施工方案。（单位/mm）

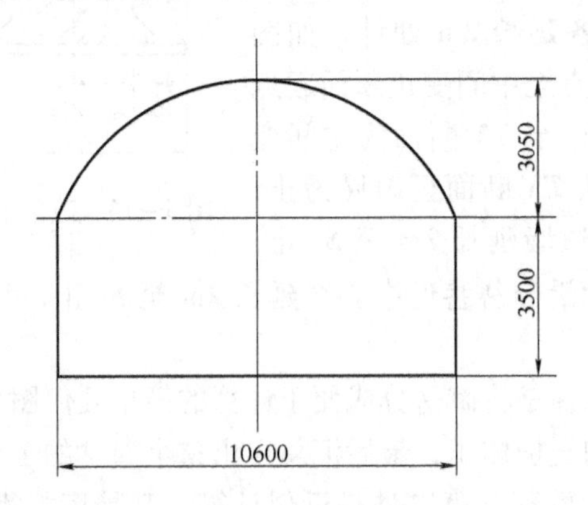

5－4 某矿一变电硐室为圆弧拱断面，采用下导坑先墙后拱的施工顺序，其规格尺寸如下图，试设计施工方案。（单位/mm）

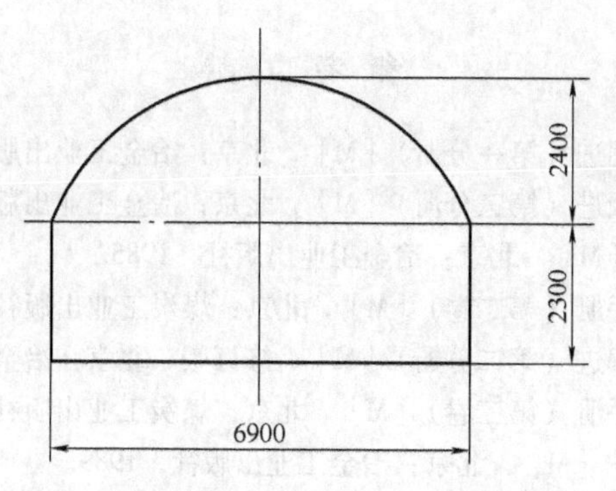

5-5 某矿卷扬机硐室为圆弧拱断面，其规格尺寸如下图，采用两侧下导坑的施工顺序，试设计施工方案。(单位/mm)

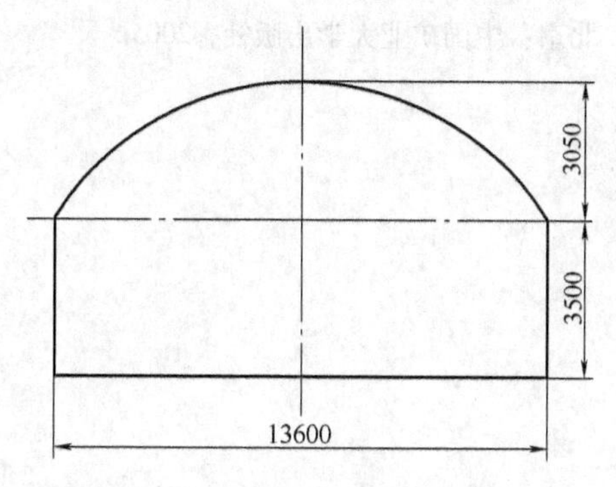

5-6 试述碹岔的定义、特点、种类。

5-7 单线单开碹岔最大断面尺寸如何确定?

5-8 碹岔墙高与拱高如何确定?

参 考 文 献

[1] 井巷掘进编写组. 井巷掘进（第一分册）[M]. 北京：冶金工业出版社，1975.
[2] 井巷掘进编写组. 井巷掘进（第三分册）[M]. 北京：冶金工业出版社，1976.
[3] 吴理云. 井巷硐室工程 [M]. 北京：冶金工业出版社，1985.
[4] 沈季良，等. 建井工程手册（第二卷）[M]. 北京：煤炭工业出版社，1986.
[5] 井巷掘进编写组. 井巷掘进（第二分册）[M]. 修订版. 北京：冶金工业出版社，1986.
[6] 沈季良，等. 建井工程手册（第三卷）[M]. 北京：煤炭工业出版社，1986.
[7] 唐民成. 井巷掘进与支护 [M]. 北京：冶金工业出版社，1989.
[8] 朱嘉安. 采掘机械和运输 [M]. 北京：冶金工业出版社，1990.
[9] 王青，史维祥. 采矿学 [M]. 北京：冶金工业出版社，2001.
[10] 刘刚. 井巷工程 [M]. 北京：中国矿业大学出版社，2005.